ソフトウェア透明性

攻撃ベクトルを知り、脆弱性と戦うための最新知識

SOFTWARE TRANSPARENCY

Chris Hughes, Tony Turner,
Allan Friedman, Steve Springett 著
NRIセキュアテクノロジーズ 訳

本書内容に関するお問い合わせについて

このたびは翔泳社の書籍をお買い上げいただき、誠にありがとうございます。弊社では、読者の皆様からのお問い合わせに適切に対応させていただくため、以下のガイドラインへのご協力をお願い致しております。下記項目をお読みいただき、手順に従ってお問い合わせください。

● ご質問される前に

弊社ウェブサイトの「正誤表」をご参照ください。これまでに判明した正誤や追加情報を掲載しています。

正誤表　　https://www.shoeisha.co.jp/book/errata/

● ご質問方法

弊社ウェブサイトの「書籍に関するお問い合わせ」をご利用ください。

書籍に関するお問い合わせ　　https://www.shoeisha.co.jp/book/qa/

インターネットをご利用でない場合は、FAXまたは郵便にて、下記"翔泳社 愛読者サービスセンター"までお問い合わせください。

電話でのご質問は、お受けしておりません。

● 回答について

回答は、ご質問いただいた手段によってご返事申し上げます。ご質問の内容によっては、回答に数日ないしはそれ以上の期間を要する場合があります。

● ご質問に際してのご注意

本書の対象を超えるもの、記述個所を特定されないもの、また読者固有の環境に起因するご質問等にはお答えできませんので、あらかじめご了承ください。

● 郵便物送付先およびFAX番号

送付先住所　〒160-0006　東京都新宿区舟町5
FAX番号　　03-5362-3818
宛先　　　　（株）翔泳社 愛読者サービスセンター

Copyright © 2023 by John Wiley & Sons, Inc.
All Rights Reserved.

This translation published under license with the original publisher John Wiley & Sons, Inc. through Japan UNI Agency, Inc., Tokyo

※本書に記載されたURL等は予告なく変更される場合があります。
※本書の出版にあたっては正確な記述につとめましたが、著者や出版社などのいずれも、本書の内容に対してなんらかの保証をするものではなく、内容やサンプルに基づくいかなる運用結果に関してもいっさいの責任を負いません。
※本書に掲載されているサンプルプログラムやスクリプト、および実行結果を記した画面イメージなどは、特定の設定に基づいた環境にて再現される一例です。
※本書に記載されている会社名、製品名はそれぞれ各社の商標および登録商標です。

この本を私の子供たち、Carolina、Calvin、Callie、Clayton、
そして妻のKathleen にささげる。
彼らの揺るぎない愛とサポートは、常にベストを尽くすモチベーションとなっている。
また、常に努力することの大切さを教えてくれた母Dawn と祖父 Bill にもささげたい。
— Chris Hughes

この本は、私の人生における多くの事柄の転換点となるものであり、
その間ずっと、妻のBecki と 2 人の息子、Alex と Gavin が辛抱強く私を支えてくれた。
人生で最も大切なことを思い出させてくれる存在であることに、心から感謝したい。
— Tony Turner

著者について

Chris Hughesは現在、Aquia社の共同設立者兼CISOを務めている。米空軍での現役時代から、米国海軍や政府調達局（GSA）／FedRAMPでの公務員時代、民間企業でのコンサルタント時代まで、約20年にわたるIT/サイバーセキュリティの経験を持つ。また、キャピトル・テクノロジー大学とメリーランド大学グローバルキャンパスで、サイバーセキュリティ修士課程の非常勤講師を務めている。また、Cloud Security Alliances Incident Response and SaaS Security Working Groupなどの業界ワーキンググループに参加し、Cloud Security Alliance D.C.のメンバーシップ委員長も務める。その他、ポッドキャスト「Resilient Cyber」の共同ホストも務めている。

Chrisは、(ISC)^{2}のCISSP/CCSP、AWSとAzureのセキュリティ認定、Cloud Security AllianceのCertificate of Cloud Auditing Knowledge（CCAK）など、さまざまなセキュリティ業界の資格を取得している。さらに情報システムの学士号、サイバーセキュリティの修士号、MBAを取得している。さまざまな業界のITおよびサイバーセキュリティリーダーと定期的にコンサルティングを行い、セキュリティを変革の中核に据えながら組織のデジタルトランスフォーメーションの推進を支援している。また、ソフトウェア・サプライチェーンのセキュリティに関する多くの記事や考察を執筆するとともに、カーネギーメロン大学のDevSecOps Days Washington, D.C.などの業界イベントでもこのトピックについて講演している。

Tony Turnerは、重要インフラのセキュリティエンジニアリングに特化したソフトウェア会社Opswright社の創設者兼CEOである。サイバーセキュリティ分野で25年以上の経験を持ち、社内セキュリティエンジニア、開発者、ネットワーク・システム管理者、セキュリティコンサルタント、アーキテクト、セキュリティベンダーのマネージドプロフェッショナルサービスを務める。直近ではFortress Information Security社のFortress Labsチームの研究開発担当副社長として、ソフトウェア透明性と脆弱性管理製品の研究とロードマップの陣頭指揮を執った。また、Tonyは2011年からOWASPオーランド支部を設立・主宰し、アプリケーションセキュリティにおける可視性の向上に注力している。さらに、ウェブアプリケーションファイアウォールの文書化プロジェクトであるWAFECのプロジェクト・リーダーを務め、Security BSides Orlandoカンファレンスを共同設立した。また、MITRE、ISA、OWASP、CISA、GlobalPlatformなどの複数の業界団体や業界グループに所属する。主にソフトウェア透明性、重要インフラにおけるソフトウェアと製品のセキュリティをテーマとしている。

　Tonyはフロリダ州ネイプルズのホッジス大学を卒業し、理学士号を取得し、CISSP、CISA、SANS/GIAC、OPSE、CSTP、CSWAEの6つの資格、F5、Impervaなどの複数のベンダー資格など、複数の業界資格を取得している。

　また、GIACおよびF5 ASMウェブアプリケーションファイアウォール認定の試験作成過程にも携わり、SANSの「製品サプライチェーンの防御」（2023年リリース）のコース執筆者でもある。フロリダ州インディアランティックに妻のBecki、2人の息子AlexとGavin、5匹の猫、3匹のトカゲ、2匹のモルモットそして裏庭でエサを要求するリス軍団と暮らしている。

著者について　v

テクニカル・エディターについて

Steve Springettは、25年以上にわたって製品開発チームを率い、14年以上サプライチェーンセキュリティに注力してきた。現在、ServiceNow社のセキュア開発ディレクターとして、アプリケーションセキュリティ・アーキテクチャ、脅威モデル化、セキュリティ・チャンピオン、開発者育成を組織全体で主導している。サードパーティやオープンソースコンポーネントの使用によるリスクを特定し、低減するための支援に情熱を注いでいる。オープンソースの擁護者であり、OWASP Dependency-Trackプロジェクトを率い、OWASP SCVS（ソフトウェアコンポーネント検証標準：Software Component Verification Standard）の共著者であり、OWASP CycloneDX Core Working Groupの議長を務める。CSSLP、CCSKなどの業界認定資格を持つ。シカゴのノースショアに妻のVeraと娘のAryanaとともに住んでいる。

謝辞

　数十年にわたるサイバーセキュリティの経験を通じ、ともに働き、ともに支援し、ともに学んできた数え切れないほどの業界の専門家たちに感謝したい。

　これには、Allan Friedman氏、Joshua Corman氏、Robert Wood氏、Virginia Wright氏、Jason Weiss氏などのソフトウェア・サプライチェーンセキュリティに関する業界のオピニオンリーダーたちや、本業界のリーダーであり本書のテクニカル・エディターで相談役でもあるSteve Springettも含まれる。また、OWASP、Linux Foundation、OpenSSF、国防総省、NTIA、CISA、カーネギーメロン大学ソフトウェア工学研究所（SEI）などのグループを通じて、ソフトウェア・サプライチェーンセキュリティに関連するワーキンググループや取り組みに参加してくれた数え切れないほどの官民のリーダーにも感謝したい。コミュニティの集合的な専門知識、知識の共有、コラボレーションがなければ、業界に還元するこのような知識体系を生み出すことはできなかっただろう。ソフトウェアは、われわれの社会のほぼすべての側面にとって不可欠であり、われわれはともにこの戦いに挑んでいるのだ。

Contents

著者について iv
テクニカル・エディターについて vi
謝辞 vii
序文 xiv
はじめに xviii

Chapter 1

ソフトウェア・サプライチェーンの脅威の背景　001

1-1　攻撃者のインセンティブ 002
1-2　脅威モデル 003
　　1-2-1　脅威のモデル化の手法 004
　　1-2-2　脅威のモデル化プロセス 009
1-3　画期的な事例1：SolarWinds 018
1-4　画期的な事例2：Log4j 023
1-5　画期的な事例3：Kaseya社 026
1-6　われわれはこれらの事例から何を学ぶことができるのか？ ... 029
1-7　まとめ 030

Chapter 2

既存のアプローチ─伝統的なベンダーのリスク管理　031

2-1　アセスメント 032
2-2　SDLアセスメント 035
2-3　アプリケーションセキュリティ成熟度モデル 036
　　2-3-1　ガバナンス 038
　　2-3-2　設計 038
　　2-3-3　実装 039
　　2-3-4　検証 039
　　2-3-5　運用 040
2-4　アプリケーションのセキュリティ保証 041
　　2-4-1　静的アプリケーションセキュリティテスト（SAST） .. 041
　　2-4-2　動的アプリケーションセキュリティテスト（DAST） .. 043
　　2-4-3　対話型アプリケーションセキュリティテスト（IAST） ... 045
　　2-4-4　モバイルアプリケーションセキュリティテスト（MAST） ... 046
　　2-4-5　ソフトウェア構成分析（SCA） 046
2-5　ハッシュ化とコード署名 047
2-6　まとめ 049

Chapter 3 脆弱性データベースとスコアリング手法　051

3-1　共通脆弱性識別子（CVE）······································052
3-2　国家脆弱性データベース（NVD）··························055
3-3　ソフトウェア識別フォーマット·····························057
　3-3-1　CPE（共通プラットフォーム一覧）··············058
　3-3-2　SWID（ソフトウェア識別）タグ················059
　3-3-3　PURL（パッケージURL）···························061
3-4　Sonatype OSS Index··063
3-5　オープンソース脆弱性データベース······················064
3-6　グローバルセキュリティデータベース···················066
3-7　共通脆弱性評価システム（CVSS）·······················068
　3-7-1　基本評価基準（Base Metrics）····················070
　3-7-2　現状評価基準（Temporal Metrics）··············072
　3-7-3　環境評価基準（Environmental Metrics）·········073
　3-7-4　CVSS評価尺度···074
　3-7-5　CVSSに対する批判····································075
3-8　EPSS（Exploit Prediction Scoring System）·············076
3-9　EPSSモデル···077
3-10　EPSSに対する批判··079
3-11　CISAの見解···080
　3-11-1　共通セキュリティアドバイザリフレームワーク（CSAF）·····081
　3-11-2　Vulnerability Exploitability eXchange（VEX）···083
　3-11-3　ステークホルダー固有の脆弱性分類と既知の悪用された脆弱性·····084
3-12　この先の歩み方··089
3-13　まとめ··089

Chapter 4 ソフトウェア部品表（SBOM）の台頭　091

4-1　規制におけるSBOM：失敗と成功··························092
　4-1-1　NTIA：SBOMの必要性を説く····················093
4-2　業界の取り組み：国立研究所·······························099
4-3　SBOMフォーマット··101
　4-3-1　Software Identification（SWID）タグ···········103
　4-3-2　CycloneDX··103
　4-3-3　Software Package Data Exchange（SPDX）·····106
　4-3-4　VEXが会話に加わる·································108
　4-3-5　VEX：コンテキストと明確性を追加···············109
　4-3-6　VEX vs. VDR··110
4-4　この先の歩み方··114
4-5　SBOMをほかの証明と併用する······························115

目次　ix

4-5-1	提供源の信頼性	115
4-5-2	依存関係の管理と検証	117
4-5-3	Sigstore	119
4-5-4	コミット署名（Commit Signing）	123
4-5-5	SBOM に対する批判と懸念	124
4-6	**まとめ**	127

Chapter 5

ソフトウェア透明性における課題　　129

5-1	**ファームウェアと組み込みソフトウェア**	130
5-1-1	Linux ファームウェア	130
5-1-2	リアルタイム OS ファームウェア	130
5-1-3	組み込みシステム	131
5-1-4	デバイス固有の SBOM	131
5-2	**オープンソースソフトウェアとプロプライエタリコード**	132
5-3	**ユーザーソフトウェア**	137
5-4	**レガシーソフトウェア**	138
5-5	**安全な通信**	140
5-6	**まとめ**	142

Chapter 6

クラウドとコンテナ化　　143

6-1	**責任共有モデル**	145
6-1-1	責任共有モデルの内訳	145
6-1-2	責任共有モデルの義務	145
6-2	**クラウドネイティブセキュリティの4C**	150
6-3	**コンテナ**	153
6-4	**Kubernetes**	160
6-5	**サーバーレスモデル**	167
6-6	**SaaSBOM と API の複雑さ**	168
6-6-1	CycloneDX SaaSBOM	170
6-6-2	ツールと新たな議論	171
6-7	**DevOps と DevSecOps における使用法**	173
6-8	**まとめ**	176

Chapter **7** 民間部門における既存および新たなガイダンス 177

7-1	**ソフトウェア成果物のサプライチェーンレベル**	178
7-2	**成果物の構成を理解するための Google Graph**	183
7-3	**CIS のソフトウェア・サプライチェーンセキュリティガイド**	187
	7-3-1　ソースコード	188
	7-3-2　ビルドパイプライン	190
	7-3-3　依存関係	191
	7-3-4　成果物	192
	7-3-5　デプロイ	193
7-4	**CNCF のソフトウェア・サプライチェーンのベストプラクティス**	194
	7-4-1　ソースコードの保護	197
	7-4-2　部品の保護	199
	7-4-3　ビルドパイプラインの保護	201
	7-4-4　成果物の保護	203
	7-4-5　デプロイの保護	204
7-5	**CNCF の安全なソフトウェアファクトリーのリファレンスアーキテクチャ**	205
	7-5-1　安全なソフトウェアファクトリーのリファレンスアーキテクチャ	205
	7-5-2　コアコンポーネント	207
	7-5-3　管理コンポーネント	208
	7-5-4　配布コンポーネント	208
	7-5-5　変数と機能	209
	7-5-6　ここまでのまとめ	209
7-6	**Microsoft 社のセキュアサプライチェーン利用フレームワーク**	210
7-7	**S2C2F の実践**	213
7-8	**S2C2F の実装ガイド**	216
7-9	**OWASP ソフトウェアコンポーネント検証標準**	218
	7-9-1　SCVS レベル	219
	7-9-2　インベントリ	220
	7-9-3　SBOM	221
	7-9-4　ビルド環境	222
	7-9-5　パッケージ管理	223
	7-9-6　コンポーネント分析	225
	7-9-7　由来と来歴	226
	7-9-8　オープンソースポリシー	226
7-10	**OpenSSF Scorecard**	227
	7-10-1　オープンソースプロジェクトの Security Scorecard	228
	7-10-2　Scorecard プロジェクトを組織はどのように活用できるか？	230
7-11	**この先の歩み方**	232
7-12	**まとめ**	233

目次　xi

Chapter 8	公共部門における既存および新たなガイダンス	235

	8-1	システムと組織のための サイバーセキュリティ・サプライチェーンリスク管理の実践	236
		8-1-1 重要ソフトウェア	238
		8-1-2 重要ソフトウェアに関するセキュリティ対策	240
	8-2	ソフトウェア検証	245
		8-2-1 脅威のモデル化	246
		8-2-2 自動テスト	246
		8-2-3 コードベースによる静的解析と動的テスト	247
		8-2-4 ハードコードされた秘密情報のレビュー	248
		8-2-5 プログラミング言語が提供するチェックおよび保護機能を実行する	248
		8-2-6 ブラックボックステスト	249
		8-2-7 コードベーステスト	249
		8-2-8 ヒストリカルテストケース	249
		8-2-9 ファジング	249
		8-2-10 ウェブアプリケーションスキャン	250
		8-2-11 ソフトウェアコンポーネントの確認	250
	8-3	NISTのセキュアソフトウェア開発フレームワーク（SSDF）	251
		8-3-1 SSDFの詳細	253
	8-4	NSA：ソフトウェア・サプライチェーンの セキュリティ保護に関するガイダンスシリーズ	258
		8-4-1 開発者向け推奨プラクティスガイド	260
		8-4-2 NSA Appendix	272
		8-4-3 サプライヤ向けの推奨プラクティスガイド	273
		8-4-4 利用者向けの推奨プラクティスガイド	280
	8-5	まとめ	285

Chapter 9	オペレーショナルテクノロジーにおけるソフトウェア透明性	287

	9-1	ソフトウェアの運動効果	289
	9-2	レガシーソフトウェアのリスク	291
	9-3	制御システムにおけるラダーロジックと設定値	293
	9-4	ICSの攻撃対象領域	296
	9-5	スマートグリッド	297
	9-6	まとめ	300

Software Transparency

Chapter 10	サプライヤのための実践的ガイダンス	301

10-1	脆弱性開示とPSIRTの対応	302
10-2	製品セキュリティインシデント対応チーム（PSIRT）	304
10-3	共有するか共有しないか、どれくらいの共有が過剰なのか	311
10-4	コピーレフト、ライセンスに関する懸念および「現状の」コード	314
10-5	オープンソースプログラムオフィス（OSPO）	316
10-6	製品チーム間の一貫性	320
10-7	手動対自動と正確性	321
10-8	まとめ	322

Chapter 11	利用者のための実践的ガイダンス	323

11-1	広く深く考える	324
11-2	SBOMは本当に必要なのか？	325
11-3	SBOMをどうすればよいか？	330
11-4	大規模なSBOMの受信と管理	331
11-5	ノイズの低減	335
11-6	多様なワークフロー —パッチを適用するだけではだめなのか？	337
	11-6-1 ステップ1：準備	338
	11-6-2 ステップ2：識別	339
	11-6-3 ステップ3：分析	339
	11-6-4 ステップ4：仮想パッチの作成	340
	11-6-5 ステップ5：実装とテスト	341
	11-6-6 ステップ6：復旧とフォローアップ	342
	11-6-7 長期的思考	342
11-7	まとめ	343

Chapter 12	ソフトウェア透明性の予測	345

12-1	新たな取り組み、規制、要件	346
12-2	連邦政府のサプライチェーンが市場に及ぼす影響力	353
12-3	サプライチェーン攻撃の加速	356
12-4	デジタル世界の接続性の高まり	359
12-5	次に何が起きるか	363
	解説：我が国におけるソフトウェア・サプライチェーンセキュリティへの対応と課題	371
	訳者あとがき	375
	翻訳者紹介	382
	索引	384

序文

　われわれの多くは2021年12月、親戚のゲストルームで小さな旅行用ノートパソコンにかじりつき、Log4jの危機に対処したことを覚えているだろう。Apache Software Foundationが開発したオープンソースのJavaロギングフレームワークの脆弱性は、公式の評価基準とソフトウェア専門家の両方によって深刻と評価された。この脆弱性は、パッチやほかのインライン緩和策によって対処するのが最も難しい脆弱性というわけではなかった。しかし、ほとんどの組織が直面した本当の課題は、場所だった。無数の最新アプリケーションがサプライチェーンの奥深くに埋もれ、ソフトウェアの製造者もユーザーも、それらに焦点を当てるために使えるロードマップを持っていなかった。

　セキュリティの難しいところは脆弱性を特定し、サプライチェーンに潜り込む攻撃者を発見することにあるはずだ。しかしわれわれは、自分たちが作るソフトウェアに何が含まれているかを把握すること自体が簡単ではないということを発見したのだ。

　ソフトウェアの中身を追跡するという考え方は新しいものではない。学者たちは1990年代からそれについて話してきた。2000年代には、初期のアイデアに関する議論がソフトウェア界のさまざまな場所で行われていた。オープンソースライセンスを考慮しなかったために、多くの大企業が深刻な法的トラブルに巻き込まれた。サプライヤデータの収集と活用は、1940年代後半にさかのぼる重工業の品質革命に不可欠な部分を形成し、デミングと「トヨタ革命」は数十年後のDevSecOpsと現代のソフトウェア革命に影響を与えた。

　たしかに、ソフトウェアのサプライチェーンにおいて透明性が向上していないのは驚くべきことだ。私はよくTwinkie[※1]（Audra Hatch氏とJosh Corman氏によって最初に提唱された）の例を使って、われわれの企業や政府、重要なインフラで稼働しているソフトウェアの中身よりも、なぜ生分解性のないスナック菓子の中身の方がよく理解されているのかという疑問を投げかける。

※1　（訳注）主に米国で売られているスポンジケーキのお菓子。

Software Transparency

本書でSBOM（ソフトウェア部品表）の実装方法を理解する旅に出るにあたり、なぜ当初はこのような能力がなかったのか、どのように進歩を遂げ始めているのか、そしてこの透明性の価値は何なのかを理解するために、少し時間を取ることは有益である。いくつかの組織が共有したがらなかった理由の中には前述のオープンソースライセンスのコンプライアンスリスクにさらされることを避けたいという、あまり好ましくない理由も含まれている。率直に言って、多くの組織は、技術的負債の規模を認めたくなかった。また、依存関係データを追跡するための基本的な内部インフラやプロセスを設定するために必要なコストを負担したくなかった。さらに、このSBOMの旅を始めるのは簡単なことではなかったことを認識すべきである。技術的な専門知識、多様なソフトウェア・エコシステムへの理解、インセンティブへの理解を結集する必要があった。しかし、この5年間で膨大な進展があったのだ。

　まず必要だったのは、SBOMとは何かというビジョンの共有だった。多くの専門家が一般的な考えを持っていた。これらは2018年から2020年にかけて、NTIA（連邦政府電気通信情報局）が招集したオープンで国際的な「マルチステークホルダー・プロセス」で議論され、洗練された。コミュニティはSBOMの基本を定義し、その中核となるユースケースを示した。そして、この情報をサプライチェーン全体で伝達するための機械可読な手段が必要となった。幸運なことに、ソフトウェアの世界ではわれわれよりも先行していた人たちがいたため、Linux FoundationのSPDX（Software Package Data Exchange）とOWASP（Open Worldwide Application Security Project）のCycloneDXをこれらのモデルに合わせることができた。

　次のステップは、この機械可読データを生成し、利用するためのツールを作ることだった。ソフトウェアの世界では、SBOMの一般的な実装において大きな進展があり、エコシステム全体で新しいツールが登場している。われわれは、より多くの分野や技術に特化したツールを見ているが、これは産業用制御システム（ICS）やオペレーショナルテクノロジー（OT）ファームウェアの世界のニーズは、従来のエンタープライズ・ソフトウェアとはやや異なっており、クラウド・ネイティブの世界と比較して、独自の機能や統合があるからである。生成ツールが成熟し始め、組織がこのデータを運用面でも戦略面でも活用するための新しいツールが次々と登場している（最初はNTIAで、そして現在はCISA（サイバーセキュリティ・社会基盤安全保障局）で、新興企業やオープンソースのイノベーターと会い、ソフトウェア市場全体の真のニーズを満たす方法を見つけることが、私の仕事における特権の一つ

序文　**XV**

である）。

　もちろん、テクノロジーと市場に並ぶ3本目の脚は政府である。連邦政府はここ数年、サプライチェーンの安全確保に注力してきたが、世界中のパートナーによる強い関心と政策革新があった。SBOMがサイバーセキュリティ政策のメインステージに躍り出たのは、2021年5月、サイバーセキュリティに関する大統領令14028号が発令されたとき、とくに、連邦政府へのサプライヤが購入者にSBOMを提供することが宣言されたときである。本書が出版される時点では、これらの規制の最終的な詳細が発表される予定である[2]。これは、FDA（連邦政府食品医薬品局）による米国内の医療機器規制、ほかの米国規制当局の活動、そして世界各国で提案されている規制案にも通じるものである。

　あなたは本書を手にしている（あるいは本書を画面に表示している）のだから、ソフトウェア・サプライチェーン全体の透明性の価値について改めて説得する必要はないだろう。しかし、ほかの人を説得したり、自分の組織やソフトウェア・エコシステムの隅々まで布教したり、予算を主張したり、データを共有するようサプライヤを説得したりする必要があるかもしれない。情報セキュリティベンダーは誇張するが、SBOMの「SB」は「銀の弾丸(silver bullet)」を意味しない。SBOMはデータレイヤーである。われわれは、データを知識に変え、最終的には行動に移すためのツールとプロセスを構築しているところである。CVE（共通脆弱性識別子：Common Vulnerabilities and Exposures）が実際にネットワーク上の脆弱性を修正するわけではないが、CVEが今やグローバルの脆弱性システムにおいて不可欠な一部となっている。同じようにSBOMもソフトウェアセキュリティと品質の世界にとって不可欠なものになるだろう。

　ソフトウェア・サプライチェーンの透明性は、ソフトウェアのライフサイクル全体を支援する。ソフトウェアを構築する者にとって、SBOMはプロセスを理解し、設計上安全でないものを構築したり、既知のリスクを抱えたまま出荷したりしないようにするための強力なツールである。
　ソフトウェアを選択したり購入したりする者にとっては、提供するものを理解していないサプライヤを利用する必要があるだろうか？

---

[2]　2023年10月に連邦調達規則（FAR）の改正案が発表。調達業者に対して、SBOMを作成・維持し、SBOMに対する連邦政府機関のアクセスを許可することを要求できる規定などが追加されている。

使う前から時代遅れのソフトウェアを採用する可能性があるのはなぜだろう？

ソフトウェアを運用する者にとって、SBOMがなければ、どのように新たに特定されたリスクに対応し、使用済みまたはサポート終了のソフトウェア上に構築されたシステムの計画を立てることができるだろうか？

もちろん、われわれの多くはこの3つの役割すべてを担っている。SBOMがより普及するにつれて、このデータのより多くの用途が特定され、構築されることは避けられないように思われる。

SBOMのアイデアを支持し、ツールを構築し、重要なエッジケースについて議論するなど、ソフトウェア透明性運動には多くの素晴らしい貢献があった。著者たちは、SBOMのアイデアからSBOMの実践に至るまで、（彼ら自身のものも含めて）これらの進歩を捉え、詳細とニュアンスを説明する素晴らしい仕事をしている。世界中の実務家がこの本を手に取り、組織や顧客のために活用し、信じられないような成功を収めることを期待する一方で、この本の重要な価値が実際には短命に終わることを私は逆説的に願っている。より多くの人々が、著者の描くような相互運用可能な自動化によってソフトウェアを構築して管理するようになり、著者の示す方向へ進むようになればSBOMは新しく輝くものではなくなり、すべてのソフトウェアが作られ、販売され、使用される方法の自然で自動化された一部となるだろう。

そうなれば、われわれは次の課題に目を向けることができる。

■ Allan Friedman 博士

Allan Friedman博士は、CISAのシニアアドバイザー兼ストラテジストである。SBOM（ソフトウェア部品表）をめぐる世界的なセクター横断コミュニティの取り組みをコーディネートしている。以前は、NTIAのサイバーセキュリティイニシアチブディレクターを務め、脆弱性開示、SBOM、その他のセキュリティのトピックに関する先駆的な取り組みを主導した。連邦政府に入る前は、ハーバード大学コンピュータサイエンス学部、ブルッキングス研究所、ジョージ・ワシントン大学工学部で、著名な情報セキュリティ技術政策学者として10年以上を過ごした。共著に『Cybersecurity and Cyberwar：What Everyone Needs to Know』がある。スワースモア大学で理学士号、ハーバード大学で博士号を取得している。

はじめに

われわれは、ソフトウェアが社会のあらゆる側面に触れる時代に生きている。ソフトウェアは、重要インフラ、デジタル商取引、国家安全保障に至るまで、あらゆるものに関与している。実際、本書執筆時点で、WEF（世界経済フォーラム）は、2022年末までに世界の国内総生産（GDP）の60％がデジタル・システムに結び付けられると予測している[1]。しかし、同じWEFの報告書によると、現代の経済や社会を動かしているテクノロジーを信頼している人は45％に過ぎない。その信頼の欠如の一因は、顕著なデジタル・データ侵害と、ソフトウェア・サプライチェーンに関する透明性という2つの長年の問題にある。

ソフトウェア・サプライチェーン攻撃は新しい現象というわけではなく、コードの信頼に関する懸念は、1984年のKen Thompson氏の有名な論文「Reflections on Trusting Trust（トラストをトラストすることに関する考察）」にまでさかのぼる。外部リソースから作成されたコードは信頼できない、あるいは悪質なものである可能性が高いという考え方は、ソフトウェア・サプライチェーンへの攻撃が加速する近年、ますます激化している。悪意のある行為者はさまざまな動機によって単一の事業体を標的にするのではなく、広く使用されているソフトウェア（プロプライエタリかオープンソースかを問わない）を侵害し、利用者のエコシステム全体に連鎖的な影響を与えられることに気付いている。

このようなインシデントの発生頻度が加速するにつれて、組織は、ソフトウェア・サプライチェーンの課題、複雑性、インシデントを理解し、関連するリスクを軽減するためのセキュリティ対策を実施する努力を強化してきた。CNCF（クラウドネイティブコンピューティング財団：Cloud Native Computing Foundation）は、2003年までさかのぼるサプライチェーン侵害のカタログ[2]を作成した。このカタログは悪用された開発者ツール、開発者の過失、悪意のあるメンテナ、あるいは攻撃の連鎖（攻撃を可能にするためにいくつかの侵害を連鎖させる）など、さまざまな方法によるサプライチェーンの侵害を捕捉する。

[1]　https://www3.weforum.org/docs/WEF_Responsible_Digital_Transformation.pdf
[2]　https://github.com/cncf/tag-security/tree/main/community/catalog/compromises
（訳注）現在は1975年のデータも掲載されている。

SolarWindsやLog4jなど、本書で取り上げるいくつかの画期的な事例が発生する前、ODNI（国家情報長官室）は2017年に文書[3]を発表し、同年はソフトウェア・サプライチェーン攻撃の転換点となる年であったと述べている。同文書は2017年に起きたいくつかの重大なソフトウェア・サプライチェーン攻撃について記述しており、これらの攻撃は代表的な営利企業に加え連邦政府を支援する組織にも影響を及ぼし、そのうちのいくつかは国家的な行為者に起因するものであったともしている。ODNIの文書では、多くのソフトウェア開発・流通経路が適切なセキュリティを欠いていると指摘している。また、ODNIは一部の組織ではサイバー衛生が向上しているため、悪意のある行為者が上流に行くこともあると指摘している。悪意のある行為者にとっては、1つの組織を標的にするよりも、上流に行き、下流のソフトウェア利用者を大規模に侵害する方が効率的な場合が多い。ソフトウェア・サプライチェーン攻撃の中には、あらゆる利用者を標的にする無差別攻撃もあれば、下流の利用者が誰であるかを知っている特定の上流ソフトウェア製造者を狙う攻撃もある。

デジタル技術を駆使したシステムが、かつてない効率性、生産性、革新性をもたらしたことは否定できない。とはいえ、同じようなデジタルでつながったソフトウェアを駆使したシステムが、現在、完全に理解され始めたばかりのレベルのシステミックリスク[4]を生み出しているのも事実である。複雑な依存関係はシステミックリスクを高めると言われており、現在のソフトウェア・エコシステムと現代のデジタル・システムが複雑であることに異論を挟むのは難しいだろう。悪意のある行為者は、ソフトウェア・サプライチェーンを標的にすることの価値を認識しつつあり、テクノロジーリサーチの業界リーダーであるGartner社は、2025年までに組織の約45%がソフトウェア・サプライチェーン攻撃を経験するだろうと予測している。この見積もりは低いという意見もある。たとえば、Sonatype社は過去3年間でソフトウェア・サプライチェーンへの攻撃が年率742%増加したという報告書を2022年に公表[5]している。

ソフトウェア・サプライチェーンへの注目すべき攻撃が増加する中、民間企業だけでなく、政府も意欲的な取り組みを始めている。米国では、ホワイトハウスが大統領令（EO：Executive Order）14028号「国家のサイバーセキュリティの改善」[6]を発表した。ここに

※3　https://dni.gov/files/NCSC/documents/supplychain/20190327-Software-Supply-Chain-Attacks02.pdf
※4　一部の箇所における機能不全がシステム全体に影響を及ぼすリスクのこと。
※5　https://sonatype.com/state-of-the-software-supply-chain/introduction
（訳注）現在は2024年のデータに更新されている。
※6　https://whitehouse.gov/briefing-room/presidential-actions/2021/05/12/executive-order-on-improving-the-nations-cybersecurity

は、ソフトウェア・サプライチェーンのセキュリティ強化に特化したセクションがある。この命令には、連邦政府を含む組織で使用されるソフトウェア透明性の欠如に関する項目が含まれている。

　本書ではソフトウェア・サプライチェーンに関連する事件、業界の活動、新たな解決策、ソフトウェア・サプライチェーンの安全確保に関して残された重大な課題について詳説する。

🔒 なぜソフトウェア透明性が重要なのか

　ソフトウェア・サプライチェーンの脅威と新たなフレームワークやガイダンスの詳細に踏み込む前にまず、なぜこれが現代社会のあらゆる側面に影響を与える重大な問題なのかについて説明する必要がある。前述したようにデジタル・プラットフォームは、世界の経済生産の半分以上を占める勢いである。これらのデジタル・プラットフォームやシステムを動かしているのはソフトウェアであり、その多くはOSS（オープンソースソフトウェア）コンポーネントである。OSSの利用は、現代のソフトウェア・エコシステムの多くに遍在している。最近の研究[7]によると、現代のソフトウェアコードベースの97％にOSSが含まれ、かつソフトウェアコードベースの半分以上がOSSであることがわかった。

　OSSは現在、社会にとって最も重要なインフラやシステムの一部に根本的に組み込まれている。調査によると運輸、金融サービス、製造といった業界におけるコードベースの90％以上がOSSを含んでいる。同じ傾向は電気通信や医療などの業界にも見られる。米国では、国防総省（DoD：Department of Defense）が「ソフトウェア開発とオープンソースソフトウェア」と題する覚書を発表した[8]。この覚書は、より広範な「ソフトウェア近代化戦略」[9]の一部であり、OSSを「ソフトウェアで制御された（software-defined）世界の基盤であり、ソフトウェア近代化の取り組みの鍵となるように、ソフトウェアをより速く、回復力をもって提供するうえで重要である」と定義している。ソフトウェア近代化戦略では、「回復力のあるソフトウェア能力を安全かつ迅速に提供する能力は、将来の競合を定義する競争上の優

※7　このレポートの提供元はSynopsys Software Integrity Groupの社名をBlackDuckに変更した。BlackDuckは古いバージョンのレポートをオンラインで公開しておらず、最新のレポートのみを提供している。現在、2024年版のレポートが以下のURLから閲覧できる。
https://www.blackduck.com/resources/analyst-reports/open-source-security-risk-analysis.html#introMenu
※8　https://dodcio.defense.gov/Portals/0/Documents/Library/SoftwareDev-OpenSource.pdf
※9　https://dodcio.defense.gov/portals/0/documents/library/softwaredev-opensource.pdf

位性である」と述べている。

　ソフトウェアの革新的な利用は国防総省が強調しているように国家安全保障のために重要であるだけでなく、社会全体にとっても極めて重要である。米国下院の科学・宇宙・技術委員会の一部として行われた「デジタル・コモンズの安全確保：オープンソースソフトウェアのエコシステムの健全性を向上させる」[10]と題された公聴会では、業界の専門家だけでなく、複数の選出議員も強靭なOSSエコシステムの重要性を証言した。Bill Foster下院議員は、OSSを「デジタル・エコシステムの隠れた労働力」と呼んだ。Haley Stevens下院議員は、「活気あるオープンソースのエコシステムは、米国の競争力と成長の原動力である」と述べた。2022年にホワイトハウスが主催したオープンソースソフトウェアセキュリティサミットでは、国家安全保障コミュニティが使用するソフトウェアを含め、主要なソフトウェアパッケージのほとんどにOSSが含まれていることが強調された[11]。

　多くの人々がOSSは社会にとって不可欠なものであり、州間高速道路、電力網、水処理、その他社会基盤と同様、重要インフラとみなすべきだと主張し始めている[12]。また、OSSを重要インフラとして指定することで、追加的な資源、セクター横断的な調整、国民の意識、対話が生まれると主張している。

　OSSはどこにでもあり国家安全保障、商業産業、社会にとって重要であるにもかかわらず、そのセキュリティ上の懸念は軽視されてきたと言える。「Open-Source Security: How Digital Infrastructure Is Built on a House of Cards」[13]と題された記事の中で、研究者のChinmayi Sharmaは、OSSとそれに関連する脆弱性はすべての重要インフラ部門にはびこっており、リソースとインセンティブの不足により、社会にシステム的なリスクをもたらしていると主張している。

　この注目度の低さは悪意のある行為者にとっても見逃せない。ある調査によると、ソフトウェア・サプライチェーンへの攻撃は、2021年には前年比（YoY）で650％も増加すると

---

[10]　https://www.congress.gov/event/117th-congress/house-event/114727
[11]　https://www.whitehouse.gov/briefing-room/statements-releases/2022/01/13/readout-of-white-house-meeting-on-software-security
[12]　https://hbr.org/2021/09/the-digital-economy-runs-on-open-source-heres-how-to-protect-it
[13]　https://www.lawfaremedia.org/article/open-source-security-how-digital-infrastructure-built-house-cards

いう。これは特殊な現象ではなく2020年には400%以上の増加が見られた。このような著しい増加は、CNCFのCatalog of Supply Chain Compromisesなどの情報源にも反映されている。

　このようなソフトウェア・サプライチェーンへの攻撃の増加は、Atlantic Councilの「BREAKING TRUST: Shades of Crisis Across an Insecure Software Supply Chain」ホワイトペーパー[14]からも裏付けられている。彼らの調査によると、ソフトウェア・サプライチェーンへの攻撃が急増しており、OSSと並んでサードパーティのアプリケーションが主要な攻撃ベクトルとなっている。このレポートでは、ハイジャックされたアップデート、悪意のある依存関係、ソフトウェア開発プラットフォームの侵害、アカウントの侵害など、無数の手法を通じて過去10年間に100件以上のソフトウェア・サプライチェーン攻撃が行われたことを記録している。これは悪意のある行為者によるソフトウェア・サプライチェーン攻撃の一貫した使用と増加だけでなく、現代のソフトウェア・エコシステムの複雑性により、悪意のある行為者が下流のソフトウェア利用者を侵害するために使用できる攻撃手法の多様性も実証している。この報告書が示すように、こうした攻撃は何百万人ものユーザーに影響を与えているだけでなく、現代のデジタル社会における国家間の紛争や関与の標準化された手法として急速に普及しつつある。悪意のある国家行為者（国家や政府が支援するハッカーグループなど）からの注目は、ODNIが2017年に発行した出版物[15]でも強調されている。狙われているのはOSSコンポーネントだけではない。悪意のある行為者は、マネージドサービスプロバイダー（MSP）やクラウドサービスプロバイダー（CSP）、その他いくつかの事業体も標的にしており、これらすべてが現代のソフトウェア・エコシステムにおいてさまざまな役割を担っている。

　悪意者は、ソフトウェアのサプライチェーンのコンポーネントやサプライヤを標的にし、同じ数の被害者を個別に狙うよりも効率的で、下流に大規模な影響を与えることが実り多いことに気付いている。本書では、ソフトウェア・サプライチェーンの脅威の背景から、注目すべきインシデント、新たなガイダンス、技術的能力、ベストプラクティス、そして今後の方向性までを解説する。

※14　https://atlanticcouncil.org/wp-content/uploads/2020/07/Breaking-trust-Shades-of-crisis-across-an-insecure-software-supply-chain.pdf
※15　https://dni.gov/files/NCSC/documents/supplychain/20190327-Software-Supply-Chain-Attacks02.pdf

本書の概要

　本書は、ソフトウェア透明性とソフトウェア・サプライチェーンのセキュリティに関連する新たな議論と課題に関連するトピックを取り上げている。これには、ソフトウェア・サプライチェーンの脅威に関する詳細な背景、セキュリティに対する既存のアプローチ、これらの指数関数的に関連する脅威に対処するための革新的なツール、技術、およびプロセスの台頭が含まれる。これらの脅威が社会のほぼすべての側面に与える影響や、さまざまな利害関係者がこれらの脅威に対処するための実践的な指針についても議論する。また、新たな規制とその影響、そして業界や社会における今後の方向性に関する予測も取り上げる。

- **Chapter 1：ソフトウェア・サプライチェーンの脅威の背景**　このチャプターでは、攻撃者のインセンティブ、ソフトウェア・サプライチェーン攻撃の構造、関連する画期的な事例など、中核的なトピックについて概説する。
- **Chapter 2：既存のアプローチ - 伝統的なベンダーのリスク管理**　このチャプターでは、伝統的なベンダーのリスク管理、アプリケーションセキュリティ・モデル、ハッシュ化やコード署名のような手法など、ソフトウェアセキュリティに対する既存のアプローチについてレビューする。
- **Chapter 3：脆弱性データベースとスコアリング手法**　このチャプターでは、既存および最新の脆弱性データベースと、ソフトウェアやアプリケーションの脆弱性をスコアリングし、優先順位付けするために使用される一般的な手法について議論する。
- **Chapter 4：ソフトウェア部品表 (SBOM) の台頭**　このチャプターでは、初期の失敗と成功、そしてSBOMの成熟に貢献した米国の連邦組織と業界組織など、SBOMコンセプトの起源について議論する。
- **Chapter 5：ソフトウェア透明性における課題**　このチャプターでは、オープンソースとプロプライエタリなコード、ファームウェアと組み込みソフトウェアの違いなど、ソフトウェア透明性に関する課題に焦点を当てる。
- **Chapter 6：クラウドとコンテナ化**　このチャプターでは、クラウドやコンテナ化などのITの進化や、SaaS (Software-as-a-Service) の領域におけるソフトウェア透明性に関連する複雑さについてレビューする。このチャプターでは、DevSecOpsに関連する取り組みも取り上げている。

はじめに　**xxiii**

- **Chapter 7：民間部門における既存および新たなガイダンス**　このチャプターでは、ソフトウェア透明性およびソフトウェアのサプライチェーンセキュリティに関連する、官民両セクターの既存および新たな商用ガイダンスについて議論する。
- **Chapter 8：公共部門における既存および新たなガイダンス**　このチャプターでは、政府部門によるソフトウェア透明性とソフトウェア・サプライチェーンセキュリティに関連する、既存の政府ガイダンスと新たな政府ガイダンスについて説明する。
- **Chapter 9：オペレーショナルテクノロジーにおけるソフトウェア透明性**　このチャプターでは、ソフトウェア透明性とオペレーショナルテクノロジー（OT）に関連するユニークな側面と、より広範なソフトウェア・サプライチェーンの取り組みへの影響について議論する。
- **Chapter 10：サプライヤのための実践的ガイダンス**　このチャプターでは、ソフトウェアサプライヤが新たなガイダンスやベストプラクティスを満たし、ソフトウェアのサプライチェーンセキュリティを強化するうえでサプライヤが果たす役割を促進するための、実践的ガイダンスに焦点を当てる。
- **Chapter 11：利用者のための実践的ガイダンス**　このチャプターでは、SBOMが実際に必要かどうか、SBOMを使って何を行うか、組織のソフトウェア・サプライチェーンリスク管理の取り組みを成熟させる方法など、ソフトウェア利用者のための実践的なガイダンスを取り上げる。
- **Chapter 12：ソフトウェア透明性の予測**　このチャプターでは、新たな規制とそれがより広範な市場に与える影響、有望な新技術、業界や社会としての今後の方向性など、今後のソフトウェア透明性に関する予測を取り上げる。

本書の想定読者

　本書は、最高情報セキュリティ責任者（CISO）、最高技術責任者（CTO）、上級技術およびセキュリティリーダー、セキュリティエンジニアおよびアーキテクト、ソフトウェア開発者、オープンソースソフトウェアの愛好家など、さまざまな技術およびサイバーセキュリティの専門家にとって有益である。また、安全なソフトウェアの調達に関心を持つ調達専門家や、新たなソフトウェア・サプライチェーンのガイダンスと要件を理解しようとする調達・監査専門家にも有益である。ソフトウェアと社会に関するベストプラクティスや脅威に関心のある研究者や政策立案者にも有益である。

凡例

定義 本書全体を通して、新しい用語や標準的でない用語の意味を説明する。

注 インライン・ボックスは、物語の流れを妨げることなく、トピックのある側面についてさらに詳しく説明するために使用する。

とくに強調する必要がある、または本文の内容を超えた関連性がある内容については、一般的な注釈に記述している

日本語版の脚注について

日本語版では、以下の要素を脚注で表しました。

- **原著にて、本文内に記載されていたURL**

  URLは可能な限り原著のまま記載しています。一部、原著執筆時と状況が変わっているものは括弧書きで補足を入れてあります。

- **日本語版オリジナルの訳注**

  本書を読み進めるうえで必要な補足情報を訳注として添えてあります。

Chapter

1

ソフトウェア・サプライチェーンの脅威の背景

このチャプターでは、攻撃者のインセンティブ、ソフトウェア・サプライチェーン攻撃の構造、関連する画期的な事例など、中核的なトピックについて概説する。まず、攻撃者がサプライチェーン攻撃を行うインセンティブについて説明する。

1-1 攻撃者のインセンティブ

　サプライチェーン攻撃は攻撃者にとって非常に有益な方法で、従来の境界防御を回避することが可能である。組織はファイアウォール、侵入防御、アクセス制御に多額の投資を行ってきたが、これらの防御は組織のインフラを直接狙う「プッシュ型」攻撃に対する防御策である。それらに対してサプライチェーン攻撃は、より「プル型」のシナリオを助長し、IT（情報技術）の正当なユーザーが悪意のあるソフトウェア・アップデートを要求することで、ユーザーは意図せず組織を侵害してしまうことになる。信頼できるユーザーからのリクエストで企業の境界内から発信されるか、サードパーティのリスク管理プロセスによってすでにクリアされた信頼できるエンティティに送信されるため、これらのアップデートは問題のないものとみなされる。

　攻撃を防ぐために必要な対策を検討する場合、単一のレイヤーのみにおける防御対策では不十分である。ネットワークインフラ管理者が外部向け通信の監視とホストベースの管理を実装する必要性に気付いたのと同じように、この多層防御への移行、とくに境界の先を見据えることは極めて重要である。クラウド、モバイル、ソーシャルメディア、最新のアプリケーションインフラストラクチャなど、さまざまな技術要素の登場から、境界の概念も進化しなければならない状況にある。境界はもはや静的なものではなくネットワークの終端に存在するものであっても、アプリケーションやアクセス管理メカニズム内の論理的な障壁でも、トラストゾーン間の分離層として考える必要がある。そのため、管理とその結果としての脅威のモデル化は攻撃対象領域全体を考慮し、それぞれの相互作用点と信頼関係を探る必要がある。

　サプライチェーン攻撃は戦力増強としても機能する。主要な依存関係や広く使われているソフトウェアを特定することで、攻撃者はそのコードを利用するあらゆる環境に悪意のあるコードを注入（インジェクション）することができる。これは、水飲み場型攻撃の概念に類似しており、攻撃者は産業用制御システム（ICS）インテグレーターが使用するPLC（プログラマブルロジックコントローラ）ウェブフォーラムのような標的によって広く使用されているウェブサイトを侵害する。攻撃者がそのフォーラムにアクセスするすべてのユーザーを

危険にさらすことができれば、理論的にはそれらのインテグレーターが仕事をする重要なインフラストラクチャエンティティにアクセスすることができる。同様に、侵害されたインテグレーターが使用するソフトウェアは、そのコンサルタントが次のプロジェクトに移った後でも、そのソフトウェアがインストールされた環境に望ましくない悪意のある機能を導入する可能性がある。

これらはソフトウェア・サプライチェーン攻撃が攻撃者側に非常に有利であることを意味する。再利用可能なエクスプロイトとサプライチェーン攻撃への参入コストの低さから大きな利益を得るサイバースパイ活動には経済的な要因がある。また、最近の多くの攻撃ではソフトウェア・サプライチェーン経由でランサムウェアが展開されるという組み合わせが見られるが、これは侵害を容易にするだけでなく、ランサムウェアの運営者にとって直接的な金銭的利益をもたらし、業務中断を憂慮する組織の懸念度合いを高めている。

1-2 脅威モデル

脅威のモデル化というトピックは頻繁に引き合いに出されるものであるが、著者らの経験では現実の組織で脅威のモデル化が行われることはほとんどない。業界として、脅威を適切にモデル化するために必要なソフトウェアやシステムの背景を検討することなく、かなり一般的な方法で脅威について議論することが多い。しかし、このような活動の核となるのは攻撃対象領域（相互作用のポイント）の定義と、何がうまくいかない可能性があるかの調査である。

わかりやすくするために、いくつかの重要な用語を定義する。

・**脅威**：脅威とは、望ましくない結果をもたらす否定的な出来事である。脅威は、自然発生的なもの、性質が穏やかなもの、明らかに悪意のあるものなどがある。たとえば、あなたのビジネスの請求システムが処理入力を捕捉できなかったり、データセンターが竜巻で破壊されたりするようなことである。

- **脅威エージェント**：脅威エージェントとは脅威を発生させた張本人である。たとえば、ハクティビスト、悪意のある内部犯、不満を持つビジネスパートナー、侵害を受けたコンサルタント、ほかには天候パターンなどが挙げられる。脅威の帰属がしばしば間違っていることが指摘されており、攻撃パターンの特定の脅威主体に関する仮定が、保護特性における誤った仮定につながる可能性がある。たとえば、ランサムウェアを多用する国家が脅威エージェントである可能性が高いと考えたが、その代わりにスパイ活動に重点を置く国家に直面した場合、セキュリティ態勢はどのように変化するのだろうか。実際の発生国は重要なのだろうか、それとも不当なバイアスを生み出しているのだろうか？
- **脅威のアクション**：これは最終的に脅威を発生させる原因となる脅威エージェントによる行動である。たとえば、ハクティビストのような脅威エージェントは、システム管理者を買収して課金システムを再設定させ、最終的に財務的な影響をもたらす脅威を引き起こすかもしれない。
- **脅威モデル**：これはシステムと脅威を文書化するプロセスであり、脅威のためにシステムのリスク管理に関連するある種の意思決定をモデル化できるようにするものである。脅威モデルには、一般的なサイバーリスク管理、システム設計と分析、さらには情報共有モデルなど、さまざまな目的がある。

1-2-1　脅威のモデル化の手法

脅威モデル化手法にはいくつかの種類がある。まずSTRIDEについて説明しよう。

■ STRIDE

STRIDEは、何が問題になりうるかを判断するのに役立つ非常に一般的な脅威の方法論である。STRIDEは頭文字を並べて記憶がしやすいように分割されている。

- **S**poofing（なりすまし）：ほかのユーザーやシステムコンポーネントになりすまし、システムへのアクセスを得ること
- **T**ampering（改ざん）：システムやデータを何らかの方法で改ざんし、意図したユーザーにとって有用でなくすること
- **R**epudiation（否認）：あるユーザーまたはプロセスの下で行われた行為を、もっともらしく否認すること

- Information Disclosure（情報漏えい）：権限のない第三者へ情報が公開されること（データ漏えいなど）
- Denial of Service（サービス拒否）：意図したユーザーがシステムを利用できないようにすること
- Elevation of Privilege（権限昇格）：ユーザーまたはプロセスが、権限なしにシステムに追加アクセスできるようにすること

サプライチェーン攻撃の大半はシステムを操作することで起こるものである一方、STRIDEのような従来のモデルはシステムに対する直接的な攻撃を想定している。これは、従来であれば管理者が（システムの）アプリケーションをアップデートすることはよいものとされていたのに対し、サプライチェーン攻撃の文脈ではアップデートによって悪い結果を引き起こすこととは対照的である。

■ STRIDE-LM

Lockheed Martin社の研究者たちは、**ラテラルムーブメント**として知られる7番目の次元を追加することでSTRIDE手法を拡張した。STRIDEはシステム設計には有用であるが、ネットワーク防御者のニーズを満たしていない。STRIDE-LMは、防御者が最初の侵害のポイントを超えて防御する際に、より高い効果を発揮する制御を設計するためのメカニズムを提供する。

ソフトウェア・サプライチェーン攻撃への適用可能性について脅威モデルを評価する際には、そのモデルが何のために設計されたのか、そして問題のシナリオにどのように適用されるのかを自問していただきたい。たとえば、多くのサプライチェーン攻撃は、悪意のあるアップデートや、最初のソフトウェアエントリポイントを検出するために設計された制御を回避する信頼の乱用によって、メンテナンスフェーズを悪用する。同様に、ソフトウェア・サプライチェーンに固有の単一障害点のため、これらの行為に関する下流への影響は元のSTRIDE手法では効果的にモデル化されない可能性がある。本書で画期的な事例を検討するにつれ横方向の動きを利用することが、いかにモデル化に新たな文脈を提供しSTRIDE-LMをサプライチェーン指向の攻撃により適用しやすくなるかわかるだろう。

■ Open Worldwide Application Security Project（OWASP）のリスク評価手法

　OWASPの手法は、技術的脅威とビジネス影響の基準を活用してスコアを導き出し、特定のリスクを評価する定量的なスコアリングモデルとして使用される。その中核では、かなり標準的な影響度×尤度の計算を用いるが、興味深いのはこの2つの式の作成方法である。次の説明はこの計算式の基本を捉えようとするものであるが、実際の使用においては要因が変更されたり、非常に重要な特定の要因に重み付けが適用されたりすることが珍しくないことに留意すべきである。たとえば、重要インフラストラクチャでは多くの事業体が事業影響に第5の「安全」要因を追加することを望み、ほかの要因よりも重く加重することが多い。

可能性 = AVG（脅威エージェント + 脆弱性）

　ここで、脅威エージェント＝スキル、動機、機会、規模であり、脆弱性＝発見のしやすさ、悪用のしやすさ、認知度、侵入検知のしやすさである。

インパクト = AVG（技術的影響 + ビジネス影響）

　ここで、技術的影響＝機密性、完全性、可用性、説明責任の喪失であり、ビジネス影響＝金銭的損害、評判の損害、コンプライアンス違反、プライバシーである。

リスクスコア = 可能性 × 影響度

　OWASPは、特定されたリスクを評価し、対策を講じるための優先順位を付けるのには有用であるが、未知のリスクを特定するための脅威モデル化手法としてはあまり役に立たない。ほかの脅威モデル化手法を適用した後に、OWASP をプロセスに組み込むのが理にかなっているかもしれない。われわれの経験では、OWASPは Common Vulnerability Scoring System（CVSS）スコアリングのような優先順位付けの仕組みよりもはるかに優れているが、有用であるためにはコンテキストが必要である。

DREAD

DREADはMicrosoft社が生み出したレガシーな手法であるが、現在ではほとんど使われておらず、しばしば「死んだ」手法と考えられている。DREADはSTRIDEに似た短い語句を利用していた。

- **D**amage（ダメージ）：攻撃はどの程度悪質か？
- **R**eproducibility（再現性）：攻撃を再現するのはどれくらい簡単か？
- **E**xploitability（攻撃しやすさ）：攻撃を仕掛けるのにどれだけ手間がかかるか？
- **A**ffected users（影響を受けるユーザー）：どれだけの人が影響を受けるか？
- **D**iscoverability（発見可能性）：脅威を発見するのはどれくらい簡単か？

アタックツリーの活用

アタックツリー[1]は、意図しない、あるいは望ましくない結果から逆算する視覚的な方法であり（その事象の発生メカニズム、最も可能性の高い攻撃のベクトルを理解することができる）、その結果を防ぐために実施すべき管理策の優先順位付けリストを作成する方法である。図1.1では、敵対者にとって最も安上がりな方法は金庫をただ開けることである。そもそも金庫へのアクセスを防ぐために物理的なセキュリティ対策を優先するか、そのような攻撃に耐性のある金庫にお金をかけることが理にかなっているかもしれない。内部からの脅威も有効な攻撃手段ではあるが、攻撃者の経済性を考えるとこの方法を選択する可能性ははるかに低い。

これはサプライチェーン攻撃を理解し始め、従来の攻撃と比較していかに簡単に実行できるかを確認する効果的な方法である。従来の攻撃での戦いの半分はアクセス制御を迂回しようとする物理的なアクセスを得ることであった。サプライチェーン攻撃では、信頼されたエンティティがシステムを侵害するために必要な行為に関与する。

---

[1] http://schneier.com/academic/archives/1999/12/attack_trees.html

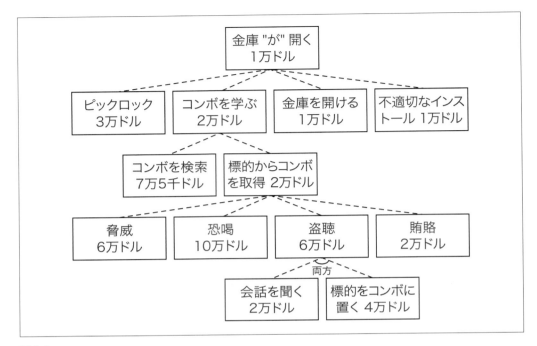

図1.1

　しかし通過する障壁ははるかに少ない。図1.2にタイポスクワッティング攻撃を使った攻撃例を示す。これは、攻撃者が実際のパッケージと似た名前の悪意のあるパッケージを提供し、悪意のあるコンポーネントをGitHub上で正当なライブラリのように見せかける攻撃である。これは決して完全な例ではない。

　これを整理するために、攻撃を実行するために必要な手順を考えてみよう。Lockheed Martin社は、サイバー・キル・チェーン[※2]と呼ばれる手法を開発した。多くの意味合いがあるが、これらは敵のアプローチの基本的なステップである（図1.3参照）。

　もし敵がこれらのステップのほとんどをスキップして、コマンド＆コントロールに直行できるとしたらどうだろうか？　敵対者にとって、攻撃を実行するためのコストと複雑さを軽減することは非常に魅力的であり、経路を理解することで、その目的を達成できる。

※2　https://lockheedmartin.com/en-us/capabilities/cyber/cyber-kill-chain.html

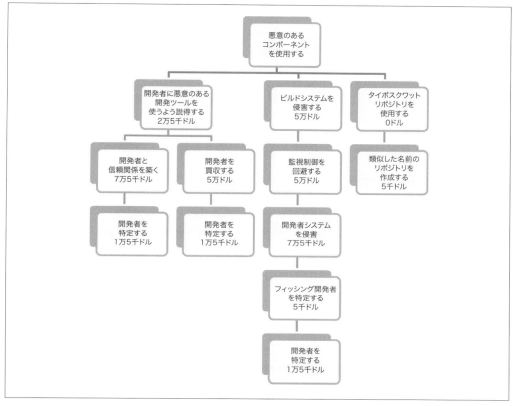

図1.2

図1.3

1-2-2 脅威のモデル化プロセス

　このセクションでは、典型的な脅威モデル化プロセスについて説明する。まず、あなたが構築または更新しようとしているシステムまたはアプリケーションを定義しなければならない。そのコンポーネントを決定し、これらのコンポーネントがどのように相互作用するかを決定する。これによってシステムの攻撃対象領域を特定するための土台作りが始まる。おそらくそれは外部から消費可能なAPIやHTTPサービスであろう。アプリケーションのロジッ

クを実行するために通信する必要があるミドルウェアやデータベースサーバー、フェデレーションを利用する認証サービスなど、ほかにも依存関係があるかもしれないが、コアアーキテクチャを理解する必要性はこのプロセスを開始するための基礎となる。

OWASP ASVS（アプリケーションセキュリティ検証標準：Application Security Verification Standard）[3] は、この基本的なアーキテクチャの理解を設計と将来の変更サイクルにおいて脅威モデル化を実施する必要性を含む基礎的な要件として定義している。

OWASP SCVS（ソフトウェアコンポーネント検証標準：Software Component Verification Standard）[4] は、この概念をさらに拡張しSBOMを要求している。しかし、脅威とその防御方法を理解するためには何を保護する必要があるのかをしっかりと把握することが必要であることは明らかである。

システムを文書化するために多くのツールを使うことができる。よく参照されるものにMicrosoft Threat Modeling Toolがある。何年もの間、これが唯一の有効な選択肢であったが、ここ数年でこの分野はかなり進化している。脅威モデル化・ツールは、ソフトウェア・アーキテクトが開発プロセスの早い段階で脅威を特定することを可能にする。このツールは脅威を文書化するためにSTRIDEモデルを使用する。

図1.4では単純なアプリケーションコンテナを示している。このコンテナは公開されたウェブサービスへのインターネット・アクセスとローカル・アクセスのコンテキストを、信頼境界を使用してこれらのアプリケーションコンストラクトを区分するファイルシステム・レベルまで分離している。このようにシステムを分解することで、潜在的な脅威エージェントがシステムとどのように相互作用する可能性があるかを判断することができ、この脅威のモデル化プロセスにおける2つ目の課題に答えることができる。OWASPのpytmのような無償のツールもある。これは、このチャプターで後述するCAPEC（Common Attack Pattern Enumeration and Classification）定義を使用して脅威のモデル化を自動化するPythonベースの方法であり、Microsoft社のツールに近いThreat Dragonもある。また、Threat ModelerやIriusRiskのような非常に堅牢な商用ツールもあり、これらもASVSの設

※3 https://owasp.org/www-project-application-security-verification-standard
※4 https://owasp.org/www-project-software-component-verification-standard

計原則におけるこれまでの概念を取り入れている。

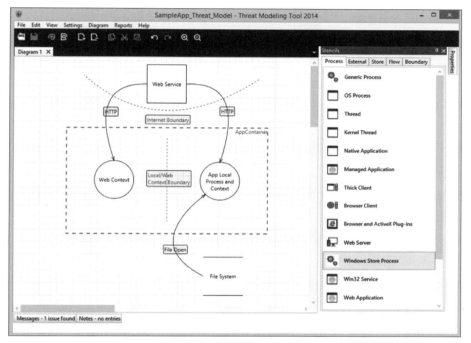

図1.4

　脅威のモデル化プロセスの次のステップは、何が問題になり得るかを判断することである。これはエラー状態やアプリケーションを正しく使うように訓練されていないユーザーのような単純なものかもしれないし、害を与えようとする敵対者のような重大なものである可能性もある。ここでは、このトピックを探るために悪意あるサイバー妨害行為のシナリオに焦点を当てる。

　図1.4は、悪意のある行為者がウェブサービスに悪意のあるログエントリを注入し、それがローカルで利用されログビューワーによって開かれると、ユーザーのブラウザで悪意のあるJavaScriptが実行されるという、潜在的なソフトウェア・サプライチェーンの脅威シナリオを説明するためのものである。このウェブサービスが多くの下流ユーザーによって利用されている場合、1つのログインジェクション攻撃によって、このサービスに依存している多くの下流ユーザーが全員危険にさらされる可能性がある。そして、敵対者が1つのウェブサービスを侵害し、それを使ってほかの多くの組織を侵害し、それらの組織やサプライ

チェーンの一部として信頼している下流の顧客に対してさらなる攻撃を行うための橋頭保^{きょうとうほ}（上陸作戦の際にその後の作戦の足場とする拠点）を築いたというシナリオが生まれる。このようなデータ改ざん攻撃は、下流に多大な影響を及ぼす可能性がある。

　何がうまくいかない可能性があるかがわかったら次に、その脅威を最小化するためにどのような管理策を講じることができるかを理解する必要がある。潜在的な脅威をすべて排除することは不可能かもしれないので、この段階の一部には優先順位付けの訓練が含まれるだろう。たとえば、先に述べたシナリオではログ入力をサニタイズしたり、文字をエスケープしたりすることで、この攻撃からさらに防御できるかもしれない。攻撃者がクロスサイトスクリプティング（XSS）を防ぐために実装されているような従来の防御を回避する方法は多量にある。そのため、XSS脆弱性を防ぐためのガイダンスを提供するOWASP XSS Prevention Cheat Sheetに文書化されているような、同様の防御に目を向けることは有益となる。このチートシートはXSS攻撃を防いだり、その影響を制限したりするテクニックのリストである[5]。

　脅威モデル化の最終段階では脅威モデルの完成度を評価し、すべてのシナリオを実行するのに十分な完成度であるか、信頼関係の境界が明確に特定されているかを自問するのが一般的である。まず、STRIDEのような使用しているモデルで定義されている脅威のアクションをすべて網羅しているか、すべてのデータフローを調査したかどうかを判断する。最後に特定されたすべての脅威について、リスク結果またはリスク計画があるかどうかを判断する。

　たとえ実行不可能と判断されたとしても必要とされる緩和策が自分のコントロールの範囲外であり、実行できないかどうかを心配する必要はない。モデルのループを閉じ、システムに大きなアーキテクチャ変更が導入されるたびにモデルを再検証すべきである。

　さらにソフトウェア・サプライチェーンの脅威というトピックには、以下のような概念が深く関わっている。

- **来歴（Provenance）**：来歴とは、ある成果物がどこから来たのかという概念である。一般的に由来（Pedigree）（次の項目を参照）と混同されることが多い。ソフトウェアに適用される来歴には、特定のソフトウェアコンポーネントがどこから来たのか、または特定のライ

---

[5] https://cheatsheetseries.owasp.org/cheatsheets/Cross_Site_Scripting_Prevention_Cheat_Sheet.html

ブラリに誰がコードを提供したのかが含まれる。組織が個々の貢献度合いで追跡すること
は珍しいが、高セキュリティのシナリオではこれは価値のある取り組みとなり得る。そのた
め、このレベルまで詳細に調査することを選択した組織では追加の緩和対策が必要になる
か、またはこれらの貢献が問題のあるものであるかどうかを判断するためにより深いセキュ
リティ分析が必要になるかもしれない

- **由来 (Pedigree)**：「追跡 (track and trace)」という概念は新しいものではなく、実際に
は科学捜査の中核をなす概念であり成果物の作成から引き渡しまで、その成果物に触れた
人物を特定する「管理の連鎖 (chain of custody)」ログの適用と密接に関連している。追
跡は成果物の移動を示し、管理の連鎖は成果物に触れた個人または組織を特定する。セ
キュアな機器配送の概念も同様に、物理的資産がどのように世界を通過するかを追跡する
ために生まれたものである。たとえば、GS1ファミリーの標準や物理的クローン解除機能
（PUF）などの保護を通じて、ロットIDやグローバル取引識別子などの一意の識別子を使
用することを含む。ソフトウェア透明性に関連するデジタル成果物を主に記述しているため、
暗号と透明性ログの使用はこれらの要件を満たす。ソフトウェア透明性に関連する由来は、
ソフトウェアパッケージの履歴やソフトウェアのセキュリティパッチを示すかもしれない。こ
れは、いくつかのSBOMフォーマットで文書化できる概念である。同じように由来は、
GitHubのリポジトリがあるメンテナから新しいメンテナに変わったか、サプライヤが製品ラ
インを売却してサードパーティに売られたか、時間の経過とともにどこが変わったかを追跡
することもできる。これらは本書の後半でさらに掘り下げていく

今日、DREADやSTRIDEのような多くの脅威モデル化フレームワークがさまざまな目的
で使用されている。このようなフレームワークは、一般的にセキュリティ設計と分析を記述
するために使用されている。アイダホ国立研究所（INL）のConsequence-Driven Cyber-
Informed Engineering（CCE）フレームワークは、特定のビジネス上の結果に沿った脅威
の制御に焦点を当てており、必ずしも攻撃対象領域のすべてのポイントに焦点を当てている
わけではない。STIXやPRE-ATT&CKのようなフレームワークは、情報共有やその他の準備
段階のために設計されている。

CAPECやMITRE ATT&CKのようなフレームワークは、特定の技術や状況に焦点を当てて
いる。組織固有のフレームワークには、NIPRNet/SIPRNet Cyber Security Architecture
Reviewがある。

同様に大規模な脅威モデル化で重要なのは、攻撃パターンに焦点を当てることである。組織が脅威モデル化を正しく実行しない理由は、規模が大きくなると難しいからである。Microsoft社のセキュリティ開発ライフサイクル（SDL）では、脅威モデル化はセキュリティ要件と重要業績評価指標（KPI）を定義した直後、設計を定義する直前、12項目のうち4番目の活動として挙げられている。新しいシステムを設計する際には、この方法は非常に理にかなっている。しかし何百、何千というアプリケーションを環境全体でどのように脅威モデル化すればよいのだろうか？　通常、われわれは近道をすることになる。これが、攻撃パターンが流行する理由であり、とくに特定された敵や特定された敵のターゲット・グループに基づいて攻撃パターンの数を減らすことができれば、なおさらだ。

　CAPECは、MITREが主催し、DHS（国土安全保障省：Department of Homeland Security）が独自に作成した、一般に利用可能な攻撃記述のカタログである。このカタログには、**サプライチェーン**に関する項目[6]が含まれており、防御者が防御策を特定しやすくするために、これらの攻撃がどのように構築されるかを理解するのに役立つ。このCAPECのサプライチェーン攻撃の項目は、この攻撃カテゴリを次のように説明している。

このカテゴリの攻撃パターンは、スパイ活動、重要データや技術の窃取、ミッションクリティカルなオペレーションやインフラの破壊を目的として、コンピュータシステムのハードウェア、ソフトウェア、またはサービスを操作することで、サプライチェーンのライフサイクルを混乱させることに焦点を当てている。サプライチェーン・オペレーションは通常、部品、コンポーネント、組み立て、配送が複数の国にまたがって行われる多国籍なものであり、攻撃者に複数の混乱ポイントを提供する。

　また、この攻撃パターン群には次のようなものがある。

- 発掘調査
- ソフトウェアの完全性攻撃
- 製造中の変更

※6　https://capec.mitre.org/data/definitions/437.html

- 流通時の操作
- ハードウェアの完全性攻撃

　さらに、MITRE ATT&CKの参考文献として**サプライチェーン侵害項目**[7]を挙げることができる。サプライチェーン侵害項目には3つのサブテクニックが追加されているほか、防御側にとって有用な緩和策も記載されている。

- ソフトウェアの依存関係や開発ツールを侵害する
- ソフトウェアのサプライチェーンを危うくする
- ハードウェアのサプライチェーンを脅かす

　残念ながら現段階ではサプライチェーンに関してMITRE ATT&CKのカバー範囲はかろうじて基礎の段階にある。そのため、MITRE ATT&CKのアプローチをCNCF（クラウドネイティブコンピューティング財団：Cloud Native Computing Foundation）といったこのような脅威に対抗するため必要な具体性をはるかに多く提供でき得る専門的な作業と組み合わせるのが理にかなっているかもしれない。

　CNCFのソフトウェア・サプライチェーン侵害のカタログには、いくつかのタイプの攻撃を定義したインデックス[8]も含まれている。ここでは、ソフトウェア・サプライチェーンにおける主要な攻撃ベクトルについて共通の辞書を持つために、これらの攻撃タイプについて説明する。インデックス攻撃の種類には次のようなものがある。

- 開発ツール
- 過失
- 出版インフラ
- ソースコード
- 信頼と署名
- 悪意のあるメンテナ
- アタック・チェイニング

---

[7] https://attack.mitre.org/techniques/T1195
[8] https://github.com/cncf/tag-security/blob/main/community/catalog/compromises/compromise-definitions.md

1-2　脅威モデル　　015

MITRE ATT&CKには、ソフトウェアの依存関係、開発ツール、ソフトウェア・サプライチェーン自体を含むサプライチェーンの侵害に特化したセクション[9]がある。

開発者ツール攻撃は、ソフトウェア開発を促進するために使用されるツールの侵害である。これは、開発者のエンドデバイス、ソフトウェア開発ツールキット（SDK）、ツールチェーンなどを対象とする。MITREは、悪意のあるシグネチャの検証やダウンロードのスキャンなど、完全性をチェックする仕組みを使用することを推奨している。悪意のある行為者が開発ツールを侵害することができれば、ソフトウェア開発ライフサイクル（SDLC）の初期段階から潜在的に悪意のあるコードを導入することができ、その後のすべてのアプリケーション開発活動や利用者を汚すことができる。

過失とはベストプラクティスを守らないことである。知らなければいけないアプリケーションセキュリティのベストプラクティスは非常に多く存在する。これは、われわれがますます複雑化するデジタル・エコシステムの中で生活していることを考えると、一般的なことである。依存関係の名前の検証を怠るといった単純なことが、組織に大きな影響を及ぼす可能性がある。悪意のある行為者は、**タイポスクワッティング**として知られる攻撃手法をますます使用するようになっている。タイポスクワッティングは、前述のように、依存関係名称に関する細かな注意不足を利用する。攻撃者は通常、人気のあるフレームワークやライブラリを標的にし、元のライブラリに似た名前で悪意のあるコードを追加し、疑うことを知らない被害者がそれをダウンロードしてアプリケーションで使用するのを待つ。

組織がソフトウェアの成果物を提供するために、継続的インテグレーション／継続的デリバリ（CI／CD）パイプラインとプラットフォームを一般的に利用するようになったため、パブリッシングインフラストラクチャの重要性が増している。緩和策の一つにコード署名があり、これは公開されたコードの完全性を保証するのに役立つ。しかし最初の画期的な事例で説明するように、CI／CDインフラストラクチャそのものが侵害されると悪意のある行為者がソフトウェア成果物に合法的に署名し、下流の利用者に信頼できるものとして見せることができる。この攻撃手法は破壊的で悪質なものである可能性があり、本番環境と同様にパブリッシングインフラストラクチャもセキュアでなければならない理由と、今後のチャプターで触れるSLSA（Supply Chain Levels for Software Artifacts）のような新たなフレームワークと連

※9　https://attack.mitre.org/techniques/T1195

携しなければならない理由を強調している。

　ソースコード攻撃は開発者から直接、または開発者の資格情報の侵害を通じてソースコードリポジトリの侵害を伴う。Verizon社による2022年のデータ侵害調査報告書（DBIR）[10]によると、データ侵害の80％以上に資格情報の漏えいが関与していた。これには、ソースコードやソースコードリポジトリに影響を与える状況も含まれる。ソースコードやリポジトリを標的とする悪意のある行為者は後にそれを悪用したり、下流の利用者に影響を与えたりするために、ソースに脆弱性やバックドアを導入しようとすることが多い。完全性はソフトウェアのサプライチェーンにおける信頼に不可欠である。これは通常、デジタル署名や認証といった活動によって促進される。コードに署名することで、下流の利用者はコードの来歴とその完全性に関して保証を得ることができる。とはいえ、署名を危うくすることはソフトウェア・サプライチェーンを攻撃する可能性がある。したがって、多層防御のような基本的なセキュリティの概念は依然として重要である。**多層防御**とは、単一の脆弱性や弱点がシステム全体や組織の侵害につながらないように、複数の防衛対策を用いるという長年にわたるサイバーセキュリティの慣行である。悪意ある行為者は、目的を達成するために単一の脆弱性や弱点ではなく、いくつかの層の防御やセキュリティ対策を悪用する必要がある。前述の例では、デジタル署名のみを使用することは不十分であり、悪用される可能性がある。これはCNCFのインデックスに記載され、MITREがATT&CKフレームワークのサプライチェーン侵害のセクションで引用している攻撃タイプの一つである。潜在的な脅威としては、NIST（国立標準技術研究所：National Institute of Standards and Technology）が「コード署名のセキュリティに関する考察」ホワイトペーパー[11]で引用しているように秘密鍵の盗難、誤った信頼、証明書発行の悪用などの行為が挙げられる。緩和技術には信頼できるユーザーの確立、役割の分離、強力な暗号の使用、署名鍵の保護などの活動が含まれる。

　ソフトウェアのサプライチェーンは複雑なだけでなくメンテナ活動は自発的に行われることが多いため、すべての脅威がプロジェクトの外部から発生するわけではない。悪意のあるメンテナによる攻撃ベクトルは、CNCFのインデックスに記載されている脅威の一つであり、メンテナまたはメンテナを装った何者かが、サプライチェーンやソースコードに悪意のあるソフトウェアや脆弱性を意図的に注入することに関与している。これはメンテナが悪意を

---

[10]　http://verizon.com/business/resources/reports/dbir
（訳注）現在は最新のデータに置き換わっている。
[11]　https://nvlpubs.nist.gov/nistpubs/CSWP/NIST.CSWP.01262018.pdf

持って行動することを決定したか、メンテナのアカウントや認証情報が外部のエンティティによって侵害されたために発生する可能性がある。この種の攻撃の動機はハクティビストから、悪意のある目的のためだけに権限やアクセス権を悪用する関係メンテナを装った者まで多岐にわたる。

　最後に、攻撃や脆弱性は単独で発生するものではないということを伝えたい。悪意のある行為者はいくつかの脆弱性や攻撃ベクトルを連鎖させて、活動や目的を達成しようとすることがある。これまで述べてきた攻撃の種類をいくつか見てみると、仮定のシナリオとして、悪意のある行為者が関心のある貢献者やメンテナを装って、そのアクセス権を悪用し、悪意のあるコードを挿入し、署名を悪用する、などが考えられる。複数の攻撃ベクトルをつなぎ合わせることは壊滅的な影響をもたらす可能性があり、しばしば攻撃の連鎖と呼ばれ、Nikki Robinson博士のような研究者によって研究され、語られてきた。

　また、ソフトウェアのサプライチェーンを保護し、悪意のある行為者に悪用される可能性のある脅威をモデル化する新たな手法やフレームワークも登場している。次のチャプターで詳しく説明する。

1-3
画期的な事例1：SolarWinds

　現代のソフトウェア・サプライチェーンのセキュリティインシデントについて語るには、SolarWinds社のサイバー攻撃を抜きにはできないだろう。SolarWinds社は市場最大級のデジタルシステム管理ツールプロバイダーの一つである。2019年、SolarWinds社は現在ではロシアの対外諜報機関に起因するとされているサイバー攻撃を受け始めた。攻撃当時、SolarWinds社は30万社の顧客を抱えており、その中には多くの連邦政府機関やフォーチュン500社[12]の大半が含まれていた。この30万社のクライアントのうち、連邦政府機関や顧客を含む1万8,000社が危険なソフトウェア・アップデートを受け取っていたと推定されて

---

[12]　（訳注）米国フォーチュン誌が作成する総収益ランキング上位500社。

018　Software Transparency

いる。その後、悪意のある行為者は侵害されたクライアントのうち、価値の高いターゲットと判断した特定の一部を標的にしたと言われている。

攻撃の初期段階ではあまり明らかになっていなかったが現在では多くの事後報告があり、悪意のある行為者の技術的な巧妙さと、影響を受けた官民両部門の組織のエコシステム全体にわたる下流への影響の両方が明らかにされている。連邦政府説明責任局（GAO）が作成したこれらの報告書の一つは、SolarWinds社のサイバーセキュリティ侵害を「連邦政府および民間部門に対してこれまでに行われた最も広範かつ洗練されたハッキングキャンペーンの一つ」と呼んでいる[13]。

GAOはまた、SolarWinds社の攻撃に関連する活動のハイレベルなタイムラインを伝えるために図1.5に示す報告書[14]を作成した。

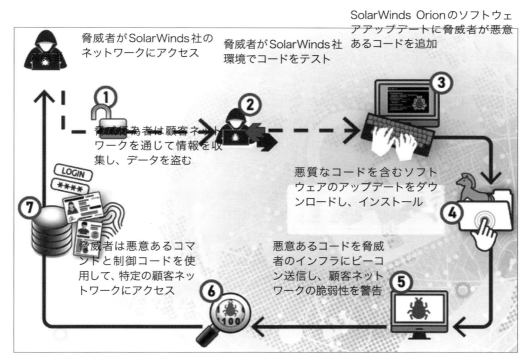

図1.5

[13] https://gao.gov/blog/solarwinds-cyberattack-demands-significant-federal-and-private-sector-response-infographic
[14] https://gao.gov/products/gao-22-104746

SolarWinds社は魅力的な標的であり、典型的なソフトウェア・サプライチェーン攻撃であった。なぜなら、悪意ある行為者は最終的な標的としてSolarWinds社に興味を持ったとは考えにくく、代わりにSolarWinds社の顧客や下流の利用者に興味を持ったからである。このサイバーセキュリティ攻撃を受ける前、SolarWinds社は自社のウェブサイトで強固で知名度の高い顧客リストを誇っていたが、このリストはその後削除されている。

　SolarWinds社のサイバーセキュリティ攻撃は当初、SolarWinds社自身によってではなく同社の顧客の一つであり、たまたまサイバーセキュリティを専門とするFireEye社によって発見された。FireEye社の従業員が多要素認証の設定をリセットするよう促され、その従業員がチームに注意を喚起したと報告されている。その後、FireEye社はこのインシデントを調査しSolarWinds社の悪意のあるソフトウェア、とくに同社のOrionソフトウェアにたどり着いた。FireEye社のインシデント対応会社であるMandiant社の最高技術責任者（CTO）は、SolarWinds社にバックドアがあると判断するために5万行のコードを調べたと述べている。FireEye社はSolarWinds社から侵害されたソフトウェアを特定すると、ベンダーと法執行機関の両方に連絡し調査結果を通知した。

　攻撃の時系列の詳細は情報源によって異なるが、先に述べたGAOの報告書と同じもので基本的な事実がいくつかある。この時系列は連邦法執行機関が気付き、FBIやCISA（サイバーセキュリティ・社会基盤安全保障局）などの連邦政府機関が関与するようになってからの民間セクターの活動と公的セクターの関与という両方の側面を見ることができる。

　時系列で見ると、2019年9月にSolarWinds社の社内システムが最初に侵害されたと言われている。もっともSolarWinds社のCEOであるSudhakar Ramakrishnaは、2021年のRSAカンファレンス[15]で、最初の偵察活動は2019年1月までさかのぼることができると述べている。2019年9月の最初のシステム侵害と同時期に、悪意のある行為者はSolarWinds社の環境にテストコードを注入し、彼らが本当にシステムに侵入し意図した活動を実行できることを検証した。

※15　https://cyberscoop.com/solarwinds-ceo-reveals-much-earlier-hack-timeline-regrets-company-blaming-intern

悪意のある行為者は「Sunspot」と名付けられたマルウェアを使用して、SolarWinds社のソフトウェア開発プロセスとビルドシステムを侵害した。そして2020年2月頃、現在では「Sunburst」と呼ばれるバックドアをSolarWinds社のOrion製品に注入した。2020年3月、ホットフィックスが顧客に提供され、その後SolarWinds社の顧客ベースの18,000人がダウンロードした。2020年6月、脅威者はSolarWinds社のビルドマシンに置いたマルウェアを削除した。SolarWinds社がSunburstについて通知を受けたのは2020年12月のことだった。その後、SolarWinds社は証券取引委員会（SEC）に8-K報告書[16]を提出し、当時SolarWinds社が把握していた範囲で状況の詳細を提供した。

　2020年12月15日、SolarWinds社は影響を受けたOrion製品に対処するためのソフトウェア修正プログラムを発表した。もちろん、これは興味深い難問であった。というのも、このベンダーの以前のソフトウェア・アップデートには悪意のあるソフトウェアが含まれており、そもそも顧客が影響を受けていたからである。CISAは2020年12月17日にアラート[17]を発表し、政府機関、重要インフラ、そして民間セクターをも危険にさらす高度な持続的脅威（APT）について警告した。このアラートでは、5つの異なるバージョンのダイナミックリンクライブラリ（DLL）の侵害が確認された。同警告はまた、攻撃者の忍耐強さ、複雑さ、攻撃に関連する全体的に高度な技術レベルについてもとくに言及している。2021年1月にも、Sunspotに関連する追加の発見があった。

　サイバーセキュリティ企業のCrowdStrike社は、SolarWinds社のサイバー攻撃に関する詳細な技術分析[18]を発表した。それによると、悪意のある行為者はSunspotとして知られるマルウェアを使用してSolarWinds社のビルドプロセスを侵害し、SolarWinds社のOrion IT管理製品にSunburstバックドアを挿入した。SunspotはOrion製品のコンパイルプロセスを監視し、元のソースファイルの一つをSunburstバックドアのコードに置き換えた。このバックドアは、悪意のある行為者が影響を受けたバージョンのOrionを使用している被害者のインフラにアクセスするためのリバースシェル[19]を作成する役割を果たしました。

※16　https://www.sec.gov/Archives/edgar/data/1739942/000162828020017451/swi-20201214.htm
※17　http://cisa.gov/uscert/ncas/alerts/aa20-352a
※18　https://www.crowdstrike.com/en-us/blog/sunspot-malware-technical-analysis/
※19　被害者側の侵害された端末から攻撃者側の端末に接続し、攻撃者が被害者の端末を操作できるようにすること。

SolarWinds社のサイバー攻撃とそれに関連するマルウェアやバックドアについては、まだまだ書き足りないことがある。連邦政府および民間のテクノロジーリーダーの何人かは、SolarWinds社のサイバー攻撃を警鐘として、業界がソフトウェア・サプライチェーンをどのようにセキュアにするかについて、より厳格にする必要性を強調している。

SolarWinds社のサイバー攻撃がこれほど悪質なものであったのは、悪意ある行為者がサイバーセキュリティにおける長年のベストプラクティスを利用したためである。今回のケースではアップデートが侵害されていたため、そのベストプラクティスに従ってタイムリーにアップデートやパッチを適用していた人々が影響を受ける可能性があった。ビルドプロセスを侵害することで悪意のある行為者は、侵害されたソフトウェアを署名された正規のものであるかのように見せかけることもできた。

SolarWinds社の事件以来、同社はソフトウェアの構築プロセスや機能に多額の投資を行ってきた。SolarWinds社のCISOであるTim Brownによるレポートやコメントなどでは、同社の「セキュア・バイ・デザイン（Secure by Design）」イニシアチブの改訂には、年間2,000万ドルものコストがかかると主張している[20]。SolarWinds社は、「ソフトウェア開発ビルド環境のセキュリティ確保」[21]と題するウェブキャストに参加しており、バイナリコードの不一致を取り除くために再現可能なビルドを使用することを含む、セキュア・バイ・デザインのアプローチについて議論している。このアプローチには、組織がバージョン管理と依存関係を管理する方法を変更することが含まれ、悪意のある行為者が組織のコードの侵害を成功させるためにコンプロマイズする必要がある複数の環境を持つことが含まれる。再現可能なビルド[22]は、SLSAのようなフレームワーク、とくに成熟度と厳密性の最高レベルであるSLSAレベル4[23]で引用されている。再現可能なビルドについては以降のセクションで説明するが、当初は大手ソフトウェア製造者が採用する可能性が高い成熟した実装であり、SolarWinds社のCISOが指摘したように安価でもなく軽くもない取り組みであることを強調しておく。

※20　https://cybersecuritydive.com/news/solarwinds-1-year-later-cyber-attack-orion/610990
※21　https://www.cybersecuritydive.com/news/solarwinds-software-build-reproducible-cyberattack-code/596850
※22　https://reproducible-builds.org
※23　https://slsa.dev/spec/faq

1-4

画期的な事例2：Log4j

SolarWinds社のサイバー攻撃はソフトウェアベンダーに特化したものであったが、Log4j事件は広く使われているオープンソースソフトウェア（OSS）を標的にしたという意味で大きく異なっている。Log4j事件は2021年12月9日、セキュリティ研究者が人気のソフトウェア・ライブラリLog4jに欠陥を発見したことから世間の注目を集め始めた。Log4jはJavaベースのロギング・ユーティリティで、Apache Software FoundationのプロジェクトであるApache Logging Servicesの一部である。当時、Log4jは主に開発者を支援するためのデバッグやその他の活動に関連する情報のロギングに使用されていた。事件当時、Log4jは1億以上の環境とアプリケーションに存在すると推定されていた。

2021年12月10日、NISTのNVD（国家脆弱性データベース：National Vulnerability Database）は、Log4jの脆弱性をCVSS（共通脆弱性評価システム：Common Vulnerability Scoring System）の10.0として分類し、CVE（共通脆弱性識別子：Common Vulnerabilities and Exposures）としてCVE-2021-44228と関連付けた。また、Log4jに関連してリモートコード実行の脆弱性だけでなく、サービス拒否のCVEも発表された。

ゼロデイ脆弱性の公表後すぐに、ニュージーランドのコンピュータ緊急対応チーム（CERT）は、この脆弱性がすでに悪用されていると警告した[24]。この後、CISAは緊急指令[25]を発行し連邦政府機関にApache Log4jの脆弱性を緩和するよう求めた。その直後の2021年12月22日、CISA、FBI、NSA（国家安全保障局）および国際パートナーは、Apache Log4jの脆弱性を緩和するための共同勧告[26]を発行した。この共同勧告は、Log4jの脆弱性が世界中で活発に悪用されていることを受けて発行された。CISAディレクターのJen Easterly氏は、Log4jの脆弱性は世界中の組織や政府にとって深刻かつ継続的な脅威であるとし、パートナー国のリーダーも同様の感想を述べた。Log4jインシデントのタイムラインは、図1.6[27]

※24　https://cert.govt.nz/it-specialists/advisories/log4j-rce-0-day-actively-exploited
※25　https://www.cisa.gov/news-events/news/cisa-issues-emergency-directive-requiring-federal-agencies-mitigate-apache-log4j
※26　https://cisa.gov/news/2021/12/22/cisa-fbi-nsa-and-international-partners-issue-advisory-mitigate-apache-log4j
※27　https://unit42.paloaltonetworks.com/apache-log4j-vulnerability-cve-2021-44228

で見ることができる。特定のベンダーの特定の製品ファミリーに影響を与えたSolarWinds社の事例とは異なり、Log4jの影響ははるかに多様で分散していた。Log4jは、開発者ツール、クラウドサービス、セキュリティベンダー製品など、あらゆるところで使用されていた。本書のクラウドに焦点を当てたチャプターで説明するように、Amazon Web Services（AWS）、Microsoft Azure、Google Cloudといった最大のクラウドサービスプロバイダー（CSP）はすべて、Log4jに関するガイダンスを発表した。これはもちろんクラウドサービスを直接利用する顧客だけでなく、CSPのインフラやサービスの上に構築されるほかの組織にも下流に影響を及ぼす可能性があり、脆弱なソフトウェアコンポーネントの影響だけでなく、ソフトウェア・サプライチェーンのサービスプロバイダーがもたらす連鎖的な影響も重視される。

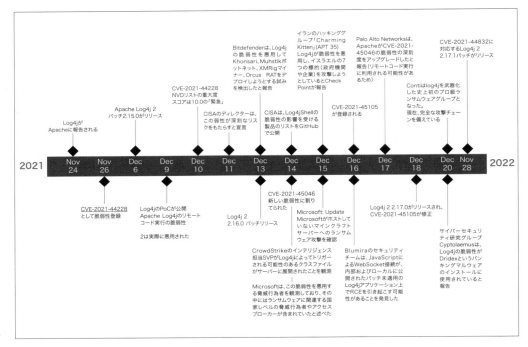

図1.6

　GAOなどから提供された洞察に加えCSRB（サイバーセキュリティ安全審査委員会）は、最初のサイバーインシデントとしてLog4jについて調査し報告した[※28]。CSRBは、サイバーセキュリティに関する大統領令（EO：Executive Order）「Improving the Nation's

※28　https://cisa.gov/sites/default/files/publications/CSRB-Report-on-Log4-July-11-2022_508.pdf

Cybersecurity[29]」に基づいて設立された。CSRBはまた、NTSB（国家運輸安全委員会）に類似したものとして設立された。その目的は主要なサイバー事象を検証し、官民両部門にわたって改善を推進するための具体的な提言を行うことである。委員会の構成は公共部門と民間部門のリーダーで構成されており、その専門性はさまざまである。その最初の報告書は前述のようにLog4jに焦点を当てたもので、ソフトウェア透明性、インベントリ、ガバナンスの必要性を強調している。また、SBOM（ソフトウェア部品表）はその追求の中核をなすものとされており、正確なIT資産とアプリケーションのインベントリを改善するために組織がSBOMを活用することを求めている。OMB（行政管理予算局）、ONCD（国家サイバー局）、CISAなどの組織が、エコシステムの成熟に応じてSBOMの効果的な利用方法に関する指針を提供する必要があるとしている。

　報告書ではSBOMについて18回言及し、SBOMとソフトウェア透明性の分野で公共部門と民間部門の組織への導入と投資拡大の両方を呼びかけている。CSRBのLog4jレポートは包括的であり、推奨事項を次の4つのカテゴリに分類している。

- Log4jのリスクへの継続的な対処、
- サイバーハイジーン[30]に向けた既存ベストプラクティスの推進、
- よりよいソフトウェアエコシステムの構築、
- 将来への投資

　報告書は、組織が今後何年もLog4jの脆弱性と格闘しLog4jの悪用について報告し、観察し続けるべきであることを認めている。

　報告書は組織が脆弱なシステムを特定する能力に投資し、脆弱性対応プログラムを確立して正確なITおよびアプリケーションのインベントリを開発し続けることを求めている。企業内のソフトウェアコンポーネントの強固なインベントリを持つ組織は次のLog4jタイプのインシデントに対して、自分たちの組織が脆弱であるかどうか、そしてどこに脆弱性があるのかを知ることでよりよい対応ができるようになる。この報告書はOSS開発者に対し、コミュニティベースのセキュリティイニシアチブに参加し開発者向けの安全なソフトウェア

※29　https://www.cisa.gov/sites/default/files/2023-04/cyber_safety_review_board_charter_508_compliant_8.pdf
※30　サイバー空間環境を綺麗に保つこと。

開発に関するトレーニングに投資するよう求めている。これは、本書で後述するOpenSSF（オープンソースセキュリティソフトウェア財団）のOSSセキュリティ動員計画における重要な推奨事項である。また、SBOMツールの改善と採用、重要なサービスに関してはOSSメンテナンスサポートへの投資も求めている。最後に報告書はまた、連邦政府ベンダー向けのソフトウェア透明性に関する基本要件、サイバー安全性報告システム（CSRS）の検討、安全なソフトウェアを構築するためのインセンティブ構造の検討など、重要な分野への投資を行うよう求めている。これらの提言はすべてNIST、Linux Foundation、OpenSSFなど、官民両セクターのほかの主要組織による提言と一致している。

今回のLog4jのような、脆弱性が侵害されたOSSコンポーネントの脅威がはびこっていることを示すために、FBIとCISAは2022年11月の時点でFCEB（連邦文民行政機関）がイラン政府主催の攻撃を受けたことを発表し、共同サイバーセキュリティ勧告を発行した。悪意のある行為者はパッチが適用されていないVMware HorizonサーバーのLog4Shellの脆弱性を悪用してクリプトマイニングソフトウェアをインストールし、さらにドメインコントローラ（DC）に横移動して認証情報を漏えいさせ、環境内の永続性を維持するためにリバースプロキシーを実装した[31]。

1-5
画期的な事例3：Kaseya社

Kaseya社のランサムウェア攻撃も注目に値する。Kaseya社[32]は、統合ITマネジメントとセキュリティソフトウェアの会社で、とくにマネージドサービスプロバイダー（MSP）とITチームを支援することを目的としている。同社のソリューションは、チームがITセキュリティ、効率性、サービス提供の改善を目的として設計されている。

---

[31] https://www.cisa.gov/sites/default/files/publications/aa22-320a_joint_csa_iranian_government-sponsored_apt_actors_compromise_federal%20network_deploy_crypto%20miner_credential_harvester.pdf
[32] https://kaseya.com

Kaseya社のランサムウェア攻撃は2021年7月に発生し、2,000の組織に影響を与えたと推定されている。この攻撃は、主にロシア語を話す悪意ある行為者のグループであるREvilランサムウェアグループに起因している。REvilグループの個人はKaseya社のような攻撃だけでなく、米国を拠点とする企業や政府機関に対するほかの攻撃にも関係している。

Kaseya社はオンプレミスおよびSaaSベースのソフトウェアソリューションを顧客に提供している。2021年7月2日、同社のインシデント対応（IR）チームは、Kaseya VSAというリモートマネジメントソフトウェアにおける潜在的なセキュリティインシデントを検出した。初期調査で十分な懸念が生じたため、同社はすべてのオンプレミス顧客に対し、通知するまでVSAサーバーをシャットダウンするよう勧告し、自社のSaaSベースの提供もシャットダウンした[33]。

Kaseya社は攻撃者が最初の攻撃中にVSAから管理者アクセスを削除していたため、シャットダウンが重要であると顧客に助言した。

Kaseya社は、FBIとCISAの外部の権威と専門知識を活用し、インシデントレスポンス活動を共同で行った。Kaseya社は、組織が侵害を検知しようとして影響を受けたかどうかを判断するためのツールを迅速に提供した。CISAやFBIのような組織がKaseya社と関わっている間、影響を受ける可能性のある顧客にガイダンスを提供し始めた[34]。彼らのガイダンスにはKaseya社から提供された検出ツールの使用、認証プロセスの強化、既知の信頼できるIPアドレスへのネットワーク通信の最小化などの活動が含まれていた。

その間にKaseya社は問題を解決するためのパッチのテストを開始し、ほかの緩和的なセキュリティコントロールを導入した。また顧客向けにガイダンスを発表し、以降のパッチ活動への準備を促している[35]。

この過程で2021年7月8日、ホワイトハウスはロシアによる攻撃だとする公式声明を発表した。連邦政府の大統領は、ロシアにこの攻撃の責任を問うことを約束する声明を発表し

---

[33] https://helpdesk.kaseya.com/hc/en-gb/articles/4403440684689
[34] https://cisa.gov/uscert/ncas/current-activity/2021/07/04/cisa-fbi-guidance-msps-and-their-customers-affected-kaseya-vsa
[35] https://helpdesk.kaseya.com/hc/ja-gb/articles/4403709150993

た。Kaseya社は、オンプレミスとクラウドの両方の顧客のためにこの問題を解決する努力を続けたが、この組織の幹部は以前から数年にわたって自社のソフトウェアの欠陥について警告を受けていたという主張が表面化し始めた[36]。この事件をより興味深いものにしたのは関係するCVE、CVE-2015-2862がKaseya社自身のものであったことだ。

　この攻撃自体は、Kaseya社の40,000を超える顧客の0.1%にしか影響を与えなかったと言われているが、Kaseya社のCEOであるFred Voccolaのコメントによると、800〜1,500社の中小企業に影響を与えたことになる。これらの企業は、Kaseyaのソフトウェアを使用していたMSPを通じて影響を受けた。このトリクルダウンの連鎖的な影響は、現代のソフトウェア・サプライチェーンの複雑さと、1つのソフトウェアへの影響が何千もの下流の利用者に影響を与え得ることを示す典型的な例である。とくにMSPやCSPのような外部のサービスプロバイダーと取引する場合、ソフトウェアのサプライチェーンは不透明であるため、これらの利用者のほとんどはMSPがサービスを提供するために使用しているソフトウェアについてまったく理解していない。下流の利用者は、プロバイダーから直接消費するサービスやソフトウェアが、その提供プロセスで使用されていることを認識するだけである。」は、「下流の利用者は、プロバイダーから直接提供されるサービスやソフトウェアを認識するのみである。

　責任者の責任追及に関するホワイトハウスのコメントに戻るが、逮捕者が出ていることは注目に値する。米司法省（DOJ）は2021年11月[37]、ロシアの国内治安機関がREvilランサムウェアグループに関連する14人を逮捕したと発表した。これには、同グループのさまざまなランサムウェア悪用に関連する610万ドルの押収も含まれている。司法省指導部はまた、今後も米国内の被害者に狙いを定めている個人をターゲットにしていくと強調した。

---

[36]　https://krebsonsecurity.com/2021/07/kaseya-left-customer-portal-vulnerable-to-2015-flaw-in-its-own-software
[37]　https://justice.gov/opa/pr/ukrainian-arrested-and-charged-ransomware-attack-kaseya

1-6 われわれはこれらの事例から何を学ぶことができるのか？

　これらの事例から得られる最も重要な教訓は、ハッシュやコード署名のような従来の「ラスト・マイル」防御に焦点を当てるだけでは単純に不十分であり、誤った安全意識を植え付ける可能性があるということだ。最も成功する攻撃はこれらのプロセスの上流で起こるものであり、悪意のあるコードに署名することは署名しないことよりも害を及ぼす可能性がある。

　次に、伝統的なネットワーク防御と同様に「正常」がどのように見えるかのベースラインを確立することは、異常検知のための標準的な基準を作ることになる。これには多くのソフトウェア成果物の作成と、ハッシュやコード署名のような成果物に関するメタデータの作成が含まれる。決定的なものではないが（これは前の段落と矛盾するように見えるかもしれない）、これらはまだ有効な技術である。

　このような静的な成果物に加え、ソフトウェアのコード実行フローやネットワーク動作を理解することは、悪意のある機能を特定するうえで有益である。たとえばSolarWinds社の場合、コードレビューでとくに何かが発見されたわけではなく動作の変化が侵入を明らかにするきっかけであった。セキュアなソフトウェア開発には多くの段階があり、多くの侵害の機会があるプロセスである。ゼロトラストアーキテクチャの概念は、アプリケーションのアクセス制御のようなアイデンティティとリソースへのアクセス用に設計されたものであるが、核となる考え方はセキュアなソフトウェア開発にも同様に適用できる。

　ゼロトラストの核となる考え方には次のものが含まれている。

- ユーザーとアイデンティティ
- デバイス
- ネットワークと環境
- アプリケーションのワークロード
- ソフトウェア・サプライチェーン

・データ

　セキュアなソフトウェアには、ライフサイクル全体にわたる多面的なアプローチが必要である。ソフトウェア部品表（SBOM）のような手法は、ツールのうちの一つではあるが、SolarWinds社のような高度な攻撃を防ぐことはできなかっただろう。このような問題に対処する「万能」なセキュリティツールは存在せず、今日のソフトウェア開発方法と、ソフトウェア開発プロセスの全段階およびソフトウェア・サプライチェーン全体における信頼管理方法を変革する必要がある。コードを提供する組織は、自分たちが書いたコードだけでなく出荷するすべてのコードに責任があり、これは上流からの入力検証が自分たちの開発チームが作ったソフトウェアと同じか、それ以上に重要であることを意味する。

1-7 まとめ

　このチャプターではソフトウェア・サプライチェーンの脅威の背景と、攻撃をする行為者に関連するいくつかの誘因について述べた。また、ソフトウェア・サプライチェーン攻撃の潜在的な構造についても説明した。加えて、脅威モデル化（Threat Modeling）の基礎と、ソフトウェア・サプライチェーン攻撃の防止において脅威のモデル化が果たす役割について説明した。最後に、プロプライエタリソフトウェアベンダー、OSSコンポーネント、マネージドサービスプロバイダー（MSP）など、さまざまな事業体に影響を与えたソフトウェア・サプライチェーン攻撃のうち、画期的な事例について説明している。

Chapter

2

既存のアプローチ —伝統的なベンダーの リスク管理

伝統的なベンダーリスクマネジメントは、ソフトウェアと製品サプライヤのセキュアなソフトウェア開発手法の理解のために用いられてきた。この考え方はベンダーに特定のセキュリティ対策の取り組みに回答してもらい、ベンダーが実施すべきことを理解しているか、プロセスを文書化しているか、文書のとおりに実施しているかを判断する方法論に基づく。ベンダーの実施事項は追加の証拠を集めることによって明確になる。しかしその前にこの考え方を少し解きほぐして、このアプローチの有用性を検証してみよう。

2-1

アセスメント

　まず、ベンダーリスクマネジメントのアセスメントには拡張性に大きな課題がある。企業がリスクマネジメントプログラムへ対応するために、（数千回ではないにしても）毎年数百回の評価をどのように実施すればよいだろうか。最も一般的な答えは、すべてのサプライヤに送信できる標準的なアンケートを活用することだ。サプライヤにまったく同じ質問をしてベンチマークを取得するのだ。

　では、どのような質問がよいか？
　アンケートの適量は？
　すべてのサプライヤは同じように評価されるか？
　すべてのアンケートを効果的に処理するにはどうすればよいか？

　これは間違いなく大変な作業だ！　ソフトウェア利用者だけでなく、ソフトウェアプロバイダーにとっても利用者や顧客からいくつもの要求を出されるのは面倒なことだ。とくに多くの顧客を抱える大企業であればなおさらだ。

　次にプロセスと実行手段を一度でも確立すれば社内で実施することも、アセスメントプロバイダーへ外注することもできる。だが、ベンダーから協力を得るのは非常に面倒だ。通常、アセスメントの回答作業はベンダーへ順守を求める契約の更新直前か、契約条項に基づいて実施するのが最も効果的だ。しかし、ベンダーにとってはアセスメントの実施にコストがかかり、共有してもインセンティブがないケースもある。たとえば、ソフトウェア脆弱性の結果を共有することや迅速に修正することを契約上で求める場合、コストの観点からベンダーの利益にならない活動を自発的に求めることになる。

　最後に、証跡とみなされるのは何か？
　重要なアクティビティを実行しているインスタンスのスクリーンショットだろうか？
　これは、特定の設定やアクティビティのスナップショットに過ぎない。継続的かつ一貫したアクティビティの実行を保証するものではない。

では、アクティビティのログだろうか？

ログを捏造していないことやスクリーンショットが環境全体で繰り返されるプロセスを正確に表していることをどうやって確認できるだろうか？

ポリシーの証跡も重要だが、そのポリシーが一貫して適用されていることはどのように確認できるだろうか？

アセスメントは多くの場合、リスクチームが実施する。リスクチームは証跡の検証やサプライヤから説明を受けた慣習の理解に際し、セキュリティ担当者の協力を受けていない。そのため多くのセキュリティ担当者は、従来のリスクアセスメントを価値の低いコンプライアンス活動であると非難している。例外もあるがたしかに多くの場合、従来の手法はより厳密でない限りは総合的なリスクマネジメントの観点から不十分である。また、利用者側にも課題がある。企業が外部ベンダーのソフトウェアやサービスを利用している場合、組織やチームに与えられた時間枠（1カ月や1年など）の中で多くのアセスメント、関連する成果物、ベンダーとのエンゲージメントを実施するためのリソースには限りがある。われわれの経験上、一般企業のほとんどのチームでは指数関数的な数のソフトウェア、ベンダー、サービスを利用している。それらは**シャドーIT**と呼ばれるものや企業環境における管理外のソフトウェアにつながる。また、アセスメントを実施する専門家の主観やアセスメント対象の技術、ソフトウェアの知識不足により従来の標準化されたアセスメントにも課題がある。もちろん、専門家の評価や洞察に価値がないというわけでも、今後価値がなくなるわけでもない。だが、ソフトウェア透明性、自動化、可視化、成果物には革新的な技術がある。そうした技術は、特定のソフトウェアやベンダーのセキュリティをより高く保証することにつながる。

通常、従来のベンダーアセスメントプロセスは自己証明（self-attestation）またはサードパーティのアセスメント機関を通じて実施されるが、それぞれに課題と欠点がある。自己証明のケースでは、ベンダーが特定の要件に準拠していることを証明するのはベンダーに任される。収益や契約に関連する要件は扱いが微妙で、ベンダーの主観的な解釈に委ねられる。当然、ベンダーが自身をアセスメントする際はポジティブな解釈に陥る傾向がある。注目したい一例が国防総省（DoD：Department of Defense）のDIB（防衛産業基盤：Defense Industrial Base）であり、請負業者にNIST SP 800-171の要件事項および管理への準拠を自己証明するよう求めている。いくつかの報告書では自己申告のスコアに大きなギャップがあることが明らかにされており、第三者アセスメントのスコアとは対照的に誇張されている。

また、自己証明の方法も疑問視されている。いくつかの連邦政府防衛請負業者は、実装していると主張したセキュリティ管理が適切に意図したとおりに動作していれば防止できたか、少なくとも軽減できたはずのセキュリティ侵害を経験した。こうした事実から、国防総省は第三者にあるコンプライアンス評価が求められるCMMC（サイバーセキュリティ成熟度モデル認証：Cybersecurity Maturity Model Certification）フレームワークを作成するに至った。

　自己証明とは別の方法に、3PAO（第三者評価機関：third-party assessment organizations）の利用がある。3PAOは独立した第三者機関であり、特定のフレームワークや一連の要件事項のコンプライアンスについて、初回および定期的なアセスメントを実施する。一例として、連邦政府のFedRAMP（Federal Risk and Authorization Management Program）がある。FedRAMPは連邦政府全体で用いるクラウドサービスプロバイダー（CSP）の認証を支援するものである。このアプローチは、自己証明よりも高レベルの保証を提供するが、大変な手間とコストと時間がかかる。

　FedRAMPは十年前から存在しており、商業市場で利用可能なクラウドサービスは何万もあるにもかかわらず、本書執筆時点でFedRAMP市場で認証されているクラウドサービスは300にも満たない。

　FedRAMPは、3PAOアプローチがベンダーと市場に課す時間とコストのために、革新的なソリューションやプロバイダーへのアクセスが大幅に減少する代わりに、潜在的に高いレベルの保証をもたらす。このため、一部の小規模企業にとっては高価で面倒すぎるか、ほかの企業にとっては正当化できないものとなる。これらの方法は単にスケールの課題があるか、とくに評価プロセスと要件をサポートするための収益と予算がない小規模企業にとっては負担の大きいコストを課す可能性がある。

　従来のアンケートベースのプロセスは手間とコストと時間がかかる。さらに悪いことに、主観的なアセスメント、頻繁な自己証明、瞬間的な証跡から保証を得ておりリスクを伴う。ソフトウェアやサービスのプロバイダーは収益と契約が危険にさらされる恐れから、自社やソリューションへポジティブな認識を与えようとする。

　従来のベンダーリスクマネジメントは通常、主観的で手間のかかる手作業と紙ベースの活

動によって推進されてきた。現在はソフトウェア透明性への移行に伴い、ベンダーのソフトウェアとその関連コンポーネントを調査してリスク状況を判断できる証跡ベースのアセスメントも見られる。これは口頭でのコミュニケーションやフォームベースのアンケートよりも安全で実践的な開発慣習の証明となる。また、とくにクラウドや宣言型インフラ、ほぼリアルタイムのコンプライアンス評価を可能にするアプリケーションなど、革新的なソリューションが市場に登場しており、APIや自動化を活用することで数十年にわたり業界を悩ませてきた手作業による書式ベースのプロセスから脱却しつつ、より高いコンプライアンス保証を提供している。とはいえ、すべてのセキュリティ管理が自動化できるわけではなく、その本質が技術的なものばかりではない。常に専門家の評価や洞察、人間同士の対話が求められる。

2-2
SDLアセスメント

　SDL（ソフトウェア開発ライフサイクル：Software development life cycle）アセスメントは、サプライヤのプロセスを理解することに焦点を絞ったアプローチである。さらに、SDLのフレームワークは従来のベンダーリスクアセスメントと似ているが、通常は有資格者のアプリケーションセキュリティコンサルタントが実施する、より焦点を絞った活動である。一般的にはこうしたアセスメントは文書化されたプロセスに基づき、時にはMicrosoft SDLのような既存のSDLから情報を得られる。これによるコンサルタントは、推奨される活動が定義されサプライヤのプロセスをマッピングし、ベストプラクティスを確立することができるとともに、最も重要なこととして、推奨される活動が一貫した方法で実施されているかどうかを検証することができるのである。

　問題の一つに、とくに大規模製品のサプライヤでは製品チーム間でプロセスの不整合がよく見られることが挙げられる。たとえば、ある大規模なOEM（相手先ブランド製造：Original Equipment Manufacturer）では、市場に投入する製品ラインごとに異なる法人を設立している。10 〜 20の異なる組織が存在し、各法人は異なるプロセスと法的構造を

持つために、セキュリティ規定の契約要件に不整合が生じている。20の組織のいずれかへSDLアセスメントを実施し、アセスメント対象の組織から購入したすべての製品に適用するのは簡単だ。しかしアセスメントは不正確であり、誤った仮定や有害なリスクの決定を引き起こす可能性がある。

こうした問題には本書の後半（Chapter7）で説明するSLSA（Supply Chain Levels for Software Artifacts）フレームワークを用いるとよい。SLSAはリスクの状況をSDLと非常に似た視点で捉え、潜在的な弱点（相互作用ポイント、つまり、検証を通して外部から信頼が求められるポイント）がどこにあるかを特定する。

2-3 アプリケーションセキュリティ成熟度モデル

SDLアセスメントのようなモデルにBSIMM（Building Security in Maturity Model）やSAMM（Software Assurance Maturity Model）がある。これらのモデルを調べればサプライヤのソフトウェアプログラム成熟度を非常に効果的に文書化できる。SDLはもちろんこの一部であるが、OWASP SAMM（以前のバージョンでは OpenSAMM とも呼ばれた）のようなこれらのモデルの一つを見ておくと役に立つかもしれない[1]。BSIMMも広く使われているがこれは独自モデルであり、オープンソースのアプローチを調べるのが望ましい。SAMMは、図2.1に示すドメインを定義している。

※1　https://owasp.org/www-project-samm

Software Transparency

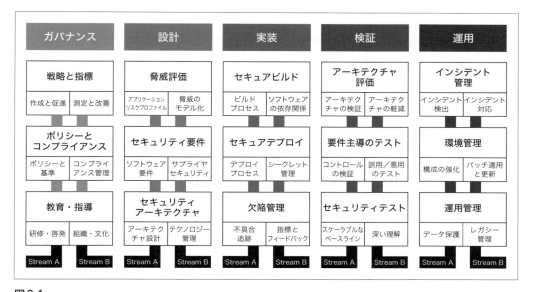

図2.1
出典：OWASP SAMM v2 Model (https://owasp.org/www-project-samm)、CC BY 4.0

　図2.1に示すようにSAMMはガバナンス、設計、実装、検証、および運用という5つのビジネス機能を定義している。各機能には3つのセキュリティ対策がある。各セキュリティ対策は相互に補完し合い、構築し合う2つの活動の流れがある。SAMMはオープンモデルであるため、アセスメントするために組織が内部で使うこともサードパーティが外部で使うこともできる。本書のChapter7「民間部門における既存および新たなガイダンス」で詳述するNIST SSDF（セキュアソフトウェア開発フレームワーク：Secure Software Development Framework）においても、SAMMは連邦政府向けに販売するソフトウェアベンダーに義務付けられており、SSDFの実施項目と関連するタスクの中でSAMMを相互参照しながら頻繁に参照されている点は注目に値する。

　すべてのOWASPプロジェクトと同様、SAMMはコミュニティ主導の取り組みであり、測定可能、実行可能、汎用性のあるものを目指している。BSIMMとは異なりSAMMは規範的である。つまり、ソフトウェア保証を向上させるために組織が実施すべき具体的な活動と対策を規定している。SAMMはその名のとおり成熟度モデルである。セキュリティ成熟度のレベルは1～3で指定され、暗黙的な開始点は0である。SAMMは成熟度モデルだが、すべての組織が最高レベルの成熟度を達成する必要があるとは述べていない。成熟度の要件と目標

は組織のリソース、コンプライアンス要件、リソース、およびミッションセットによって異なる。SAMMの各機能と、各機能で記載しているセキュリティ対策を詳しく見ていく。

2-3-1　ガバナンス

　第1のビジネス機能はガバナンスで、組織がソフトウェア開発の管理方法に関連するプロセスと活動にフォーカスしている。本機能では「戦略と指標」「ポリシーとコンプライアンス」「教育と指導」の慣習を論じている。「戦略と指標」では、戦略と指標を作成・促進し、長期にわたって測定し、改善することを論じている。「ポリシーとコンプライアンス」では、ポリシーと標準を作成し組織全体への導入・順守を管理する。「教育と指導」の下には、「トレーニングとアウェアネス」や「組織と文化」といった流れがある。「トレーニングとアウェアネス」は、組織がさまざまな利害関係者とともにソフトウェアセキュリティに関する知識を向上させることに主眼を置いている。「組織と文化」は、組織内のセキュリティ文化を促進することに主眼を置いている。

2-3-2　設計

　第2のビジネス機能は設計で、組織がソフトウェアを作成・設計する方法のプロセスと活動にフォーカスしている。本機能は「脅威評価」「セキュリティ要件」「セキュリティアーキテクチャ」の慣習を論じている。「脅威評価」では、アプリケーションリスクのプロファイリングや脅威モデル化といった流れに重点を置く。プロファイリングの一環として、組織は侵害された場合に組織に深刻な脅威をもたらすアプリケーションを特定する。脅威のモデル化は、チームが何を構築しているか、問題になる可能性は何か、それらのリスクを軽減する方法を理解するのに役立つ。「セキュリティ要件」では、ソフトウェアの構築と保護に関する要件だけでなく、外部委託された開発者など、組織のアプリケーションの開発状況に関与する可能性のある関連サプライヤ組織の要件も論じている。「セキュリティアーキテクチャ」では、企業のソフトウェアのアーキテクチャ設計に関連するさまざまなコンポーネントと技術を論じている。セキュアな設計を確実にするアーキテクチャ設計と、アプリケーションが使うさまざまな技術、フレームワーク、ツールなどに関連するリスクを理解するための技術管理を論じている。

2-3-3 実装

　第3のビジネス機能は実装で、組織がソフトウェアを作成・設計する方法のプロセスと活動にフォーカスしている。ここでは組織がソフトウェアコンポーネントを「ビルド」「デプロイ」する方法や「欠陥管理」について論じている。言及のあるセキュリティ対策は次のとおりである。

- セキュアビルド：一貫して反復可能なビルドプロセスを使用し、依存関係を管理する
- セキュアデプロイ：運用環境へソフトウェアデプロイする際のセキュリティを向上させる
- 不具合管理：デプロイされたソフトウェアのセキュリティ上の不具合を管理する

　「セキュアビルド」内の流れでは、ビルドプロセスとソフトウェアの依存関係を論じている。ビルドプロセスは、予測可能で反復可能なセキュアビルドプロセスを確実にデプロイすることを保証する。ソフトウェアの依存関係は、外部ライブラリに着目し、そのセキュリティ態勢が組織の要件とリスク許容度に適合していることを保証する。「セキュアデプロイ」のセキュリティ対策は、ソフトウェアを運用環境に設置するプロセス中に整合性とセキュリティを確保する最終段階に着目している。この対策に関連する流れはデプロイプロセスとシークレット管理を論じている。デプロイプロセスは組織によってソフトウェア成果物を運用環境と必要なテスト環境に設置するために、反復可能で一貫性のあるプロセスを確保する。シークレット管理は資格情報、APIキー、その他の機密データの適切な処理に着目している。

　このセクション最後のセキュリティ対策は「欠陥管理」で、データ駆動型の意思決定を行うためにソフトウェアセキュリティの欠陥を収集、記録、分析することに着目している。欠陥管理のストリームにはフィードバックに加え、欠陥の追跡と測定基準を論じている。いずれも欠陥の収集とフォローアップを管理するとともに、その活動を通じてセキュリティの改善を促進する。

2-3-4 検証

　第4のビジネス機能は検証で、組織がソフトウェア開発全体を通じて成果物を確認、テストする方法のプロセスと活動にフォーカスしている。本機能は「アーキテクチャ評価」「要

件駆動型テスト」「セキュリティテスト」のプラクティスを論じている。「アーキテクチャ評価」では、ソフトウェアとサポートアーキテクチャのセキュリティとコンプライアンスを検証する。一方、「要件駆動型テスト」「セキュリティテスト」では、ユーザーストーリーなどの項目に基づき、自動化によってセキュリティの問題を検出して解決する。「アーキテクチャ評価」は検証と軽減の両方を含むストリームを論じており、対応しているアーキテクチャのセキュリティ目標と要件事項を満たし、既存のアーキテクチャで特定された脅威を軽減する。これらの手法に基づくテストの流れによって、組織はファジングなどの手法を用いた誤用・悪用テストを実行するような活動を確実に確認できるようになる。これは、無効または不正な入力を行うことで、ソフトウェアの不具合、あるいは、アプリケーションを攻撃するために悪用できる機能を特定するソフトウェアテスト手法である。「セキュリティテスト」では、自動テストの広範なベースラインと自動テストできない高リスクのコンポーネントや複雑な攻撃ベクトルに対する手動テストの両方に深い理解が求められる。

2-3-5　運用

　第5のビジネス機能は運用で、アプリケーションの機密性・完全性・可用性（CIA）を保証し、実行環境を含むライフサイクル全体で関連データを維持する。本機能には「インシデント管理」「環境管理」「運用管理」が含まれる。さらにインシデントの検知と対応、設定のハードニング、パッチ適用など、さまざまな分野に踏み込んで論じている。最後の「運用管理」は、データのライフサイクル全体（作成、取り扱い、保管、処理）を通じてデータ保護を行うものであり、ライフサイクルを終えたサービスやソフトウェアが自動的に導入・サポートされないよう確認するための従来の管理を保証する。このように、組織の攻撃対象スコープを縮小することで潜在的に脆弱なコンポーネントをシステムやアプリケーションから除外できる。

　SAMMを活用し、さまざまなビジネス機能、セキュリティ対策と活動の流れを網羅することで、組織はアプリケーションのセキュリティ成熟度をより確固たるものにできる。これはソフトウェア利用者にも当てはまる。

2-4 アプリケーションの セキュリティ保証

　従来のアプリケーションセキュリティ手法は、ここではアプリケーションのセキュリティ保証と呼ばれるアプリケーションテストの概念にフォーカスしてきた。アプリケーションセキュリティがガバナンスやプロセスのようなソフトなトピックを超えて、アプリケーションの技術的リスクに関する質問に答えることを目指す。ここでは、以下の5つの主要アプローチといくつかの手法を取り上げる。

- 静的アプリケーションセキュリティテスト（SAST：Static Application Security Testing）
- 動的アプリケーションセキュリティテスト（DAST：Dynamic Application Security Testing）
- 対話型アプリケーションセキュリティテスト（IAST：Interactive Application Security Testing）
- モバイルアプリケーションセキュリティテスト（MAST：Mobile Application Security Testing）
- ソフトウェア構成分析（SCA：Software Composition Analysis）

2-4-1 　静的アプリケーションセキュリティテスト（SAST）

　コードレビューの概念は、アプリケーションのセキュリティ手法に従事している人にはなじみがあるだろう。これはアプリケーションやソフトウェアコンポーネントに使用されている特定時点のソースコードを目視で確認することだ。多くの場合、網羅的なSASTは、メジャーリリースやアーキテクチャ変更のような特別な節目のタイミングで実行する。一方、継続的なコードレビューの対象は、コードベースで書かれた新規または更新されたソースコードに限定される。SASTは手動や自動で実行できるが、大規模なソフトウェアプロジェクトではとくに手動レビューの場合、拡張性の問題に悩まされることがある。またアプリケーションフレームワークによっては、アプリケーションの異なるパスでファイル名を再利用するものがありテスターは混乱する可能性がある。手動のコードレビューでもテスターは

認証とアクセス、パスワード管理、データ暗号化などのような既知の脆弱な機能やアプリケーションの高信頼性領域を探す際、優先順位付けプロセスに従うことがよくある。入力の妥当性検証ルーチンのような重要な機能が必ずしもこれらのレビューで捕捉されるとは限らない。ここでの課題は、レビュー結果がテスターのスキルとテストに割り当てられた時間に大きく左右されることである。

　自動テストはテストの完全性と、大規模なスコープを迅速に処理することに優れている。だが、ここで説明する全テスト手法の中でSASTは誤検知率が最も高い。最高のSASTツールでさえ通常は5%以上の誤検知率になる。とはいえ、ML（機械学習）のような技術を活用すればイノベーションは可能だ（誤検知は、実際にはシステムにリスクがないにもかかわらず、ルールセットに基づいて検出結果が得られた場合に発生する。使用しているツールやルールが検知した結果を、開発チームは無駄な時間を費やして分析する可能性がある）。脆弱性検知の手段としてのSBOMに対する一般的な批判もある。誤検知のノイズはアプリケーションセキュリティプログラムの信頼性を損ない、ソフトウェアのリリースを遅らせたり、検知分析の価値がないのにセキュリティ対策の優先順位を変えたりするような状況を作り出すかもしれない。誤検知での消耗はチームの士気やソフトウェアの納品速度を下げる可能性もある。

　ただし、どのような問題が提示されようともSASTはソースコードレベルでソフトウェアの不具合、セキュリティ、品質を担保する手段としてよく用いられており、価値ある手段である。SASTはまた、開発者がセキュアでないコードを記述した箇所を理解するのに役立つ最良の方法の一つでもある。Eclipseなど多くの最新のIDE（統合開発環境：Integrated Development Environments）では、セキュアでないコードを書いた場合やコードの品質に問題がある場合、開発者へ即座にフィードバックするSASTツールのプラグインがある。さらに多くのセキュアコーディング・トレーニング・プラットフォームは、セキュアでないコード・スニペットの例を使い、よりセキュアなコードを書くよう開発者を訓練している。

　ソフトウェア透明性の取り組みの中でSASTを活用する最も有用な方法の一つは、大規模なライブラリが利用されているもののその一部のみしか必要でない場合にSBOMの妥当性確認と改善をすることである。100以上の関数があるライブラリをインポートしても、ソフトウェアから呼び出される関数は10未満というケースはよくある。不要なコードを取り除

けば多くのノイズが減る。なお、更新時はライブラリ名の変更を忘れないでほしい。SBOM
ツールはライブラリ名とバージョンに基づき誤検知してしまうからだ。

2-4-2　動的アプリケーションセキュリティテスト（DAST）

　SASTがソースコードを介してアプリケーションの内側をテストするのに対して、DAST
はHTTPのようなウェブベースのプロトコルを介して外側からテストする。DASTは通常、
ウェブアプリケーションのみに対応している。デスクトップ、モバイル、HTTPをリッスン
して応答しないようなアプリケーションはほぼ使用できないことに注意する必要がある。
DASTはアプリケーションの実行中や、アプリケーションのコンポーネントと直接対話（API
やリッスンサービスなど）する。もちろん、ここでの課題はアプリケーションがテストに十
分に対応できる状態になるまでDASTを実行できないことだ。したがって、DASTはSAST
のプロセスよりもずっと後に実行される。主な利点は誤検知がはるかに低いことだ。その代
償として偽陰性率がはるかに高い。偽陰性とは、テストが有効なセキュリティ上の懸念を見
逃すことであり、これも望ましくない。

　スキャナーは一般的に、Selenium WebDriverのようなスクリプト化したブラウザ・エ
ミュレーション・インターフェースを介して、プログラムでアプリケーションと対話するよ
う構成される。スキャナーは最初にウェブアプリケーションをナビゲートしテスターがス
コープ外にしたパス以外のすべてのパスを特定して、それらのページ上のリンクをたどる。
テストのスコープ外としたウェブドメインは無視する。これはよく**ウェブクローラー**や**ウェ
ブスパイダー**と呼ばれる。認証が必要ならアプリケーションで特定のウェブフォームを処理
する方法と同じように構成できる。

　スパイダーを終えたらDASTツールはテストできるパスのリストを作成する。事前に設定
されたテストリストに基づきSQLインジェクション、クロスサイトスクリプティングなど
の不具合を検索する。潜在的なリスクを特定し問題が疑われるエビデンスを収集すると、結
果がスキャナーレポートの形式でテスターに返される。自動化したDASTテストは通常、テ
ストスキルと対話する必要はほとんどない。ただし、アプリケーションがどのように動作す
るかを明確に把握できる必要がある。場合によってはウェブアプリケーションのファイア
ウォールルールを設定し、アプリケーションの攻撃対象領域を理解する際に、この可視性が

2-4　アプリケーションのセキュリティ保証　　043

非常に役立つ。

　より高度なDASTのシナリオに、傍受プロキシーの概念がある。テスターはウェブブラウザにウェブプロキシーを設定してHTTPリクエストとレスポンスを傍受し、ウェブアプリケーションを悪用するために操作する。これは一般的には手作業だが、アプリケーションのサイトマップから始めることでテスターはテストスコープを知ることもできる。DASTツールのほとんどはBurp SuiteやZed Attack Proxyファミリーのツールで利用されるプラグインを通じて、ある程度の自動化を標準提供で提供している。

ハイブリッド分析マッピング（HAM）

SASTとDASTの両方の長所を利用し、これらの結果を組み合わせて、静的テストと動的テストのハイブリッドを実現する手法が登場している。このアイデアは、SASTがソフトウェアの最適なカバー範囲を実行して潜在的な問題を特定した後、DASTがアプリケーションの攻撃対象領域を徹底的にスキャンし、SASTの結果に関連する脆弱性を探すというものである。最も信頼性の高い脆弱性に優先順位を付けるには非常に効果的ではあるが、このマッチングで残ったSASTの結果を検証する必要がある。

　ソフトウェア・サプライチェーンセキュリティの観点では、アプリケーションの脅威モデルに立ち戻り、悪用の可能性を検討することが望ましい。たとえば、アプリケーションが外部スクリプトを呼び出す場合、外部ドメインの乗っ取りによりユーザーセッションに悪意のあるコードが注入（インジェクション）される可能性がある。傍受プロキシーは、こうしたシナリオをモデル化した手法でトラフィックを操作やリダイレクトするための優れた機能を提供する。アプリケーションがコンポーネントを更新する場合はどうなるだろうか？　このようなシナリオは無限にあるためテストチームに柔軟なツールを与えて創造性を発揮させ、彼らの邪悪な側面を受け入れることで潜在的なリスクに対する理解を広げることができる。

　DASTに関して強調すべきもう一つのポイントは、サードパーティのクライアント側の依存関係とその既知の脆弱性を特定する潜在的な能力である。一例を挙げると、npmのようなパッケージマネージャー経由で取得するものではなく、scriptタグを使うライブラリが含まれているウェブアプリケーションである。ほとんどのSBOMツールでは、この洞察とコ

ンテキストを見逃すだろう。だが、DASTツールでは検知できるかもしれない。

2-4-3　対話型アプリケーションセキュリティテスト（IAST）

　IASTはランタイム内のアプリケーションインストルメンテーションまたはSDK（ソフトウェア開発キット）を使用して、実行中のアプリケーションに直接アクセスする。これによりコードの流れを追跡し、アプリケーション全体でデータがどのように移動するかを確認する。また、IASTベンダーによれば、この方法はほかのテスト手法よりアプリケーションの動作を反映して正確な結果を生成するとされている。IASTを使うのは簡単で、アプリケーションをホストするアプリケーションサーバーにソフトウェア・エージェントをインストールするだけだ。だが、通常はすべての言語やフレームワークではサポートされていない。

　IASTの技術はRASP（runtime application self-protection）という新種の保護メカニズムの中核を担う。RASPはWAF（web application firewalls）に代わる、または少なくとも補完的アプローチとしてこの10年間に登場した。RASPはアプリケーション内で発生したことを理解しているので、WAFのようなバイパス攻撃やシグネチャの変異に騙されることがない。ただしRASPはネイティブのウェブトラフィックを認識していないので、ウェブアプリケーションに影響を与えるようなノイズの多い攻撃を事前に軽減できない。

　実際、IASTベンダーであるContrast Security社による調査によると、リスクを引き起こすと考えられるソフトウェアの多くはコードから呼び出されることはない。ほとんどのオープンソースコンポーネントは、10〜20％の機能しか使っていない可能性がある。さらにIASTはSaaSBOM（サービスをキャプチャするBOM）、API、データフローのようなトピックの情報をキャプチャする最も実現可能な方法の一つであるかもしれない。現時点ではSBOMツールベンダーの未サポート領域だが、今後数年間でソフトウェア透明性市場が成熟するにつれてIASTが果たす役割は興味深く映るだろう。

2-4-4　モバイルアプリケーションセキュリティテスト（MAST）

　MASTは、モバイルデバイスと関連アプリケーションの急増に伴い一般化したテスト形式である。MASTはAndroidやiOSなどのモバイルアプリケーション、プラットフォーム、デバイスに関するセキュリティの脆弱性・不具合を検知するために、静的テストおよび動的テストの手法を用いる。MASTは危険な機能、過剰な権限、悪意者によってモバイルデバイス上で悪用できる脆弱性を検出するのに役立つ。SBOMの概念の進化に伴い、NowSecureのようなモバイルデバイス領域の革新的なSBOMソリューションが登場している。これによりアプリケーションライブラリやOSレベルの依存関係、アプリケーションが通信しているサービスなど、実行中のアプリケーションからSBOMを生成できる[2]。

2-4-5　ソフトウェア構成分析（SCA）

　SCA（ソフトウェア構成分析：Software Composition Analysis）はもう一つの一般的な、アプリケーション保証方法やツールカテゴリである。SCAはソースコードとOSS間の依存関係を検出するのに役立つ。組織はOSSコンポーネントとライブラリを幅広く利用し始めている。SCAはアプリケーションセキュリティ、ライセンスコンプライアンス、コード品質を評価する際に役立つ。SCAツールの中にはアプリケーションを構成するコンポーネントと依存関係の詳細なインベントリを提供するために、SBOMの作成をサポートするものもある。Chapter10「サプライヤのための実践的なガイダンス」で説明するように、アプリケーションや製品に含まれるOSSコンポーネント、関連ライセンス、脆弱性情報を把握しておくことは非常に重要である。多くの業界の専門家がソフトウェア開発中に脆弱性を検知・軽減するために、SDLCの早い段階でSCAツールの使用を推奨している。これによりアプリケーション脆弱性がユーザーに影響を及ぼし、SDLCの後工程で修正の必要が生じるのを防ぐことができる。この詳細はChapter6「クラウドとコンテナ化」でDevSecOpsの推進を説明する際に言及する。

※2　https://www.nowsecure.com/press-releases/nowsecure-announces-the-worlds-first-dynamic-software-bill-of-materials-sbom-for-mobile-apps/

2-5 ハッシュ化とコード署名

暗号検証を利用するルーツは数十年前にさかのぼる。最初はMD5やSHA-256などのアルゴリズムによる一方向ハッシュが構築された。一方向ハッシュは不可逆暗号のためデータを操作できない。ハッシュは理論的に一意で、ファイルの完全性を担保するために使える。攻撃者がソフトウェアを変更しても、そのファイルから計算したハッシュとソフトウェアサプライヤが提供するハッシュが一致しない場合、不正な変更に気付けるので安全だ。

だが、攻撃者がソフトウェアとともにハッシュファイルも置換したらどうだろうか？
ハッシュは何らかの方法で計算して帯域外で保管しているか？

もしこれらの質問への答えがノーなら、ハッシュの正当性を確信するのは難しいだろう。さらに、monomorph[3]のようなツールを使えば、2つの異なるファイルで同じハッシュを算出してその一意性を無効にできる。いわゆる**ハッシュの衝突**を引き起こすことができるのだ。そのため、MD5はかなり以前からフォレンジック的に不健全とみなされている。SHA-256のようなより強力なハッシュメカニズムはより優れているが、依然として信頼問題に悩まされている。

さらに、ハッシュを個別に計算するプロセスは、運用上あまり効率的ではない。次の8つのプロセスを考えてみよう。

1. ダウンロードするファイルを特定する
2. ファイルをダウンロードする
3. ハッシュの保存場所を決める
4. ハッシュファイルをダウンロードする
5. ハッシュ方式を決める
6. ハッシュ計算ツールが未導入ならダウンロードしてインストールする
7. ファイルを指定してハッシュ化ツールを実行する
8. 出力をファイルのハッシュと比較する

---

[3] https://github.com/DavidBuchanan314/monomorph

一方で、このプロセスを簡単にするツールも存在するが、いずれにしても元ファイルは必要だ。一部のベンダーはソフトウェア・アップデートの仕組み上でハッシュを検証しているが、ここで何をしていてそれが効果的であるかを把握するのは難しい。

ハッシュはダウンロードの完全性を検証する以外にも役立つ。SBOMの要素の妥当性を検証する、マルウェアのデータベースでコンポーネントのハッシュを検索する、調べている証明書と想定の証明書の一致を確認する、といった際に便利だ。多くのリバースエンジニアリングツールは、コードブロックやハッシュ関数レベルのハッシュを作成して関数を一意に特定する。一部のツールでは関数ID（FID）と呼ばれる。

ただし2つのファイルがあらゆる点で一致しても、ハッシュの生成方法や生成タイミング次第では異なるハッシュになり得るという点でハッシュは非常に脆弱な可能性がある。

典型的なシナリオとしては、ソースコードではなくビルドの一部としてコンポーネントのハッシュを作成するケースがある。コード内のシンボルや特殊文字を削除するような最適化によって、同一機能でもハッシュが異なるソフトウェアが生成されることがある。WindowsとLinuxで作成されたハッシュでさえ、行末文字の処理次第で結果が異なる場合がある。

フォレンジック科学で登場した手法の一つにハッシュの類似性、つまりハッシュの距離アルゴリズムがある。ssdeepやTLSH（https://tlsh.org）のようなハッシュ関数は、2つのハッシュが極めて類似している場合に元ファイルの一致を識別する手段を提供する。必ずしも同一ではないが、比較できる程度に十分近い一意なソフトウェアコンポーネントを識別する際に役立つ。

ハッシュの考え方に似ているのがコード署名だ。信頼できるエンティティがコードやファイルオブジェクトに対して暗号的に署名することで、その成果物の作成を検証できる技術である。これには公開鍵暗号が使われる。署名者は自身の身元を証明する秘密鍵を使う。そして、誰もが公開鍵を使って署名を検証できる。

誰でもコード署名証明書を取得できることがわかるまでは非常に堅牢なメカニズムであり、ファイルに署名したエンティティが期待値と同じであることを検証者が検証していない場合は、誤った安心感をもたらす可能性がある。公開鍵暗号化の文脈では、証明局が侵害されると、署名や発行された証明書の信頼が無効になる恐れがある。最終的に正規のソフトウェアから署名用の暗号化マテリアルが盗まれて、悪意のあるファイルに埋め込まれる、エンティティが侵害されて秘密鍵が盗まれる、といったシナリオを目にしてきた。ただし、TSA（タイムスタンプ機関：Time Stamp Authority）の利用を求めることで、このリスクはある程度軽減できる。

有望視されている技術の一つは署名を用いて証明書を連鎖させることである。たとえば、大規模なSBOMは複数の利害関係者からの入力を必要とするかもしれないし、あるいはビルド証明書をSBOMとリンクさせたいかもしれない。ビルド証明書に署名することで単一のエンティティはSBOMの全要素を把握せずとも、複数の証明書を自動検証してひも付けできるメカニズムを構築する。

署名分野における最新のイノベーション開発の一つが、Sigstoreという取り組みである。これについては、以降のチャプターで詳しく説明する。

2-6 まとめ

このチャプターでは、従来のベンダーリスクマネジメント、当事者とサードパーティのビルド証明書に関する課題、アプリケーション成熟度モデルに関する歴史的な文脈を説明した。また、アプリケーションの脆弱性と不具合を検知して軽減するために、アプリケーションの保証とセキュリティ対策に関する一般的なツールや方法論を説明した。次のチャプターでは、脆弱性のスコアリング、データベース、従来の脆弱性優先順位付けの方法論に対する新たな改善点と業界のアプローチを詳しく説明する。

Chapter

3

脆弱性データベースと
スコアリング手法

アプリケーションセキュリティと脆弱性管理に関する議論の重要な側面の一つとして、脆弱性を分類しスコア化する方法がある。これは、ソフトウェア透明性、さらに言えばソフトウェアの安全性を推進するうえでの重要な要素である。どのようなソフトウェアの脆弱性が存在し、それらの脆弱性がどのようにスコア化されるかを理解しなければ組織が脆弱性を改善するための優先順位を付けることは困難である。ソフトウェア製造者は顧客へのリスクを軽減するために脆弱性の対応に優先順位を付けることができ、製品の脆弱性の重大性および悪用の可能性について顧客に知らせることができる。ソフトウェア利用者は自分たちが使用しているソフトウェアに内在するリスクを理解し、その消費・使用についてリスクに基づいた意思決定を行うことができる。そこでまず、ソフトウェアの脆弱性に関連する一般的な用語をいくつか見てみよう。

3-1 共通脆弱性識別子（CVE）

CVE（共通脆弱性識別子：Common Vulnerabilities and Exposures）はソフトウェアやハードウェアに影響を与える、一般公開されたサイバーセキュリティの脆弱性を特定、定義しカタログ化することを目的としたプログラムである。CVEには国際的な研究者や機関がパートナーとして参加しており、脆弱性の発見と公開を支援し脆弱性を標準化された形式で提供している。

CVEプログラムとコンセプトの起源は、1999年1月にDavid MannとSteven Christeyによって書かれた「Towards a Common Enumeration of Vulnerabilities」というタイトルのMITREホワイトペーパーにさかのぼることができる[1]。このホワイトペーパーは当時のサイバーセキュリティの状況を整理したもので、そこには独自の形式、基準、分類法を持ついくつかの異なる脆弱性データベースが含まれていた。ホワイトペーパーの著者たちは、当時の状況が互換性および脆弱性情報の共有にいかに悪影響を及ぼしているかを説明した。互換性の障害としては一貫性のない命名規則、多様なソースからの類似情報の管理方法、データベース間のマッピングの複雑さなどが挙げられた。

セキュリティソフトウェアのツール間の互換性を促進するために、すべての既知の脆弱性を列挙し脆弱性に標準的な固有の名前を割り当て、制限なしで公開・共有できる標準化されたリストとして、CVEが提案された。

この取り組みは20年以上にわたって業界の標準となり、35カ国以上から200以上の組織が参加しCVEシステムによって20万以上の脆弱性が登録されている。参加組織はCVE Numbering Authority（CNA）[2]と呼ばれる。CNAの例としてはソフトウェアベンダー、オープンソースソフトウェアプロジェクト、バグバウンティサービスプロバイダー、研究者などが挙げられる。CNAは脆弱性に固有のCVE IDを割り当てたり、CVEレコードをCVEリストに公開したりする権限をCVEプログラムから与えられている。組織はCNAになること

※1　https://cve.mitre.org/docs/docs-2000/cerias.html
※2　https://www.cve.org/PartnerInformation/ListofPartners

Software Transparency

を要求できるが、脆弱性開示ポリシーを持つこと、脆弱性開示のための公開ソースを持つこと、CVE利用規約[3]に同意することなど、特定の要件を満たす必要がある。

Chapter1「ソフトウェア・サプライチェーンの脅威の背景」では、NVD（国家脆弱性データベース：National Vulnerability Database）について説明した。NVDとCVEの間には密接な協力関係があるものの、両者は別個の取り組みである。CVEはMITREに端を発し、現在ではコミュニティ主導の共同作業となっている。一方、NVDはNIST（国立標準技術研究所：National Institute of Standards and Technology）が立ち上げたものだ。どちらのプログラムもDHS（国土安全保障省：Department of Homeland Security）とCISA（サイバーセキュリティ・社会基盤安全保障局）が後援しており、無料で一般利用できる。CVEが識別番号、説明、公開リファレンスを含む脆弱性のレコードであるのに対し、NVDはCVEリストと同期するデータベースであり、公開されたCVEとNVDのレコードが一致するようになっている。NVDは改善策、重大度スコア、影響度評価などの追加情報を提供するほか、高度なメタデータとフィールドを使用してCVEを検索可能である。

CVEは自動化、戦略計画、調整、品質などの異なる焦点領域を持つ複数のワーキンググループで構成されている。これらのワーキンググループは、CVEプログラムの全体的な改善とコミュニティにとっての価値と品質の向上を目指している。ワーキンググループに加え、CVEにはグローバルなサイバーセキュリティおよびテクノロジーコミュニティのニーズを満たすようにするためのCVEプログラム委員会がある[4]。この委員会はプログラムの監督を行い、その戦略的方向を導くことでコミュニティでその価値の宣伝を行っている。

CVEプログラムに関連して理解すべき基本的な用語には、次のようなものがある。

- 脆弱性（Vulnerabilities）
- CVE識別番号（CVE identifier）
- スコープ（Scope）
- CVEリスト（CVE list）
- CVEレコード（CVE record）

※3　https://www.cve.org/Legal/TermsOfUse
※4　https://www.cve.org/Resources/Roles/Board/General/Board-Charter.pdf

CVEは脆弱性をソフトウェア、ファームウェアまたはハードウェアの欠陥と定義している。脆弱性は悪用可能な弱点に起因し、影響を受ける構成要素の機密性・完全性・可用性（CIA）の3要素に悪影響を及ぼす。CVE識別番号（CVE ID）はCVEプログラムによって特定の脆弱性に割り当てられた一意の英数字の識別子であり、複数の関係者が共通の議論を行うことや自動化した処理を行うことを可能にする。スコープとは、CVEプログラム内の組織が明確な責任を持つハードウェアまたはソフトウェアの集合を指す。CVEリストはCVEプログラムによって識別、または報告されたCVEレコードの包括的なカタログである。CVEレコードはCVE IDに関連付けられた脆弱性に関する記述データを提供し、CNAによって提供される。CVEレコードは「予約（Reserved）」、「公開（Published）」、または「拒否（Rejected）」される可能性がある。**予約**はCNAによって予約されたときの初期状態を指し、**公開**はCNAがCVEレコードになるようにデータを入力したときに用いられる。**拒否**はCVE IDとレコードがこれ以上使用されるべきではないが、無効なCVEレコードを将来参照するためにCVEリストに残すときに用いられる。

　CVEレコードは定義されたライフサイクルを経る。このライフサイクルには発見、報告、要求、予約、提出、公開の段階が含まれる（図3.1参照）。最初に個々の組織が新しい脆弱性を発見し、それをCVEプログラムまたは参加者に報告し、CVE IDを要求する。CVE IDはCVEプログラム参加者が関連する詳細情報を提出するまでに予約される。最後にそのCVEレコードが一般にダウンロードおよび閲覧できるように公開され、必要であれば適切な対応活動が開始される。

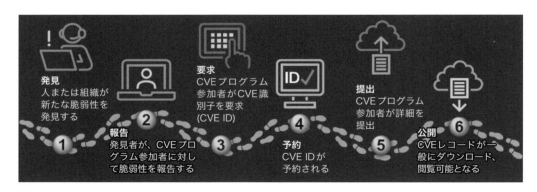

図3.1
出典：The MITRE Corporation　www.cve.org/About/Process, 最終アクセス：2023年3月27日

CVEプログラムとCVEレコードのリストはプログラムの開始以来、線形的に増加している。公開されているCVEレコード評価基準[5]を見ると、四半期ごとの年間CVEレコードは本書執筆時点（2023年5月）で四半期あたり数百件から6,000件以上に増加している。これはプログラムの人気の高まり、セキュリティ研究者の増加、ソフトウェアベンダーによる関与の増加およびサイバーセキュリティの包括的な成長と可視性の向上によるものである。

3-2 国家脆弱性データベース（NVD）

脆弱性はソフトウェアの製造者と利用者の双方にとって、リスクを低減するための活動を促進する情報を提供し、業界全体にエコシステムに存在する脆弱性における広範な知識を提供する。業界にはいくつかの脆弱性データベースが存在するが、前セクションで述べたように最も注目すべき例の一つがNISTのNVD（国家脆弱性データベース：National Vulnerability Database）である[6]。NVDは包括的なサイバーセキュリティ脆弱性データベースであり、一般に公開されている連邦政府の脆弱性リソースをすべて統合し業界がそのリソースを参照できるようにしている。

NVDは2005年に正式に設立された[7]がその起源はNVDの前身であるICAT（Internet Category of Attack Toolkit）が生まれた1999年までさかのぼる。ICATは攻撃スクリプトのデータベースとして開発されたもので、ICATには当初、SANS Instituteの学生がアナリストとしてプロジェクトに参加していた。ICATは資金難に直面していたが、SANSとNISTの職員の努力によって存続された。ICATはDHSから脆弱性データベースを作成するための追加資金を得る前に、1万件を超える脆弱性を記録するまでに成長し、現在知られているNVDとして生まれ変わった。

---

[5] https://www.cve.org/About/Metrics
[6] https://nvd.nist.gov
[7] https://nvd.nist.gov/general/brief-history

3-2 国家脆弱性データベース（NVD）　055

プロジェクトが発展するにつれ、NVDはCVSS（共通脆弱性評価システム：Common Vulnerability Scoring System）やCPE（共通プラットフォーム一覧：Common Platform Enumeration）[8]など、現在も使用されている一般的な脆弱性データと評価手法を採用するようになった。

　本書執筆時点でNVDには20万件以上の脆弱性が含まれており、その数は新しい脆弱性の出現とともに増え続けている。NVDは脆弱性データに関心を持つ世界中の専門家や脆弱性の発見とその詳細を関連付けようとするベンダーによって利用されている。

　NVDはCVE辞書に公開されているCVEを分析することで、このプロセスを促進している。CVE辞書を参照し追加的な分析を行うことで、NVDスタッフはCVSSスコア、CWE（共通脆弱性タイプ一覧：Common Weakness Enumeration）における脆弱性タイプ、CPEの形式による適用可能性の記述など、脆弱性に関する重要なメタデータを作成する。特筆すべきはNVDのスタッフは脆弱性テストを実施しておらず、ベンダーや第三者のセキュリティ研究者からの知見や情報を属性作成に利用していることである。最新の情報が出てくればNVDはCVSSスコアやCWE情報などのメタデータについてしばしば改訂を行う。

　NVDはこのチャプターの後半のセクション「CPE（共通プラットフォーム一覧）」で説明する、脆弱性の辞書であるCVEプログラムからの情報を統合する。NVDは新たに公開されたCVEをNVDに統合した後、インターネット上で公開されているCVEの参考資料の情報を網羅的にレビューするなどの厳格な分析プロセスを経て評価を行う。CVEには脆弱性を分類するために1つ以上のCWE識別子が付与され、脆弱性にはCVSSを通じて悪用の可能性と影響度の評価基準も付与される。適用可能性ステートメント（Applicability statements）はCPEを通じて付与されるもので、ソフトウェア、ハードウェアまたはシステムの特定のバージョンがこれらの適用可能性ステートメントを通じて特定されるようにする。これにより組織は脆弱性が使用中の特定のハードウェアやソフトウェアに影響を及ぼすかどうかを判断し、適切な措置を講じることができる。この初期分析と評価が完了するとCWE、CVSS、CPEなどの割り当てられたメタデータは品質保証のためにシニアアナリストによってレビューされた後、NVDのウェブサイトと関連データフィードで公開される。

---

[8]　https://nvd.nist.gov/products/cpe

NVDは組織や個人が公表された脆弱性データを利用するための豊富なデータフィード[9]とAPI[10]を提供している。APIを利用することで、関係者はデータフィードを手作業で確認するよりもはるかに自動化された拡張性のある方法で脆弱性情報を取り込むことができる。NVD APIは検索可能かつ頻繁に更新されており、データマッチングなどのほかの利点も含んでいるため、セキュリティ製品ベンダーが製品提供の一環として脆弱性データを提供する際によく利用されている。

3-3 ソフトウェア識別フォーマット

ソフトウェア・サプライチェーンのセキュリティとソフトウェア透明性を推進するための基本的な側面の一つとして、ソフトウェアコンポーネントを識別する効果的な方法が求められている。これには各ソフトウェアコンポーネントを一意に識別するために十分な情報を持つことも含まれる。ただ、ソフトウェアを取り巻く環境は何千もの異なるソフトウェアベンダー、セクター、コミュニティから構成されているため、この要求は簡単な問題とは言い難い。NTIA（連邦政府電気通信情報局）は、NTIAのマルチステークホルダー・プロセスを通じて作成された「ソフトウェア識別の課題とガイダンス」ホワイトペーパー[11]の中で、本問題に焦点を当てている。NTIAは短期的にソフトウェアコンポーネントを機能的に識別する必要があるだけではなく、将来的には既存の複数の識別システムを合理化する必要もあると指摘している。これにより、いくつかの課題が緩和され業界が統一されたソリューションに結集しやすくなる。NTIAは、ソフトウェアコンポーネントの識別に関する混乱をある程度抑制するため可能な限り既存の識別システムを利用することを推奨しているが、それが常に可能であるとは限らないため「ベストエフォート」による識別アプローチを採用する人々もいると指摘している。

※9　https://nvd.nist.gov/vuln/data-feeds
※10　https://nvd.nist.gov/developers/start-here
※11　https://www.ntia.gov/files/ntia/publications/ntia_sbom_software_identity-2021mar30.pdf

業界全体でソフトウェアサプライヤとソフトウェア利用者がSBOM（ソフトウェア部品表）の採用と統合を幅広く推進しているにもかかわらず、SBOMコンポーネントの識別においては現在でも権威のあるソースはない。ソフトウェア製造者はその組織と関連する活動のニーズに基づいてソフトウェアコンポーネントを定義し、識別することが多い。コンポーネント識別が静的な事象ではなくプロジェクトの分岐や採用、組織の買収などの要因によって変化し得るということも問題をさらに悪化させている。

とはいえCPE、SWID（ソフトウェア識別）タグ、PURL（パッケージURL）などの業界内やNTIAでも認められている主要なソフトウェア識別規格がいくつかあるため、これらについて簡単に見ていこう。

3-3-1　CPE（共通プラットフォーム一覧）

CPEは、企業のIT資産全体にわたるアプリケーション、OS、ハードウェアデバイスのクラスを記述し識別するために使用される構造化された命名スキームである。もともとはNISTが2011年8月にリリースしたものだが[※12]CPEは何度か改訂を重ね、本書執筆時点の最新バージョンは2.3である[※13]。CPEはIT製品やプラットフォームを標準化された方法で参照する必要性に対応するためのものであり、処理と自動化のために機械可読性も備えている。NISTはCPE辞書[※14]を管理しており、合意されたCPE名のリストとして機能する。これはXML形式で利用可能であり一般に公開され、使用することができる。

最新のCPE仕様である2.3ではCPE標準を一連の個別の仕様に分割し、それぞれをスタックすることで構成する。個別の仕様には次のものが含まれる。

- CPE名（Name）
- 名称一致（Name matching）
- 辞書（Dictionary）
- 適用性言語（Applicability language）

※12　https://cpe.mitre.org/specification
※13　www.govinfo.gov/content/pkg/GOVPUB-C13-5d78ccf04a5285bc768fb03ea45dd6bb/pdf/GOVPUB-C13-5d78ccf04a5285bc768fb03ea45dd6bb.pdf
※14　https://csrc.nist.gov/Projects/Security-Content-Automation-Protocol/Specifications/cpe/dictionary

CPE名はCPE仕様の基礎であり、IT製品クラスに対して名前を割り当てるための標準化された方法を定義するために使用される。**名称一致**は、ソースCPE名とターゲットCPE名の一対一の比較を行うための方法を定義するために使用される。この方法により、2つのエンティティ間に共通の関係が存在するかどうかを判断することが可能である。たとえば、IT資産管理ツールは、システムにインストールされたソフトウェアに関する情報を収集し、特定のソフトウェアがインストールされているか、存在するかを識別できる。**辞書**はCPE名とそれに関連するメタデータのリポジトリであるCPE辞書を作成、管理するための標準化された方法を定義する。CPE仕様の最後の規定は**適用性言語**であり、構成要素であるCPE名参照の複雑な論理式を形成することで、ITプラットフォームを記述する標準化された方法を定義している。適用性言語が提供できる一例として、Windows XPのOS上でMicrosoft Office 2007が稼働し、さらに有効なワイヤレスネットワークカードが存在する、といったプラットフォーム構成がある。

3-3-2　SWID（ソフトウェア識別）タグ

　SWID（ソフトウェア識別）タグは国際標準化機構が認めたフォーマットで、ソフトウェア製品を記述するための構造化メタデータフォーマットである[15]。SWIDはデータ要素を使用してソフトウェア製品、製品のバージョン、製品の生産と配布に関与した組織や個人、ソフトウェア製品が構成する成果物を識別する。ソフトウェア資産管理およびセキュリティプロセスの中にはSWIDをソフトウェア資産の脆弱性評価、欠落しているパッチの管理、特定の構成管理評価といった活動の一環として使用するものがある。また、ソフトウェアの完全性の検証やセキュリティ運用活動の一環として使用することもできる。

　NISTは、NIST IR 8060「Guidelines for Creation of Interoperable Software Identification (SWID) Tags[16]」の中で、SWIDタグの使用について詳しく説明している。

　NTIAもまた、彼らの出版物『Survey of Existing SBOM Formats and Standards[17]』の中でSWIDについて述べている。SWIDタグはTCG（Trusted Computing Group）やIETF（Internet Engineering Task Force）など、さまざまな標準化団体で使用されている。

※15　https://csrc.nist.gov/projects/software-identification-swid/guidelines
※16　https://nvlpubs.nist.gov/nistpubs/ir/2016/NIST.IR.8060.pdf
※17　https://www.ntia.gov/files/ntia/publications/sbom_formats_survey-version-2021.pdf

SWIDはソフトウェア製品のライフサイクルを標準として定義するのに役立つ。SWIDは次の4種類のタグを使用する。

- プライマリ (Primary)
- パッチ (Patch)
- コーパス (Corpus)
- 補足 (Supplemental)

プライマリタグはコンピューティングデバイスにインストールされたソフトウェア製品を識別し、記述するために使用される。一方、**パッチ**タグはインストールされたソフトウェア製品に対して行われた増分的な変更を表す。**コーパス**タグはインストールパッケージやソフトウェアアップデートに関するメタデータなど、プリインストール状態にあるインストール可能なソフトウェア製品を表す。**補足**タグは参照するSWIDタグに情報を追加するために使用できる。これにより、ソフトウェア管理ツールがほかのタグ形式を変更することなくメタデータを追加することができる。SWIDタグのライフサイクル機能を視覚化するには図3.2を参照いただきたい。これは前述のNTIAの刊行物に例として示されているものである。

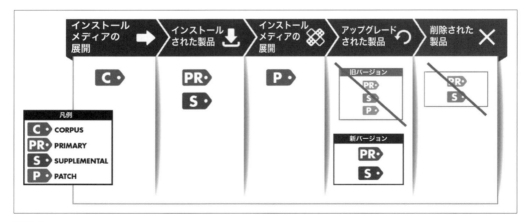

図3.2
出典：NTIA SBOMフォーマット調査, 連邦政府商務省, パブリックドメイン

SWIDはSBOMフォーマットの議論において取り上げられてはいるものの、SPDX（Software Package Data Exchange）やCycloneDXなどのほかの主要なSBOMフォーマットほどの注目は集めていない。これはSWIDの主なユースケースがソフトウェア識別に集中しており、ほかのフォーマットが提供する豊富なコンテキストの一部が欠けているためである。しかし、注目すべき点としてCycloneDXはソフトウェア識別のためにSWIDをネイティブにサポートしていることが挙げられる。

3-3-3　PURL（パッケージURL）

PURL[18]はソフトウェアパッケージの命名規則とプロトコルに関連する問題を解決するのに役立つ。現代のソフトウェア開発ではnpmやRubyGemsのようにかなりの数のソフトウェアパッケージを消費および生成する。しかし、各パッケージマネージャーやエコシステムはソフトウェアパッケージの識別、場所、提供方法に関して多様な命名規則や方法を使用している。

この課題に対処するため、ScanCodeやVulnerableCodeといったSCA（ソフトウェア構成分析：Software Composition Analysis）およびFOSS（フリーオープンソースソフトウェア：Free and Open Source Software）セキュリティスキャンツールを提供するnexB社[19]は、PURL仕様[20]を開発した。PURLプロジェクトの目標はパッケージマネージャー、ツール、より広範なソフトウェアエコシステムにわたってソフトウェアパッケージを識別し、場所を特定する方法を標準化することである。PURLは次の6つのデータ要素で構成される。

- スキーム（Scheme）
- タイプ（Type）
- 名前空間／名前（Namespace/name）
- バージョン（Version）
- クオリファイア（Qualifiers）
- サブパス（Subpath）

[18] https://archive.fosdem.org/2018/schedule/event/purl/attachments/slides/2298/export/events/attachments/purl/slides/2298/meet_purl_FOSDEM_2018_narrow.pdf
[19] https://nexb.com
[20] https://github.com/package-url/purl-spec

PURLの要素の中にはオプションのものと必須のものがある。各要素を組み合わせることでPURLは、pkg:bitbucket/birkenfeld/pygments-main@244fd47e07d1014f0aed9cのようなURL文字列となる。**スキーム**はpkgという定数値を持つURLスキームである。**タイプ**はmavenやnpmなどのパッケージタイプを示す必須要素である。**名前空間**はMavenやDockerなどのオプション要素である。**名前**はパッケージ名を示す必須フィールドで、**バージョン**はオプション要素である。**クオリファイア**はOS、アーキテクチャ、ディストリビューションなどの追加コンテキストを提供し、**サブパス**はパッケージ内の追加のサブパスを識別することができる。これら2つの要素もオプションである。

PURLはもともとFOSDEM 2018などのイベントで発表された。その発表により、現在ではPURLは主要なSBOMフォーマットであるCycloneDXやSPDX、OSS Index、その他世界中の組織などのプロジェクトでパッケージのURLに使用されるデファクトスタンダードであると多くの人にみなされている。

OWASP（Open Worldwide Application Security Project）、Linux Foundation、OracleなどのメンバーもPERLの脆弱性管理の自動化とコンポーネント識別を改善するために、NVDにPURLを採用させる取り組みを始めている[21]。サプライチェーンコンサルタントでブロガーのTom Alrich[22]が主導するSBOM Forumとして知られるグループは「脆弱性管理のためのコンポーネント識別を運用するための提案」と題する論文[23]を発表した。この論文の中で著者らはオープンソースの製品やコンポーネントは、パッケージマネージャーやレジストリによって名前が異なるというネーミングの問題を指摘している。脆弱性の特定と修正をより効果的に行うためには、組織はソフトウェアコンポーネントの命名規則を標準化する必要がある。

NVD は現在、ソフトウェア製品にCPE名を使用している。しかし、CPE名の規約はソフトウェアセキュリティに関連する自動化への取り組みを妨げるさまざまな課題をもたらしている。NVD内のCPEは主にベンダー、製品、バージョン文字列によってソフトウェアとハードウェアのコンポーネントを識別している。NVDがPURLを採用することで、CPEの

---

[21] https://owasp.org/blog/2022/09/13/sbom-forum-recommends-improvements-to-nvd.html
[22] https://tomalrichblog.blogspot.com
[23] https://owasp.org/assets/files/posts/A%20Proposal%20to%20Operationalize%20Component%20Identification%20for%20Vulnerability%20Management.pdf

使用に関連する課題を軽減し、ソフトウェアの識別を改善しSBOMの採用と自動化に関連する取り組みが促進される可能性がある。

3-4

Sonatype OSS Index

　OSSの採用が継続的に拡大し最新のアプリケーションや製品の大部分に寄与するようになるにつれ、OSSコンポーネントに関連するリスクを理解する需要が高まっている。Sonatype OSS Indexは、この問題を支援するための信頼性の高いソースの一つとして台頭している。このインデックスは何百万ものOSSコンポーネントのカタログを無料で提供するとともに、組織がOSSコンポーネントの脆弱性と関連リスクを特定し組織のリスクを低減するために利用できるスキャンツールも提供している。OSS Indexはまた、修復の推奨事項も提供しNVDと同様、統合の一環としてスキャンやクエリを行うための堅牢なAPIを備えている。NVDとOSS Indexの重要な違いの一つはCPEではなくPURLを使用していることだ。NVDは脆弱性の影響を受ける製品を一意に特定するためにCPEを使用するのに対し、OSS Indexはコンポーネントやパッケージの座標を記述するためにPURL仕様を使用する。

　OSS IndexはOSSコンポーネントを検索してその脆弱性に関連する情報を見つけることができるだけでなく、プロジェクトをOSS脆弱性に対してスキャンし個々のインデックスが提供するREST APIを通して最新の継続的インテグレーション／継続的デリバリ（CI／CD）ツールチェーンとの統合をサポートしている。ソフトウェア開発ライフサイクル（SDLC）の中でセキュリティをより早い段階に移行させることを「シフトレフト（Shift Left）」という。この取り組みをより広範に推進する動きの一環として、このツールチェーンとビルド時の統合は、コードを本番の実行環境にデプロイする前に、OSSコンポーネントの脆弱性を特定することを容易にしている。

OSS IndexのAPI統合は、Java Mavenプラグイン、Rust Cargo Pants、OWASP Dependency-Check、Pythonのossauditなど、さまざまなプログラミング言語用の多くの一般的なスキャンツールで使用されている。OSS Indexはコミュニティが無料で利用できる一方、専門家によって特別にキュレーションされた知識や洞察は含まれていない。ただし、Sonatype社は、追加のインテリジェンスとして、ライブラリを管理し、自動化機能を提供するようなほかのサービスを提供している。

3-5 オープンソース 脆弱性データベース

2021年、Googleセキュリティは「オープンソースソフトウェアの開発者と利用者のための脆弱性トリアージを改善する」ことを目的として、オープンソース脆弱性（OSV）プロジェクト[24]を立ち上げた[25]。このプロジェクトは「Know, Prevent, Fix[26]」と名付けられたGoogleセキュリティによる以前の取り組みを発展させたものである。OSVは脆弱性がどこで発見されどこで修正されたかというデータを提供することで、ソフトウェア利用者がどのような影響を受け、どのようにリスクを軽減するかを理解できるように努めている。OSVには脆弱性を公表するためにソフトウェアメンテナが必要とする作業を最小化し、下流の利用者に対する脆弱性クエリの精度を向上させるという目標も含まれている。OSVは堅牢なAPIと脆弱性データのクエリを通じて、オープンソースパッケージの利用者向けにトリアージワークフローを自動化している。また、ソフトウェアメンテナが下流の利用者に影響を与える可能性のあるコミットやブランチを横断して、影響を受けるバージョンの正確なリストを提供しようとする際のオーバーヘッドを改善する。

※24　https://osv.dev
※25　https://security.googleblog.com/2021/02/launching-osv-better-vulnerability.html
※26　https://opensource.googleblog.com/2021/02/know-prevent-fix-framework-for-shifting-discussion-around-vulnerabilities-in-open-source.html

OSVは、オープンソースのパッケージバージョンやコミットハッシュにマッピングするために特別に設計されたフォーマットで脆弱性を記述することができ、Googleセキュリティチームは OSV が SBOM と脆弱性をどのように結び付けているかを示すブログを公開している。また、GHSA（GitHub Advisory Database）や GSD（Global Security Database）のようなさまざまなソースからの情報も集約している。SPDX ドキュメントに記載された情報から OSS 脆弱性 JSON（JavaScript Object Notation）ファイルを作成する **spdx-to-osv**[27] と呼ばれる OSS ツールもある。

OSV は OSV.dev で利用可能なデータベースというだけでなく、スキーマや OSV フォーマットでもある。OSV は多くの脆弱性データベースがある一方で、標準化された交換フォーマット[28]が存在しないことを指摘している。

組織が脆弱性データベースを広くカバーしようとするならば、それぞれのデータベースが独自のフォーマットとスキーマを持っているという現実と向き合わなければならない。この事実はソフトウェア利用者にとっては複数のデータベースの採用を妨げ、ソフトウェア製造者にとっては複数のデータベースへの公開を妨げる要因となる。OSV はすべての脆弱性データベースが結集できるフォーマットを提供し、データベース間のより幅広い互換性をもたらすとともに複数の脆弱性データベースを利用しようとするソフトウェア製造者、ソフトウェア利用者、セキュリティ研究者の負担を軽減することを目的としている。OSV は JSON ベースのエンコーディングフォーマットで運用され、ID、公開日時、取り下げ日時、関連項目、要約、重大度などのさまざまなフィールドの詳細が含まれている。また、サブフィールドも含まれている。

※27　https://github.com/spdx/spdx-to-osv
※28　https://ossf.github.io/osv-schema

3-5　オープンソース脆弱性データベース　065

3-6 グローバルセキュリティ データベース

　CVEプログラムが広く採用されているにもかかわらず、多くの人がこのプログラム、そのアプローチ、そしてダイナミックな技術的状況についていけていないという問題点が指摘されている。クラウドコンピューティングの出現に伴い、CSA（クラウドセキュリティアライアンス：Cloud Security Alliance）[29]などのグループが現代のクラウド主導のITにおいて指導や研究を行う信頼できる業界のリーダーとして台頭してきている。CSAの特筆すべき取り組みとして、GSD（グローバルセキュリティデータベース：Global Security Database）の設立が挙げられる。GSDは、CVEは現代の複雑なIT状況に追いついていない時代遅れのアプローチであると主張し、自らを現代の問題に対する現代的なアプローチとして位置付けている。この取り組みはJosh Bressers氏とKurt Seifried氏によって率先されている。両者ともRedHat社での脆弱性の特定とガバナンスにおいて豊富な経験と専門知識を持っている。また、Kurt氏の場合はCVE理事会のメンバーでもある。

　CSAのブログ投稿で「グローバルセキュリティデータベースを作成した理由」[30]と題された記事の中でKurt氏は、GSDを作成したいくつかの理由とCVEといったほかのプログラムが不十分であった理由を述べている。このブログではCVEよりも前のBugTraq IDsとして知られるプログラムまで脆弱性の識別の起源をさかのぼり、関心のある人々が利用可能な脆弱性情報を購読する必要があったことを説明している。CVEプログラムの成長については、当初は年間1,000件ほどの発見しかなかったが、2011年に減少に転じる前に8,000件のCVEでピークを迎えたことを紹介している。この記事は先に述べたように、CNAの成長も示している。しかしCNAの増加にもかかわらず、Kurt氏はCNAの25％近くが少なくとも1年間は活動していないと指摘している。2017年、CVEの発行数と割当数はピークに達し、2020年の急増を除けば図3.3でわかるように、CVE割り当て活動は横ばいで推移している。

---

[29] https://cloudsecurityalliance.org
[30] https://cloudsecurityalliance.org/blog/2022/02/22/why-we-created-the-global-security-database

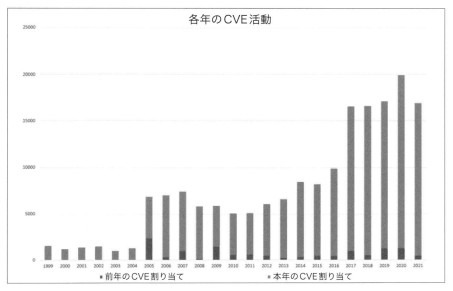

図 3.3
出典：「グローバルセキュリティデータベースを作成した理由」（https://cloudsecurityalliance.org/blog/2022/02/22/why-we-created-the-global-security-database）クラウドセキュリティアライアンス、最終アクセス：2023年3月27日

　この記事ではJosh氏とKurt氏が関与していた以前の取り組み、たとえばDistributed Weakness Filing（DWF）プロジェクトなどについて説明している。さらに、LinuxカーネルがどのようにしてこのCVE取り組みに関与することになったかも議論されている。LinuxプロジェクトはCVEプログラムとの連携を拒否したが、これについてはGreg Kroah-Hartmanが「Kernel Recipes 2019-CVEs are dead, long live the CVE!」と題した講演で詳しく話している[31]。そのビデオの中でGregは、CVEプログラムがLinuxカーネルではうまく機能しないことを指摘している。グレッグはLinuxのCVEの平均的な「request to fix」タイムラインが100日であり、LinuxカーネルのCVEに対する関心の欠如を示していること、そしてより広いレベルではLinuxプロジェクトがCVEプロセスの厳格なガバナンスに対してあまりにも速く動きすぎていることを説明している。

　GSDの発表ではサービスがいかに「世界を飲み込んだ」かが説明されており、これは現代のソフトウェアやアプリケーションが圧倒的に **as-a-service** で提供されているという現

---

[31] https://www.youtube.com/watch?app=desktop&v=HeeoTE9jLjM

実を反映している。これはクラウドコンピューティングがさまざまなモデルで普及していることを考えれば異論を挟むのは難しいが、最も顕著なのはSoftware-as-a-Service（SaaS）のようなアプリケーションである。著者はCVEプログラムがas-a-serviceアプリケーションをカバーする際に、いかに首尾一貫したアプローチを欠いているかを説明している。「世界を飲み込んだ」というコメントは「ソフトウェアが世界を飲み込んだ」という以前の格言に言及したものだが、今や世界のソフトウェアの多くはas-a-serviceとして提供されていることを示している。

著者やGSDのリーダーが挙げたほかの変化の中には、Python（20万）やnpm（130万）のようなパッケージの急増がある。またLog4jを例として、CVEプログラムには透明性、コミュニティへのアクセスや関与、OSSパッケージを使用するベンダーに関連するデータが欠如しているという認識もある。オープンでコミュニティ主導のGSDの取り組みに参加することに興味があれば、GSDのホームページ[32]やSlack、メーリングリスト[33]などのコミュニケーションチャンネルで詳細を知ることができる。

3-7
共通脆弱性評価システム（CVSS）

CVEプログラムが脆弱性を特定し記録する方法を提供し、NVDがCVEを充実させて堅牢なデータベースで提示する一方で、CVSSはセキュリティ脆弱性の深刻度を評価し、深刻度スコアを割り当てる。CVSSはソフトウェア、ハードウェア、ファームウェアの脆弱性の技術的特徴を捉えることを目指している。CVSSはプラットフォームやベンダーにとらわれずスコアが導き出される特性や方法論に関して透明性を持ち、業界標準化された脆弱性の深刻度の採点方法を提供する。

※32　https://globalsecuritydatabase.org/g/gsd?pli=1
※33　https://groups.google.com/a/groups.cloudsecurityalliance.org/g/gsd?pli=1
（訳注）現在は閲覧できなくなっている。

Software Transparency

CVSSは2000年代初頭にNIAC（国家インフラ評議会：National Infrastructure Advisory Council）による研究から生まれ、2005年初頭にCVSSバージョン1が誕生した。NIACの研究がCVSSの創設につながったが、2005年にNIACはFIRST（Forum of Incident Response and Security Teams）を将来のCVSSイニシアチブの主導と管理に選んだ。FIRSTは米国を拠点とする非営利団体で、CVSSのようなリソースを提供してコンピュータセキュリティインシデント対応チームを支援している。CVSSはFIRSTによって所有・運営されているが、FIRSTのCVSS仕様ガイダンスを順守すればほかの組織もCVSSを使用または実装することができる。CVSSは2005年初頭のオリジナルのCVSS、2007年のCVSS 2、2015年のCVSS 3といくつかのバージョンを経て進化してきた。本書執筆時点ではCVSSの最新バージョンはv3.1である[※34]。CVSS 3.1は図3.4に示すように、3つのコア評価基準グループから構成されている。

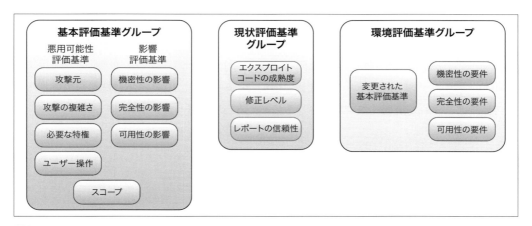

図3.4
出典：Forum of Incident Response and Security Teams、CVSS 3.1仕様書（www.first.org/cvss/specification-document), 最終アクセス日：2023年3月27日

　CVSSは基本評価基準、現状評価基準、環境評価基準の3つの評価基準グループで構成されている。基本評価基準は配備された環境に関係なく脆弱性の本質的な特性に基づいて深刻度を評価し、最悪のシナリオを想定する。一方、現状評価基準は脆弱性の悪用（エクスプロイト）の実際の可能性など、時間とともに変化する要因を考慮して基本評価基準を調整する。環境評価基準はリスクを低減するための緩和策の有無など、コンピューティング環境の仕様

[※34]　（訳注）翻訳時点（2024年11月）時点での最新バージョンはCVSS 4.0である。

に基づいて、基本値と時間的値の両方を調整する。基本値は、製品を所有する組織またはセキュリティ研究者などの第三者によって割り当てられる。これらの値や評価基準は割り当て後も一定であるため公表される。公表者はホスティングやオペレーティング環境の全体像や可能な緩和策を把握しているわけではないので、CVSSの利用者が必要であれば現状値や環境値によって値を調整する。成熟した組織はこれらの要因に基づいた調整を行うことで、より正確なリスク計算を通じて脆弱性管理活動の優先順位を効果的に決定できるようになる。具体的な環境と関連する管理対策を考慮することで脆弱性の深刻度を適切に評価し、優先的に対応すべき脆弱性を見極めることが可能になる。

各評価基準グループをもう少し深く掘り下げると、基本評価基準グループにはそのグループが存在する環境に関係なく、新しい情報が出現しない限りは時間経過に伴い一貫して存在している本質的な特性が含まれる。基本評価基準グループには、脆弱性を悪用される可能性の評価基準と影響に関する評価基準の両方が含まれる。悪用される可能性の評価基準には攻撃ベクトルや複雑さ、必要な特権などが含まれる。これらの評価基準は脆弱なコンポーネントとそれを悪用することのたやすさを中心に評価される。一方、影響に関する評価基準では伝統的なサイバーセキュリティの3要素（CIA）を使用する。これは脆弱性が悪用された場合の結果と、それが脆弱なコンポーネントに与える影響を扱う。

3-7-1　基本評価基準（Base Metrics）

基本評価基準は、攻撃者がシステムやその防御機構に関する知識を持っていることを前提とする評価である。本書執筆時点ではCVSS 3.1が最新のバージョンであり、CVSS 4.0は開発中である。ここではCVSS 3.1の観点から議論する。前述したように、基本評価基準にはエクスプロイトのしやすさに関する評価基準と影響に関する評価基準が含まれている。エクスプロイトのしやすさに関する評価基準の中には攻撃ベクトル、複雑さ、必要な特権、ユーザーとのインタラクション、スコープなどの要素がある。

攻撃ベクトルの評価基準とは、悪意のある行為者がどのような方法でシステムの脆弱性を攻撃できるかについてのコンテキストを提供するためのものである。まれな状況を除いて、脆弱なコンポーネントに対して物理的に近接している悪意のある行為者の数は論理的なアクセス権を持つ行為者の数より少ない可能性が高いという事実があるため、悪用に必要な物理

的な近接性といった要因がこの評価基準のスコアリングに影響する。攻撃ベクトルの評価基準には、ネットワーク（network）、隣接（adjacent）、ローカル（local）、物理（physical）などの値が含まれる。ネットワークの観点からは、攻撃元がローカルネットワークに制限される場合やリモートで攻撃可能である場合、あるいはインターネット全体にまで及ぶ可能性がある。一方、隣接とはBluetoothネットワーク範囲を共有する、同じローカルサブネット上にあるなど、特定の物理的または論理的な範囲に限定される場合である。ローカルにはシステムのキーボードやコンソールにアクセスするなどの要素が含まれるが、リモートのSSHアクセスも含まれる。また、ローカルではフィッシング攻撃やソーシャルエンジニアリングなど、ユーザーとのやりとりを必要とする場合もある。最後に、物理とは悪意のある行為者が脆弱性を利用するために、脆弱性のあるコンポーネントに物理的にアクセスする必要があることを意味する。

攻撃ベクトル評価基準は攻撃者が利用可能な経路と方法に基づいているが、攻撃の複雑さには悪意のある行為者が制御できない条件、たとえば、脆弱なコンポーネント上で特定の設定が行われているといった条件が含まれる。攻撃の複雑さは「低（Low）」か「高（High）」かに分類される。「低」の場合は悪意のある行為者が脆弱なコンポーネントを悪用することに繰り返し成功できる状況であり、「高」の場合は悪意のある行為者が知識を収集したり、ターゲット環境を準備したり、オンパススタイルの攻撃のようにネットワーク経路に自分自身を注入したりする必要がある。

必要な特権に関する評価基準は、攻撃者が脆弱性の悪用を成功させるために保有しなければならない特権のレベルを表す。たとえば、悪意のある行為者が管理者レベルのアクセスを必要とする場合、スコアは低くなる。必要な特権の値は次のとおりである。

- なし（None）：システムやコンポーネントへのアクセスを必要としない
- 低（Low）：基本的なユーザー権限を必要とする
- 高（High）：脆弱なコンポーネントを悪用するには、管理者レベルのアクセスが必要である

ユーザーインタラクション評価基準は、悪意のある行為者以外の人間のユーザーが、侵害を成功させるために行わなければならない関与のレベルを記述する。脆弱性の中には、悪意のある行為者以外が関与することなく実行に成功するものもあれば、ほかのユーザーが関与

する必要があるものもある。この指標は単純で「なし（None）」または「必須（Required）」のいずれかが可能な値である。

　最後にスコープの評価基準がある。これは脆弱なコンポーネントの悪用がそのコンポーネントのセキュリティ範囲を超えて、ほかのリソースやコンポーネントにも影響を及ぼす可能性を表す。この評価指標については、脆弱なコンポーネントがその権限下にあるほかのリソースにどの程度影響を与えることができるのか、より根本的にはそもそもどのようなコンポーネントがその権限下にあるのかを理解する必要がある。この評価指標には2つの値（「変更なし（Unchanged）」「変更あり（Changed）」）があり、悪用された場合、ほかのセキュリティ権限によって管理されているコンポーネントにどの程度の影響を及ぼす可能性があるかを表す。

　基本評価基準の中には従来のCIAの三要素で表される影響の評価基準もある。CVSSはアナリストによる影響度の予測を、悪意のある行為者が持ち得る現実的な影響度に合理的に合わせるように推奨している。CIAに関するNIST RMF（Risk Management Framework）のガイダンスをご存じであれば、類似点にお気付きだろう。CIAメトリックの値は、「なし（None）」「低（Low）」「高（High）」のいずれかである。「なし」はCIAに影響がないことを意味し、「低」はCIAがいくらか失われることを意味し、「高」はCIAが完全に失われ脆弱性の悪用に関連する特定のシナリオで起こり得る最も壊滅的な潜在的影響を意味する。

3-7-2　現状評価基準（Temporal Metrics）

　前述したように、現状評価基準はアクティブな攻撃によってスコアが上がったり、利用可能なパッチによってCVSSスコアが下がったりするなどの要因があるため、時間の経過とともに変化する可能性がある。これらの要因は業界に関連するものであり、ユーザーの環境や組織が導入している特定の緩和策に特化したものではないことに留意してほしい。一時的な評価基準にはエクスプロイトコードの成熟度、修正レベル、レポートの信頼度などがある。

　エクスプロイトコードの成熟度は関連するエクスプロイト技術の現状と、脆弱性をエクスプロイトするコードが利用可能な状態に基づいている。これはしばしば"in-the-wild"エクスプロイトと呼ばれる。注目すべき例としては、CISAの「Known Exploited

Vulnerabilities Catalog[※35]」がある。このカタログは活発に攻撃されていることがわかっている脆弱性を定期的に更新し、連邦政府機関に対し攻撃可能な既知の脆弱性にパッチを当てるよう求めている。このリストにはすでに数百の脆弱性が含まれており、多くの組織に適用される可能性のあるソフトウェアおよびハードウェアのエクスプロイト情報が多種多様に含まれている。このリストは活発に悪用されていることが知られた新しい脆弱性が発見、確認されるたびに定期的に更新される。攻撃可能なコードの成熟度評価基準には「未証明（unproven）」「概念実証（PoC）」「機能的（functional）」「高い（high）」「未定義（not defined）」が含まれる。これらの評価基準はエクスプロイトコードが利用できない、あるいは理論的な状態から完全に機能し、手動によるトリガーを必要としない自律的な状態まで、すべてを表している。

修正レベルの評価基準は公式な修正が利用可能になるまでの回避策などが存在する可能性を示し、脆弱性の優先順位付けの取り組みを促進するのに役立つ。評価基準値には「なし（unavailable）」「回避策（workaround）」「一時的修正（temporary fix）」「公式修正（official fix）」が含まれる。脆弱性を修正することが可能な場合もあるが、公式の修正が公開、検証および精査されて導入、実装されるまでの間、非公式の回避策が必要になることもある。

最後の現状評価指標であるレポートの信頼度は、脆弱性の報告とそれに関連する技術的な詳細情報についての信頼性を表す指標である。たとえば、最初の報告は検証されていない情報源からかもしれないが、ベンダーや評判のよいセキュリティ研究者によって検証されるようになるかもしれない。想定される評価指標値には「unknown（未知）」「reasonable（妥当）」「confirmed（確認済み）」があり、報告された脆弱性とその詳細に対する信頼度の高まりを表している。これらの要素は脆弱性全体のスコアリングに影響を与える可能性がある。

3-7-3 環境評価基準（Environmental Metrics）

組織固有のコンテキストについては環境評価基準が重要となる。なぜなら、それぞれの環境はユニークであり、技術スタック、アーキテクチャ、特定の緩和策などの環境スコアに影響を与え得るさまざまな要因があるからである。

※35　https://www.cisa.gov/known-exploited-vulnerabilities-catalog

環境評価基準は、組織が自らの運用環境に固有の要因に基づいて基本評価基準を調整するのに役立つ。この修正はCIAの3要素を中心に行われ、アナリストが各要素の組織における役割に応じた値を割り当てることを可能にしている。変更された基本評価基準はそのユーザーの環境に特有の要因により、基本評価基準を上書きした結果となる。ただし、これらの修正を正確に行うためには脆弱性が組織にもたらすリスクを軽視することなく、基本評価基準と現状評価基準の要因を詳細に理解することが必要である。

3-7-4　CVSS評価尺度

CVSSでは図3.5に示すように、0.0から10.0までの定性的な重大度評価スケールを使用している。

RATING	CVSS SCORE
None	0.0
Low	0.1 - 3.9
Medium	4.0 - 6.9
High	7.0 - 8.9
Critical	9.0 - 10.0

図3.5

CVSS仕様では「各メトリックに割り当てられた各値を含み、常に脆弱性スコアとともに表示されるべき、特別にフォーマットされたテキスト文字列」と定義している。**ベクター文字列**はメトリックグループ、メトリック名、取り得る値、およびそれらが必須であるかどうかで構成される。この結果、ベクター文字列は次のような「攻撃ベクター」として表示されることになる。

「Attack Vector: Network, Attack Complexity: Low, Privileges Required: High, User Interaction: None, Scope: Unchanged, Confidentiality: Low, Integrity: Low, Availability: None」

評価基準を計算するには取り得るフィールド、値、その他の要因について詳細に理解する必要がある。CVSS 3.1 仕様書の数式とガイダンス[36]を参照することを強く推奨する。

3-7-5　CVSSに対する批判

　CVSSは広く採用されているが批判的な意見がないわけではない。セキュリティ研究者で作家のWalter Haydock氏は自身のブログ「Deploying Securely」[37]における「CVSS：リスクを評価するための（不適切な）業界標準」[38]という記事で、CVSSを批判している。この記事の中でWalter氏はCVSSはサイバーセキュリティのリスクを評価するのに適切ではないと主張している。彼はCVSSが業界で使われているにもかかわらず、単独でリスク評価に使用すべきでない理由を示す複数の業界リーダーの記事を引用している[39]。Walter氏の記事やほかの記事でも指摘されているように、CVSSはエクスプロイトのしやすさや、エクスプロイトされた場合の影響の大きさに関する評価に基づいて、企業が緩和や改善に向けた優先順位を脆弱性に付けるのを助けるためにCVSSは使われることが多い。しかしTenable社などの調査によると、脆弱性の50％以上が悪用される可能性の有無にかかわらず、CVSSで「High」または「Critical」とスコア付けされている[40]。また、「High」または「Critical」と評価された脆弱性の75％は実際に公開されたエクスプロイトがないにもかかわらず、セキュリティチームがこれらの脆弱性に優先順位を付けてしまうことにつながっている。このことは組織が有効なエクスプロイトが存在する脆弱性への対処よりも、攻撃される可能性はあるがその可能性は低いような脆弱性への対処を優先し、限られた時間とリソースを浪費していることを意味する。組織はCVSSにおける「High」や「Critical」の脆弱性を追いかけることに集中し、4から6のスコアでありながら実際に悪用されている脆弱性に対処していないために、潜在的に大量のリスクを見逃している可能性がある。組織は数百から数千の資産を扱っていることが多く、そのすべてに多くの脆弱性が関連付けられていることが多いため、そうした状況は理解に難しくない。膨大な脆弱性データに埋もれている中で自社に属する資産やリスクを明確に把握することはおろか、きめ細かな脆弱性管理の取り組みを実行することはさらに困難である。CVSSをさらに深く掘り下げるには、NIST発行

※36　https://www.first.org/cvss/v3.1/specification-document
※37　https://blog.stackaware.com/
※38　https://blog.stackaware.com/p/cvss-an-inappropriate-industry-standard
※39　https://pt-br.tenable.com/blog/why-you-need-to-stop-using-cvss-for-vulnerability-prioritization
※40　https://pt-br.tenable.com/research

の内部報告書（IR）8409「Measuring the Common Vulnerability Scoring System Base Score Equation[41]」を参照してほしい。

3-8

EPSS (Exploit Prediction Scoring System)

　CVSSに対する批判に基づき脆弱性の評価基準をより実用的かつ効率的なものにするために、EPSS（Exploit Prediction Scoring System）を使用すること、またはCVSSとEPSSの両方を組み合わせることを求める声がある。CVSSと同様にEPSSもFIRSTによって管理されている。EPSSはオープンかつデータ駆動型の取り組みであり、ソフトウェアの脆弱性が悪用される可能性を推定することを目的としている。

　CVSSは脆弱性の固有の特徴に焦点を当てて深刻度スコアを算出するが、深刻度スコアだけでは悪用の可能性を示すことはできない。悪用可能性は、脆弱性管理の専門家にとっては組織のリスク低減に最大限の効果をもたらすよう、脆弱性の修正と緩和の取り組みに優先順位を付けるための重要な情報の一つである。EPSSには、この取り組みへの参加希望者向けに公開されたSIG（Special Interest Group）がある。EPSSは研究者、セキュリティ専門家、学者、政府関係者がボランティアで主導しているが、このような業界の協力的なアプローチの一方で、FIRSTは組織が適切と判断した場合にモデルと関連ガイダンスを更新する権利を所有している。現在、このグループにはRAND、Cyentia、Virginia Tech、Kenna Securityなどの組織から議長やクリエイターが参加している。EPSSには、攻撃予測、脆弱性モデル化と情報公開、ソフトウェア悪用などの関連トピックに踏み込んだ論文がいくつかある[42]。

---

[41]　https://nvlpubs.nist.gov/nistpubs/ir/2022/NIST.IR.8409.pdf
[42]　https://www.first.org/epss/papers

3-9 EPSSモデル

　EPSSは、セキュリティ実務者とその組織が脆弱性の優先順位付けの取り組みを改善するのを支援することを目的としている。今日のデジタル環境では指数関数的な数の脆弱性が確認されており、その数はシステムや社会のデジタル化の進展、デジタル製品に対する監視の強化、調査・報告能力の向上などの要因により増加の一途をたどっている。一方で、EPSSは組織が毎月修正できる脆弱性は5〜20％に過ぎないと指摘している。また公表された脆弱性のうち、実際に悪用されることがわかっているのは10％以下という現実もある。長年にわたる労働力の問題も影響しており、年次の(ISC)² サイバーセキュリティ労働力調査[43]では、世界的には200万人を超えるサイバーセキュリティ専門家が不足していることが示されている（図3.6参照）。

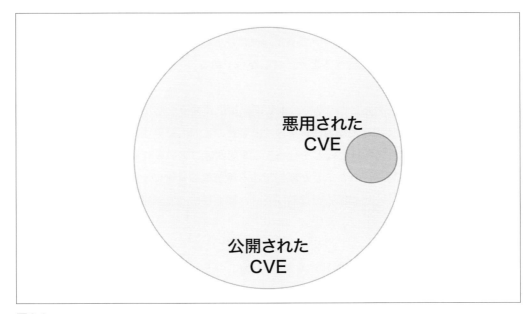

図3.6
出典：EPSSモデル（www.first.org/epss/model）、最終アクセス：2023年3月27日

---

[43] https://www.isc2.org/insights/2021/10/isc2-cybersecurity-workforce-study-sheds-new-light-on-global-talent-demand

これらの要因から、組織が限られたリソースと時間を無駄にしないために最も高いリスクをもたらす脆弱性に優先順位を付ける首尾一貫した効果的なアプローチを持つことが重要である。EPSSモデルは、脆弱性が今後30日以内に悪用される確率のスコアを作成することで支援を提供する。スコアの範囲は0〜1、つまり0〜100%である。これらのスコアと予測を提供するために、EPSSはMITREのCVEリスト、公表からの日数などのCVEに関するデータ、AlienVault社やFortinet社などのセキュリティベンダーによる攻撃者の活動の観察など、さまざまなソースからのデータを使用している。

　EPSSチームはCVSSスコアだけでなくEPSSのスコアリングデータも活用することで、脆弱性是正の取り組みを実現するというアプローチについて、その効果性を裏付けるデータを公表している。たとえば、多くの組織ではCVSSスコアが7以上など、特定のCVSSスコア以上の脆弱性を是正することを義務付けている。しかし、このアプローチでは脆弱性が悪用されることがわかっているかどうかではなくCVSSスコアのみに基づいて脆弱性是正の優先順位を決定するため、EPSSをCVSSと組み合わせる方が効果的である。なぜならその場合、組織は脆弱性を単に深刻度スコアに基づいて優先順位付けするだけでなく、その脆弱性が活発に悪用されているかにも基づいて優先順位付けするため、組織は自社にとって最大のリスクをもたらすCVEに対処できるようになるからである。

　EPSSは効率とカバー範囲という2つの中核的な指標に焦点を当てている。効率性の指標は、組織がリソースを使用して脆弱性を解決する割合がどれだけ効率的かを見るものである。EPSSは、組織のリソースのほとんどをCVSSの深刻度スコアのみに基づく脆弱性に無作為に費やすのではなく、悪用されたことが既知である脆弱性の修復に主に費やす方が効率的であると指摘している。カバー範囲指標は悪用された脆弱性のうち修復された脆弱性の割合を見るものである。

　彼らの提案するアプローチの効率性を示すために、EPSSは2021年にCVSS 3の基本評価基準でのEPSS v1とEPSS v2のデータを用いた研究を行った。CVEの総数、修復されたCVEの数、悪用されたCVEの数を決定するために彼らは30日間をその分析期間とした。図3.6を見るといくつかのことがわかる。まず、大半のCVEは単に修復されていないということである。次に、悪用されたCVEの数は対策済みのCVE全体のほんの一部に過ぎないということだ。これらの事実は組織がほとんどのCVEを対策していないことを意味し、対策し

ているCVEの中でもその多くは悪用されていることが知られておらず、潜在的には大したリスクをもたらしていないことを意味する。また、EPSS v2は悪用された脆弱性を是正する割合を最大化することで、脆弱性是正の取り組みの効率をさらに向上させることを示している。組織がサイバーセキュリティ担当者のリソースに課題を抱えている場合、組織に最大のリスクをもたらす脆弱性にリソースを集中させることで、投資対効果を最大化することが極めて重要である。EPSSは組織が限られたリソースをより効率的に活用し、組織のリスクを低減させる効果を高める手助けをしようとしている。

3-10
EPSSに対する批判

CVSSと同様にEPSSにも産業界や学界からの批判がないわけではない。カーネギーメロン大学ソフトウェア工学研究所（SEI）のブログからの記事「Probably Don't Rely on EPSS Yet」[44]がその一例だ。SEIはもともと「Towards Improving CVSS」と題する論文を発表し、CVSSに対する鋭い批判を展開した。EPSSはこの論文発表の直後に生まれたものである[45]。この記事で指摘された主な批判にはEPSSの不透明性、データや出力の問題などがある。記事ではEPSSの開発プロセス、ガバナンス、対象読者がどのように決められているのかが明確でないと論じている。また、EPSSが既存のCVE IDに依存していることも指摘されている。ソフトウェアサプライヤやインシデント対応チーム、またはバグバウンティグループなどのグループが取り扱う多くの脆弱性にはまだCVE IDがなく、将来的にも得られない可能性があるため、そういった脆弱性については、EPSSが役立たないという現実がある。これらの脆弱性はすでに悪用が進行しているにもかかわらず、関連する既知のCVE IDがないためである。

この記事の著者はEPSSのオープン性と透明性についても懸念を示している。EPSSは自らをオープンでデータ主導の取り組みと称して先に述べたようにSIGまで設けているが、

[44] https://insights.sei.cmu.edu/blog/probably-dont-rely-on-epss-yet
[45] https://resources.sei.cmu.edu/library/asset-view.cfm?assetid=538368

EPSSとその運営組織であるFIRSTは説明なしにいつでもサイトやモデルを変更する権利を依然として保持している。また、SIGのメンバーでさえEPSSの基礎となるモデルで使用されているコードやデータにアクセスできないという現実もある。SIG自体にはモデルの監督やガバナンスはなく、モデルが更新されたり修正されたりするプロセスは、一般人はおろかSIGメンバーにも透明ではない。この記事は、EPSSのモデルやデータがFIRSTによって管理・運営されていることから、公共の貢献や利用から引き戻される可能性もあると指摘している。また、この記事では、EPSSが今後30日以内に脆弱性が悪用される確率に焦点を当てていることについても示しているが、この確率が予測されるためには、いくつかの基礎的な情報が必要となる。

- N関連するCVSS v3ベクトル値を持つNVD内の既存のCVE ID
- CVE IDのアクティブなエクスプロイト試行にひも付いた侵入検知システム（IDS）のシグネチャ
- AlienVault社やFortinet社（EPSSにデータを提供する企業）からの貢献
- 次の30日間における悪用の可能性を予測するEPSSのモデル

　記事の著者が指摘するように、CVE IDを持つ脆弱性のうち、IDSシグネチャが付随しているのはわずか10％であり、CVE IDを持つ脆弱性の90％は悪用が検知されない可能性がある。これもまた、IDSセンサーおよび関連データに関してAlienVault社やFortinet社への依存を生むことになるが、セキュリティベンダーコミュニティ全体のさらなる関与によって軽減することが可能である。

3-11
CISAの見解

　脆弱性の優先順位付けと管理をめぐる議論が過熱する中、CISAなどの組織がこのトピックに意見を寄せている。CISAのエグゼクティブアシスタントディレクターであるEric Goldstein氏は、2022年11月に発表された「脆弱性管理の状況を変革する」[46]と題する記事の中で、現代のデジタル環境の複雑さと加速する脆弱性のペースについて論じている。

※46　https://www.cisa.gov/news-events/news/transforming-vulnerability-management-landscape

記事によると、CISAは脆弱性管理のエコシステムを前進させるための3つの重要なステップについて概説をしている。

1. 自動化された機械可読セキュリティアドバイザリのため、CSAF（共通セキュリティアドバイザリフレームワーク：Common Security Advisory Framework）の使用を拡大する
2. 特定の製品が悪用可能な脆弱性の影響を受けていることをソフトウェア利用者が理解できるようにするためVEX（Vulnerability Exploitability eXchange）の採用を強化する
3. SSVC（ステークホルダー別脆弱性分類：Stakeholder-Specific Vulnerability Categorization）やCISAのKEV（既知の悪用された脆弱性カタログ：Known Exploited Vulnerabilities）などを用いて組織が脆弱性管理リソースに優先順位を付けられるよう支援する

このセクションではこれらの各ステップについてもう少し詳しく説明する。

3-11-1　共通セキュリティアドバイザリフレームワーク（CSAF）

CISAのリストで最初に挙げられているのは、機械可読性のあるセキュリティアドバイザリの自動化を行うためのCSAFの使用である。CISAが指摘するように、新しい脆弱性が発見され公表されるたびにソフトウェアベンダーは自社の製品を評価し、それが該当するかどうかを検証して該当する場合はその脆弱性を修正するために何をすべきかを決定して、その情報を顧客に伝えなければならない。ベンダーがこのような作業を行っている一方で、悪意のある行為者もまたSaaSにおいてベンダーが直接修正する前に、あるいは従来のオンプレミスにおいてパッチをエンドユーザーが適用する前に、脆弱性を積極的に悪用しようとしている。CVEに関連する脆弱性の発見と開示のペースが加速する中、その情報をソフトウェア利用者に提供するためには活動の自動化、迅速化が必要とされている。

CSAFは、OASIS CSAF技術委員会が主導している。OASISは非営利のコンソーシアムで、さまざまなベストプラクティスや標準の作成、普及を支援している。OASISはCSAFについてより詳しく知りたい人のために、「What Is a Common Security Advisory Framework

(CSAF)?」という動画[※47]や、非常に包括的なCSAF 2.0仕様書[※48]など、優れたリソースを提供している。

仕様で定義されているように「CSAFは、製品、脆弱性、影響と修復の状況に関する構造化された情報としてセキュリティアドバイザリの作成、更新、および関係者間での互換可能な交換をサポートする」。これらのアドバイザリはJSON形式で提供される。

伝統的にはセキュリティアドバイザリはPDFファイルやウェブサイトのような静的な文書として発行され、人間が利用することを目的としている。このことにおける問題は脆弱性の発見と開示のペースが加速していることと、悪意ある行為者に悪用される前に脆弱性を修正しなければならないことにある。こうした状況はサイバーセキュリティのほかの分野ともいくつかの類似点を持つ。たとえば、OSCAL（Open Security Controls Assessment Language）によるガバナンス・リスク・コンプライアンス（GRC）ツールやInfrastructure-as-Code、Compliance-as-Codeの登場などにより、従来のIT分野においても機械可読なアーティファクトの採用が進んでいる。現代の技術的な状況は人間が媒体として機能するにはあまりにも動きが速すぎるのだ。CSAFも、次のような強力なツール群を提供しようとしている[※49]。例として、CSAF Parser、Visualizer、Trusted Provider、Aggregatorなどが挙げられるが、これらはそのポートフォリオの一部に過ぎない。本書執筆時点ではこれらのツールはまだ開発中であり、CSAF ParserがまだCSAF 2.0をサポートしていないなど、いくつかの機能が欠けている可能性があることには注意が必要だ。これらの各ツールにはGitHubリポジトリ、ドキュメント、コードベースが付属しており、組織や採用者がCSAFをより有効に活用しソフトウェアの利用者または製造者としてサイバーセキュリティおよび脆弱性管理活動の一環となる運用が行えるように支援をしている。

CSAFスキーマのドキュメントには、主に3つの情報クラスが含まれる。

- ドキュメントのフレーム、集約、参照情報
- CSAFアドバイザリクリエイターによって関連性があると判断された製品情報
- 議論されている製品に関する脆弱性情報

※47　https://www.youtube.com/watch?app=desktop&v=vQ_xY3lmZOc
※48　https://docs.oasis-open.org/csaf/csaf/v2.0/cs02/csaf-v2.0-cs02.html
※49　https://oasis-open.github.io/csaf-documentation

CSAFはプラットフォームデータや脆弱性の分類とスコアリングなど業界標準のスキーマの参照もネイティブにサポートしている。たとえばCPE、CVSS、CWEがあり、それぞれ使用するためのスキーマがある。

　この基本的な概要を見ればCSAFが機械可読で自動化可能なセキュリティアドバイザリの時代を切り開き、セキュリティアドバイザリの作成、配布、取り込みを迅速化するのにどのように役立つかがわかるだろう。これにより、ソフトウェアのプロバイダーと利用者の両方に利益をもたらし、ソフトウェアエコシステムにおけるサイバーセキュリティリスクについて迅速な意思決定を行うことが可能になる。詳しく知りたい場合は詳細な仕様を確認するか、CSAFの動画[※50]をご覧いただきたい。

3-11-2　Vulnerability Exploitability eXchange（VEX）

　CSAFをめぐる議論を踏まえて、CISAが定めた2つ目の重要なステップはVEXの普及である。VEXについてはChapter4「ソフトウェア部品表（SBOM）の台頭」で詳しく議論するためここでは手短に説明する。大まかに言えば、VEXを使うことでソフトウェアベンダーは特定の脆弱性が製品に影響を与えるかどうか、あるいは影響を与えないかについての主張をすることができる。現実問題として組織はサイバーセキュリティの人材不足に直面しており、VEXを利用することで組織は悪用可能性がなくリスクがない脆弱性よりも、実際にリスクをもたらす脆弱性に組織は時間とリソースを優先的に費やすことができる。VEXドキュメントは、SBOMの密接な補完物としてSBOM内に含まれるソフトウェア製品の脆弱性の悪用可能性を明確にすることができ、SBOMとともに、あるいはSBOMなしでも作成される可能性がある。また、脆弱性は定期的に発見や公表されるため新たなソフトウェアリリースがないにもかかわらず、新たな脆弱性が出現する可能性がある。これによってVEXはSBOMとは異なるタイミングで更新されることがある。

　業界ではSBOMだけでなくVEXの分野でも仕様やツールに関しての革新が続いている。たとえば、2023年初頭にはソフトウェア・サプライチェーンのリーダーであるChainguard社はHPE社やTestifySec社などとのパートナーシップを通じてOpenVEX仕様を策定したと発表した。OpenVEXは最小限かつ、準拠、互換、組み込みが可能であるよう

※50　https://oasis-open.github.io/csaf-documentation

に設計されている。詳細はOpenVEXのGitHubリポジトリ[※51]で見ることができる。

3-11-3　ステークホルダー固有の脆弱性分類と既知の悪用された脆弱性

　業界での継続的なニーズの一つは最も大きなリスクをもたらす脆弱性を組織が優先的に対処するための支援である。CISAはKEVカタログを作成および公表し、拘束力のある運用指令（BOD）[※52]を通じて連邦政府機関にKEVの修正を義務付けている。CISAは営利組織に対しても、これらのKEVの影響を受けた場合には同じことを行うように推奨している。カタログはウェブページとして公開されるが、CSVまたはJSONファイルとしても提供されている。組織や個人はKEVカタログの更新通知にも登録でき、新しいKEVがカタログに追加されたときに電子メールで通知を受け取ることもできる。

　KEVカタログに掲載される脆弱性の基準は次のとおりである。

- CVE IDが割り当てられていなければならない。
- 信頼できる証拠に基づき、実際の環境で活発に悪用されている。
- ベンダーが提供するパッチやアップデートなど、その脆弱性に対する明確な修復ガイダンスがある。

　先に述べたようにCVEプログラムはCISAがスポンサーであるものの、連邦政府出資の研究開発センター（FFRDC）であるMITREによって運営されている。CVEプログラムの目的は一般に公開されている脆弱性を特定し、定義し、カタログ化することである。CVE IDはCNAによって割り当てられ予約、公開、拒否の3つのステータスを持つ。

　CISAのKEVカタログは脆弱性の悪用可能性そのものをカタログへの掲載基準とはしていない。その代わりに脆弱性の悪用が試みられた、あるいは成功したという信頼できる証拠がなければならない。たとえば、悪意のある行為者がターゲット上でコードを実行しようとしたが失敗した、あるいは単に**ハニーポット・システム**（悪意のある活動を観察し、暴露することを目的としたメカニズム）上で実行したというような証拠があるかもしれない。エクス

※51　https://github.com/openvex/spec
※52　https://www.cisa.gov/news-events/directives/bod-22-01-reducing-significant-risk-known-exploited-vulnerabilities

プロイトの試みとは異なり、エクスプロイトの成功とは悪意のある行為者が標的システム上の脆弱なコードの悪用に成功し、システムまたはネットワーク上で何らかの不正な行為を実行できるようになったことを意味する。CISA は PoC の悪用が KEV カタログに掲載されないことを注意深く指摘している。研究者がエクスプロイト可能であることを示すことはあっても、それが実際にエクスプロイトされた、あるいはエクスプロイトされようとしたという証拠がないためだ。

KEV カタログに含めるための 3 つ目の基準は明確な修復ガイダンスである。これは KEV のリスクを修復するために組織が取るべき明確なアクションがあることを意味する。これらはベンダーのアップデートを適用する、あるいは利用可能なアップデートがない場合、または製品が使用済みで単にアップデートやサポートが終了している場合は、影響を受ける製品をネットワークから完全に削除するなどのアクションである。CISA はまた、関連するアップデートやパッチがないとき組織は多くの場合、緩和策（脆弱性が悪用されるのを防ぐ）または回避策（パッチが利用可能になるまで、脆弱性のあるシステムを悪用から守るための手動による変更）のいずれかを実施することを認めている。

KEV を使用するためのガイダンスを基に、CISA は SSVC を使用して組織が脆弱性管理リソースに優先順位を付けられるように努めている。SSVC は CISA とカーネギーメロン大学の SEI が協力して作成した。SEI は CVSS のようなソースを単独で使用することを批判しており、2018 年には「Towards Improving CVSS」と題するやや非難めいたホワイトペーパーを発表して、脆弱性の優先順位付けに広く使用されている CVSS の欠点をいくつか指摘している[53]。1 つの皮肉な点として、SSVC といったフレームワークを提唱し CVSS の欠点や欠陥を指摘した SEI などの組織と積極的に提携しているにもかかわらず、CISA などの連邦組織はいまだに CVSS の使用を強制している[54]。

CISA の SSVC ガイドに記載されているように、SSVC は連邦政府および関連団体の脆弱性対応の優先順位付けを支援するために設計、カスタマイズされた決定木モデルであるが、ほかの機関でも使用することができる。SSVC には図 3.7 に示すように、4 つの意思決定が含まれる。

※53　https://insights.sei.cmu.edu/library/towards-improving-cvss/
※54　https://blog.stackaware.com/p/revealing-the-governments-approach

追跡 (Track)	現時点ではこの脆弱性に対処する必要はない。組織は脆弱性の追跡を継続し、新たな情報が入手可能になれば再評価する。CISAは**標準的な更新スケジュール内**で本脆弱性を修正することを推奨する。
追跡* (Track*)	この脆弱性には特定の特性が含まれており、その変化について詳細な監視が必要となる可能性がある。CISAは本脆弱性を**標準的な更新スケジュール**に修正することを推奨する。
注意 (Attend)	脆弱性は組織内部の監督者レベルの個人による注意を必要とする。必要な対応には、脆弱性に関する支援や情報の提供が含まれることがあり脆弱性に関する通知を内部または外部、あるいはその両方へ公表することが含まれる場合もある。CISAは**標準的な更新スケジュールよりも早く**、本脆弱性を是正することを推奨する。
行動 (Act)	脆弱性は組織内部、監督者レベルおよび指導者レベルの注意を個々に必要とする。必要な対応には、脆弱性に関する支援や情報の要請、内部または外部あるいはその両方への通知を公表することなどが含まれる。通常、社内のグループは全体的な対応策を決定するために会合を開き、合意された対応策を実行する。CISAは本脆弱性を**できるだけ早く**是正することを推奨する。

図3.7

　ガイダンスでは組織が脆弱性の範囲を理解することを推奨している。なぜなら、それは決定木にも影響を与えるからである。たとえば脆弱性が企業全体に存在しているのか、それとも重要なシステムの一部なのかなどである。SSVCを使用し決定木を通じて検討する場合、組織はいくつかの要因を考慮すべきである。これらにはNVDや情報共有分析センター（ISAC）といった情報源を利用した悪用の状況などの要因が含まれる。これらの情報源は通常、脆弱性が悪用された形跡がないのかPoCがあるのか、あるいは実際の環境で頻繁に悪用された形跡があるのかについての洞察をもたらしてくれる。

　次に、組織は脆弱性が悪用された場合の技術的影響を理解する必要がある。ここでの類似点はCVSSの基本評価基準における深刻度である。想定される値には悪意のある行為者がシステムに対して限定的な制御や影響を与える部分的なものから、脆弱性が関係するソフトウェアやシステムの動作を完全に制御する全体的なものまである。

もう一つの重要な考慮点はエクスプロイトが自動化可能かどうかである。悪意ある行為者にとって、手作業による介入や実装が必要なエクスプロイトよりも自動化できるエクスプロイトの方が悪意のある活動の規模を拡大するのがはるかに容易だ。ここでの判断基準は単純にイエスかノーかである。もし答えがイエスであった場合、悪意ある行為者はLockheed Martin Cyber Kill Chain[55]のステップ1～4（偵察、武器化、配信、悪用）を自動化することができる。このガイダンスでは自動化に加えて、脆弱性の連鎖も考慮しなければならないとしている。なぜなら、悪用を成功させるためにいくつかの脆弱性や弱点を連鎖させることが必要であるか、可能である場合があるからだ。

技術的影響の話から次に移るとミッションの普及に関する検討がある。ミッションの普及とは、ミッションに不可欠な機能（MEF：Mission-Essential Function）や関連する組織への影響である。SSVCのガイダンスでは、これらの機能を「組織の法的または経営憲章に定められた任務の達成に直接関係する」機能と定義している。組織は事業継続計画（BCP）などの訓練を通じてMEFを特定する。決定値には「最小限（minimal）」「サポート（support）」または「必須（essential）」が含まれる。「必須」とは脆弱なコンポーネントが少なくとも1つのMEFまたはエンティティに直接機能を提供し、その悪用がミッションの失敗につながるような場合を指す。一方「サポート」とは脆弱なコンポーネントがMEFをサポートするが、直接はサポートしないことを意味する。最後に「最小限」とは、「必須」も「サポート」も適用されない状況を意味する。

次に決定木では公共の福祉への影響、すなわち脆弱なコンポーネントやシステムが人間に与える影響の程度が考慮される。SSVCはCDC（疾病予防管理センター）の幸福の定義である「人間の身体的、社会的、感情的、心理的健康」を用いている。ここでの判断は物理的なものから心理的なものあるいは経済的なものまで、さまざまな種類に分けられる。最後に、脆弱性を適時に緩和することの難易度を測る緩和状況の考慮がある。考慮すべき要素には次のものが含まれる。

- 緩和策が公開されているかどうか
- 必要なシステム変更を行うことの難しさ
- 修正プログラムが存在するのか、回避策が必要なのか

---

[55] https://www.lockheedmartin.com/en-us/capabilities/cyber/cyber-kill-chain.html

このガイダンスでは緩和の価値によってSSVC決定の優先順位が変わるべきではなく、SSVCは積極的に追跡され評価されるべきであると強調している。図3.8は決定木の例であるが、表形式で表すこともできる。

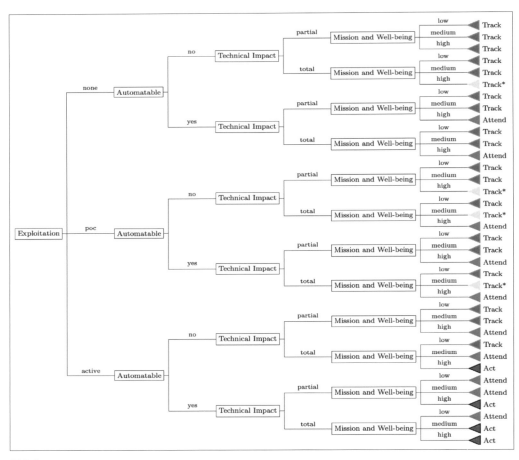

図3.8

3-12
この先の歩み方

　CISAガイダンスではCSAFによるセキュリティアドバイザリの自動化や、VEXといった
リソースを利用して脆弱性の悪用可能性の影響についてソフトウェア利用者へ情報を提供す
るなどのステップが優先されている。しかし、とくに複雑な決定木では主観的なサイバーセ
キュリティの専門知識が必要であることも明らかである。自動化は組織やサイバーセキュリ
ティチームの認知的負荷を軽減するうえで極めて重要な役割を果たすが、脆弱性が影響する
企業やシステムの広範な背景を理解し、脆弱性に対処するために組織のリソースに優先順位
を付けるには、サイバーセキュリティやソフトウェアの専門知識が依然として必要である。

3-13
まとめ

　このチャプターでは業界の脆弱性データベースと評価手法を取り上げた。これには従来の
脆弱性データベースとその潜在的な限界、および脆弱性エコシステム全体で新たに出現した
データベースが含まれた。また、一般的なソフトウェア識別の形式とそれらがもたらす課題、
およびその課題のいくつかを軽減するために提案されている解決策についても検討した。さ
らに、脆弱性がどのように分類、評価され伝達されるのかについても調査した。Chapter4
ではSBOM（ソフトウェア部品表）の台頭や、VEXなどの関連するアーティファクトにつ
いて取り上げる。

Chapter

4

ソフトウェア部品表
（SBOM）の台頭

このチャプターではSBOMの概念の起源について、初期の失敗
と成功、およびその成熟に貢献した連邦政府と業界団体を含め
て論じる。またSBOMのフォーマットや特定のフィールド、お
よびVEX（Vulnerability Exploitability eXchange）の誕生につ
いても詳しく掘り下げる。

4-1

規制におけるSBOM：失敗と成功

業界ではSBOMの機運が高まっているかもしれないが、ここに至るまでには数年にわたる努力があり、さまざまな政府機関や業界団体の関与が必要であった。最も注目すべきは昨今のSBOMの勢いはNTIA（連邦政府電気通信情報局）がもたらしたことである。

とはいえ、NTIAやLog4j、SolarWinds社のような出来事がSBOMを取り巻く最近の勢いに重要な役割を果たした一方で、Apache Struts 2やOpenSSLに関連する脆弱性をめぐる初期の事例が2014年の「サイバーサプライチェーン管理および透明性に関する法律」（Cyber Supply Chain Management and Transparency Act of 2014）[1] などの提案につながっている。この法案はサードパーティやOSSのコードを使用して連邦政府のために開発された、あるいは連邦政府が購入したソフトウェア、ファームウェアおよび製品の完全性に焦点を当てており、連邦政府とのソフトウェア、ファームウェアまたは製品の契約にコンポーネントリストや部品表を含めることを求めている。この取り組みに早くから深く関わってきた先駆者の一人が、業界をリードするJoshua Corman氏である。彼は業界をリードするさまざまな民間企業やCISA（サイバーセキュリティ・社会基盤安全保障局）で働いた経験を持ち、デジタルセキュリティと公衆の安全、人命の交わりに焦点を当てた「I am The Cavalry」を設立した。

本法案は製品のソフトウェアコンポーネントの透明性向上を求める声に対する業界の抵抗もあり、完全には実現しなかった。しかし、このことはSBOMが本書執筆時点で多く議論されている一方で、10年近く前から議論され望まれてきたトピックであることを示している。

その他の注目すべき例としては、2017年6月のヘルスケア業界サイバーセキュリティタスクフォースのレポートがある。このレポートでは、製造業者や開発者に医療機器のコンポーネントを説明する「部品表（bill of materials）」を作成することを求めている[2]。

※1　https://www.congress.gov/bill/113th-congress/house-bill/5793/text
※2　http://www.phe.gov/Preparedness/planning/CyberTF/Documents/report2017.pdf

4-1-1　NTIA：SBOMの必要性を説く

　連邦政府における昨今のSBOMの取り組みはNTIAが主導してきた。2018年の初頭から
NTIAはソフトウェアコンポーネントの透明性の促進に取り組んでいる。2018年7月に
NTIAは複数のステークホルダーとの会議[3]を開催し、ソフトウェアコンポーネントの透明
性、課題および潜在的な解決策について議論を行った。

　これらの初期の会議には当時NTIAでサイバーセキュリティイニシアチブのディレクター
を務めていたAllan Friedman博士が参加していた。Allan氏は前述のJoshua氏とともに
SBOMとソフトウェア透明性を取り巻く業界の議論において早くから著名な人物であり、現
在はCISAの上級顧問兼ストラテジストとして今もなおソフトウェア透明性とSBOMの推進
を主導している。

　NTIAは現代のソフトウェアがオープンソースや商業業界の両方から多くのコンポーネン
トやライブラリを用いて作成されていることを認識している[4]。また、これらのコンポーネ
ントとそれに関連する脆弱性のインベントリを作成して維持することが非常に困難であるこ
とも認識している。NTIAは複数の利害関係のある団体とともに、ソフトウェアコンポーネ
ントのインベントリや実践方法および関連する政策や市場の課題に対する改善されたアプ
ローチを理解しようと努めてきた。

　その取り組みを通じて、NTIAはソフトウェア透明性とSBOMに関する堅牢な一連の文書
とガイダンス[5]を作成した。これらの資料にはSBOMになじみのない人々へのSBOMの紹
介、SBOMの理解の向上、SBOMの実装およびそれに付随する技術的リソースが含まれて
いる。

　サイバーセキュリティに関する大統領令（EO：Executive Order）14028号のセクショ
ン4「ソフトウェア・サプライチェーンセキュリティの強化」に基づき、サブセクション
（F）は、サイバーセキュリティ大統領令の公表日から60日後にSBOMの最小要素を公開す

※3　https://ntia.doc.gov/federal-register-notice/2018/notice-071918-meeting-multistakeholder-process-
promoting-software
※4　https://ntia.gov/blog/2018/ntia-launches-initiative-improve-software-component-transparency
※5　https://www.ntia.gov/page/software-bill-materials

ることをNTIAに課した。その後NTIAは2021年7月に「SBOMの最小要素」※6を公表した。このガイダンスでは必要な最小要素の定義、最小要素を考慮する際の範囲の明確化、ソフトウェア・サプライチェーンの透明性を向上させるためにSBOMのユースケースを解説している。NTIAのガイダンスではシステムの共有とコンポーネントのメタデータの追跡が、ソフトウェア・サプライチェーンの透明性のサポートに役立つことを主張している。

　このセクションではNTIAの最小要素のガイダンスについて詳しく説明する。このガイダンスには次の要素の3つのカテゴリが含まれており、詳細が説明されている。

- データフィールド (Data fields)
- 自動化のサポート (Automation support)
- プラクティスとプロセス (Practices and processes)

　NTIAのガイダンスは、ソフトウェアの各部分はコンポーネントとサブコンポーネントの両方から構成される階層ツリーとして表現できると指摘している。これらのコンポーネントには別のソースに由来するサードパーティコンポーネントだけでなく、それ自体が独立したソフトウェア単位として追跡可能なファーストパーティコンポーネントも含まれる。この3つのカテゴリ中、最初のデータフィールドには追跡および管理する必要がある各コンポーネントに関するベースライン情報が含まれる。これらのデータフィールドの主な目的は、組織がソフトウェア・サプライチェーン全体でこれらのコンポーネントを追跡できるようにすることである。NTIAは表4.1に示すフィールドを含むデータフィールドのベースライン集を定義している。

※6　https://ntia.doc.gov/files/ntia/publications/sbom_minimum_elements_report.pdf

094　Software Transparency

フィールド	説明
サプライヤ名 (Supplier Name)	コンポーネントを開発、定義、識別するエンティティの名称
コンポーネント名 （Component Name）	サプライヤによって定義されたソフトウェアの単位に対する名称
コンポーネントのバージョン （Version of the Component）	以前に識別されたバージョンからのソフトウェアの変更を特定するためにサプライヤが使用する識別子
その他の一意の識別子 （Other Unique Identifiers）	コンポーネントを識別するために使用される、または関連するデータベースの検索キーとして機能するその他の識別子
依存関係 （Dependency Relationship）	上流コンポーネントXがソフトウェアYに含まれているという関係性の特徴付けの情報
SBOM作成者 （Author of SBOM Data）	このコンポーネントのためにSBOMデータを作成するエンティティの名称
タイムスタンプ （Timestamp）	SBOMデータを作成した日付と時刻の記録

表4.1：データフィールドのベースライン集
出典：https://ntia.doc.gov/files/ntia/publications/sbom_minimum_elements_report.pdf. 連邦政府商務省、パブリックドメイン

　組織はこれらのデータフィールドを使用してコンポーネントをほかのデータソースとマッピングすることができる。これは**エンリッチメント**と呼ばれるプロセスである。表4.1から明らかなように、その意図はコンポーネントのサプライヤ、コンポーネントの名称、バージョンなどのベースライン情報を提供し、コンポーネントを関連する上流のコンポーネントに結び付けることである。これはよく**依存関係**と呼ばれる。なぜなら、ほとんどのソフトウェアにはサードパーティ製のコードが含まれており、コンポーネントやアプリケーションを作成する際にはファーストパーティコードとサードパーティコードの間に依存性の関係が生じるからである。NTIAのガイダンスがベンダーとソフトウェアサプライヤの間でバージョン管理に対するアプローチが異なる点など、いくつかの課題について論じていることは注目に値する。

データフィールドにとどまらず、NTIAがSBOMに対して示したもう一つのコアコンポーネントは自動化サポートの必要性である。SBOMの普及と導入に懐疑的な人々は、SBOMの導入を正確かつ大規模に成功させるためには強力なツールと自動化が必要であると指摘してきた。自動化のサポートにより組織はSBOMを既存の脆弱性管理、サプライチェーンリスク管理およびサイバーセキュリティプログラムに統合することができるようになる。NTIAのSBOMガイダンスでは3つの主要なSBOMのフォーマットについて論じており、これらについては「SBOMフォーマット」セクションで説明する。

最後に、NTIAのSBOMガイダンスでは組織の運用と導入におけるSBOMの使用方法に焦点を当てた実践手法とプロセスについて扱っている。ここで説明されている主な実践方法とプロセスには次のものが含まれる。

- 頻度
- 深さ
- 既知の未知
- 配布と配信
- アクセス管理
- 誤りの許容

頻度とは新しいSBOMが作成される頻度に関連する。NTIAのガイダンスではソフトウェアの新しいビルドまたはリリース**ごとに**新たなSBOMを作成する必要があると強調している。また、ソフトウェアサプライヤが以前に伝えられたエラーの修正などコンポーネントに関する追加の詳細を把握した場合にも新たなSBOMを作成する必要がある。

深さとはSBOMが依存関係ツリーをどこまで下るのかを表す。NTIAのガイダンスではSBOMには少なくともすべてのトップレベルのコンポーネントと推移的依存関係のリストを含めるべきであると述べられている。**推移的依存関係**はソフトウェアの実行、コンパイル、テストのために必要なコンポーネントとして定義できる。すべての推移的依存関係をリスト化することは常に現実的でも実現可能であるとも限らないが、ガイダンスでは必要に応じて推移的依存関係を検索するために十分な情報を提供すべきであると述べている。深さについては組織や業界が異なれば内部ポリシーや規制要件によって要件が異なる可能性があり、

SBOMの利用者はとくに、契約や法的側面が関係するプロプライエタリなソフトウェアベンダーと取引する場合にソフトウェア製品の深さを指定しようとする。

既知の未知の概念は、SBOM作成者がさらなる依存関係についてコミュニケーションの中で明確にする必要性を中心に繰り広げられる。すべての依存関係が既知であるとは限らない場合があり、ガイダンスではこれを既知の未知と呼んでいる。SBOM作成者はデータが不完全であることがわかっていることを伝えることができ、これによりソフトウェア利用者はソフトウェアの利用において潜在的に未対処である未知のリスクが存在する可能性があることを知ることができる。

配布と配信は、SBOMによって情報を受け取る対象が適切な権限とアクセス管理のもとでSBOMをタイムリーに入手できるようにする。SBOM導入のこの分野はまだ発展途上であり、間違いなくいくつかのアプローチが使用されるであろう。配布や配信の方法も組み込みシステムやオンラインサービスなど関連するソフトウェアやシステムの性質によっても異なるため、それぞれがエンドユーザー向けに異なる方法で配布および展開される。連邦政府の場合、サイバーセキュリティに関する大統領令14028号は「各製品のSBOMを購入者に直接もしくは公開ウェブサイト上で公開することによって提供すること」を要件としている。

アクセス管理は業界全体でのSBOMの導入と使用にあたり重要な要素である。SBOM配信の実践方法はソフトウェア製造者間で標準化が進むため、データの共有に対する許容度はさまざまなレベルになるだろう。オープンソースのメンテナや自社ホームページ上にSBOMを公開しているJupiterOne社[7]といった民間ソフトウェア会社など、情報をオープンにすることを望む人たちもいるかもしれない。しかし一部のソフトウェアベンダー、とくに自社のSBOMが機密であると感じるベンダーや防衛または国家安全保障コミュニティなどの顧客から特定のニーズがあるソフトウェアベンダーは、特定の利用規約のもとで特定のアクセス管理を実施したうえでのみ、この情報を提供することを望むかもしれない。これはSBOMとソフトウェア透明性の領域であり、今後も進化し成熟していくであろう。

最後に、**誤りの許容**という実践方法がガイダンスの中で言及されている。要するに漏れや誤りを許容するということである。ソフトウェア・サプライチェーンセキュリティの実践方

※7　https://jupiterone.com

法は業界全体でまだ成熟しておらず、間違いや見落としは必ず発生する。これを解決するためには、双方向の協力が求められる。具体的には、ソフトウェア製作者が必要に応じて追加の情報や明確な説明を提供する一方で、ソフトウェア消費者は初期段階で完璧な状態でないことを理解する姿勢を持つことが必要である。この相互協力によって、ソフトウェア・サプライチェーン全体の衛生状態を向上させることができる。

　SBOMの協議と導入に対するNTIAの貢献は誤解の払拭[8]や説明動画、一般的なFAQ[9]などの前述した最小要素のガイダンスにとどまらない。最も引用されている出版物の一つがSBOMフレーミング文書[10]であり、ソフトウェア透明性とシステムリスクに関する問題提起からSBOMとは何か、SBOMのプロセスとユースケースまたNTIAがガイダンスを作成するために使用したマルチステークホルダー・プロセスの概要まであらゆる内容が網羅されている。

　NTIAはSBOMの導入、そしてより広くはソフトウェア・サプライチェーンの透明性に関する協議を強化する基本的なきっかけとなったが、この取り組みは進化を続け現在はCISA[11]によって支援されている。これはAllan FriedmanがSBOMの導入と利用を最も積極的に支持してきた一人であることを考えると、彼がNTIAからCISAに移ったことに一因があることは間違いない。CISAは業界でのSBOMの拡張と運用化という包括的な目標を掲げ、コミュニティへの関与、開発、発達という活動を通じてNTIAによる初期の取り組みを超えてSBOMの取り組みを進展させようと努めている。

　本書執筆時点でCISAの最も注目すべきSBOMイベントおよびコミュニティへの関与は2021年12月に開催されたSBOM-a-Ramaである。これは2日間にわたって開催され、1日目はSBOM機能の現状に焦点を当て、2日目はSBOMの導入と利用をより拡張的かつ効果的にすることに焦点を当てた。参加者には下院議員のJames Langevin氏やSBOMとソフトウェア透明性の推進者として長年活動を続けてきたJoshua Corman氏、またOWASPやLinux Foundationなどの業界団体の代表者など、官民のさまざまなリーダーが含まれていた。

※8　https://ntia.gov/files/ntia/publications/sbom_myths_vs_facts_nov2021.pdf
※9　https://www.ntia.gov/sites/default/files/publications/sbom_faq_-_20201116_0.pdf
※10　https://www.ntia.gov/sites/default/files/publications/ntia_sbom_framing_2nd_edition_20211021_0.pdf
※11　https://cisa.gov/sbom

本イベントではSBOMとは何か、なぜ重要なのか、SPDX（Software Package Data Exchange）やCycloneDXといった主要なSBOMフォーマット、そしてヘルスケア、エネルギー、自動車業界における初期のPoC（概念実証）の取り組みなど基本的なトピックが議論された。両日のイベントの録画とプレゼンテーションはCISAのホームページ[12]上で確認できる。この後のセクションでも主要なSBOMフォーマットなどのトピックを掘り下げていく。

4-2 業界の取り組み：国立研究所

NTIAのSBOMワークショップの一環として業界固有のニーズに対応するためにいくつかのPoCグループが結成された。ヘルスケア業界のPoCは少なくとも3回繰り返され、自動車業界のPoCやその他いくつかのPoCも同様に結成されている。これらの中には一般に公開されているものもあれば招待制のものもある。多くの場合、公開されたワークグループであってもソリューションプロバイダーがこれらの取り組みをサポートする方法には制限がある。エネルギー分野のユースケースに焦点を当てたPoCの1つがIdaho National Labs（アイダホ国立研究所：INL）[13]が設立したもので、当初はINLのVirginia Wright氏とSBOMの専門家として多くの人に知られるTom Alrich氏（著名なサプライチェーンおよびNERC CIP（北米電力信頼度評議会 重要インフラ保護基準）のコンプライアンスコンサルタントであり、業界のブロガーでもある）によって立ち上げられた。Tom氏の役割は現在Allan Friedman氏に代わっているが、このワーキンググループは重要インフラに関連する問題の教育と議論に対してオープンであるという点で注目に値する。

エネルギー分野のPoCから収集された資料は、保存状態がよく一般公開されているものとしてはNTIAの公式ウェブサイト[14]に次ぐものである。以前の会議の全録音やSBOMのトピックに関連する多くの参考資料やリンク、議題について入手することができる。エネルギー分野のユースケースに焦点が当てられてはいるが、この取り組みの基礎となる教育的側

※12　http://cisa.gov/cisa-sbom-rama
※13　https://inl.gov/inl-software-bill-of-materials-sbom/
※14　https://www.ntia.gov/page/software-bill-materials

4-2　業界の取り組み：国立研究所

面はこれらのトピックについて詳しく知りたい人々にとって豊かな出発点を提供するだろう。

国立研究所はエネルギー省（DoE：Department of Energy）の後援のもと、気候変動からグリーンエネルギーの進歩、そしてサイバーセキュリティに至るまであらゆることに重点を置き、研究とソートリーダーシップの観点から貴重な機能を果たしている。たとえば、最適化されたセキュリティとエネルギー管理のためのブロックチェーン[15]と呼ばれる研究構想はブロックチェーン技術の複数のユースケースに焦点を当てており、その多くはサプライチェーンセキュリティに重点を置いている。いくつかの注目すべき例としては、電力会社に納入された機器が想定していた機器と同じものであるかを特定するためのブロックチェーンの利用や構成と設定値の完全性のチェック、そしてSBOMとHBOM（ハードウェア部品表：Hardware Bills of Materials）の安全な配布とブロックチェーンの相互運用性などが挙げられる。

この取り組みは電力供給・エネルギー信頼性局（Office of Electricity Delivery and Energy Reliability）とエネルギー効率・再生可能エネルギー局（Office of Energy Efficiency and Renewable Energy）が資金提供するエネルギー省の共同取り組みであるグリッド・モダナイゼーション構想（Grid Modernization Initiative）により後援されており、プログラムを運営するNERL（国立再生可能エネルギー研究所）とNETL（国立エネルギー技術研究所）によって実行される。そのほかにもPNNL（パシフィックノースウェスト国立研究所：Pacific Northwest National Laboratory）など多くの業界パートナーがいる。PNNLはグリッド向けのサイバーセキュリティに関する専門知識と、連邦政府から資金提供を受けた既存の電力向けブロックチェーンの運用経験を活かし、ブロックチェーンのユースケースの開発を共同で主導している。

さらに、CyTRICS（産業用制御システム復旧能力のサイバーテスト：Cyber Testing for Resilient Industrial Control Systems）プログラム[16]を通じて、ハードウェアとソフトウェアの両方を含むシステムのコンポーネントを最適に表現する方法を決定することに多大な労力が費やされた。これらの取り組みは完全にオープンなものではなく製品サプライヤのみが利用可能ではあるが、ここで作成されたエコシステムはシステム記述子としてのSBOMトピックの基礎となるユースケースを提供する。さらにCyTRICSは、重要インフラの製品セ

※15　https://netl.doe.gov/BLOSEM
※16　https://cytrics.inl.gov

Software Transparency

キュリティとサプライチェーン情報のための共通フレームワークとリポジトリを作成している。商業利用にはまだ移行していないものの、官民連携がソフトウェア透明性というトピックにおいてどのようにイノベーションの機会を創出するかを示す一例となっている。

4-3

SBOMフォーマット

　SBOMの導入を標準化して成熟させるための取り組みの中には、いくつかの主要なSBOMフォーマットに集結しようとする動きもある。現在までの3つの主要なSBOMフォーマットは、SWID（Software Identification）タグ、CycloneDXおよびSPDXである。これら3つのSBOMフォーマットにはそれぞれ長所、短所および主なユースケースがある。CycloneDXとSPDXはそれぞれ異なる組織によって支援されており、CycloneDXはOWASPによる支援の恩恵を受け、SPDXはLinux Foundationによって支持されている。前述のように、ここ数年のSBOMに関する公的な協議の多くはNTIAやSBOMフォーマットなどの取り組みが主導しており、標準化も例外ではない。NTIAはSBOMフォーマットと標準化に関するホワイトペーパー[17]を発表し、ソフトウェア透明性における問題の特定とSBOMで利用可能な現在のフォーマットを評価した。このホワイトペーパーは2019年に発行され、これらのSBOMフォーマット、とくにCycloneDXとSPDXに関する議論はそれ以来進化し続けている。SWIDはNTIAの文書などの情報源で議論の早い段階からSBOMフォーマットとして言及されていたが、SWID仕様ではSBOM生成時のタイムスタンプなどSBOMのNTIA最小要素を具体的に満たしていない。さらに、大規模なSBOM導入を進めている組織の一つである米陸軍はSWIDフォーマットのSBOMは使用せず、CycloneDXまたはSPDXのいずれかを必要とすると明言している[18]。

　NTIAグループが注目したいくつかの重要な分野は、実行可能で実用的な機械可読フォーマットを文書化する必要性があると同時に、単一のフォーマットが要求されるわけではない

※17　https://ntia.gov/files/ntia/publications/ntia_sbom_formats_and_standards_whitepaper_-_version_20191025.pdf
※18　https://sam.gov/opp/0b824ec63e2541e082c58c65b6e1702d/view

ことも認識し、さまざまなフォーマットが並存できるエコシステムを導くことであった。主要なSBOMフォーマットはそれぞれ異なる表現とファイルフォーマットで情報を提供する。表4.2はNTIAのSBOM最小要素をベースラインとして使用した3つのフォーマットそれぞれの例である。

属性	SPDX	CycloneDX	SWID
作成者名 (Author Name)	(2.8) Creator:	metadata/ authors/ author	\<Entity> @ role(tagCreator), @ name
タイムスタンプ (Timestamp)	(2.9) Created:	metadata/ timestamp	\<Meta>
サプライヤ名 (Supplier Name)	(3.5) Package Supplier:	Supplier publisher	\<Entity> @ role(softwareCreator/ publisher), @name
コンポーネント名 (Component Name)	(3.1) PackageName:	name	\<softwareIdentity> @ version
バージョン 文字列 (Version String)	(3.3) PackageVersion:	version	\<softwareIdentity> @ version
コンポーネント ハッシュ (Component Hash)	(3.10) Package Checksum: (3.9) Package VerificationCode:	Hash"alg"	Payload>/../\<File> @ [hash-algorithm]:hash
一意の識別子 (Unique Identifier)	(2.5) SPDX Document Namespace: (3.2) SPDXID:	bom/ serialNumber component/ bom-ref	\<softwareIdentity> @ taqgID
関係性 (Relationship)	(7.1) Relationship: DESCRIBES: CONTAINS:	(nested assembly/ subassembly および/ または dependent graphs に内在)	\<link> @rel, @href

表4.2：3つのSBOMフォーマット
出典：https://www.ntia.gov/sites/default/files/publications/ntia_sbom_framing_2nd_edition_20211021_0.pdf. 連邦政府商務省、パブリックドメイン

Software Transparency

4-3-1 　Software Identification (SWID) タグ

　SWIDはソフトウェアのインベントリとエンタイトルメント管理を念頭に使用される。ソフトウェア内のSWIDタグを検索することで機能する。SWIDタグのフォーマットはISO（国際標準化機構）とIEC（国際電気標準会議）の標準ISO/IEC 19770-2によって定義されており、本稿執筆時点での最新バージョンはISO/IEC 19770-2:2015である。

　SWIDタグドキュメントは製品のバージョン、製品の製造と配布に関与した組織／個人およびソフトウェア製品を構成する成果物などのソフトウェア製品を識別するために使用される構造化されたデータ要素のセットで構成される。また、さまざまなソフトウェア製品間の関係性を確立するために使用することもできる。

　SWIDはSDLC全体を通してソフトウェア製品に関連する管理オーバーヘッドの一部を自動化するためにソフトウェア資産管理（SAM：Software Asset Management）やセキュリティツールなどでよく使用される。

　SWID仕様にはタグ製造者、プラットフォームプロバイダー、ソフトウェアプロバイダー、タグツールプロバイダー、タグコンシューマーなど複数のペルソナやステークホルダーが含まれている。これらのステークホルダーはそれぞれ、より広範なソフトウェアエコシステムにおけるさまざまなユースケースやタスクにSWIDを使用する。

　初期のNTIAドキュメントではSBOMフォーマットとして認識されていたにもかかわらず、業界はCycloneDXとSPDXを2つの主要なSBOMフォーマットとして結集してきた。SWIDはSBOMフォーマットというよりもCPE（共通プラットフォーム一覧：Common Platform Enumeration）に近いと考えられることが多い。

4-3-2 　CycloneDX

　SPDXがLinux Foundationなどのグループによって支持されているのに対して、CycloneDX[※19]は長年のセキュリティコミュニティのリーダーであるOWASPによって主導さ

※19　https://cyclonedx.org

れている。CycloneDXは自らを「アプリケーションセキュリティの文脈とサプライチェーンコンポーネントの分析に使用するために設計された軽量なSBOM標準」（図4.1参照）と定義している。CycloneDXのコアチームにはPatrick Dwyer氏、Jeffry Hesse氏およびグループの議長を務めるソフトウェア・サプライチェーンのリーダーでありDependency Trackの作成者であるSteve Springett氏が参加している[20]。OWASPのサポートのほかには、CycloneDXにはLockheed Martin社、Contrast Security社、Sonatype社などの支援者もいる。

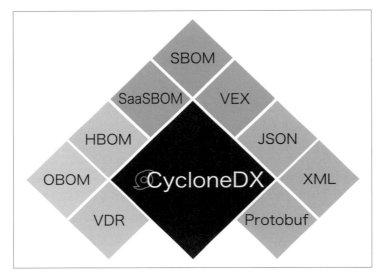

図4.1

　CycloneDXの独特な点の一つは当初からBOMフォーマットとして設計され、SaaSBOM（software-as-a-service BOM）を含むさまざまなユースケースに対応していることである。CycloneDXはソフトウェア以外にも無数のユースケースをサポートする。

　CycloneDXはハードウェア、クラウド、SaaSに関する現代のソフトウェアエコシステムの複雑さに合わせた入れ子型および階層型のアプローチで、ほかのシステムやBOMのコンポーネント、サービス、脆弱性の参照もサポートする。CycloneDXはこの機能をBOM-Linkと呼んでいる。この機能はJSON形式とXML形式の両方でサポートされている。ユー

---

[20] https://dependencytrack.org

ザーは外部BOMのURLあるいは外部BOMのシリアル番号とバージョンを使用するBOM-Link URIを参照できる。

さらにCycloneDXはリスクを特定するために、すべてのファーストおよびサードパーティ製コンポーネントの完全かつ正確なインベントリを可能にする。ソフトウェアやアプリケーションだけでなくデバイスやサービスにまで及び、コンポーネントのタイプとクラスの堅牢なリストを通じてこれを可能にする。これにより、以下の3つのフィールドを通じて脆弱性の特定が可能となる。

- CPE：OS、アプリケーション、ハードウェアデバイスの脆弱性に使用できる仕様
- SWID：インストールされているソフトウェアに使用できる仕様
- PURL：ソフトウェアパッケージのメタデータに使用できる仕様

CycloneDXはハッシュ値と暗号化技術により、使用されるBOMに関連付けられたコンポーネントの完全性検証をサポートする。ソフトウェア署名はSigstoreやそれに付随するCosignなどのプロジェクトを通じてソフトウェア・サプライチェーンセキュリティを成熟させるためのベストプラクティスになりつつある。CycloneDXはXML（Extensible Markup Language）とJSON（JavaScript Object Notation）の両方のエンベロープ署名（enveloped signing）をサポートしているが、現在Cosignではサポートされていない。CycloneDXはコンポーネントの作成者とコンポーネントの入手元であるサプライヤを表す機能である**来歴（provenance）**もサポートしている。来歴の概念に基づき、CycloneDXはコンポーネントの祖先、子孫および亜種を伝達しコンポーネントの系統を表現することにより、コンポーネントの由来（pedigree）をサポートできる。高保証のソフトウェア・サプライチェーン要件の場合、来歴、由来およびデジタル署名の実装は堅牢なサプライチェーン機能を表しており、NIST（国立標準技術研究所：National Institute of Standards and Technology）のC-SCRM（サイバーセキュリティサプライチェーンリスク管理：Cybersecurity Supply Chain Risk Management）などのガイダンスによって推奨されている。

CycloneDXはVEXのサポートも提供する。VEXはソフトウェア製品やコンポーネントの既知脆弱性の悪用可能性に関する洞察を提供するもので、ソフトウェア製造者によって伝達

できる。VEXについては「VEXと脆弱性の開示」のセクションで詳しく説明する。

4-3-3　Software Package Data Exchange（SPDX）

　SPDXはソフトウェアパッケージに関連する情報の共有と収集のための共通のデータ交換フォーマットを作成することを目的としたプロジェクトとして設立された。SPDXはRDF、XLSX、SPDX、JSON、YAMLなどの主要なSBOMフォーマットの中で最も多くのファイル形式をサポートしている。またSPDXは一連のソフトウェアパッケージ、ファイル、またはスニペットを記述できるようにすることで動的な仕様になることも目指している。SWIDと同様に、SPDXも現在ISO認証ステータスを取得している3つの主要フォーマットのうちの一つである[21]。これはISOで定義されている標準化と品質保証のすべての要件を満たしていることを意味する。この成果はLinux Foundationによって2021年9月に発表された。この発表ではIntel社、Microsoft社、Siemens社、Sony社およびSPDXコミュニティに参加しているその他の大企業によるSPDXの採用も強調された。

　本書執筆時点のSPDX仕様はバージョン2.3である[22]。有効なSPDXドキュメントとみなされるためには特定のフィールドとセクションが存在する必要があり、それはSPDX仕様自体に定義されている。

　SPDXドキュメントはドキュメント作成情報、パッケージ情報、ファイル情報、スニペット情報、ライセンス情報、関係性、注釈などのさまざまなフィールドとデータで構成できる。ドキュメント作成情報は処理ツールを使用する際の上位互換性および下位互換性のために使用される。パッケージ情報は製品、コンテナ、コンポーネントなどのさまざまなエンティティを記述するために使用され、コンテキストを共有する関連項目をグループ化するために使用できる。ファイル情報には名前、チェックサム・ライセンス、著作権情報などのファイルメタデータが含まれる。スニペットはオプションであり、主に異なる元のソースから派生したデータや別のライセンスにひも付けられている場合に使用される。SPDXはドキュメント、パッケージ、ファイルの関係性もサポートする。最後に注釈を使用することで、レビュアーはレビュー活動より得た情報をSPDXドキュメントに含めることができる。

※21　https://linuxfoundation.org/press/featured/spdx-becomes-internationally-recognized-standard-for-software-bill-of-materials
※22　（訳注）本書執筆時点（2024/8）の最新バージョンは3.0.1である。http://spdx.github.io/spdx-spec

SPDXはSPDX仕様のサブセットである「SPDX Lite」プロファイルも提供しており、包括的なSPDX標準と仕様への準拠のバランスを取りながら、特定の業界のワークフローに合わせることを目的としている。Liteプロファイルはドキュメント作成およびパッケージ情報セクションのフィールド、およびそれに付随する基本情報に焦点を当てている。

■ VEXと脆弱性の開示

　SolarWinds社のサイバーセキュリティインシデント[23]の影響とサイバーセキュリティ大統領令が相まって、ソフトウェア・サプライチェーンセキュリティ、そして関連するSBOMの話題がセキュリティに関する対話の中心に据えられた。無数の組織がその影響を判断するために奮闘することになったLog4jの脆弱性[24]の問題も伴ってSBOMは現在、現代のサイバーセキュリティの脆弱性プログラムの重要な要素とみなされており、採用が急速に進んでいる[25]。

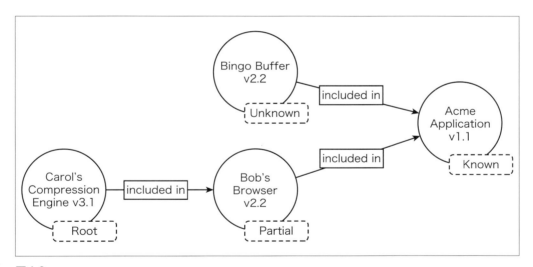

図4.2

　上記の図4.2に示すようにSBOMツリーはコンポーネントとその関係性を示すために上流との関係のアサーションを表現でき、出どころが不明な場合も示すことができる。

---

[23] https://cisa.gov/news/2020/12/13/cisa-issues-emergency-directive-mitigate-compromise-solarwinds-orion-network
[24] https://cisa.gov/sites/default/files/publications/CSRB-Report-on-Log4-July-11-2022_508.pdf
[25] https://cisa.gov/sites/default/files/publications/VEX_Use_Cases_April2022.pdf

SBOMを使用する利点として最も注目されているのは潜在的に脆弱なコンポーネントを特定できることである。Dependency Trackのような主要なSBOMプラットフォームやツールは、コンポーネントに関連する脆弱性についてSBOMを使用してソフトウェアコンポーネントを分析することに注目することでこれを実現する。Dependency Trackやその他のツールはNVD（国家脆弱性データベース：National Vulnerability Database）[26]、Sonatype OSS Index[27]、VulnDB[28]、OSV[29]などのソースに問い合わせることによって、このプロセスを容易にする。ただし脆弱性がソフトウェアのあるコンポーネントに関連付けられているからといって、そのコンポーネントが悪用可能であるとは限らない。ここでVEXの出番となる。

4-3-4　VEXが会話に加わる

　NTIAのガイダンス[30]で定義されているように、VEXの主なユースケースは次のとおりである。

ユーザー（運用者、開発者、サービス提供者など）に対して特定の脆弱性が含まれるコンポーネントによって製品が影響を受けるかどうか、そして影響を受ける場合、修復するための推奨措置があるかどうかに関する追加情報を提供する。

　これはVEXが脆弱性にコンテキストを追加することでリスク管理活動に情報を提供するということを長々と言い表したものだ。ほかの主要なSBOMやソフトウェア・サプライチェーンの透明性とセキュリティのガイダンスと同様に、VEXはNTIAのソフトウェアコンポーネントの透明性に関するマルチステークホルダー・プロセスから生まれた。とはいえ、ガイダンスではVEXは特定のSBOMのユースケース向けに開発されたものの、必ずしもSBOMと一緒に使用する必要はないと述べられていることは注目すべき点である。

[26] https://nvd.nist.gov
[27] https://ossindex.sonatype.org
[28] https://vulndb.cyberriskanalytics.com
[29] https://osv.dev
[30] https://ntia.gov/files/ntia/publications/vex_one-page_summary.pdf

本書のほかの箇所で述べたように、脆弱性が存在するからといってそれが悪用可能であるとは限らない。組織とともに行う脆弱性管理プログラムや活動はリスク管理を実施しているため、これは知っておくべき重要な情報である。サイバーセキュリティリスク管理では、組織は組織のリスク許容度に基づいてサイバーセキュリティの脅威を特定、分析、評価および対処することを目指している。これにより組織はリスクが顕在化する可能性と重大性に基づいて、リスクに優先順位を付けることになる。脆弱性が悪用可能かどうかを知らなければ、その可能性を正確に予測することは不可能である。

4-3-5　VEX：コンテキストと明確性を追加

では、VEXは具体的にこの課題をどのように解決するのだろうか。ソフトウェアサプライヤは特定の製品における脆弱性の状態に関するアサーションであるVEXを発行することができる。VEXは次の4つの主要なステータスオプションをサポートする。

- 影響を受けない（Not Affected）：この脆弱性に関して修正の必要はない
- 影響を受ける（Affected）：この脆弱性を修正または対処するためのアクションが推奨される
- 修正済み（Fixed）：これらの製品バージョンには脆弱性の修正が含まれている
- 調査中（Under Investigation）：これらの製品バージョンが脆弱性の影響を受けるかどうかはまだ不明である。アップデートは今後のリリースで提供される予定である

SBOMそのものを例にとると自動化、正確さおよび速度の向上を可能にする機械可読な成果物とドキュメントを推進する動きが見られる。コンプライアンスの領域でも同様の傾向が見られており、NISTのOSCAL（Open Security Controls Assessment Language）[31]は従来の紙ベースのセキュリティ管理と承認ドキュメントを機械可読形式にしたものである。

VEXも同様のことを行っており、セキュリティアドバイザリや脆弱性および推奨事項に関する詳細を電子メールで送信する必要性を回避し、その代わりにこれらの情報を機械可読形式にすることで、自動化と現代化されたセキュリティツールの使用を促進している。これにより、人間や手作業よりも現在の脅威の状況にはるかに近いペースで対応できる。ソフトウェア・サプライチェーンの透明性とセキュリティが進化するにつれ、SBOMと付随する

---

[31] https://pages.nist.gov/OSCAL

VEXデータによって企業のソフトウェアインベントリが関連する脆弱性や実際の悪用可能性とともにダッシュボードやツールで可視化され強化される世界を想像するのは難しくない。これは、ほとんどの組織が消費および展開したソフトウェアコンポーネントやそれらに関連する脆弱性の正確なインベントリを持っていない現代のエコシステムとはまったく対照的である。現代のソフトウェアが圧倒的にOSS（オープンソースソフトウェア）コンポーネントで構成されており、その割合が80〜90％に達すると推定されている現実にもかかわらず。

ガイダンスでは、VEXはソフトウェアサプライヤが作成できる一方でサードパーティが作成することもでき、データの使用方法をユーザーが決定できる立場にあるとも述べられている。これにより、セキュリティ研究者や脆弱性管理ベンダーが自社製品提供の一環として製品のVEXを作成しようとするシナリオが容易に想像できる。

 ## 4-3-6　VEX vs. VDR

VEXの概念に加えて脆弱性アドバイザリやVDR（脆弱性開示レポート：Vulnerability Disclosure Reports）というトピックが若干の混乱を招いているが、実際には非常に単純なトピックである。VDRは脆弱性が存在する場合に通知するもので、既知の脆弱性と未知の脆弱性の両方を含むことができる。さらにVDRは追加情報とともに脆弱性、脆弱性の発見者、公開されたエクスプロイトに関する情報について追加のメタデータを提供する。ISO 29147標準およびNIST SP 800-161改定第1版文書では、VDRの次の要素を概説している。

■ **VDR要素の概要**
1. **全般（General）**：対象者にとってアドバイザリが自分に適用されるかどうかを理解するのに役立つアドバイザリに関する情報
2. **識別子（Identifiers）**：ベンダーによって使用される一意の番号付けスキーム、CVE（共通脆弱性識別子：Common Vulnerabilities and Exposures）などの脆弱性識別子、CPEやPURLなどの製品識別子など、アドバイザリ自体の一意の識別子。SBOMとの相関関係の観点では、この属性は構成証明を相互に結び付けるのに適した属性の一つである
3. **日付と時刻（Date and Time）**：最初のアドバイザリおよび更新の日時。VDRのタイムスタンプをほかの証明と比較する場合、VDRが前後どちらに発行されたのか、また

その製品に関するほかの処理済みの証明よりも多くの更新情報が含まれているかどうかを判断するのに役立つ場合がある

4. **署名に基づく真正性（Authenticity-Signed）**[※32]：ISO標準には含まれていないが署名を伴う証明の必要性はNISTによって指摘されており、署名は複数の証明を任意の信頼レベルで結び付ける最良の方法の一つである

5. **タイトル（Title）**：簡潔なタイトルは製品名とバージョン、CWEカテゴリなどアドバイザリがカバーする内容を明確に理解できるように十分にユニークなものである必要がある

6. **概要（Overview）**：タイトルを拡張し読者が自社製品へのアドバイザリの適用性を理解できるように十分な詳細を記述する

7. **影響を受ける製品（Affected Products）**：VDRの影響を受ける製品は明確に記載される必要があり、読者が自分の製品が影響を受けるかどうかを理解するために十分な情報が含まれている必要がある。これにはテスト用のオンラインスクリプトへのリンクやファイルハッシュ、文字列、一意のバージョンインジケータなどの使用可能な特定のメタデータが含まれる場合がある

8. **影響を受けるコンポーネント（Affected Components）**：ISO標準には含まれていないがNISTドキュメントには明記されており、理想的にはコンポーネントレベルで詳細を提供する情報を取得し、SBOMと組み合わせて影響を受ける製品とほぼ同じ方法で使用できるようにする。たとえば、コンポーネントがどのように実装または使用されると脆弱性の影響を受けるかという説明などである。脆弱なコンポーネントが存在するだけでは、脆弱な条件を満たすのに十分ではない場合がある

9. **対象読者（Intended Audience）**：アドバイザリの対象読者は誰か？ 開発者か？ エンドユーザーか？ これはVDRのオプションフィールドであるが、その使用に関する追加のコンテキストを伝えるために使用することができる

10. **ローカライゼーション（Localization）**：アドバイザリは特定の地域や特定の言語に対して発行されることがある。このセクションでは単なる翻訳であっても伝える必要のある地域特有の情報やコンテキストを記述できる

11. **説明（Description）**：説明ではソフトウェアの弱点のクラスやどのような条件下でそれが悪用される可能性があるかといった追加情報を伝える必要があり、CWE分類子などの外部参照を含めることもできる

12. **影響（Impact）**：これは通常、CVEやCVSSサブスコアに見られるような機密性、完

[※32] （訳注）偽ではなく正当な本物であること。

全性、可用性の損失などの技術的な影響に関連する

13. **深刻度（Severity）**：CVSS（共通脆弱性評価システム：Common Vulnerability Scoring System）などの標準的な深刻度尺度、またはベンダーが採用する深刻度尺度を使用して脆弱性の深刻度を定量的に測定する。CVSS スコアリングをどう思っているかに関係なく、これは業界全体で深刻度を測定する方法であり、最も使用される可能性の高い指標である

14. **修復（Remediation）**：VDR は脆弱性を修復、パッチ適用または再構成する方法を示すべきであり、また少なくとも脆弱性のリスクを軽減できる回避策を提供すべきである。多くの場合は最初の VDR には修復ガイダンスが含まれていない可能性があるかもしれないが、悪用リスクを低減する方法が判明した時点で速やかに更新されるべきである

15. **参考文献（References）**：CVE、ベンダーのナレッジベース、製品ページ、研究者のブログまたは VDR 内で参照するのに有用なその他のサポート情報など、多くの外部参考文献がある場合がある

16. **功績（Credit）**：脆弱性報告ライフサイクルの検出、調査、緩和、その他の段階に関与した研究者や組織には功績（クレジット）を与えるべきである。これは完全に任意である

17. **連絡先情報（Contact Information）**：製品のユーザーがベンダーに問い合わせて追加の情報を入手するために十分な情報

18. **改訂履歴（Revision History）**：これがオリジナルのアドバイザリなのか、更新されたものであるのかは明確にすべきである。更新されたものであればバージョン履歴を保持し VDR 内の日時情報と一致させる必要がある

19. **利用規約（Terms of Use）**：最後に、アドバイザリはライセンスされた文書であり著作権情報と利用規約が含まれている必要がある。たとえば多くの場合、ライセンス製品の所有者にのみ利用が許可されていたり、再配布が全面的に禁止されていたりする場合がある

ただし VDR はユーザーに問題を通知するが、問題で**ない**場合は通知しないことにお気付きであろう。これは重要な違いであり、なぜなら VDR と同様に SBOM の分析レポートはかなりの数の誤検知が発生する可能性があるからである。CycloneDX が脆弱性レポート用のデータモデルを構築した方法など、既存の VDR フォーマット内に VEX ステートメントを含めることで脆弱性が存在するかどうかを識別し、その脆弱性が問題を引き起こすかどうかをユーザーに通知するための簡潔で一貫した方法が得られる。

脆弱性が問題にならない理由は数多くある。Contrast Security 社による業界レポート[33]によると、ソフトウェアで使用されているオープンソースコンポーネントの80％は製品の実行フローから実際に呼び出されることはない。その延長線で考えると、オープンソースコンポーネントで特定された後続の脆弱性の80％も同様に使用されることがないため、リスクもないと想定できる。これはたしかに衛生上の問題であり、コードの肥大化と効率性の問題、そして攻撃対象領域の拡大につながる可能性が高いが真に脆弱なソフトウェアを表すものではないかもしれない。

次に、多くのサプライヤはコードの修正や別の緩和策をコードベースに加え、悪用を防ぐためにセキュリティ修正を「バックポート」するが、そのコンポーネントのバージョン番号は更新されない。これはNVDに対する特定のバージョンの脆弱性を通知するための分析が代わりに別のコンポーネントを対象にしている可能性があることを意味する。現在、NVDにはソフトウェアファイルを一意に識別する概念はなく、ベンダー、製品、バージョン、アーキテクチャおよび同様のメタデータの記述であるCPEのみが存在する。

最後に、構成が重要である。多くの場合、ソフトウェアが脆弱になるのは非常に特殊な方法で構成されている場合、あるいはソフトウェアに既定で付属していない特定の共有ライブラリを使用している場合のみである。VEXはこのようなシナリオが存在する場合に追加のコンテキストを提供し、実際に悪用されるリスクとはならないことをユーザーに通知できる。

VEXは機械可読文書として考えられているが、SBOMよりもはるかに動的な証明であるとも考えられている。SBOMはほとんどの場合で特定のソフトウェアリリースに結び付いた静的な文書であるが、新しい脆弱性が発見されたり、悪用できないことが判明したり、緩和策によって修正されたりすることで脆弱性の状態は時間の経過とともに変化する可能性がある。これには脆弱性ステータスの更新が機械可読であるだけでなく、当該脆弱性のステータスに関する新たな情報が明らかになるにつれて、自動化を通じて継続的に配信されるAPIベースの配信モデルがより適しているのではないかと考えている。

---

[33] https://www.contrastsecurity.com/security-influencers/2021-state-of-open-source-security-report-findings

4-4

この先の歩み方

これまで述べてきたようにSBOMイニシアチブはNTIAからCISAに移行し、SBOMの推進者でリーダーであるAllan Friedman氏の異動も同時に行われた。この動き以降、CISAは2022年にさらに2つのVEXドキュメントを公開した。一つは**「VEXユースケース文書（VEX Use Case Document）」**であり、もう一つは「VEXステータスの正当化（Vulnerability Exploitability eXchange（VEX）Status Justifications）」[34]である。

VEXユースケース文書は、NTIAが（サイバー大統領令に関連付けられている）SBOMの最小要素（表4.1を参照）を定義したのと同様に、VEXドキュメントの最小データ要素を提供している。このガイダンスではVEXドキュメントにはVEXメタデータ、製品の詳細、脆弱性の詳細および製品ステータスが含まれなければならないとしている。これらの製品ステータスの詳細には製品の脆弱性に関するステータス情報が含まれており、Not Affected（影響を受けない）、Affected（影響を受ける）、Fixed（修正済み）、Under Investigation（調査中）のいずれかである。

VEXステータスの正当化はその後VEXドキュメントの作成者が実際にその選択を行った場合に、なぜその製品のステータスが「影響を受けない」と主張することを選択したのか、その正当性の記述をVEXドキュメントに含める必要性に焦点を当てている。これにより、サプライヤは製品が脆弱性の影響を受けない理由の正当性を示すことができる。オプションにはコンポーネントまたは脆弱なコードが存在しないこと、脆弱なコードが攻撃者によって制御されないこと、コードが実行パスに存在しないこと、そして最後にインライン緩和策がすでに製品に導入されていることが含まれる。

VEXは製品ベンダーから提供される。製品内に存在する脆弱性の悪用可能性に関するコンテキスト付きの洞察とアサーションを提供することで、SBOMを実行可能にすることを支援する重要な次のステップを表している。VEXドキュメントで定義されている最小要素とそれに関連する「影響を受けない」正当化のフィールドの両方を使用することで、ソフトウェア

---

[34] https://cisa.gov/sites/default/files/publications/VEX_Status_Justification_Jun22.pdf

製造者はソフトウェア利用者がより広範なサイバーセキュリティプログラムの一環として脆弱性管理活動を推進するために、リスク情報に基づいた意思決定を行うことを可能にする。

4-5 SBOMをほかの証明と併用する

　SBOMは単なる証明の一種であり、その中に記載された主張に関する証拠を含む文書である。この主張は暗号検証の品質と信頼性によって強化される。このため、SBOMをデジタル署名で相互に連携させるという概念が実現可能になり、不完全なSBOMでもほかのSBOMと組み合わせることで追加の証明ごとに最初のSBOMに保証情報を追加できるため、価値を提供することが可能となる。ただし、証拠パッケージを構築するためにSBOMへ同様に含めることができるほかの証明の種類についても説明したい。

4-5-1　提供源の信頼性

　提供源の信頼性はNERC CIPコンプライアンス要件におけるCIP 010および013で重視されている概念である。この概念はファイルハッシュやコード署名マテリアルを使用してファイル自体を検証できるという考えに基づいているが、ファイルの来歴の信頼性を検証することも同様に重要であるとしている。これは以下のような疑問に答えようとする。

そのファイルはどこから来たのか？
それは信頼できるエンティティなのか？
われわれが考えているのと同じエンティティなのか？
そのエンティティは予期しない方法で侵害されたり変更されたりしていないか？

　ソリューションプロバイダーがこの問題に取り組み始めた一般的な方法の一つは、ソフトウェアファイルを取得するウェブドメインに関連付けられたTLS（トランスポート・レイヤー・セキュリティ）証明書の情報を調べ、証明書が有効であることを確認するだけでなく、

証明書が信頼されていることを確認することである。有効期限は適切であるか？　最近、通常とは異なる方法で変更されていないか？　会社名は予想されるものと一致しているか？昨日はMicrosoft Corp.だったが、今日はMicrosoft, Inc.になっている可能性がある。この場合は調査する必要があるかもしれない。最も重要なことは正常なベースラインを作成して異常を特定することであり、組織が提供源の信頼性や侵害の試みを特定できるようになることである。

　DNS情報も検証が必要となる可能性がある。ドメインが新しいIPアドレスに変更されたか、または世界の別の地域に地理的に位置付けられていないか？　インターネットの正常性やリクエスト元の位置に基づいて、世界各地のトラフィックを処理するCDN（コンテンツ配信ネットワーク：Content Delivery Networks)では、これを高い信頼度で調査することが困難となる。長年にわたり発生してきたBGPハイジャックのようなインターネットルーティングハイジャックが、悪意のあるファイルの配信に利用される可能性があると示唆する人もいる。これも非常に検証は難しいが、脅威モデルにとっては非常に興味深いシナリオになる。

　これらの基準に対してチェックを実行し、生成中のSBOMに暗号的にバインドできる証明ファイルを生成することでSBOM内にすでに含まれている来歴データをさらに充実させることができる。

■ ビルド証明

　ビルド環境に関する証明もソフトウェア成果物の保証を強化するうえで非常に有用である。これにはビルドシステム自体に関する情報や、ビルド作業内で使用されるプロセスやコントロールの検証なども含まれる。

　SLSA（Supply Chain Levels for Software Artifacts）フレームワークにおいて、攻撃対象の一つがビルドシステムであることを考慮する。もし攻撃者がビルドシステムを侵害することができれば、そのサーバー上で構築されたものをどのように信頼できるだろうか？理想的には、ビルドサーバーは本番環境から適切にセグメント化され、極めて機密性の高い資産として適切に強化されていることだ。また、ビルドサーバーが侵入の原因となる可能性を低減するための追加の保証を提供するセキュリティテンプレートであるSTIG（セキュリ

116　Software Transparency

ティ技術実装ガイド：Security Technical Implementation Guides）などの堅牢化ガイダンスに準拠していることを検証する。TestifySec社などのサプライチェーンベンダーの中にはこれらの証明を自動化の一部として使用し、ビルドが成功するためにSTIGチェックに合格することを求めるビルドポリシーを適用することもできる。

　同様に、ビルドを進める前に複数の開発者がコードのチェックインに同意する必要があるなど、導入済みのプロセスがあるかもしれない。これらのビルド証明はビルドプロセスのセキュリティゲートとして使用するために、上流プロセスから必要なセキュリティ要件や高保証のソフトウェアビルドの検証に使用できる認証をいくつも取り込むことができる。これをサポートするツールの一例としてOSSプロジェクトの「Witness」があり、ソフトウェア・サプライチェーンの完全性を確保するための証明の作成とポリシーの適用を支援する[35]。

4-5-2　依存関係の管理と検証

　開発者の間で外部ソースからのソフトウェアコンポーネントの利用が増加し続けるにつれてライブラリ、パッケージ、コンポーネントまたは依存関係を管理する必要性が高まっている。これまで述べてきたように依存関係は開発者や組織の時間とリソースを節約し、市場投入やミッションの時間を短縮し、イノベーションを加速するために統合されることが多い。使用する依存関係が多いほど管理しなければならないものが増えるという避けられない現実がある。

　依存関係は通常、直接依存関係と推移的依存関係の2つの文脈で議論される。直接依存関係とはその名前から推測されるように、アプリケーションが直接参照して使用するコンポーネントのことである。推移的依存関係とは依存関係自身が使用するコンポーネントであり、**依存関係に依存する**状況を生み出す。どちらの種類の依存関係にも関連するリスクと考慮事項がある。利点はたくさんあるが、直接依存でも推移的依存でも依存関係の数が増えれば増えるほど潜在的なリスクも増える。これにはもちろんライセンスに関する懸念も含まれるがセキュリティの観点からは脆弱性、悪意のあるコード、攻撃ベクターの可能性も含まれる。

※35　https://testifysec.com/blog/attestations-with-witness/

このことはEndor Labs社の「依存関係管理の現状」（State of Dependency Management）などのレポートで指摘されている。レポートによると脆弱性の95％は推移的依存関係にあり、これが開発者が評価して解決することの難易度を高めている。これに加えて最も人気のあるパッケージの50％は2022年にリリースされておらず、30％は最新のリリースが2018年以前であり古くて潜在的に脆弱なコードにつながるという結果が出ている[36]。

また多くの依存関係を使用する際には、管理上のオーバーヘッドが伴うという課題もある。開発コミュニティ自身は、ほかの特定バージョンのソフトウェアパッケージに依存するソフトウェアパッケージをインストールすることに伴うフラストレーションのため、「依存関係地獄（dependency hell）」という愛称を使っている。この問題は複数のパッケージが同じ共有コンポーネントとの依存関係を持つが、バージョンが異なる場合や互換性の問題がある場合に発生する。

それぞれの依存関係やコンポーネントにはさまざまな懸念事項が伴う。こられには破棄されメンテナンスされていないライブラリ、稚拙に書かれたコード、ドキュメントの欠如、そしてもちろんメンテナがまだ存在しているか現在プロジェクトに積極的に参加している場合に、メンテナによって修正されるかどうかわからない脆弱なコードなどが含まれる。

とはいえ、依存関係の管理に関連する課題やリスクの一部を軽減するために組織が実行できるベストプラクティスはいくつかある。これらの推奨事項にはプロジェクトの重要度やセキュリティリスクなどの要素を使用して、どの依存関係をほかの依存関係よりも先に更新する必要があるかについて優先順位付けすることが含まれる。もう一つの推奨事項はもちろん口で言うほど簡単ではないが、未使用の依存関係を完全に削除することで最小化しコードから必要な依存関係のみを残すことである。これを怠るとコードが肥大化し、攻撃対象領域が拡大し管理上のオーバーヘッドの問題が発生する。また多くの場合、ソフトウェアの依存関係の更新を自動化することができ、依存関係の管理に伴う手作業の労力を最小限に抑えることができる。この場合の最もよく使われる例の一つがDependabotであり、Ruby、JavaScript、Pythonなどのさまざまなプログラミング言語の依存関係の更新を自動化するのに役立つ。Dependabotは、GitHubやGitLabといった最大の継続的インテグレーションプラットフォームによってサポートされている。

※36　www.endorlabs.com/blog/introducing-the-state-of-dependency-management-report

自動化に加えて組織はソフトウェア依存関係管理ポリシーを確立する必要がある。Chapter6「クラウドとコンテナ化」で取り上げるMicrosoft社のS2C2FやNISTのソフトウェア・サプライチェーンガイダンスなどのフレームワークで引用されているように、組織の開発者向けに依存関係の管理ガイドラインを確立することで組織全体で標準化されたアプローチが順守され、ガバナンスが実施できるようになる。標準化されたポリシーとプロセスを導入することはセキュリティ問題の監視、アプリケーションパフォーマンスの向上、ライセンスコンプライアンスの確保に役立つ。

ソフトウェアの依存関係はなくなることはなく、パッケージ、ライブラリ、コンポーネントの大規模な再利用は業界全体で加速する一方である。これにより必然的に適切なソフトウェアの依存関係の管理と検証プロセスが必要となる。構造化されたアプローチを実装しない場合、セキュリティリスクに対処できないままとなり開発チームに負担をかけて納期を遅らせ、ライセンス違反が発生する可能性も高くなる。

4-5-3 Sigstore

ソフトウェア・サプライチェーンセキュリティの基本的な側面には、完全性、透明性および保証の必要性が含まれる。ここでSigstoreが登場する。本書を通して述べてきたように、とくにSolarWinds社やLog4jのような注目すべきインシデントを受け、ソフトウェア・サプライチェーンに大きな注目が集まっている。サイバーセキュリティに関する大統領令14028号とNISTのC-SCRM（サイバーセキュリティサプライチェーンリスク管理：Cybersecurity Supply Chain Risk Management）800-161ドキュメントおよびCISAのガイダンスが更新された。また、2022年初頭にソフトウェア・サプライチェーンセキュリティサミットを主催したホワイトハウスもその取り組みに注目している。このサミットの成果としてLinux FoundationとOpenSSF（オープンソースセキュリティソフトウェア財団）はデジタル署名を使用してソフトウェア・サプライチェーンの信頼性を高めることに焦点を当てたOSSセキュリティのための動員プラン（The OSS Security Mobilization Plan）を発表した。ここではSigstoreと呼ばれる技術の採用と進化に重点を置いている。

Sigstoreはソフトウェアの署名、検証、保護のための標準である。これまで述べてきたようにソフトウェアの使用はあらゆる業界や業態で広く行われている。しかし、ソフトウェ

4-5 SBOMをほかの証明と併用する　119

アの使用が世界を変えてきた一方で、エコシステム全体で使用するソフトウェアの完全性を保証する方法はしばしば要求されるレベルに達していない。ソフトウェア・サプライチェーンではデジタル署名が使用されていないことが多く、使用されている場合でも自動化、拡張、監査が難しい従来のデジタル署名手法が使用されるのが一般的である。

　Sigstore は Red Hat 社と Google 社のコラボレーションと Linux Foundation とのプロジェクトとして 2021 年 3 月に最初にリリースされ、ソフトウェアの入手元や構築方法に関する問題を解決することを目的としていた。Sigstore はとくにソフトウェア・サプライチェーンの完全性と検証活動を改善しようとしている。

　Sigstore の共同開発者である Dan Lorenc 氏が述べているように Sigstore は「ソフトウェア開発者のための無料の署名サービスであり、透明性ログ技術に裏打ちされた暗号化ソフトウェア署名を容易に導入できるようにすることで、ソフトウェア・サプライチェーンのセキュリティを向上させる」。Sigstore プロジェクトの創設者である Red Hat 社の Luke Hinds 氏がブログ「Sigstore の紹介」※37 で書いたように、このプロジェクトはコード署名を実装しているプロジェクトがほとんどないことや鍵管理が難しい作業であるという現実など、いくつかの真実の仮定に基づいて開始された。そこから、グループは「もし鍵の失効や保管が必要ないとしたらどうなるか？」「もしすべての署名イベントが安全な媒体で公開されていたらどうなるか？」など、一連の「もしも」の質問を自問した。

■ 採用

　Sigstore はそのローンチ以来、業界における採用と関心が高まり続けている。Sigstore は 2021 年初頭にリリースされたばかりにもかかわらず、すでにいくつかの最大規模の OSS プロジェクトから注目を集めており、その一つが Kubernetes プロジェクトだ。Kubernetes は市場で最大かつ最も広く採用されているコンテナオーケストレーションプラットフォームである。Kubernetes は 1.24 リリースで Sigstore を標準化し使用することを発表した。これにより、Kubernetes の利用者は使用しているディストリビューションが意図されたものであることを確認できる。この支持に加えて前述したように、OpenSSF による OSS セキュリティのための動員プランにはソフトウェア・サプライチェーンの完全性のギャップに対する解決策としての Sigstore の採用と使用に重点を置いたデジタル署名専用のセクションがあ

※37　https://next.redhat.com/2021/03/09/introducing-sigstore-software-signing-for-the-masses

る。2022年初頭、Sonatype社はMaven Centralがソフトウェア・サプライチェーンの来歴に関する懸念に対処するソリューションとしてSigstoreを採用すると発表した[38]。

■ Sigstoreのコンポーネント

ではSigstoreとは一体何でありどのように機能し、そしてなぜ重要なのだろうか？Sigstore はOSS サプライチェーンに存在するいくつかのギャップに対処し完全性、デジタル署名、OSS コンポーネントの信頼性の検証を扱う方法を支援するために設立された。これはIT リーダーの90％がOSS を使用していると推定されており[39]、組織はOSS 人材の雇用を優先していること、そして注目すべきソフトウェア・サプライチェーンインシデントがいくつか発生していることを踏まえると非常に重要である。Sigstore はFulcio、Cosign、Rekor などの複数の OSS ツールを統合しデジタル署名、検証およびコードの来歴チェックを支援する。**コードの来歴**とはコードがどこから誰によって作成されたのかを示す、追跡可能な保管のチェーンを持つ能力のことである。Uber 社のプライバシー・セキュリティチームはコードの来歴へのアプローチ方法について説明した優れたブログを公開している[40]。

Sigstore のコアコンポーネントをいくつか展開しているが、まずはFulcio[41]から見ていこう。Fulcioはコード署名に重点を置いたCA（ルート認証局）である。これは無料でOpenID Connect（OIDC）に関連付けられた証明書を発行し多くの場合、開発者がすでに関連付けられている既存の識別子を使用する。クラウドネイティブアーキテクチャの急速な普及とコンテナの展開に伴い、コンテナへの署名は重要なセキュリティのベストプラクティスとなっている[42]。鍵管理は煩わしい作業であり、クラウド上ではクラウドサービスプロバイダー（CSP）やサードパーティプロバイダーによってマネージドサービスとして提供されることが多い。Sigstore はCosignをサポートすることで複雑さを軽減しキーレス署名（keyless signing）やエフェメラルキー（ephemeral keys）またはテンポラリーキー（temporary keys）を使用することで鍵管理の課題を軽減する[43]。エフェメラルキーを使用しているにもかかわらず、Fulcioのタイムスタンプサービスを通じて署名の有効性を保証

※38　https://blog.sonatype.com/maven-central-and-sigstore
※39　https://www.soocial.com/open-source-adoption-statistics/
※40　https://medium.com/uber-security-privacy/code-provenance-application-security-77ebfa4b6bc5
※41　https://github.com/sigstore/fulcio
※42　https://www.csoonline.com/article/572501/managing-container-vulnerability-risks-tools-and-best-practices.html
※43　https://www.chainguard.dev/unchained/zero-friction-keyless-signing-with-kubernetes

4-5　SBOMをほかの証明と併用する　　121

することができる[※44]。

　さまざまな署名オプションをサポートしキーペアの生成とコンテナレジストリへ保存するコンテナアーティファクトの署名をシームレスにサポートするために、ここでCosignが役立つ。Cosignはクラウドネイティブ環境においてコンテナを公開鍵と照合して検証できるようにし、コンテナが信頼できるソースによって署名されていることを保証する。ビルド時にイメージアーティファクトにデジタル署名してそれらの署名を検証することはCNCF（クラウドネイティブコンピューティング財団：Cloud Native Computing Foundation）のクラウドネイティブセキュリティホワイトペーパーで強調されている重要なセキュリティベストプラクティスである[※45]。

　次はRekor[※46]である。これはソフトウェアのメンテナンスとビルド活動の一環として作成された変更不可能で改ざん耐性のある台帳である。Rekorはソフトウェア利用者がメタデータを調査し、利用しているソフトウェアとそのライフサイクル全体にわたる活動についてリスク情報に基づいた意思決定を行うことを可能にする。ソフトウェアの来歴に関する前回のポイントに戻ると開発者はRekorを使い、透明性ログを通じてソフトウェアの来歴に貢献することができる。

　もう一つの注目すべきものはSLSA[※47]やNIST SSDF（セキュアソフトウェア開発フレームワーク：Secure Software Development Framework）[※48]などの新しいガイダンスである。前述したように、SLSAレベル3ではSigstoreがサポートするソフトウェアの来歴のソースと完全性を監査する必要性を強調している。また、SSDFで挙げられている具体的なプラクティスも来歴と検証メカニズムを提供する必要性を指摘している。連邦政府は政府に販売するソフトウェア製造者に対してSSDFで概説されているプラクティスの証明を要求する方向に進んでいるため、これは重要なことである[※49]。Sigstoreを導入することで組織をここで取り上げた新たな標準とベストプラクティスに準拠させ、セキュリティインシデント

※44　https://www.chainguard.dev/unchained/busting-5-sigstore-myths
※45　https://github.com/cncf/tag-security/blob/main/community/resources/security-whitepaper/v2/CNCF_cloud-native-security-whitepaper-May2022-v2.pdf
※46　https://docs.sigstore.dev/rekor/overview
※47　https://slsa.dev/spec/v0.1/levels
※48　https://csrc.nist.gov/publications/detail/sp/800-218/final
※49　https://www.nextgov.com/cybersecurity/2022/02/nist-suggests-agencies-accept-word-software-producers-executive-order/361644/

やそれに伴う影響につながる可能性のある重大なソフトウェア・サプライチェーンリスクを軽減することができる。

4-5-4　コミット署名（Commit Signing）

　現代のソースコード管理の文脈ではデファクトのシステムとしてGitが選択されることがよくある。Gitでは作業を行った作成者やコミッターなど、さまざまなエンティティが提案された変更をコミットすることができる。通常、これらのエンティティは同じ個人であることが多いが常にそうであるとは限らない。とはいえ、多くの場合でユーザー名や電子メールなどを設定することで別のコミッターになりすますことは簡単である。このため、とくに機密性の高い環境ではGitコミットに署名することがベストプラクティスとなりつつあり、これにより特定のコードやタイムスタンプなどのメタデータの作成者であることを証明できるようにする。署名付きのコミットは完全な解決策ではないが、元従業員が同僚になりすまして悪意のあるコードを導入しようとしたり、評判のよい身元を装って悪意のあるプルリクエストを作成したりといった潜在的なリスクを軽減することができる。

　悪意のある人物は依然として身元を詐称しようと試みるため署名付きのコミットでは彼らが他人になりすますことの阻止にはならないが、十分に注意を払っている人々ならデジタル署名がなければすぐに眉をひそめるだろう。

　Gitではコミットの署名を容易にするために、GPG（GNU Privacy Guard）のような方法がよく使用される。GPGはGitのコンテキストで動作し、GitHubやGitLabのような一般的なGitプラットフォームに公開鍵をアップロードし、秘密鍵を使用してコミットに署名する。GitHubでは、コミット署名の管理方法とコミットの署名方法を説明したドキュメントを提供している[50]。

---

[50] https://docs.github.com/en/authentication/managing-commit-signature-verification/signing-commits

4-5-5　SBOMに対する批判と懸念

　業界全体でSBOM導入に関して最もよく見られる批評、懸念、課題についても取り上げなければ怠慢となってしまうだろう。

　こうした懸念の最も統合された情報源の一つがNTIAが公開したSBOM FAQ[51]の「よくある誤解と懸念（Common Misconceptions & Concerns）」セクションに記載されているが、このような懸念は業界のほかの人々によってさまざまな媒体を通じて提起されてきた。

　NTIAの文書およびほかの文書に記載されている一般的な誤解と懸念について見てみよう。

■ 攻撃者のための可視性

　SBOMをめぐる懸念の一つとしてよく言われるのは、SBOMが「攻撃者へのロードマップ」として機能する可能性があることだ。これはサイバーセキュリティ業界でしばらくの間繰り広げられてきた、隠蔽によるセキュリティに関する議論としてより広義に捉えることができ双方から正当な意見が出ている。隠蔽によるセキュリティとは特定のセキュリティコントロールや堅固なセキュリティエンジニアリングではなく、秘密性を主な方法としてシステムやコンポーネントにセキュリティを提供することとして要約される。われわれの個人的な経験は、長年の業界の思想的指導者であるDaniel Miessler氏によってうまくまとめられており、彼はよい隠蔽と悪い隠蔽について「隠蔽がよいか悪いかを判断する鍵はそれが優れたセキュリティの上のレイヤーとして使われているのか、それともセキュリティの代わりとして使われているのかである。前者はよい。後者はよくない。」と述べている[52]。

　Miessler氏が伝えたいことは、隠すことはたしかにいくつかのシナリオにて有益だが堅固なセキュリティエンジニアリングの代わりにはならないということだ。とはいえ、業界のほかの人々からはSBOMはAPI攻撃などに使用できるという主張も出ており、たとえばDan Epp氏のブログ「SBOMはAPI攻撃に役立つか？」では、このトピックについて取り上げている[53]。しかしその記事でさえSBOMは防御側が**脆弱性の有無と場所**を理解するのに役立つと指摘しており、攻撃者はSBOMがなくても必然的にその弱点を見つけようとす

※51　https://www.ntia.doc.gov/files/ntia/publications/sbom_faq_-_fork_for_october_22_meeting.pdf
※52　https://danielmiessler.com/study/security-by-obscurity
※53　https://danaepp.com/can-sbom-help-you-attack-apis

るのでその有用性は攻撃面での懸念を上回る。

　SBOMが「攻撃者へのロードマップ」であるというこの疑問に答えるために、NTIAは事前の知識が攻撃の前提条件ではないため、悪意のある人物はSBOMを必要としないと指摘している。NTIAはまた、悪意のある人物はすでにソフトウェアコンポーネントを識別するツールを持っており法を順守する倫理的なソフトウェアユーザーとは異なり、そうすることを義務付けられていないと述べている。NTIAは、SBOMは「公平な競争の場」を提供し悪意のある人物がすでに持っているレベルの洞察力と透明性を防御側に与えるとしている。悪意のある人物はソフトウェアの構成とコンポーネントの構成を理解するためにバイナリ解析ツールを使用することができる。これについては議論の余地はないが、SBOMがあることでソフトウェア利用者はソフトウェアの使用に関連する初期のリスクと利用するソフトウェアに含まれるソフトウェアコンポーネントに関連する新しい脆弱性や新たに発生した脆弱性の両方について、より理解しやすくなるだろう。むしろSBOMは悪意のある人物が可視性を持ち、防御側が可視性を持たないという現在の不均衡な競争環境を平準化するのに役立つ。

■ 知的財産

　SBOMに関して議論されるもう一つの一般的な懸念は、知的財産とソースコードの問題である。NTIAはこの点に反論しており、SBOMは組織にソースコードの開示を要求しておらず、仮に共有できるとしてもソースコードはソフトウェアプロバイダーの裁量で共有できると述べている。SBOMはソースコードそのものを開示するものではなく、ソフトウェアの構築に使用されるソフトウェアコンポーネントに焦点を当てたものである。ソフトウェアコンポーネントは全体像の一部を示しているが、コードの動作の完全なロードマップではない。NTIAのガイダンスでは、ソフトウェアに関してはサードパーティの材料を知ることと実行のレシピ全体を知ることの間には大きな違いがあると述べている。サードパーティコンポーネントはそれを使用するソフトウェアベンダーの知的財産ではなく、コンポーネントを作成した上流のエンティティに属し、作成時に割り当てられた適切なライセンスに拘束されることは言うまでもない。SBOMの導入推進が求められているものの、関連するすべての情報源は最小限のアクセス管理と必要最小限の知識という、長年のセキュリティのベストプラクティスに沿って、SBOM自体を適切に保護することを推奨していることも指摘しておく価値がある。OMB M-22-18のような情報源では、連邦政府機関がソフトウェアベンダーからSBOMのような成果物を要求する可能性があると述べると同時に、ベンダーによって

公開されていない場合には機関がこれらの成果物を安全に保管することも求めている。

■ ツールと運用化

　SBOMの広範な導入に関する最も正当な懸念の中にはSBOMの作成、配布、取り込み、強化、分析および運用を容易にするような広く利用可能なツールの不足がある。現在ではSBOMの作成を支援するツールが十分にあるということに多くの人々が同意しており、本書でもそのうちのいくつかに触れてきた。しかしながら本書執筆時点では、配布、取り込み、強化、分析などの付加的な活動を処理するツールはまだ成熟の途上にある。前述のようにDHS（国土安全保障省：Department of Homeland Security）やCISAなどの組織がこの分野での革新に向けた取り組みを進めており、商業分野でも多数の営利企業がこの空白を埋めるために研究開発投資と製品開発を行っている。注目すべき例としては、元Google社のエンジニアによって設立され2022年に5,000万ドルを調達したChainguard社などの企業がある。その他の注目すべき例としてはEndor Labs社、TestifySec社などの企業や、Google社のような業界リーダーを含むほかのいくつかの企業が挙げられ、これらの企業は組織がOSSの取り込みと利用を管理するのに役立つ革新的なソフトウェア・サプライチェーンに焦点を当てたマネージドサービスを提供している。繰り返しになるが、連邦政府の領域を引用するとOMB M-22-18は政府に「ソフトウェアの証明と成果物のための一元化されたリポジトリを確立する」ことも求めており、これにはSBOMも含まれる。

　攻撃者のための可視性、知的財産、ツールや機能の未熟さなど、SBOMに関する懸念は正当なものかもしれないが、業界としては透明性の推進とその利点が懸念を上回るという点に圧倒的な合意が得られており、このことは主要な商業組織や政府組織による深い関与からも明らかである。これは懸念にまったく価値がなく対処する必要がないと言っているわけではなく、不透明なソフトウェアエコシステムの道を歩み続け、基盤となるソフトウェアコンポーネントとそれに関連するリスクや脆弱性に対する可視性が欠如している状況には、もはや耐えられないということだ。

4-6

まとめ

　このチャプターでは、SBOMの台頭とNTIAなどの機関による初期の取り組みから現在の
CISAへの移行までを、連邦政府の視点で取り上げた。さまざまなSBOMのフォーマットと
SBOMの脆弱性によって生じるノイズの一部を軽減するのに役立つVEXという概念の出現
についても説明した。また、SBOMに関する一般的な批判と懸念、業界でSBOMの導入と
実装が拡大するにつれて、進化し続ける分野についても説明した。

Chapter

5

ソフトウェア透明性における課題

NTIA（連邦政府電気通信情報局）のSBOM（ソフトウェア部品表）構想における議論の初期段階で、デバイスのSBOMに関する話題が複雑な要素として浮上した。現在のところSBOMは多くの組織にとって新しい概念であるため、議論を複雑にすることは望ましくないというのが共通認識である。結局のところ、デバイス・ソフトウェアとファームウェアは単なるソフトウェアではないのだろうか？

5-1 ファームウェアと組み込みソフトウェア

　本セクションではOSとしてのファームウェア、組み込み機器用のファームウェア、そして医療機器のような特定の機器に特化したシナリオにおいてSBOMがどのように使用されるかというトピックなど、いくつかの分野に分けて説明する。

5-1-1　Linuxファームウェア

　OSとしてのファームウェア、とくにLinuxファームウェアに関連するファームウェアは最も理解しやすいものだが、これらは非常に複雑なSBOMであることに注意することが重要である。Linuxは基本的に何千ものソフトウェア製品を寄せ集めてOSを形成している。そのため、ソフトウェア透明性を手に入れるために必要なレベルの明確性を得ることは難しいかもしれない。しかし、これはこの分野で解決しやすい問題の一つである。Linux用のツールの多くは大規模なリバースエンジニアリングプロセスによってイメージが処理されるか、ビルドプロセスの一部としてソフトウェア・オブジェクトごとにSBOMが生成されない限り、Red Hat Package Manager（RPM）コマンドを実行する以上のことはほとんどできない。現実にはLinux OSのビルド方法には非常に多くの断片があるため、単一のエンティティに依存して忠実度の高い可視性を生成することは困難である。

5-1-2　リアルタイムOSファームウェア

　リアルタイムOS（RTOS）ファームウェアは従来の意味でのRTOSが実際にはファイルシステムを持たないため、少し難しい傾向がある。多くの場合、RTOSはLinux スタイルのファームウェア・イメージというよりもバイナリに似ている。RTOSの作者にとってこれは解決可能な問題であり、過去にVxWorksからの公開SBOMを確認している。しかし、QNXやVxWorksのような一般的なRTOSを使用しない産業用制御システムなど、レガシーまたはプロプライエタリなRTOSの場合、この問題は盲点になりがちである。リバースエンジニアリングはレガシーソフトウェアやサプライヤが必要な可視性を提供できない場合の唯一の

実行可能なアプローチである可能性がある。

5-1-3　組み込みシステム

　組み込みファームウェアはフットプリントが小さく、高度に最適化されたコードになる傾向がある。これはSoC（システムオンチップ）あるいはシステムBIOS上で動作するコードである可能性があり、多くの場合そのような低レベルのコードとして表現されるため、人間がそのファームウェアの分析を理解することは困難となる。さらに、ファームウェアのメモリフットプリントを最適化し削減するためにコードから多くの文字列やシンボルが取り除かれるため、ソフトウェアコンポーネントを識別するための従来の方法はかなり困難なものとなる。TEE（Trusted Execution Environment）のような高セキュリティ領域と組み合わされるとこのコードの多くはセキュリティが追加されるだけでなく、ソフトウェアがどのように機能しどこで実行されているかの理解を複雑にする抽象化も生み出す、保護された領域で実行されることになる。これはソフトウェアコンポーネントの悪用可能性や、敵対者がソフトウェアの実行にどのような影響を与えるか、あるいは与えないかを理解しようとする場合にとくに当てはまる。

5-1-4　デバイス固有のSBOM

　規制の厳しい環境、とくに医療機器においてSBOMがどのように使用されるかを考える場合には認証が機器レベルで指定されることに注意することが重要である。FDA（連邦政府食品医薬品局）はインスリンポンプをデバイスとして認証する場合があり、医療デバイスのSBOMはしばしば1階層の深さしかない。これは通常、完全なSBOMというよりもソフトウェアインベントリに似ている。これらのデバイスは厳しく規制されており、まれにしか変更が発生しないためSBOMとその結果の分析が静的なものになる傾向がある。しかし、ほとんどの人にとって気になるのはこれらのデバイスの機能がデバイスに影響を与えるクラウドインフラやその他の外部依存関係よりもデバイス上で実行されているコードにあまり依存していない場合があるということである。これは多くのIoTデバイスに当てはまり、外部API、サポートインフラストラクチャまたはその他の外部依存関係によって重大なリスクが発生する。これらのデバイスは非常に静的で成熟した技術フットプリントのように見えるが、このような入力と信頼関係のばらつきはソフトウェア透明性とサプライチェーンのユース

にとって盲点となる。異なるデバイスがアップデートを受け取るという事実にも課題がある。アップデートを受信するデバイスは無線、ネットワークあるいはUSBメモリ経由である。このため、同一のデバイスのモデル番号が、任意の時点で異なるSBOMを持つ可能性がある。

5-2 オープンソースソフトウェアとプロプライエタリコード

　ソフトウェアの世界ではOSSとプロプライエタリソフトウェアという2つの主要なコード形態があり、これがソフトウェア・サプライチェーンにおけるソフトウェア透明性に関する議論を複雑にしている。OSSは誰でもOSSコードを見ること、使用すること、貢献することができるという点で明らかに異質である。「ソースが公開されている」プロプライエタリソフトウェア（オープンソースとみなされることなくソースを見たり、改変したりすることができる）と呼ばれるシナリオもあるが、プロプライエタリコードは誰もが見たり、使ったり、貢献したりできるようには公開されていないことが多く、ソフトウェアやテクノロジーのベンダーや社内外を問わずさまざまなビジネス目的でソフトウェアを開発している組織によって管理されていることが多い。

　OSSのコードを誰でも使えるということにはプロプライエタリソフトウェアの製造者も含まれる。全ソフトウェアの97%が少なくともいくつかのOSSコードを含んでいるという予測もある[※1]。OSSはほぼすべてのコードベースに含まれているだけでなく、コードベースの80%近くを占めることもある。

　ソフトウェアの話題では**デジタル・コモンズ**という用語がよく使われるが、これは一般的に使われる**コモンズ**という用語のサブセットである。コモンズとは資源の生産と集団行動を

※1　このレポートの提供元はSynopsys Software Integrity Groupの社名をBlackDuckに変更した。BlackDuckは古いバージョンのレポートをオンラインで公開しておらず、最新のレポートのみを提供している。現在、2024年版のレポートが以下のURLから閲覧できる。
https://www.blackduck.com/resources/analyst-reports/open-source-security-risk-analysis.html#introMenu

管理する社会的制度と言われている[※2]。この文脈では、デジタル・コモンズはコモンズのサブセットであり資源にはデータと情報が含まれ、デジタル領域に関わる文化や知識も含まれる。コードは通常、ソフトウェア開発者が既存のOSSライセンスを適用することでコードの編集や再配布など著作権法では除外されている権利をほかのユーザーに付与することでOSSとなる。これが実現すればプロジェクトにデジタルでアクセスできる誰もがプロジェクトやコードをコピーし、使用し、変更し、貢献を提案することができる。

　ソフトウェア製品は多くの場合、条件、サポート契約、制限およびコストを管理するため、いくつかの種類のソフトウェアライセンスと結び付いている。ソフトウェアライセンスはソフトウェアの配布と使用に関する定義を定めるだけでなく、インストール、保証、責任などに関するエンドユーザーの権利も規定するのが一般的である。OSSとプロプライエタリソフトウェアの議論ではOSSライセンスは通常、ソースコード自体への実際のアクセスとともにソースコードを変更して再利用する能力をユーザーに与える。しかしプロプライエタリソフトウェア・ライセンスは、一般的にソースコードを修正・再利用する能力を提供せず、もちろんソースコード自体への直接アクセスも提供しない。ソフトウェアがライセンスによってカバーされず、パブリックドメインソフトウェアまたは私的な非ライセンスソフトウェアとみなされる状況も存在し、ビジネスアプリケーションなどでは依然として著作権保護が保証される場合がある。ソフトウェアのライセンス要件に従わない場合、著作権者が訴訟を起こしたり、違反者が差止命令を受けたりする可能性がある。

　一般的なソフトウェアライセンスの種類には次のようなものがある。

- **許可型**：これらのライセンスはソフトウェアの改変や頒布の方法について最小限の制限を含んでいるが、その後の頒布物の著作権情報に帰属表示を要求する場合がある。よくある例としてApache、BSD、MITライセンスがある
- **弱いコピーレフト**：多くの場合GNU Lesser General Public License[※3]と呼ばれ、最小限の義務でOSSライブラリへのリンクを許可し、著作物全体は最小限の要件でプロプライエタリであっても後続のライセンスタイプの下で配布することができる
- **パブリックドメインライセンス**：誰もが何の制限もなく自由にソフトウェアを使用し、改変

※2　https://policyreview.info/concepts/digital-commons
※3　https://www.gnu.org/licenses/lgpl-3.0.en.html

することができる。この種類はあまり一般的ではない

- **コピーレフト**：コピーレフトライセンスは**相互ライセンス**としても知られ、ほかのライセンスタイプよりも商業的に制限されることがある。コピーレフトでは開発者がライセンスのコードを改変してほかのプロジェクトに組み込んだり、プロプライエタリなコードを改変して配布したりすることができるが、それは同じライセンスの下で行われなければならない。オリジナルのソフトウェアと改変は新しいプロジェクトに含まれるため、このライセンスは商業的な利益を持つ開発者にとってはあまり魅力的でない

- **商用／プロプライエタリ**：これらのライセンスタイプはコードをコピー、変更、配布する能力を制限するために使われる。商用／プロプライエタリ・ライセンスは最も制限的なソフトウェア・ライセンス・タイプの一つと考えられており、ソフトウェアの無許可の使用を防止し商業的利益を最も保護するものである

ライセンスに関する考慮はさておき、OSSの利用は前述したようにプロプライエタリなソフトウェアや製品にも浸透している。これは開発時間の節約、既存の作業の活用、コストの最小化、市場投入までの時間の短縮などの明らかな理由によるものだ。OSSコードを使用することで開発者やチームはカスタムコードや機能の開発など、より付加価値の高い活動に集中しミッションやビジネス目標に集中することができる。本書の「はじめに」で述べたように、OSSコードはエネルギー、金融、通信、医療、防衛産業基盤などの重要インフラ部門を含むほぼすべての環境に普及している。表面的にはOSSの優位性は理にかなっているかもしれないが、OSSがもたらす革新的でコミュニティ重視の姿勢を考えるとOSSは課題ももたらしている。調査によると、コードベースの88％に2年以上新規開発のないOSSコンポーネントが含まれ、81％に少なくとも1つの脆弱性があり90％近くに最新バージョンでないOSSが含まれている。

つまり、重要インフラ部門を含む社会のほぼ**すべて**の側面に時代遅れでメンテナンスが行き届かず脆弱なOSSが存在しているのだ。

プロプライエタリ側には独自の課題が存在する。OSSは多くの場合にNVD（国家脆弱性データベース：National Vulnerability Database）のような情報源にCVE（共通脆弱性識別子：Common Vulnerabilities and Exposures）が割り当てられており、脆弱性スキャナーのようなツールで検索とスキャンして既知の脆弱性を特定することができるが、プロプ

ライエタリなコードは少々難しく、脆弱性を特定するためにほかの技術を必要とすることがある。また、プロプライエタリソフトウェアのソースコードは一般的に公開されていないためアセスメントや分析が容易ではない。SBOMの推進により、ソフトウェア製造者やベンダーは自社製品に含まれるOSSコンポーネントとそれらのOSSコンポーネントに関連する脆弱性に光を当てるSBOMを提供し始めるであろう。

　脆弱性の開示と修復に関してはOSSとプロプライエタリソフトウェアの間に明確な違いが存在する。プロプライエタリソフトウェアの場合、ベンダーは一般的に脆弱性やリスクによる潜在的な影響をソフトウェアユーザーに知らせるための契約文書や契約を結んでいる。OSSの場合はそうではない。OSSは一般的に誰もがアクセスし、使用し、再利用し、修正できるようにオープンであるため、OSSプロジェクトやコンポーネントの脆弱性によって影響を受けるすべての人に中央集権的な通知やメカニズムで通知することは非常に困難である。これはOSSコンポーネントが依存関係としてほかのプロジェクトやコードに統合されることによってさらに悪化する。このため、ソフトウェアの利用者は自分の環境にあるソフトウェアを徹底的に理解し、それらのソフトウェアコンポーネントに関連する通知、脆弱性、リスクを認識することが重要になる。

　しばしばOSSはプロプライエタリなソフトウェアよりも安全であると主張される。OSSコミュニティで「Linusの法則」と呼ばれる一般的な格言は「目がたくさんあれば、どんなバグも大したことはない」と主張している。十分な数のソフトウェア開発者やセキュリティ専門家がコードを見ていればバグや脆弱性が発生する可能性は低くなるだろう。これはLinuxやKubernetesのような非常に人気のあるOSSプロジェクトに当てはまるかもしれないが、OSSのエコシステム全体では通用しない。何百万ものOSSプロジェクトがあり、メンテナやコントリビューターからなるエコシステムが強固に繁栄しているものもあれば、小さなグループやたった1人の個人によって維持されているものもある。ある調査によると、OSSプロジェクトのほぼ4分の1はコントリビューターが1人であり[4]、さらに驚くべきことにコードの大部分に寄与する開発者が10人未満のプロジェクトがほぼ95％を占めている[5]。プロプライエタリソフトウェア・ベンダーにもリソースの制約があることは注目に値する。つまり、企業にも無限の開発リソースがあるわけではなく多くの場合、セキュリティ

※4　https://dl.acm.org/doi/abs/10.1145/3510003.3510216
※5　現在、2024年版のレポートが以下のURLから閲覧できる。
https://www.blackduck.com/resources/analyst-reports/open-source-security-risk-analysis.html#introMenu

活動よりも収益を生み出す機能や製品の機能強化を優先しなければならない。リソースの制約がリスクを生むというのは単純な現実であり、これはOSSであろうとプロプライエタリなコードであろうと、すべてのソフトウェア利用者にとって考慮すべきことである。不明瞭さによってセキュリティを確保するという時代遅れのモデルも、多くの専門家が不明瞭さはコミュニティ全体よりも敵対者にはるかに多くの利益をもたらすという意見に同意していることからほとんど廃れている。一部の組織が不明瞭さの背後に隠れようとするのを止めることはできない。その理由は不明瞭さがセキュリティの向上につながると本気で信じているか、認識していても開示に消極的な非効率性やギャップを露呈することを恐れているためである。

　OSSコードとプロプライエタリコードとのもう一つの明確な違いはOSSの機能上、誰もがそれを消費し使用することができるため、潜在的に影響を受ける可能性のある利用者や関係者に通知するにはオープンな情報開示が唯一の効果的な方法であるということだ。OSSコンポーネント利用者を一元管理するリストは存在しない。そのため、オープンな情報開示は利用者が行動することを可能にするが、同時にOSSの利用者がこれらの情報開示を認識しリスクに対処するために何かできるようになるために最も重要なことは、OSSの利用状況を理解することである。プロプライエタリ側においては、組織は顧客や利用者に通知することができる。なぜなら契約書やサービスレベル契約書など一般的に契約のやりとりがあるからだ。

　OSSは組織の時間、リソース、労力を節約する革新的なソフトウェア・ソリューションの盛んなエコシステムをもたらした一方で、指数関数的な依存関係を持つ複雑な現代のソフトウェア・サプライチェーンをもたらしている。調査によると、平均的なアプリケーションとプロジェクトには使用されているプログラミング言語に基づいて70近くの依存関係があり、平均的なアプリケーションには少なくとも5つの重大な脆弱性がある。多くのソフトウェア利用者は依存関係の全容、ひいては依存関係に関連する脆弱性に気付いていない。これらの調査によるとOSSが広く利用されているにもかかわらず、調査対象となった組織の半数はOSSの利用を管理するセキュリティ・ポリシーを策定していない。NIST（国立標準技術研究所：National Institute of Standards and Technology）のような組織はOSSの使用を管理するポリシーを確立し、さらに開発者が使用できるように既知の信頼できるOSSコンポーネントの内部リポジトリを確立するなどのベストプラクティスを推奨している。

5-3 ユーザーソフトウェア

デバイスのファームウェアやネットワークやセキュリティの管理に使用されるエンタープライズグレードの製品とは対照的に、ユーザーソフトウェアという概念はしばしば大きく異なる視点をもたらす。ユーザーソフトウェアや一般的なユーティリティはクリティカルではないため注意を払う価値はないと広く非難されているが、ユーザーに対する攻撃の対象になることが多い。どのようなソフトウェアもユーザーの許可を得て実行されるものであり、多くの組織がいまだにユーザーにローカル管理者権限での実行を許可していることを考えれば、ソフトウェア自体が管理者ユーティリティを実現するために管理機能用に設計される必要はないことがわかる。

NISTが作成した成果物の1つである重要ソフトウェアの定義が、サイバーセキュリティに関する大統領令（EO：Executive Order）14028号に組み込まれている。これは、これらの新しいSBOM要件の範囲が最も重要なアプリケーションのみに限定されるようにするためのものである。この定義はソフトウェア自体は重要ではないが、その使用方法が重要であることに気付くまでは表面的には非常に理にかなっている。NISTは重要ソフトウェアを次のようなソフトウェアと定義した。

- 昇格された特権による実行や特権管理に関する機能が設計されている
- ネットワークやコンピューティングリソースに直接または特権でアクセスできる
- データまたはOTへのアクセスを制御するように設計されている
- 信頼にとって不可欠な機能を実行する[6]
- 特権アクセスにより通常の信頼の境界を越えて動作する

Adobe ReaderやNotepad++のようなユーザーソフトウェアはこれらの基準のいずれにも当てはまらない。しかし、ユーザーが信頼性に疑問のある外部ドキュメントを頻繁に解析したり閲覧したりするといった潜在的な脅威シナリオを考慮すると、これはリスクを引き起こしたり、攻撃ベクトルとして機能したりする可能性がある。とくにAdobe Readerは、

---

[6] https://www.nist.gov/itl/executive-order-improving-nations-cybersecurity/critical-software-definition-faqs#Ref_FAQ3

フィッシングシナリオでの侵害によく利用され、重要ソフトウェアには当てはまらないかもしれないが攻撃経路としての信頼性が高い。

　おそらく、このユーザーソフトウェアにとって最大の課題はこの課題に対処するために必要な膨大な範囲とスケーラビリティである。2021年12月にLog4jの脆弱性が公開された後の脆弱性インシデント対応において、本書の著者の一人はある機関から100万を超えるCPE（共通プラットフォーム一覧：Common Platform Enumeration）や製品バージョンのリストを送られ「この中でLog4Shellに脆弱なものはいくつあるか？」という質問を受けた。この機関はソフトウェアの使用目的は問題ではないことを理解していた。Log4Shellの悪用に見られるように、脆弱性が簡単に悪用されるような事例ではさらに重大なターゲットに簡単に拡大する可能性がある。

　これは、サプライチェーン攻撃によって攻撃者がいかに興味深い方法で境界を越えて移動できるかを示す完璧な例である。これらは直接的な攻撃ではない。内部ユーザーを信頼してその行動を適切に検証しないこと、過度に寛容なアクセス特性などによって最も無害なソフトウェアでさえ侵害の入り口を作ってしまう。このような規模の問題にどのように対処すればよいのだろうか。本書で紹介するガイダンスの多くを標準化するには、まだ時間がかかりそうだ。いつの日か、これらのソフトウェア・サプライチェーンのベストプラクティスがすべて当たり前のものとなり、食品検査官が食料品店のすべての食品が安全に消費できることを保証するのと大差がなくなることを願っているが、現実的な観点からは業界として、社会として、まだまだ道半ばであると理解している。

5-4 レガシーソフトウェア

　最新のアプリケーション開発フレームワークやツールを含め、サプライチェーンの問題に対処するためにオープンソースのエコシステムから生まれているすべての優れたプロジェクトを見てみると、われわれが向かっている方向性について非常に明るい見通しが描かれる。

しかし、これはレガシーソフトウェアにとって何を意味するのだろうか？

　とくに重要なインフラや防衛の分野ではシステムの耐用年数が20～30年以上になることが多く、ソフトウェアの制作にパッケージマネージャーが使われていなかったり、ソースコードがもはや入手できなかったり、オリジナルの開発者が引退していたり、もっと悪いことにこの世を去っていたりする場合、理解すべき別の問題を抱えることになる。場合によってはソフトウェアのサポートが終了していたり、定期的にカスタムパッチが適用されていたりする。このようなシナリオでは頻繁にリバースエンジニアリングを行うことがソフトウェアの構成を決定するための唯一の実行可能な選択肢かもしれない。しかし、レガシーソフトウェアを扱ううえでさらに興味深いことになる、プロプライエタリソフトウェアに関する別の課題をここで検討してみよう。

　かつて、ほとんどすべてのソフトウェアはプロプライエタリだった。しかし、現在のOSSの定義について考えてみるとこれが定義されたライセンスを持つ構造化された概念になったのは、おおむねここ25年ほどのことだ。Glibc（GNU Cライブラリ）やGNUコンパイラ・コレクション（GCC）のような例外もあり、Cコンパイラは1987年までさかのぼる。しかし、30年以上前に作られたソフトウェアと今日作られたソフトウェアを比較すると、現代のソフトウェアでははるかに多くのコンポーネントが認識・理解されているかがわかる。

　なぜオープンソースの概念が重要なのか？　なぜなら、今日のほとんどのアプリケーションセキュリティツールはプロプライエタリソフトウェアの製造で何が行われているかを考慮していないからである。現在市販されているSBOMツールの大部分は既知のオープンソースコンポーネントに基づいてソフトウェアが脆弱であるかどうかを通知するだけである。これはオープンソースコンポーネントがほとんど、あるいはまったく使用されていないレガシーソフトウェアにおいて大きな盲点となる。実際、これらのSBOMツールの多くはパッケージマネージャーがソフトウェアの構築に使用される場合にのみ使用される。Linuxが20年以上パッケージ管理を使用しているのに対して、PythonやNode.jsのような最新の言語が現在のツールを使用しているのはわずか10年ほどである。最新のSBOMツールは数十年前に使われていたものではなく現在使われているものに対して開発されており、今でも多くの環境に浸透している。たとえば、パッケージインストーラのpipは2014年のPython 2.7.9で導入された。ソースコードが利用できなければ静的解析ツールはそれを評価できない。

計測するランタイムがなければ最新のIAST（対話型アプリケーションセキュリティテスト）ツールを使って検証することは困難になる。また、研究者がソースにアクセスできなければプロプライエタリコードがひどい脆弱性を持っていることを理解するための公開CVEも存在しない。実際、ソフトウェアがどのように構築されているかを理解することは、多くの場合ほぼ間違いなくブラックボックスであり、唯一の救いはソフトウェアに脆弱性があるが、それが新たなリスクでない場合だけである。欠点は、これが地球上で最も重要なソフトウェアの一部でありミサイル格納庫、原子炉、水処理プラントなどを動かしていることだ。

5-5 安全な通信

サプライチェーン・リスクマネジメントの中核にあるのは信頼、あるいは信頼の検証という概念である。ソフトウェアのソースや来歴に対する信頼である。われわれが望むリスク許容度を超えるコンポーネントやライブラリが含まれていないという信頼。ソフトウェアが変更されずにわれわれの手元に届いたという信頼。インストールしようとしている製品をインストールしようとしているという信頼。

セキュアなトランスポート・メカニズムにはいくつかの種類があるが、ここではSSL（セキュア・ソケット・レイヤー）の後継であるTLS（トランスポート・レイヤー・セキュリティ）について説明する。TLSはビットをA地点からB地点に移動させるとき、コンテンツの機密性が保たれその完全性が損なわれていないことを保証するために、高度な信頼性をもってそれを行うという任務を担っている。TLSは暗号化にも使われ、データストリームの機密性を保護する。しかし、データストリームの操作も同様に難しくなる。これは透明性とセキュリティの間で意識的なトレードオフが成立している分野の一つである。しかし、もしあなたが送信元を信頼しデータが変更されていない、あるいは変更される可能性がないのであれば送信先に届くものを信頼することになる。

残念なことに、こうした信頼判断の根底にあるのは認証局（CA）インフラである。この
メカニズムはインターネットを運用する信頼の網を確立する。かなり中央集権的なエコシス
テムであるため、CAが危殆化するとTLS用に発行した証明書が危殆化する可能性がある。
署名も同様である。しかし、CAはこれらの攻撃を実行するのに必要な困難さはほとんどの
組織の脅威モデルにとって十分であり、TLSに基づく決定は安全とみなされるという合理的
な保証を形成する。

前述したように、敵対者は一般的に暗号化されたチャネルを悪用して自分たちの悪意ある
トラフィックを隠そうとする。しかし、最新のTLSプロトコルの性質上、とくにPerfect
Forward Secrecyのような概念を使用するものは、暗号化されたトランスポートを破って
再確立することは、不可能ではないにせよ困難になる。防御側も同様である。それは侵害の
可能性があるポイントをA地点とB地点の二カ所に狭め、中間の30ほどのネットワーク
ホップは排除される。

同様にわれわれはリスクの意思決定に使用する証明書を信頼できるようにする必要がある。
SBOMやビルド証明の認証が正当なものであることをどのようにして知ることができるの
だろうか？　透明性ログとブロックチェーン対応台帳の使用はトランザクションの一端であ
るA地点、そして実装によってはおそらくエンドツーエンドでの透明性と信頼を提供する。
しかし、ネットワークを通過するデータが変更されていないことをどうやって確認するのだ
ろうか？　ありがたいことに、TLSトンネリングを利用することでこれらの疑問にも答える
ことができる。

しかし、ソフトウェアや認証がこの方法で保護されていないとしたらどうだろう？　それ
は安全ではないということだろうか？　最近のLinuxディストリビューションの多くでさえ、
この方法ではリポジトリトラフィックを保護せず、代わりにGPG（GNU Privacy Guard）
レベルの署名に依存してソフトウェアの完全性を確保している。ここで、あなた自身のリス
ク許容度を判断する必要があるが、2023年であってもすべてのソフトウェアにTLSでのソ
フトウェア・トランスポートを要求するのであれば多くの企業向けソフトウェアが使用され
なくなるだろう。

TLSの利用がより広く普及するまでは、最も重要なソフトウェア以外のすべてのソフトウェアにとって「あれば便利」な存在になると考える。とはいえTLSの実装に関連するいくつかの課題にもかかわらず、ゼロトラストのような動きは組織が適用すべきベストプラクティスと実装としてエンドツーエンドの暗号化を提唱している。

これはTLSと同じプロトコルを使用するが一方向ではなく双方向の検証を行う。この方法では、接続が確立されデータ交換が行われる前にサーバーとクライアント双方の身元が検証される。

5-6 まとめ

要約するとソフトウェア透明性を推進する機運は非常に高まっているが、解決しなければならない問題もいくつかあり、それは困難なことかもしれない。このチャプターでは組み込みソフトウェアやレガシーソフトウェア、OSSとそのさまざまなライセンスの種類、転送データのセキュリティの必要性など、そのいくつかを取り上げた。各分野でもコミュニティ内やエコシステムで活動するベンダーによって革新的なソリューションが開発されている。これらの課題に継続的に取り組むことはソフトウェアがどこに存在するかに関係なく、ソフトウェア透明性のギャップを埋めるのに役立つだろう。次のチャプターではクラウド、コンテナ、Kubernetesなどのテクノロジーがソフトウェアのサプライチェーンと透明性の議論において果たす役割と、それらに関連するいくつかの課題について説明する。

Chapter

6

クラウドとコンテナ化

従来のオンプレミスインフラストラクチャでSBOM（ソフトウェア部品表）とソフトウェア透明性を追求することは困難であるが、クラウドサービスとクラウドネイティブアーキテクチャを扱う場合、その課題は大きく異なる。このチャプターでは、クラウドとコンテナ化の成長を取り巻く指標およびクラウドコンピューティングの文脈におけるソフトウェア透明性とサプライチェーンセキュリティに関する懸念について説明する。

テクノロジーについて議論するとき、共通の用語集があると役立つことが多い。クラウドコンピューティングの定義として最も使われているのはNIST SP 800-145[※1]である。

クラウドコンピューティングは設定可能なコンピューティングリソース（ネットワーク、サーバー、ストレージ、アプリケーション、サービスなど）の共用プールにどこからでも、簡便に、必要なときにネットワークアクセスを可能にするモデルであり、最小限の管理労力またはサービスプロバイダーとのやりとりで迅速にプロビジョニングとリリースができる。このクラウドモデルは5つの基本特性、3つのサービスモデル、4つの展開モデルからなる。

さらに言えば、オンデマンドセルフサービス、広範なネットワークアクセス、リソースプール、スピーディーな弾力性、計測可能なサービスなどの特徴がある。また、クラウドにはInfrastructure-as-a-Service（IaaS）、Platform-as-a-Service（PaaS）、Software-as-a-Service（SaaS）の3つのサービスモデルがある。これらのサービスモデルにはそれぞれ独自の責任共有モデルがあり、ソフトウェアがどのように下流の利用者に提供されるかに関連している。クラウドコンピューティングにはプライベートクラウド、コミュニティクラウド、パブリッククラウド、ハイブリッドクラウドという4つの主要な展開モデルがあり、それぞれがマルチテナンシーやセキュリティといったトピックに関係している。

クラウドコンピューティングに関連するこれらのユニークなモデルはいずれも何らかの形でソフトウェアに関与しているため、下流の利用者は利用しているサービスや関連ソフトウェアのセキュリティに関してもある程度の保証が必要である。

※1 https://nvlpubs.nist.gov/nistpubs/Legacy/SP/nistspecialpublication800-145.pdf

6-1 責任共有モデル

クラウドのセキュリティとリスクに関する話題は責任共有モデル（SRM）を抜きにしては語れない。多くのビジネスリーダーはいまだに「クラウドは安全か」と尋ねているが、これは間違った質問である。より適切な質問は「セキュリティチームとして、組織として、クラウド利用における自分たちの責任を安全に果たせているか」である。

IT調査・コンサルティング会社のGartner社は、2025年までにはクラウドセキュリティの失敗の約99%は顧客の責任になると予測している[2]。このため、すべてのセキュリティ担当者が自らの責任を理解することが不可欠である。

6-1-1　責任共有モデルの内訳

SRMはクラウド利用者が何に責任を持ち、クラウドサービスプロバイダー（CSP）が何に責任を持つかを明確にするものである。IaaSモデルでは、CSPはクラウド「の」セキュリティ（物理的な設備、ユーティリティ、ケーブル、ハードウェアなど）に責任を負う。顧客はクラウド「内」のセキュリティ、つまりネットワーク管理、アイデンティティとアクセス管理、アプリケーション設定、データセキュリティに責任を持つ。

6-1-2　責任共有モデルの義務

とはいえ、この責任分担はどのサービスモデルを使うかによって変わる可能性がある。基本的なレベルではNIST（国立標準技術研究所：National Institute of Standards and Technology）のクラウドコンピューティングの定義は、3つの主要なクラウドサービスモデルを説明している。

- **Infrastructure-as-a-Service (IaaS)**：IaaSモデルではCSPが物理データセンター、物理ネットワーク、物理サーバー／ホスティングを担当する

---

[2]　https://www.gartner.com/smarterwithgartner/is-the-cloud-secure

- **Platform-as-a-Service (PaaS)**：PaaSモデルでは、CSPは、パッチ適用（顧客にとっては難しく、セキュリティインシデントの主な引き金となる）やOSの保守などの責任を負う
- **Software-as-a-Service (SaaS)**：SaaSモデルでは顧客はアプリケーションのコンフィギュレーション設定内でのみ変更が可能で、それ以外のすべての管理はCSPに任されている（Gmailが基本的な例）。SaaSの文脈であってもSaaSのガバナンスとセキュリティに関してはやるべきことがたくさんあることは注目に値する

それぞれトレードオフがあり、顧客はコントロールの一部を放棄することで、自社に代わってCSPが運用活動の多くを管理し、顧客は自社のコアコンピタンスに集中できるというターンキー型の管理体験を提供される。一般的に、コンピュートやインフラの管理はコアビジネスではなく、コアとなるサービスや製品を提供するために必要な活動であるため、多くの企業はこのパラダイムに魅力を感じている。

各CSPのSRMのバージョンはさまざまである。図6.1はMicrosoftのAzure SRMの例である[※3]。

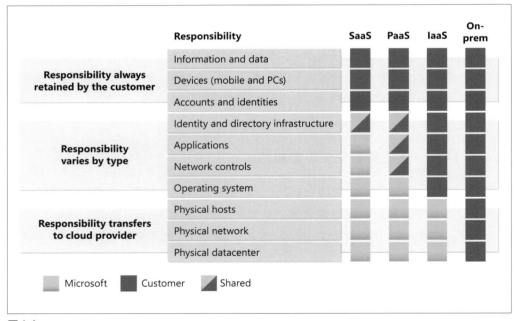

図6.1

※3　https://docs.microsoft.com/en-us/azure/security/fundamentals/shared-responsibility

SRMにはセキュリティ以外の問題として契約や財務的な影響も含まれるが、セキュリティに関するいくつかの考慮事項も含まれる。セキュリティ担当者は利用するサービスや組織の実装とアーキテクチャに基づき、SRMで何に責任を持つのかを理解する必要がある。

ほぼすべてのクラウドデータに関するインシデントがSRMの顧客側で発生していることを覚えているだろうか。これはSRMを理解し、そのモデルでの責任を果たすための大きな理由である。もう一つ強調したいのは、責任の共有はあっても説明責任をアウトソーシングすることはできないということだ。顧客やステークホルダーへのサービスやビジネスの提供において、CSPのようなサードパーティを利用することを決めたとしても組織としての最終的なデータ所有者は自身であり、そのデータとステークホルダーに対する説明責任があることに変わりはない。顧客からのデータ漏えいに関与したCSPには契約上の影響があるかもしれないが、その顧客は評判、ブランド、規制上の影響を受けることになる。

責任は、技術的なセキュリティ担当者とセキュリティエグゼクティブの2つの主要なセキュリティロールの視点のどちらを持つかによって異なる。クラウドセキュリティエンジニアやクラウドセキュリティアーキテクトのような技術的なセキュリティ担当者は、組織がどのようなクラウドサービスを使用しているのか、それらのソリューションをどのようにセキュアに設計しているのか、自分の権限でどのような設定や管理が行われているのかを理解しなければならない。クラウドネイティブベンダーのSysDig社は、2023年に発表した「クラウドネイティブセキュリティと利用レポート」[4]の中で、クラウド環境で付与された権限の90％が利用されていないことを明らかにしている。これは業界が推進するゼロトラストとは矛盾しており、攻撃者が侵害されたアカウントを悪用する機会を多く残している。

技術的なセキュリティ専門家は組織が使用するプラットフォームやサービスに精通し、それらを安全に実装する方法を理解していなければならない。クラウドセキュリティエンジニア／アーキテクトは、エンジニアリングチームや開発チームと協働することが多い。安全なソリューションに誘導したり、リスクの高い構成（クラウドデータに関するインシデントの大半はこのような構成によるものであることを覚えておいてほしい）を発見したりすることができなければ組織を甚大なリスクにさらすことになりかねない。

---

[4] https://sysdig.com/press-releases/sysdig-2023-usage-report

セキュリティリソースについてはCSPを参照されたい。たとえば、Amazon Web Services（AWS）はカテゴリ別（コンピュート、ストレージ、セキュリティ、アイデンティティ、コンプライアンスなど）に分類されたセキュリティ文書の膨大なデータベースを提供しており、組織で使用する各サービスに関連する詳細情報を見つけることができる。これにはサービスを安全に構成する方法から、操作可能な構成、トラブルシューティングのガイダンスまで幅広い情報が含まれている。

セキュリティエグゼクティブにとって重要な検討事項には、サービスの利用状況を把握すること（組織内で何が利用されているか把握しておかなければ安全性を確保できない）、利用するサービスが適用される規制フレームワークに準拠していることを確認することやCSPのサービスレベル合意（SLA）のような契約／法的側面、とくにインシデント対応計画のようなことについて理解することがある。このようなリソースの一つに著者の一人が公開に貢献したCSA（クラウドセキュリティアライアンス：Cloud Security Alliance）のCloud Incident Response Frameworkがある[5]。

多くの組織がCSPとパートナーシップを結んで責任を共有している。これには使用しているサービスが順守すべき規制フレームワークを満たしていることの確認が含まれる。ハイパースケールなCSPではこの情報を簡単に見つけることができる。AWSとMicrosoft Azureは「サービス・イン・スコープ」のページを提供しており、どのサービスがどのフレームワークに準拠し、どれがまだ承認プロセス中でどれがまだ評価されていないかを確認できる。これは、チームがクラウド上で堅牢で安全なアーキテクチャとワークロードを構築するだけでなく、適用されるフレームワークに準拠したサービスを使用することでコンプライアンスや規制上の問題を回避し、保証されたサービスを使用することを確実にするのに役立つ。

あらゆるレベルのセキュリティ担当者は、クラウド環境においてセキュアな基準やベストプラクティスを実施するよう努めるべきである。これは各CSPが提供するセキュリティのベストプラクティスを実装することや、CIS（Center for Internet Security）のベンチマーク[6]のようなものを各自のクラウド環境に実装することを意味する。

※5 https://cloudsecurityalliance.org/artifacts/cloud-incident-response-framework
※6 https://www.cisecurity.org/insights/blog

SRMを扱う際の基本的な成果物は顧客責任マトリックス（Customer Responsibility Matrix：CRM）であり、これはCSPがどのようなコントロールを提供し、どのような責任をクラウド利用者に委ねるかを示すものである。CRMのテンプレートを見つけてCRMについて詳しく知ることができる場所の一つが、FedRAMP（Federal Risk and Authorization Management Program）である。FedRAMPは連邦政府全体で利用されるクラウドサービスの認証を扱うプログラムである[7]。

　CRMはセキュリティ担当者にとって重要なツールである。SRMでは、セキュリティコントロールは完全にCSPによって提供されるか、ハイブリッドコントロール（CSPとクラウド顧客の両方に責任がある）か完全に顧客に任されている。セキュリティ担当者はCRMを活用することで、このセキュリティコントロールの区分を明確に理解することができる。これらはそれぞれ、セキュリティコントロールが完全に継承可能、部分的に継承可能、または継承不可能であることを指すことが多い。

　クラウドサービスを利用することで一部のセキュリティコントロールとアクティビティの責任をCSPに移し、企業はコアコンピテンシーに集中することができる。これによりセキュリティ専門家が理解し、適切に対処しなければならない責任関係が生じる。クラウドのデータ侵害のほとんどはSRMの顧客側で発生する。そして、顧客側は最終的に組織の評判に対する全責任を負い、CSPはソフトウェア透明性とソフトウェア・サプライチェーンセキュリティを推進するうえで説明しなければならないもう一つのサードパーティプロバイダーであることを忘れてはならない。

---

[7]　https://www.fedramp.gov/documents-templates/

6-2 クラウドネイティブセキュリティの4C

クラウドネイティブエコシステムを理解するのに役立つ方法の一つは、Kubernetesのドキュメントで説明されている「クラウドネイティブセキュリティの4C」を使用することである。これは図6.2に示すコンテナオーケストレータである。

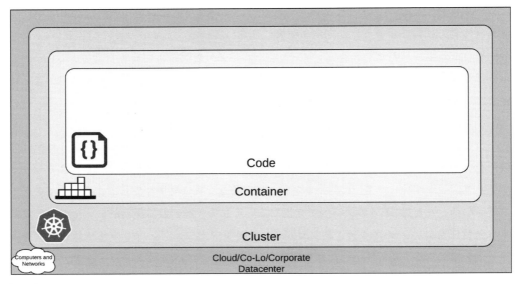

図6.2
出典：https://kubernetes.io/docs/concepts/security/overview/#:~:text=The%204C's%20of%20Cloud%20Native%20security%20are,Clusters%2C%20Containers%2C%20and%20Code. Kubernetes Documentation, The Kubernetes Authors, CC BY 4.0

コンテナとそのオーケストレーションに特化したこの文脈ではクラウド、クラスター、コンテナ、コードがあり、それぞれのレイヤーはさまざまな形式のインフラとその上にデプロイされるコードという点で、その上（または前）のレイヤーに本質的に依存している。

前述のように、クラウドのパラダイムにはNISTによって定義された3つの合意されたサービスモデルがある。クラウドの主な利用方法の一つはIaaSであり、組織はCSPの物理的な施設、ユーティリティ、人員、インフラを利用してOSやアプリケーションをデプロイする。このパラダイムでは、CSPは基盤となるインフラ、ユーティリティ、設備、人員および一般的な設備投資コスト（CapEx）を負担する。主要なCSPはネットワーキング、コンピュート、ストレージなどの主要分野で堅牢なクラウドサービスを提供している。しかし、これらのサービスは現代のインフラストラクチャのほとんどがそうであるように、依然としてソフトウェアによって強化されている。つまり、ソフトウェア関連の脆弱性やエクスプロイトの影響を受けやすいのだ。クラウド利用者はIaaSモデルでは基盤となるインフラから抽象化されているとはいえ、インフラに影響を及ぼす可能性のあるリスクや脅威から完全に隔離されているわけではない。Log4jの脆弱性のケースではまさにそれが起こった。主要なCSP（たとえば、AWS[8]やAzure[9]など）は、クラウドサービスにおけるLog4jの影響に関するアドバイザリをリリースした。これらのCSPは、より広範なIT業界と同様に無数のオープンソースのライブラリとコンポーネントを使用して、多様なクラウドサービスのポートフォリオを提供している。言及されたCSPのアドバイザリを見ると、この1つのオープンソースソフトウェアにおけるサプライチェーンへの侵害がクラウドネイティブサービス全体に影響を及ぼし、それにとどまらずさらに広範な影響をもたらしていることがわかる。これらのCSPは数十億ドルの収益を上げており、数千の組織と数百万の個人をサポートしている。組織はこれらのCSPのサービス上にアプリケーションやサービスを構築し提供するため、ソフトウェア・サプライチェーンの侵害や基盤となるサービスにおける脆弱性は利用する組織だけでなく、そのビジネスパートナー、顧客、利害関係者にも影響を与える可能性がある。前述のハイパースケールなCSPの場合、これらの顧客には米国で最も重要で機密性の高いワークロードも含まれており、CSPは国防総省（DoD：Department of Defense）、インテリジェンスコミュニティ、FCEB（連邦文民行政機関）などの組織で使用されている。

このような現実から、クラウドの顧客が利用するサービスとそれを支える関連ソフトウェアに対する保証が必要となる。FedRAMPやSOC2[10]のように実施されている成熟したプログラムもあるが、従来は最新のクラウドネイティブサービス提供の基となっているソフトウェ

※8　https://aws.amazon.com/security/security-bulletins/AWS-2021-006
※9　https://msrc-blog.microsoft.com/2021/12/11/microsofts-response-to-cve-2021-44228-apache-log4j2、Google Cloud（https://cloud.google.com/log4j2-security-advisory）
※10　https://us.aicpa.org/interestareas/frc/assuranceadvisoryservices/aicpasoc2report

ア・サプライチェーンとそのソフトウェアに関連するリスクを棚卸しして理解するという、きめ細かな観点からはソフトウェアを見ていなかった。このようなプログラムではCSPのポリシーやプロセス、基となっているコンピュートインスタンスの脆弱性スキャン結果、侵入テストなどの従来のリスク評価方法に注目している。ソフトウェア・サプライチェーンがITおよびサイバーセキュリティのリーダーの関心事になるにつれ、FedRAMPのような認証プログラムがソフトウェア指向のマネージドサービスを提供するCSPに対して、SBOMのような項目を求めるようになるかもしれない。連邦政府はすでにOMB（行政管理予算局）がOMB M-22-18[※11]を発表し、この意向を示している。この覚書では、連邦政府向けにソフトウェアを販売するサードパーティのソフトウェア製造者（もちろんクラウドプロバイダーも含まれる）に対して、SBOMなどの成果物を要求する可能性があるとしている。またサードパーティソフトウェアベンダーは、NIST SSDFやソフトウェア・サプライチェーンセキュリティに関するその他のNISTガイダンスなど、セキュアソフトウェア開発プラクティスに従っていることを自己証明するよう求められる。

　しかしAWS、Azure、GoogleのようなハイパースケールなCSPがクラウドサービスを提供するための膨大なソフトウェアインベントリを抱えていることは間違いない。また、主に3PAO（第三者評価機関：third-party assessment organizationに基づいており、第三者がサービスプロバイダーを評価し、プロバイダーの内部プラクティスやセキュリティプロセスに関連する成果物や証明書を提供する現在のアプローチとも対照的である。クラウドやマネージドサービスの提供は通常、利用者の体験や利便性と引き換えに利用者から根本的な複雑さの一部を抽象化しようと努めてきた。前述のOMB M-22-18では、ソフトウェア製造者が安全な開発プラクティスを使用していることを自己申告できるように認めていることは注目に値する。しかし、正当な理由があると判断される場合は各省庁が3PAOを要求することを認めている。ただし、現在の状況、ツール、組織の能力を考慮するとすべてのクラウドサービスに対して大規模に3PAOを要求することは現実的ではない。

　IaaSは必然的にソフトウェアに関わるがコンテナ、Kubernetes、コードそして最近ではSaaSなど、クラウドネイティブアーキテクチャのほかの側面ではソフトウェア・サプライチェーンセキュリティをめぐる議論ははるかに成熟している。

※11　https://www.whitehouse.gov/wp-content/uploads/2022/09/M-22-18.pdf

6-3 コンテナ

物理サーバーやVM（仮想マシン）といった従来のコンピュートモデルに続いて、クラウドネイティブのエコシステムではコンテナが多用されている。そのためコンテナとそれに関連するKubernetesのようなオーケストレーションシステムに関して、コンテナと関連するソフトウェア・サプライチェーンの懸念について議論することは重要である。

コンピューティングの抽象化が成熟するにつれてVMからコンテナへの移行が見られるようになった。業界のリーダーであるDockerが定義するコンテナとは「コードとその依存関係をすべてパッケージ化したソフトウェアの標準単位」であり、アプリケーションはあるコンピューティング環境から別の環境へ迅速かつ確実に実行される。コンテナは各VMにゲストOSを必要とするVMの同等品よりもはるかに軽量で、動的で、移植性が高い（図6.3参照）。

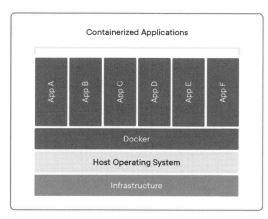
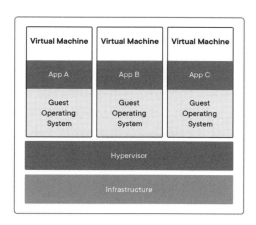

図6.3
出典：https://www.docker.com/resources/what-container/、最終アクセス：2023年3月27日

コンテナの主な利点の一つは開発者がソフトウェアコード、関連ライブラリ、依存関係を軽量な成果物にパッケージ化できることである。この成果物は移植性が高く、コンテナベースのデプロイをサポートするさまざまなホスティング環境やインフラで実行できる。このよ

うなバンドルは移植性や効率性といった活動にとって非常に有益である一方、安全でない、あるいは脆弱な依存関係がコンテナに含まれ、それが大規模に複製される可能性もある。この問題は誰でもコンテナイメージを利用・再利用できるDockerHubやGoogle Container Registryなどのようなパブリックコンテナイメージリポジトリでも定期的に起こっている。

実際、Palo Alto社のUnit 42 Threat Researchグループによる2021年の調査では、1,500以上の一般公開されているコンテナイメージを調査した結果、96％のイメージに既知の脆弱性が存在し、91％のイメージにCVSS（共通脆弱性評価システム：Common Vulnerability Scoring System）などのソースによる深刻度スコアに基づく緊急または重要の脆弱性が少なくとも1つ存在することが判明している[12]。

この調査はまた、イメージの依存関係が多ければ多いほど平均して脆弱性の数が多くなる可能性が高いことも指摘している。したがって攻撃対象領域を縮小したり、依存関係やコードの数をコンテナやアプリケーションが機能するために必要となる最小限なものだけに抑えたりするなどの取り組みはセキュリティのベストプラクティスとして広く考えられている。

ほかの形式のアプリケーションおよびソフトウェアデリバリと同様に、デプロイコンテナも透明性を保証する。コンテナにSBOMを使用することでコンテナイメージ内のすべての成果物を確認できるようになり、ソフトウェア開発ライフサイクル全体を通じて、ソフトウェア・サプライチェーンおよび修正における脆弱性を特定するのに役立つ。これにはソース、ビルド、ステージング、デプロイ、ランタイムの各ステージが含まれる。脆弱性は開発サイクル全体を通してどのステージでも導入される可能性があるため、プロセスとステージを通してSBOMを生成することでライフサイクル全体を通してイメージを可視化し、リスクをもたらすあらゆる変更に対応することができる。

脆弱なイメージが広く普及しているにもかかわらず、コンテナやコンテナに含まれるソフトウェアコンポーネントや依存関係を透明化するための革新的なツールが登場している。Anchore社などの大手ベンダーは、組織がSBOMを生成できるようにするOSSツールを開発している。Anchore社のSBOMツールはSyftとして知られており、堅牢な機能セットと

---

[12] https://www.paloaltonetworks.com/content/dam/pan/en_US/assets/pdf/reports/Unit_42/unit-42-cloud-threat-report-2h-2021.pdf

154　Software Transparency

言語サポートを誇っている。この機能には、コンテナイメージやファイルシステムなどの SBOM の生成、Open Container Initiative（OCI）や Docker イメージフォーマットのサポート、in-toto フレームワークを使用した署名付き SBOM 証明書のサポートなどがある（証明については Chapter11「利用者のための実践的ガイダンス」など本書のほかのチャプターで説明する概念である）。

　Syft は Chapter4「ソフトウェア部品表（SBOM）の台頭」で述べたように、CycloneDX や SPDX（Software Package Data Exchange）といった主要な SBOM フォーマットをサポートしている。もう一つのツールで広く普及している OSS スキャナーは Aqua Security 社のチームによる Trivy である。これは対象となるコンテナイメージ、ファイルシステム、Git リポジトリ、Kubernetes リソースに対して CVE（共通脆弱性識別子：Common Vulnerabilities and Exposures）や OS パッケージ、SBOM の裏付けとなる依存関係をサポートし、またコードとしての宣言型インフラストラクチャにおける設定ミスの特定もサポートする。

　コンテナのリーダーである Docker はネイティブの SBOM 機能まで追加した。2022年初頭、Docker は Docker Desktop の CLI から docker sbom を実行するだけで、あらゆる Docker イメージの SBOM を生成できることを発表した[13]。この機能はオープンソースコミュニティと Anchore チームの協力のもと、前述の Syft プロジェクトを使って開発された。Docker チームは、この追加機能はイメージ内に何が含まれているかを確認するサプライチェーンの信頼性を向上させ、生産性やベロシティを妨げないように開発者のプロセスを簡単にすることを目的としていると説明している。

　ソフトウェア・サプライチェーンの観点から見ると、コンテナとそれに関連するエコシステムには考慮すべき潜在的な攻撃ベクトルとリスクが幅広く存在する。すべての攻撃ベクトルを列挙することは難しいが、ここではベースイメージ、OS、Git リポジトリ、アプリケーションコードと依存関係、OSS コンポーネントなどの主要なものをいくつか取り上げる。また、コンテナセキュリティはクラウドネイティブ環境における開発、セキュリティ、運用に関わるチームの数とコンテナを保護するためのさまざまなセキュリティレイヤーとが相まって、さらに複雑になっている。これにはコンテナイメージとその中に含まれるソフト

※13　https://www.docker.com/blog/announcing-docker-sbom-a-step-towards-more-visibility-into-docker-images/

ウェア、コンテナとホストOS間の相互作用、オーケストレーションプラットフォーム上で実行されるほかのコンテナなどが含まれる。また、コンテナのネットワーキングやストレージ、本番環境でコンテナがデプロイされるランタイム環境（多くの場合、Kubernetesクラスター上に配置される）に関連する攻撃ベクトルやリスクもある。

　ベースイメージについて議論する場合、ソフトウェアのサプライチェーンにおける上流のコンポーネントと同様、下流の利用者はすべてサプライチェーンの上流で導入されたリスクによって影響を受ける可能性がある。ベースイメージはコンテナソフトウェア・サプライチェーンにおける重要なステップである。なぜならコンテナ上で実行されるソフトウェアアプリケーションは、アプリケーションを構築するベースイメージに含まれるセキュリティ上の負債や脆弱性を引き継ぐからである。コンテナセキュリティに関するガイダンスを提供しているいくつかの情報源が推奨する重要なベストプラクティスは、ハード化されたベースイメージを使用することである。一般的に、これはベースイメージが脆弱性を低減するためにハード化され、機能するために必要な基本的なものだけが含まれるように絞り込まれていることを意味する。これはしばしば**攻撃対象領域の縮小**と呼ばれ、コンテナやその上に存在するアプリケーションを侵害するために利用される可能性のある不要なコンポーネントを取り除く。最も人気のあるベースイメージにはAlpine、Ubuntu、Debianなどがある。

　コンテナの攻撃対象領域を最小化するための取り組みとして「ディストロレス（distroless）」コンテナイメージの登場がある。ディストリビューションレスコンテナイメージはアプリケーションとそのランタイムの依存関係のみを含むため、一般的なLinuxディストリビューションに付属していることが多いパッケージマネージャー、シェル、その他のプログラムなどのコンポーネントを取り除くことができる。

　コンテナの攻撃対象領域を最小化することは、NISTの「アプリケーションコンテナセキュリティガイド」[14]などでベストプラクティスとして頻繁に引用されている。また、業界リーダーであるLiz Rice氏の著書『**Container Security**』[15]（O'Reilly Media、2020年）では、コンテナセキュリティの推奨事項の中でもとくに攻撃対象領域の縮小について論じている。Google社のContainer Tools Distroless GitHubページ[16]で引用されているとおり、

※14　https://csrc.nist.gov/publications/detail/sp/800-190/final
※15　日本語訳は、Liz Rice『コンテナセキュリティ』（インプレス社、2023年）
※16　https://github.com/GoogleContainerTools/distroless

ディストロレスイメージには攻撃対象領域を減らす以外にもいくつかの利点がある。たとえば、誤ったCVEによるスキャナーのノイズを最小化する、証明の負担を減らす、サイズの点でより効率的であるなどである。

ソフトウェア・サプライチェーンセキュリティのスタートアップであるChainguard社は、従来のコンテナイメージよりもCVE的にはるかにセキュアなフットプリントを持つディストロレスイメージのスイートであるWolfiを発表した[17]。Chainguard社はまた、メモリ安全なコンテナイメージの追求を導入し始めた。これは、よりセキュアなメモリ安全な言語とエコシステムに業界をシフトさせるというNSA（国家安全保障局）などの情報源からの広範な推奨に沿ったものである。

ほかのOSSコンポーネントと同様に組織はオープンインターネットからコンテナイメージを調達することが多く、コンテナに関しては最も人気のあるソースの一つがDocker Hub[18]である。その名が示すようにDocker HubはDockerによって運営されており、チームや組織でコンテナイメージを検索し共有するために使用される。Docker Hubとそれがホストする関連イメージの人気を大局的に見ると、本書執筆時点で**少なくとも10億回**ダウンロードされているイメージが20個ある。とはいえ、ほかのソフトウェアコンポーネントと同様にこれらのコンテナイメージにはイメージファイル内にいくつかの脆弱性があることが多く、組織はこれらを使用する前に十分な注意を払わないとこれらの脆弱性や技術的負債を引き継いでしまう可能性がある。前述したように、Docker Hubで公開されているイメージの90％以上に既知の脆弱性が含まれており、そのうちの非常に高い割合で少なくとも1つの緊急または重要の脆弱性が含まれているという調査結果がある。数十億のダウンロード数を考えれば、世界中の企業環境でどれだけの脆弱なコンテナが稼働しているか想像がつくだろう。

ソフトウェア・サプライチェーンベンダーのChainguard社などの組織はコンテナ脆弱性スキャンツールのTrivy、Snyk、Grypeを使って、Docker Hubで最も人気のあるベースイメージをダウンロード数で評価した[19]。Chainguard社は、Node、Debian、Ubuntu、Red

---

※17　https://www.chainguard.dev/unchained/introducing-wolfi-the-first-linux-un-distro-designed-for-securing-the-software-supply-chain
※18　https://hub.docker.com
※19　https://uploads-ssl.webflow.com/6228fdbc6c97145dad2a9c2b/624e2337f70386ed568d7e7e_

Hat UBIのような主要なイメージには、いずれも技術的負債があることを発見した。これらのイメージにおける脆弱性の数はイメージと使用されたスキャナーによって異なり、28から800にも及ぶ。脆弱性の深刻度は注意にはじまり、緊急なものまでさまざまである。Alpine: 3.15.0イメージだけは使用した3つの脆弱性スキャナーを通じて、既知の脆弱性を含んでいなかった。この調査で指摘されているようにAlpineのスコアがほかと比べて高いのは、10未満のパッケージしか含まないセキュリティ重視のベースイメージだからである。これは、攻撃対象領域の縮小と組織のリスクを低減するためにセキュリティを考慮して作成されたベースイメージの例である。明らかにコンテナ化されたアプリケーションの各レイヤーは潜在的にリスクプロファイルを増加させるが、適切に安全で最小限のベースイメージから始めることを推奨する。

　ベースイメージが懸念事項であるだけでなく、攻撃対象領域の縮小とハードニングが施され信頼できるエンティティによって署名された、ハードニングされたコンテナの内部リポジトリを確立するプラクティスが組織で採用されつつある。これによって、チームがパブリックソースからコンテナイメージを取得する可能性が緩和されるため、組織のセキュリティ要件やコンプライアンス要件を満たす、内部で承認・保管されたイメージを代わりに使用することができる。これは米国空軍および国防総省内で使用されるハードニングされ、承認され、認可されたコンテナイメージのコンテナリポジトリである。連邦政府の市民向け機関も同様に、これらの堅牢化されたイメージを活用し、これに追随して使用および展開のための安全なコンテナイメージの独自の内部リポジトリを確立している。

　パブリックGitリポジトリは、コンテナソフトウェアのサプライチェーンにリスクをもたらす可能性があるもう一つの経路である。イメージに関連するCVEはコンテナのセキュリティを測るための優れた指標であるが、そのソースとなるリポジトリを理解することは内在するリスクや潜在的なリスクを組織が理解するためのもう一つの指標となる。パブリックGitHubプロジェクトとそのリポジトリに関連する構成とアクティビティを調べる人気のあるプロジェクトはOpenSSF Scorecardイニシアチブである。これについてはChapter7「既存および新たな商用ガイダンス」で説明する。

　アプリケーションコード、依存関係およびOSSコンポーネントはすべて、コンテナイメー

chainguard-all-about-that-base-image.pdf

ジの脆弱性プロファイルの一因となり得るリスクを有している。したがって、実行環境に導入する前に継続的インテグレーション／継続的デリバリ（CI / CD）パイプラインを通過するコンテナに対してSAST（静的アプリケーションセキュリティテスト）やSCA（ソフトウェア構成分析：Software Composition Analysis）スキャンを実施するなどのアプリケーションセキュリティのベストプラクティスを使用することが重要である。これらのツールはコンテナ内のコードの脆弱性を特定するのに役立ち、本番環境に導入される前に修正することができる。

　とはいえ、本番前のパイプラインやビルド中にセキュリティをシフトレフトしたり、脆弱性を特定したりすることは優れたプラクティスではあるが、実行時のコンテナ分析とモニタリングの必要性を軽減するものではない。パイプラインで脆弱性を見逃していたり、デプロイ後に新たな脆弱性が出現していたりする可能性があるため、パイプラインの可視性に加えて組織はコンテナのランタイム監視を行う必要がある。CNCF（クラウドネイティブコンピューティング財団：Cloud Native Computing Foundation）がCloud-Native Security Best Practicesホワイトペーパー[20]で言及しているように、クラウドネイティブのワークロードはランタイム時を含むライフサイクル全体を通じてセキュリティコントロールが必要である。適切なツールと可視性が整備されていればセキュリティチームはランタイム環境の脆弱性を認識し、コンテナイメージを更新し、脆弱性がなくなったイメージを再デプロイすることができる。

　現代のアプリケーションは、圧倒的にオープンソースコードとコンポーネントで構成されていることを指摘することは重要である。セキュリティリーダーであるSnykのような組織は、アプリケーションコードの80 〜 90％がOSSで構成されていることを発見した[21]。もちろん、このオープンソースのコードには直接的な依存関係も経時的な依存関係も含まれており、それぞれに脆弱性がある。OSSのコードとコンポーネントに加えてコンテナイメージはレイヤーで作成され、ツール、ライブラリ、追加コンポーネントの各レイヤーがリスクの発生する可能性を示している。コンテナファイルに追加されるコードとレイヤーを統制しコントロールすることで、発生するリスクをコントロールすることができる。

※20　https://cncf.io/blog/2022/05/18/announcing-the-refreshed-cloud-native-security-whitepaper
※21　https://snyk.io/jp/learn/application-security/sast-vs-sca-testing/

コンテナを扱う際のもう一つの重要な懸念はホストインフラそのものである。前述したように、これはKubernetesクラスターがオーケストレータとして動作していることを意味するが、基盤となるVMなどにも懸念事項がある。これらの懸念にはVMのハードニング、選択したOS、ホストインスタンスに関連するネットワーキングのコントロールなどが含まれる。これについては次のセクションで詳しく説明する。

6-4 Kubernetes

コンテナオーケストレーションとは、コンテナ化されたワークロードやサービスを実行するための運用作業を自動化することと定義されることが多い。コンテナオーケストレーションツールの候補はいくつかあるが、Kubernetes[22]は普及と利用の面で間違いなく業界のリーダーである。

Kubernetesは Google社のコンテナオーケストレーションプロジェクトに端を発し、急速に普及と利用が拡大している。CNCFによる2021年の調査では回答者の96％がKubernetesを使用しており、そのうち70％が本番環境でKubernetesを使用していると回答している[23]。推定では全世界で390万人のKubernetes開発者が前年比（YoY）で劇的な増加を見せている。Red Hat社が実施した同様の調査[24]では、ITリーダーの85％がクラウドネイティブなアプリケーション戦略にとってKubernetesが極めて重要または非常に重要であると回答している。

前述したようにKubernetesの起源は Google社の初期の社内プロジェクトにさかのぼり、とくに2003年頃の Borgシステムが有名である。このプロジェクトはOmegaと呼ばれるプロジェクトに発展し、Google社が2013年に導入した別のクラスター管理システムであった。そして2014年、Google社は Borgをオープンソース化し Kubernetesとして発表した。

※22　https://kubernetes.io
※23　https://www.cncf.io/wp-content/uploads/2022/02/CNCF-AR_FINAL-edits-15.2.21.pdf
※24　https://www.redhat.com/en/enterprise-open-source-report/2022

Kubernetesの採用と成長はバージョンと機能の追加、愛好家の堅牢なエコシステムによって、その時点から加速した。KubeConのような関連業界イベントはKubernetesとクラウドネイティブエコシステムを中心としたカンファレンスであり、業界リーダーからの参加者を誇るだけでなく、この分野における新たな機能やイノベーションのいくつかにスポットライトを当てている。

Kubernetesの急速な成長にもかかわらず、Kubernetesとその関連技術の使用と実装に関連するソフトウェア・サプライチェーン組織はまだいくつかある。Kubernetesはアーキテクチャ上、Kubernetesクラスター内の複数のコンポーネントで構成されている。それらのコンポーネントの中にKubernetes APIサーバーがある。Kubernetes APIサーバーはポッド、サービス、レプリケーションコントローラ、その他のKubernetesエンティティを含むKubernetesオブジェクトのデータを検証し設定する。

2022年、インターネットのIPv4空間全体を毎日アクティブにスキャンしている組織であるShadow Serverは、公開されているKubernetes APIサーバー[25]を38万台見つけることができた。彼らの調査によると、見つかった既知のKubernetesインスタンスの84％が公開されており、HTTP 200 OK応答を返していることを指摘している。多くのセキュリティとKubernetesの専門家は、これはこれらのクラスターが安全でなかったり、脆弱であったりすることを意味するものではなく、多くの場合はCSPのマネージドKubernetesサービスにおけるデフォルトの構成によるものであることを指摘している。しかし、小さな設定ミスがクラスター、コンテナ、その上で実行されているコードを公開する可能性を示している。純粋な設定ミスによって悪意のある行為者がクラスターとそのワークロードを侵害し、ほかの組織資産に横展開する可能性がある。

Kubernetesのサプライチェーンの脅威に関連するもう一つの要因は、Kubernetesがマニフェストファイルを介して実装されているという事実である。これらは宣言的なYAMLまたはJSON（JavaScript Object Notation）構成ファイルで、Kubernetesクラスターがどのように実行されるべきかを記述し、さまざまなKubernetes APIオブジェクトの望ましい状態を定義する。つまり、これらはコードで記述され従来のほかの形式のコードや設定ファイルのように保存、保管、共有が可能である。

※25　https://www.shadowserver.org/news/over-380-000-open-kubernetes-api-servers/

さまざまなリソースを使った複雑なKubernetesデプロイの管理は複雑な作業になる可能性がある。通常、組織ではKubernetesリソースの関連セットを記述するファイル群のパッケージングフォーマットであるHelmチャートを使用する。Helmチャートは、Kubernetesリソースと同様に、多くの場合YAML形式で記述される。これらはKubernetesを含むさまざまなCNCFプロジェクトのパッケージや設定を検索、インストール、公開できるウェブベースのアプリケーションであるArtifact Hubのような場所に保存、共有、利用できる。

既存のHelmチャートと設定ファイルを使用することで実装とデプロイまでの時間を短縮することができるが、それにより悪意のあるコードや脆弱なコード、設定などの従来のソフトウェアコードが持つリスクも発生する。たとえば、Palo Alto社の研究グループUnit 42は「2H 2021」ホワイトペーパー[26]の中でKubernetesとHelmに注目している。研究者は「helm-scanner」と呼ばれるツールを利用してArtifact Hub上のHelmチャートとYAMLファイルを評価し、チャートのコンテナの99％以上に安全でない設定があり、ほぼ10％に少なくとも1つのクリティカルまたは非常に安全でない設定があることを発見した。

研究者たちはまた、コードと同じようにHelmチャートはほかのチャートに依存していることが多く、チャートに確認された設定ミスの62％が依存チャートに起因していることを指摘した。また、依存関係が高ければ高いほど設定ミスの平均数も高くなることも指摘した。これらの設定ミスには、過剰に特権化されたコンテナや安全でないネットワーク構成などの項目が含まれていた。つまり、最新のアプリケーションやワークロードはKubernetesによってオーケストレーションされたコンテナ上にデプロイされることが多いが、Kubernetes用の設定ファイルやチャートは固有の脆弱性や設定ミスそのものが複製・共有されることが多く、これらのクラスターに常駐するすべてのワークロードを脅かす可能性がある。

Kubernetesの文脈では構成と宣言的マニフェストがそれ自体のリスクをもたらすが、悪意のある行為者はKubernetesがオーケストレーションするワークロードを狙うことが多く、コンテナイメージのライフサイクルを利用してKubernetesのサプライチェーンに侵入する。こうした攻撃ベクトルにはベースイメージ、アプリケーションコードと依存関係、リポジトリ、OSSコンポーネント、その他の関連リソースなどが含まれる可能性がある。悪意のあ

---

[26] https://paloaltonetworks.com/prisma/unit42-cloud-threat-research-2h21.html

る行為者がとくに適切なKubernetesのセキュリティ設定を行わずに、コンテナ化された
ワークロード上で悪意のあるコードを実行させることができれば、アーキテクチャと設定に
よっては単一のワークロードだけでなくクラスター内のほかの潜在的なワークロードや、よ
り広くは組織のエンタープライズシステムにも影響を与える可能性がある。Kubernetesの
文脈で適切なサプライチェーンセキュリティを確保することは、安全なKubernetesアーキ
テクチャと構成を確保することを意味する。

　組織が着手すべき推奨事項としてはKubernetesのドキュメントやベストプラクティスは
もちろんのこと、Kubernetes CIS ベンチマーク[27]または国防情報システム局（DISA）の
Kubernetes向けセキュリティ技術実装ガイド（STIG）のようなソースの形で業界のガイダ
ンスを活用することも挙げられる。これらのガイダンスソースはマスターノード、コント
ローラマネージャー、スケジューラーなど、Kubernetesアーキテクチャのコントロールプ
レーンコンポーネントのセキュリティ確保といった中核的な活動に焦点を当てている。また、
セキュアなポリシーやロールベースのアクセス管理（RBAC）、ネットワークポリシー、シー
クレット管理などを適切に実装するためのコントロールや設定も含まれている。このような
セキュリティのプラクティスと構成の実装に失敗すると、ノードとクラスター内のワーク
ロードを侵害し接続されている企業環境内のほかのシステムに横展開させてしまう可能性が
ある。

　組織はまた、Google社のKubernetes Engine（GKE）やAmazon社のElastic Kubernetes
Service（EKS）など、CSPが提供するマネージドKubernetesサービスを利用することも
多い。これらのマネージドKubernetesサービスを利用することで、自前でKubernetesを
ローリングする際の管理オーバーヘッド（たとえば、コントロールプレーン全体のアクティ
ビティと構成を所有すること）が軽減される。しかし、マネージドKubernetesの利用に
は問題がないわけではない。IAM（アイデンティティ・アクセス管理）、暗号化と鍵の管理、
ネットワーキング、ワークロードを実行するノードのメタデータサービスなどの領域で必要
とされるCSP環境内のセキュアな設定が、クラウドプロバイダーを信頼して依存するとい
う固有の性質と相まって、依然として存在する。

※27　https://www.cisecurity.org/benchmark/kubernetes

Kubernetesクラスターのセキュリティについて学ぶための最良のリソースの一つは、Kubernetesのドキュメントページである[28]。CIS Kubernetes ベンチマーク、DISAのKubernetes向けセキュリティ技術実装ガイド、NSA Kubernetesセキュリティガイドなどの提供源も信頼できるリソースだが、ユーザーはクラウドで実行している場合、使用しているクラウドプラットフォームに固有のクラウドネイティブセキュリティのベストプラクティスもより広く確認しておく必要がある。

組織はKubernetesクラスターとデプロイが前述のガイダンスとKubernetesセキュリティのベストプラクティスに従って堅牢化されていることを確認するために、ツールを使用することができる。たとえば、Aqua Security社のkube-bench[29]はデプロイされたKubernetesの設定がCIS Kubernetes ベンチマークに合致しているかどうかをチェックするOSSツールである。Kubernetes自体のように、kube-benchはYAMLで書かれたテストを使用しベンチマークの進化に合わせて変更することができる。同じくAqua社のもう一つの注目すべきツールは、Kubernetesクラスターのセキュリティ上の弱点を探すkube-hunterである。kube-hunterはマシンまたはエンドポイントで実行でき、IPを使ってリモートスキャンを行う。さらに、クラスター内のマシンあるいはクラスター内のポッドとしても実行できる。kube-hunterのユニークな点は監査／評価モードだけでなく、発見された脆弱性を悪用するためにクラスターの状態を変更できるアクティブハンティングモードもサポートしていることである。とくにこの後者の理由からkube-hunterのドキュメントには、このツールは自分が所有していないクラスターつまりマネージドKubernetesでは**使用すべきではない**と明記されている。

Kubernetesに関連するさまざまな攻撃の手口やテクニックを理解したい組織は、図6.4に示すMicrosoft社によるKubernetesの脅威マトリックス[30]などのリソースを活用することもできる。

※28 https://kubernetes.io/docs/tasks/administer-cluster/securing-a-cluster
※29 https://github.com/aquasecurity/kube-bench
※30 https://www.microsoft.com/en-us/security/blog/2020/04/02/attack-matrix-kubernetes/

Initial Access	Execution	Persistence	Privilege Escalation	Defense Evasion	Credential Access	Discovery	Lateral Movement	Impact
Using Cloud credentials	Exec into container	Backdoor container	Privileged container	Clear container logs	List K8S secrets	Access the K8S API server	Access cloud resources	Data destruction
Compromised images in registry	bash/cmd inside container	Writable hostPath mount	Cluster-admin binding	Delete K8S events	Mount service principal	Access Kubelet API	Container service account	Resource hijacking
Kubeconfig file	New container	Kubernetes CronJob	hostPath mount	Pod / container name similarity	Access container service account	Network mapping	Cluster internal networking	Denial of service
Application vulnerability	Application exploit (RCE)		Access cloud resources	Connect from proxy server	Applications credentials in configuration files	Access Kubernetes dashboard	Applications credentials in configuration files	
Exposed dashboard	SSH server running inside container					Instance Metadata API	Writable volume mounts on the host	
							Access Kubernetes dashboard	
							Access tiller endpoint	

図 6.4

　MITRE ATT&CK と同じように、このような脅威マトリックスは悪意のある攻撃者が使用するさまざまな手口と、組織環境の攻撃対象領域を理解するのに役立つ。Microsoft 社は脅威マトリックスで同様のアプローチを取ったが、図 6.4 に示すように、Kubernetes シークレットの公開やクラスター内部ネットワークの悪用など、Kubernetes 固有のアクティビティに合わせて調整した。これらの戦術は MITRE ATT&CK と同様に、初期アクセスの段階からインパクトに至るまで多岐にわたる。

　同様のリソースとして、MITRE ATT&CK Matrix for Kubernetes[31] もある。このマトリックスでは Microsoft 社の脅威マトリックスと同様のフェーズが使用されており、攻撃者が情報を収集するために使用するテクニック、とくにプライベートレジストリからイメージを収集するテクニックに焦点を当てた収集フェーズも含まれている。Weaveworks 社とMicrosoft 社のマトリックスには相違点と類似点があるが、どちらも組織が Kubernetes に焦点を当てた攻撃のさまざまなフェーズや悪意のある行為者が Kubernetes 環境やオーケストレーションされたワークロードを悪用するために使用できる戦術を理解するのに役立つ。CIS ベンチマーク、国防総省セキュリティ技術実装ガイド、Kubernetes 脅威マトリックスなど、先に説明したリソースの実装に加えて組織は Chapter7 で説明する SLSA（Supply

※31　www.weave.works/blog/mitre-attack-matrix-for-kubernetes（訳注）現在では閲覧できなくなっている。

Chain Levels for Software Artifacts）のような新たなフレームワークの採用も視野に入れるべきである。

　また、Kubernetesはクラウドネイティブなワークロード[※32]の効率性の向上、コスト削減、スケーラビリティの促進のためにクラスターとネームスペースという構造を使用するさまざまなマルチテナンシーモデルをサポートしている。Kubernetesにワークロードをデプロイする組織は使用しているテナントモデルや潜在的なセキュリティとコンプライアンスの懸念、とくにセキュリティインシデントやデータ侵害が発生した場合、サイバーハイジーンや影響範囲（「爆発半径（Blast Radius）」と呼ばれる）のコントロールが不十分だと、テナント全体に連鎖的な影響が及ぶ可能性があることの理解が重要である。クラウドネイティブ環境におけるマルチテナントのリスクを詳しく見るために、クラウドセキュリティのリーダーであるWiz社は「PEACHフレームワーク」と呼ぶものを発表した。PEACHフレームワークは特権（Privilege hardening）、暗号化（Encryption hardening）、認証（Authentication hardening）、接続性（Connectivity hardening）および衛生（Hygiene）といった要素を含む頭文字である。このフレームワークはKubernetesのデプロイだけでなく、より広範なマルチテナントのクラウド環境にも適用できる[※33]。

　Kubernetesエコシステム内でもSBOMのサポートがある。最も注目すべき点はOSSのKubernetes bomユーティリティがあり、Kubernetes用に書かれたコードを活用してプロジェクト用のSBOMを生成していることである[※34]。Kubernetesのbomツールはファイルやイメージ、または1つのファイルにパッケージされたファイル群であるtar形式のファイル内に含まれるDockerイメージからSBOMを作成することをサポートしている。また、レジストリからイメージを取り出してbomツールで分析することもできる。これらの成果物はSPDX SBOMフォーマットで生成され、in-toto証明書にエクスポートできる。in-totoはラストワンマイルや最終成果物に焦点を当てたフレームワークであり、ソフトウェア製品の開始からエンドユーザーによるインストールまでの全過程の整合性を確保し、どのようなステップが誰によってどのような順序で実行されたかを透明化するように設計されている[※35]。

※32　www.weave.works/blog/mitre-attack-matrix-for-kubernetes
（訳注）現在は閲覧できなくなっている。
※33　https://www.datocms-assets.com/75231/1671033753-peach_whitepaper_ver1-1.pdf
※34　https://github.com/kubernetes-sigs/bom
※35　https://in-toto.io/in-toto

in-totoのこれらの証明によって、ソフトウェアがどのように作成されたかのあらゆる側面について検証可能な主張を生成することができる。SPDXマニフェストは、Kubernetesのbomツールを使用したbom generateコマンドだけで作成できる。

6-5 サーバーレスモデル

　VMとコンテナのコンピュートの抽象化と進化に基づいてユースケースに応じて導入を進め、**サーバーレスモデル**として知られるものを使い始めた組織もある。サーバーレスモデルでは開発チームは基盤となるサーバーを管理することなく、クラウドネイティブなアプリケーションを構築・実行できる。IaaS、PaaS、SaaSというクラウドのパラダイムにおいて、インフラやサーバーを管理する必要がないという点ではPaaSやSaaSと似ている部分もあるが、サーバーレスモデルではSaaSプロバイダーからアプリケーションを利用するのではなく、開発者がコードをクラウドプラットフォームにデプロイしクラウドプロバイダーがそれをホストして実行するという点が大きく異なる。クラウドプロバイダーは、コードの実行をホストするサーバーやインスタンスのスケーリングやパッチ適用などの管理オーバーヘッドを含め、基盤となるインフラを処理する。

　最も人気のある例の一つはAWSのLambdaサービスで、サーバーのプロビジョニングや管理の必要はなくコードを実行できる。コードは可用性の高いコンピュートインフラストラクチャモデルで実行され、インスタンスの基本的なロギングも処理される。GoogleやMicrosoft Azureといったほかのクラウドプロバイダーも同様のサーバーレス機能を提供している。ソフトウェア・サプライチェーンセキュリティにおいてはサーバーレスモデルであっても懸念が存在する。サーバーレスモデルの機能で実行されるコードには依然としてOSSコンポーネントや脆弱なコードが含まれている可能性があり、サーバーレスアーキテクチャで稼働する組織にリスクをもたらす可能性がある。さらに、クラウドの基盤となるFaaS（Functions-as-a-Service）やインフラも先に述べたようにソフトウェアで動いており、それぞれにOSSを含む可能性のあるさまざまなソフトウェアコンポーネントが含まれている。

6-5　サーバーレスモデル　167

6-6

SaaSBOMとAPIの複雑さ

オンプレミスで提供されるソフトウェアやコンテナイメージなどに含まれるエンティティに対するSBOMの作成は複雑である。クラウドやSaaSのような無数の相互関係を持つ、動的で急速に変化する環境のSBOMを作成するのは別のレベルの難しさがある。

現在は**SaaSBOM**と呼ばれるSaaS向けSBOMの概念を中心に議論が行われている。クラウドとSaaSはベンダーが管理するデプロイモデルを導入しており、利用者は物理インフラストラクチャ、ホスティング環境、OSさらにはアプリケーションを所有したり、管理したりすることはない。アプリケーションは単にサービスとして利用され、利用者はアプリケーションの設定や変更を制限された範囲でコントロールできる。

より正式な定義はNISTの800-145 Definition of Cloud Computingにある。

利用者に提供される機能はクラウドインフラストラクチャで実行されるプロバイダーのアプリケーションを使用することである。アプリケーションはウェブブラウザ（ウェブベースの電子メールなど）などのシンクライアントインターフェースまたはプログラムインターフェースのいずれかを介して、さまざまなクライアントデバイスからアクセスできる。利用者はネットワーク、サーバー、OS、ストレージあるいは個々のアプリケーション機能など、基盤となるクラウドインフラストラクチャを管理・コントロールすることはない。

SBOMの普及と人気は2021年初頭に高まり、業界の多くの実務担当者がこのSBOMの推進がSaaS（従来のソフトウェアのデリバリや利用とは異なるアプリケーション使用のための別の方法）のような非常に動的で複雑な環境でどのように機能するかを尋ね始めた。本書の著者の一人は2021年9月に「The Case for a SaaS Bill of Materials」と題する記事を共同出版した[36]。この記事で指摘されているように、SaaSの文脈で正確にソフトウェアと

※36　https://www.csoonline.com/article/571267/the-case-for-a-saas-bill-of-material.html

は何かを定義することは難しい。最新のSaaSは既存のIaaSやPaaS環境（多くの場合、ほかのCSPが所有）の上に構築されている。基盤となるIaaSやPaaSは「as code」で定義されることが多く、物理コンポーネントや仮想コンポーネントが含まれ、それらすべてに独自のソフトウェアが含まれている。このためSaaSの文脈でソフトウェアを定義する場合、コードやソフトウェアコンポーネントが無数に存在し、さまざまな関係や所有主体が含まれるため複雑な状況になる。とはいえ、業界の多くはサービスとデータフローの文脈でSaaSBOMを中心に結集している。CISA（サイバーセキュリティ・社会基盤安全保障局）のSBOM作業部会にはクラウド作業部会があり、そこでは多くの専門家がこの立場を提唱している。SaaSに対するSBOMの使用はCSAの出版物『クラウドカスタマーのためのSaaSガバナンスベストプラクティス』にも引用されており、本書の著者の一人が出版を主導した[37]。さらに、ベンダーは基盤となるクラウド環境とその上に存在するSaaSを保守・運用するために、多くの場合ツールを使用している。Ansible、Chef、Terraformなどがその代表例で、これらはすべてSaaSが依存するクラウドインフラの設定、デプロイ、統制を支援するものである。もちろん、CI / CDパイプラインやIAMソフトウェアなどのSaaSのデリバリを容易にするシステムやソフトウェアはほかにもある。

　これらのエンティティはすべてソフトウェアで構成されており、多くの場合は動的かつ急速に変化するため、正確なソフトウェアコンポーネント構成を定義することは困難である。提案されているアプローチにはSaaSベンダーが、SaaSアプリケーションがアプリケーション利用者にSaaSBOMを提供できるように依存する技術的なコンポーネントの全体（潜在的には自社の管理範囲内）を決定することが含まれる。困難ではあるがSaaSプロバイダーは少なくともその直接の管理下にあるアプリケーションの配信に使用されるコンポーネントにアクセスし、理解する必要があるため、このアプローチは可能かもしれない。これまで述べてきたように、これはSaaSアプリケーションの利用者に基盤となるIaaSおよびPaaSプロバイダーのソフトウェアとシステム（これらはすべてSaaSアプリケーションにとって重要な依存関係）の詳細なSBOMを提供するという課題を解決するものではない。

※37　https://cloudsecurityalliance.org/artifacts/saas-governance-best-practices-for-cloud-customers

6-6-1　CycloneDX SaaSBOM

　SBOMの採用と成熟に関するこの困難な側面を業界で認識しているのはわれわれだけではない。業界をリードするSBOMフォーマットの一つであるCycloneDXというOWASPが管理するプロジェクトは、図6.5に示すような独自のSaaSBOMモデルを発表した。

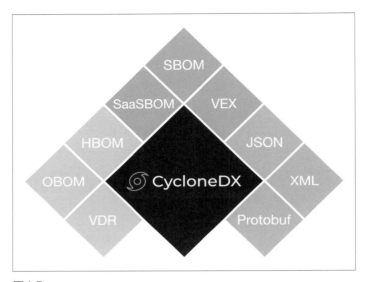

図6.5
出典：OWASP Foundation, Inc. https://cyclonedx.org/capabilities/saasbom、
最終アクセス：2023年3月27日

　CycloneDX SaaSBOMの情報によると、最新のソフトウェアが多くの外部サービスに依存しており完全にサービスで構成されることもある。このため、CycloneDXはマイクロサービス、FaaS、SoS（Systems of Systems）そしてもちろんSaaSなどのさまざまなサービスタイプを表現できるようにした。CycloneDXは、SaaSBOMは複雑なシステムの論理的表現を提供するIaC（Infrastructure-as-Code）と補完関係にあると指摘している。IaCの場合、これにはネットワーク、コンピューティング、アクセスコントロールなどのクラウドアーキテクチャコンポーネントが含まれ、これらはすべてas codeモデルで定義される。

SaaSBOMはすべてのサービス、サービスの依存関係、関連するURL、さらにはサービスとシステム間のデータの方向性を含む同様の論理的表現を提供できるとCycloneDXは述べている。

前述したように、SaaSは利用者にアプリケーションを提供するための各アーキテクチャの独立したアプリケーションとサービスの集合体で構成される。CycloneDXのSaaSBOM機能は、サービスとソフトウェアコンポーネントを単一のBOMまたは独立したBOMにインベントリ化できる。CycloneDXはクラウドとSaaSには動的なサービスとデプロイシナリオが含まれるため、大規模なシステムではSaaSBOMをSBOMから切り離すことを推奨している。SaaSBOMはそれに関連する多くのSBOMを持つ単一のエンティティとして表すことができ、SBOMはSaaSアプリケーションを提供するために連携して動作する関連サービスを表す。

各独立したサービスには明らかに独自の脆弱性があるためCycloneDXでは、BOM内のコンポーネント、サービス、脆弱性をほかのシステムやBOMから参照する機能もサポートしている。これはBOMリンク[38]と呼ばれ、あるBOMから別のBOMを参照することとあるBOMから別のBOMへ特定のコンポーネントやサービスを参照することの2つの一般的なシナリオをサポートしている。

また、CycloneDXはVEX（Vulnerability Exploitability eXchange）とBOMを分離することを推奨している。なぜなら、BOMはシステムインベントリが変更されるまで変更されない可能性があるのに対し、VEXはすでに存在し使用されているソフトウェアコンポーネントに関連する新しい脆弱性が出現する可能性があるため、より頻繁に変更される可能性があるからである。

6-6-2　ツールと新たな議論

これまでの議論から明らかなようにSaaSBOM、あるいはクラウドの複雑で動的な世界に関連するSBOM全般を実装することは容易なことではない。ソフトウェアコンポーネントのインベントリや関連する脆弱性の急速な変化のペースに人間がついていくのは非現実的で

※38　https://cyclonedx.org/capabilities/bomlink

あることを考えると、広く普及するための新しいプロセスやツールが必要になるのは必至である。そのため、SBOM向けのクラウドやSaaSの文脈でこうしたギャップに対処するためのツールや機能に関するトピックについて、さらなる議論を求める声が高まっている。2022年7月、CISAは「クラウドとオンラインアプリケーション」をはじめとするいくつかのトピックに関する一連のリスニングセッションを開催した[39]。これらのイベントはコンセンサスを求めることを意図したものではなかったが、SaaSおよびクラウドアプリケーションのSBOMというトピックに関するオープンな対話を促進するために利用された。

　さらにDHS（国土安全保障省：Department of Homeland Security）の科学技術局（S&T）は、自動化されたSBOMツールの開発を支援するようにテクノロジー企業に働きかけている。これはDHS S&TがSaaSを含め、SBOMを大規模に管理することの複雑さを認識しているためである。S&Tは発表の中でソフトウェアの脆弱性を悪用しようとする攻撃が、社会が依存している安全システムや重要システムの停止や損害につながる可能性があることを認めている。詳細については、「DHS S&T Seeks Solutions to Software Vulnerabilities」[40]を参照してほしい。

※39　https://www.federalregister.gov/documents/2022/06/01/2022-11733/public-listening-sessions-on-advancing-sbom-technology-processes-and-practices
※40　https://dhs.gov/science-and-technology/news/2022/07/11/st-seeks-solutions-software-vulnerabilities

6-7

DevOpsとDevSecOpsにおける使用法

クラウドとクラウドネイティブアーキテクチャの採用が登場し普及が進むにつれて、もう一つのトレンドが発生している。それは従来のウォーターフォール型ソフトウェア開発からDevOpsまたは最近ではDevSecOpsの時代へのシフトである。哲学的な議論には入らずにDevOpsを要約すると、ソフトウェア開発と運用またはDevSecOpsの場合はソフトウェア開発、セキュリティ、IT運用の間の溝を埋める一連のプラクティスである。このムーブメントの起源はエコシステムに貢献してきたPatrick Debois氏、Andrew Shafer氏、Gene Kim氏、Jez Humble氏などの2000年代初頭にさかのぼる。これはクラウドコンピューティングの進化と重なり、組織はアジャイルとDevOpsの手法でビジネス成果を促進するためにクラウドネイティブテクノロジーをますます利用するようになっている。DevOpsの理解を深めるには『**The DevOps Handbook**』（第2版、IT Revolution Press、2021年）や『**The Phoenix Project**』（5周年記念版、IT Revolution Press、2018年）などの書籍をおすすめする。

クラウド、SaaS、CI / CD、Kubernetes、コンテナ、コードとしてのインフラストラクチャなど、このチャプターのほかのセクションで触れた多くの技術はすべてDevSecOpsの取り組みと実装の成功に一役買っている。ソフトウェア・サプライチェーンセキュリティとDevSecOpsの文脈ではツールの強固なエコシステムが出現している。CNCF Landscape[41]をざっと見てみると、CI / CD、自動化とコンフィギュレーション、スケジューリングとオーケストレーションのような分野で多種多様なツールが盛んに使われていることがわかる。ツールやテクノロジーはDevOpsの変革を成功に導いたが、DevOpsはツールやテクノロジーではなく方法論でありプラクティスのセットであることを強調しておきたい。多くのツールがDevOpsをサポートするために採用されており、CI / CDのような一般的なアプローチのいくつかはソフトウェア・サプライチェーンの課題に取り組むためのツールの統合を可能にしている。

※41　https://landscape.cncf.io

SyftやGrypeのようなツールはツールチェーンで一般的に使用されている。これにより、SBOMの作成と本番環境にデプロイする前にツールチェーンを経由するソフトウェアコンポーネントに関連する脆弱性のスキャンが可能になる。DevOpsはソースコード管理（SCM）とGitリポジトリ、CI / CDパイプライン、GitOpsスタイルの宣言的デプロイなどを使用する。これらのツールや方法論はすべてソースコードからランタイムまでの反復的なソフトウェアデリバリを可能にするために集約されている。また、チームや組織はツールを活用してソースコード、コンテナイメージ、安全でないIaCまたはKubernetes構成に関連するコンポーネントの可視性を向上させることができる。これにより、それぞれが独自のソフトウェア・サプライチェーンの懸念を持つクラウドネイティブのデプロイアーキテクチャが完成した。NISTのような組織は、DevSecOpsのプラクティスがソフトウェア・サプライチェーンのリスクを特定、評価、緩和するのに役立つという主張を始めている[42]。ホワイトペーパー「ソフトウェア・サプライチェーンとDevOpsセキュリティの実践」に記載されているように、この視点は安全なDevOps環境のためのリスクベースの推奨事項を提供することを目的としている。また、SSDF（セキュアソフトウェア開発フレームワーク：Secure Software Development Framework）や800-161/C-SCRMといったほかのNISTガイダンスとの整合性も図っている。このガイダンスはソフトウェア・サプライチェーンセキュリティをDevSecOps環境に統合するために、CI / CDパイプライン中心のアプローチを取っている。

アジャイルとDevOpsの基本的な側面の一つは伝統的なウォーターフォール型ソフトウェア開発からのシフトであり、より反復的でインクリメンタルなソフトウェアデリバリに焦点を当てている。アジャイルとDevOpsのインクリメンタルな性質について反論する人もいるかもしれない。DevOpsはソフトウェア・サプライチェーンセキュリティ問題の管理を容易にする可能性がある。組織が段階的にソフトウェアを生産しリリースしていく中でツールチェーンは、ソフトウェアコンポーネントを特定し脆弱性を関連付け、これらの指標を集約し組織がソフトウェア・サプライチェーンの懸念に関連したリスク情報に基づいた意思決定を行うために使用することができる。DevSecOpsツールを使用し、セキュリティをシフトレフトすること、あるいはSDLCのより早い段階にシフトすることに重点を置くことで、脆弱なソフトウェアコンポーネントは実行環境に導入される前に特定することができる。多くの人は、このアプローチはコストの観点からはより効率的であり脆弱性が早期に発見され、修復されれば悪意のある行為者によって本番環境で悪用されることがないため、悪用の可能

---

[42] https://www.nccoe.nist.gov/sites/default/files/2022-07/dev-sec-ops-project-description-draft.pdf

性も減少すると主張している。

　DevSecOpsは脆弱なソフトウェアコンポーネントをSDLCの早い段階で発見し透明性を向上させる機会を提供するだけでなく、非常に有能な DevSecOps チームはソフトウェア・サプライチェーンの懸念やインシデントに対してより適切に対応することができる。Google社が運営するDORA（DevOps Research and Assessment）チームはとくにそうである。DORAチームは、「2022 Accelerate State of DevOps Report」の中でデプロイ前のセキュリティスキャンなどのプラクティスは脆弱な依存関係を見つけるのに効果的であり、本番アプリケーションの脆弱性の減少につながることを発見した[43]。DORAチームは長年にわたって研究を行う中で特定の評価基準を作り上げた。DORAがソフトウェア開発チームのパフォーマンスを評価するために使用している4つの主要な指標は次のとおりである。

- デプロイ頻度：組織が本番環境に正常にリリースする頻度
- 変更のリードタイム：コミットしてから本番稼働するまでの時間
- 変更失敗率：本番環境で失敗したデプロイの割合
- サービス復旧時間：組織が本番環境で障害から復旧するまでにかかる時間。これはMTTR（平均復旧時間）とも呼ばれる

　これらの4つの指標は2つの重要なテーマを支持する。2つの重要なテーマとは、デプロイの迅速性と変更のリードタイムを表すベロシティと、障害発生率とサービス復旧時間を表す安定性である。これらの指標はビジネスとミッションの要求に応じたペースでソフトウェアをリリースするチームの能力を測定するのに役立つと同時に、それらのリリースがシステムの回復力を損なわないようにすることもできる。迅速に活動するチームの方が安定していると考えるのは、最初は直感に反するように思えるかもしれないが業界の専門家が指摘するように、安定性を損なわずにソフトウェア開発とデリバリを行うプラクティスはこうしたチームが優れた能力を発揮するのに役立っているのである。ソフトウェアを本番環境に頻繁にリリースせず、そのために長い時間を要するチームは変更が失敗したり、システムを障害から復元できなかったりすることがよくある。この文脈では、高業績のDevOpsチームは筋肉の記憶（muscle memory）を構築している。むしろ、コンピテンシーを構築していると考えることができる。

[43]　https://services.google.com/fh/files/misc/2022_state_of_devops_report.pdf

6-7　DevOpsとDevSecOpsにおける使用法　175

6-8

まとめ

　要約すると「2022 Accelerate State of DevOps Report」、DORAチームのSLSA、NIST SSDFはソフトウェア・サプライチェーンセキュリティに関連するプロセスとプラクティスを特定している。DevOpsとDevSecOpsは単なるツールではなく文化的なプラクティスと方法論の集合体であることを探求した。DevSecOps方法論によりチームはソフトウェア・サプライチェーンの懸念を軽減できる立場になり、最近の研究ではこの視点を支持し始めている。

　このチャプターではクラウドネイティブパラダイムにおけるソフトウェア透明性に関連する複雑さとニュアンスについて説明した。これにはクラウドに関連する基本的なサービスモデル、クラウドネイティブの4つのC、そしてSaaSの文脈におけるSBOMがある。また、成熟したDevSecOpsプラクティスを使用するハイパフォーマンスなチームがより安全なソフトウェア・サプライチェーンの成果を達成する方法についても説明した。

Chapter

7

民間部門における
既存および新たな
ガイダンス

ソフトウェア・サプライチェーンセキュリティをめぐる議論が
成熟するにつれて、多くの組織がこの種の攻撃に対するセキュ
リティの態勢を強化するために業界向けの堅牢なガイダンス、
フレームワーク、リソースを提供し始めている。ここからのチャ
プターでは、これらのリソースのいくつかとCNCF（クラウドネ
イティブコンピューティング財団）、NSA（国家安全保障局）、
NIST（国立標準技術研究所：National Institute of Standards
and Technology）などのこれらのリソースを提供する組織につ
いて説明する。

7-1

ソフトウェア成果物の
サプライチェーンレベル

　ソフトウェア・サプライチェーン攻撃の増加に伴い、ソフトウェア・サプライチェーン攻撃とその緩和方法の両方を定義する包括的なフレームワークの必要性が明らかになった。2021年6月にGoogleのオープンソースセキュリティチームはSLSA（Supply Chain Levels for Software Artifacts）の取り組みを開始した[1]。この取り組みの目標はソフトウェア・サプライチェーンのライフサイクルを通じてソフトウェア成果物の完全性を確実に維持することである。

　SLSAには4つのレベルがあり各レベルはより高度な完全性の保証を提供するが、それを実施する組織には対応する成熟度と厳密性が求められる。組織には業界、規制ないしはセキュリティ要件などによるさまざまなニーズがあり、そのニーズに基づいてSLSAのレベルを決定する。ほかのセキュリティの取り組みと同様、SLSAは達成するまでに時間と労力を要するプロセスである。図7.1に4つのレベルを示し、それぞれについて説明する。

レベル	説明	例
1	ビルドプロセスの文書化	署名されていない来歴証明
2	ビルドサービスのタンパ耐性	ホストされたソース／ビルド、署名された来歴証明
3	特定の脅威への追加の対応	ホストされ反証可能性のない来歴証明へのセキュリティ管理
4	最高レベルの自信と信頼	二者によるレビューと外部から影響を受けないビルド

図7.1
出典：The Linux Foundation、https://slsa.dev/spec/v0.1/levels、最終アクセス：2023年3月27日

---

[1]　https://security.googleblog.com/2021/06/introducing-slsa-end-to-end-framework.html

SLSAはソースコードリポジトリ、ビルドシステム、パッケージリポジトリおよびその間にあるすべてのステップといったソフトウェアのやりとりを含む、開発元から下流にいる利用者に至るソフトウェアの経路をカバーするフレームワークを提供する。図7.2は、下流の利用者が本番環境で使用するソフトウェア成果物の完全性を悪意者が損なう可能性のあるソフトウェア・サプライチェーンの箇所を示している。

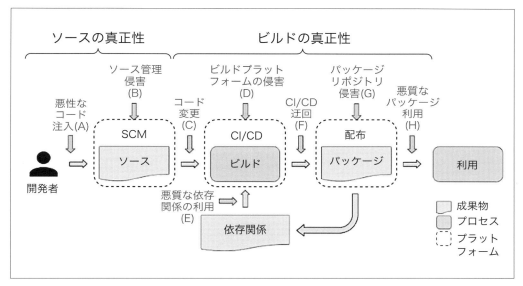

図7.2
出典：https://security.googleblog.com/2021/06/introducing-slsa-end-to-end-framework.html, Google

　悪意者がソースコードリポジトリで悪質なコードを混入させることができれば、ビルドプロセス全体を通じて実行される下流の活動に脆弱性も混入される可能性がある。悪質なコードの混入はソースコード管理の懸念だけでなく、SCM（ソースコード管理）システム自体への攻撃と侵害される懸念も生じさせ、SCMに格納されたコードとSCMが促進する下流のビルドおよび配布活動の両方に影響を与えるためである。

　この脅威はオンプレミス型とクラウド型のSCMの両方に適用される。オンプレミス型においてはSCMを運用している組織がインフラと運用の両方の観点からSCMのセキュリティに責任を持つ一方、クラウド型のSCMではクラウドサービスプロバイダー（CSP）が基盤

のインフラとプラットフォーム、さらにSaaSとして提供する場合はアプリケーション自体の責任までも一定程度負う。

　研究者であるFrançois Proulxの論文「SLSA Dip—At the Source of the Problem!」には、SCMの侵害に関する攻撃ツリーが描かれている[※2]。図7.3は悪意者がGitHubのようなSCMリポジトリを侵害するために使用できる攻撃ベクトルの例を示している。

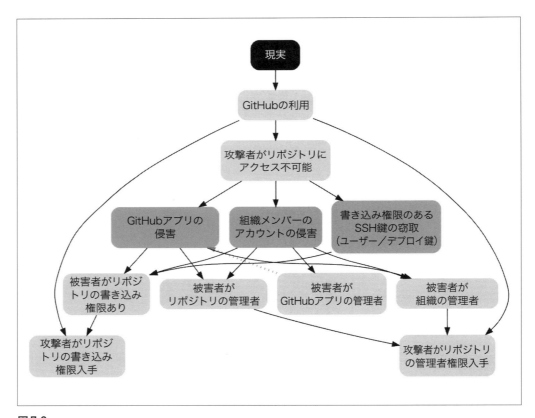

図7.3

　潜在的なソフトウェア・サプライチェーンの脅威モデルについてはほかに、悪意のある攻撃者が承認されたビルドプロセスやインフラを使用しつつ、SCMから使用されるべきではないコードを混入させる恐れがある。このような場合に、使用されるコードが意図された提

※2　https://medium.com/boostsecurity/slsa-dip-source-of-the-problem-a1dac46a976

供元からのものであり、改ざんや完全性攻撃を受けたものでないことを確認するためには
コードの来歴情報が重要になる。SLSAは来歴を「ソフトウェア成果物に関する検証可能な
情報であり、いつ、どこで、どのように生成されたかを記述するもの」と定義している。
SLSAのレベルが上がるにつれて来歴の要件は厳しくなる。

　ビルドプラットフォームはソフトウェア・サプライチェーンにおけるもう一つの重要な部
分で、攻撃者にとって魅力的な標的となる。この攻撃手段は、ビルドシステムが侵害されて
SolarWinds社のOrion IT管理製品のビルドソフトウェアにマルウェアが挿入された
SolarWinds事件で使用された。このマルウェアはSolarWinds社の下流の顧客として、そ
の多くが政府機関である18,000以上の組織によってダウンロードとインストールがされた。
この事実が先に述べたサイバーセキュリティに関する大統領令（EO：Executive Order）
14028号の制定につながった。SolarWinds社への攻撃についてはChapter1「ソフトウェ
ア・サプライチェーンの脅威の背景」での画期的な事例のセクションで取り上げた。

　もう一つの潜在的な攻撃手段は、悪意者が良性の依存関係を注入し、その後に悪意のある
動作を生成するように変更できることだ。実例としてはevent-stream npmパッケージが
ある。これは誰かがボランティアでプロジェクトのメンテナ業務を引き継いだが、最終的に
flatmap-streamという悪意のある依存関係の追加に至ってしまった。event-streamパッ
ケージは週に190万回以上ダウンロードされていたため、これはとくに影響が大きかった。

　悪意のある攻撃者は、悪意あるパッケージをアップロードする機会を利用して下流の利用
者にダウンロードさせることでも影響を与えている。最も顕著な例としては、悪意のある攻
撃者が侵害された認証情報を使用してCodecovのクラウドストレージに悪意のあるパッ
ケージをアップロードしたCodecov事件が挙げられる。悪意者がCodecovを利用して下流
の顧客のネットワークを攻撃したため、Codecovの侵害は何百もの顧客のネットワークに
影響を与えた。もし利用者が来歴検証の方法を使用していれば、ダウンロードした成果物が
ソースコードリポジトリから取得できるはずだったものではないことを特定できただろう。

　SLSAはほかに「ソフトウェア成果物またはソフトウェア成果物の集合に関する認証され
た記述（メタデータ）」と定義している**ソフトウェア証明書**を重視している[3]。

※3　https://slsa.dev/attestation-model

SLSAは図7.4に示すようにソフトウェアの証明を表現するための一般的なモデルを示している。

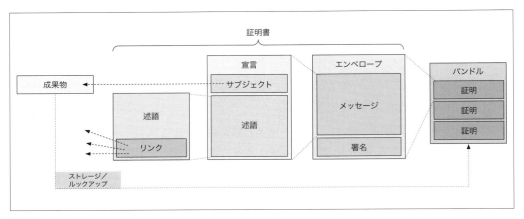

図7.4

　2023年初頭にSLSAはリリース候補仕様を発表した[※4]。この候補仕様は2021年6月にSLSAが発表されて以来の初めての大きな更新となった。重要な変更点として、ソフトウェア・サプライチェーンの特定の側面を測定するためにSLSAを複数のSLSAトラックに分割したことが挙げられる。またリリース候補仕様では元の仕様の一部が簡素化と明確化され、来歴の検証に関する新しいガイダンスが提供された。しかし、本書執筆時点では提案されている各トラックの具体的な内容はまだ完全に定義されておらず[※5]、SLSAの今後のバージョンで対応される予定である。

※4　（訳注）2023年春にSLSA 1.0版が公開された。https://slsa.dev/spec/v1.0/
※5　（訳注）2024年8月時点では、分割されたトラックの中でビルドトラックのみが定義されており、ソーストラックは今後追加され得るとされている。https://slsa.dev/spec/v1.0/levels

7-2
成果物の構成を理解するための Google Graph

SLSAフレームワークに続いてGoogle社はCiti社やパデュー大学などのパートナーととも、図7.5に示すGUAC（Graph for Understanding Artifact Composition）と名付けられたOSSの取り組みを発表した[6]。彼らは「GUACはソフトウェアのビルド、セキュリティ、依存関係のメタデータを生成するためにエコシステム全体で急増している取り組みによって生まれたニーズに対応している」と発表している。

この発表ではOpenSSF（オープンソースセキュリティソフトウェア財団）のようなグループが主導している数多くのOSSの取り組みや、SBOMフォーマットのソフトウェア・サプライチェーンの取り組みがデジタルサプライチェーンの安全確保に貢献していることが認められている。他方で、多くの情報を照合して理解する必要があるとも述べられている。SPDX（Software Package Data Exchange）やCycloneDXのようなSBOMフォーマットから、SLSAのようなフレームワークや、これまで議論してきたさまざまな脆弱性データベース（NVD：National Vulnerability Database）、GSD（Global Security Database）、OSV（Open Source Vulnerabilities）などに対応する証明まで、組織はすべてのデータの意味を理解しようとしている。

※6　https://security.googleblog.com/2022/10/announcing-guac-great-pairing-with-slsa.html

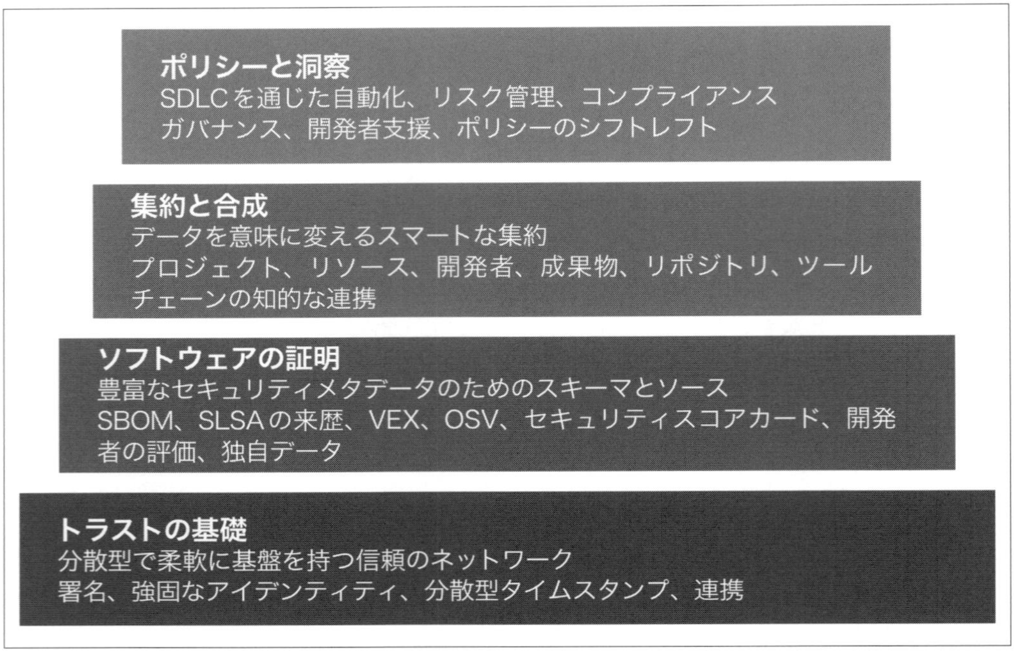

ポリシーと洞察
SDLC を通じた自動化、リスク管理、コンプライアンス
ガバナンス、開発者支援、ポリシーのシフトレフト

集約と合成
データを意味に変えるスマートな集約
プロジェクト、リソース、開発者、成果物、リポジトリ、ツール
チェーンの知的な連携

ソフトウェアの証明
豊富なセキュリティメタデータのためのスキーマとソース
SBOM、SLSA の来歴、VEX、OSV、セキュリティスコアカード、開発
者の評価、独自データ

トラストの基礎
分散型で柔軟に基盤を持つ信頼のネットワーク
署名、強固なアイデンティティ、分散型タイムスタンプ、連携

図 7.5

　すべての情報は有用だが、GUAC の取り組みはソフトウェアのサプライチェーンリスクを包括的に把握するためにすべての情報を組み合わせて統合する必要性を指摘している。GUAC はさまざまなメタデータソースをグラフデータベースおよび関係性に統合し、監査やリスク管理などのユースケースや開発者の権限拡大に役立てている。

　Google 社の発表によると GUAC は 4 つの主要分野に焦点を当てている。

- 収集（Collection）
- 取り込み（Ingestion）
- 照合（Collation）
- 照会（Query）

　収集には OSV や GSD、さらには内部リポジトリなどの提供源が含まれる。取り込みによって成果物、プロジェクト、リソースなどの上流のデータソースを取り込むことができる。

照合はさまざまな提供源から生のメタデータを取り出し、正規化されたグラフに組み立てて、プロジェクトや開発者、脆弱性、ソフトウェアのバージョンといったエンティティ間の関係を示す。最後に照会機能によって組み立てられたグラフと関連するメタデータを検索してメタデータ、SBOM、プロジェクトスコアカード、脆弱性などの成果物を照会する（図7.6参照）。

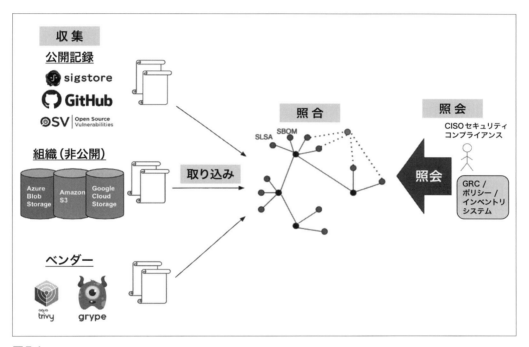

図7.6

　図7.6で指摘されているように収集、取り込み、照合、照会は、ガバナンス、リスク、コンプライアンス、ポリシーの専門家、CISOさらには開発者などさまざまなペルソナやユースケースを可能にする。発表でも触れられていたように、特定のOSSにおける脆弱性による影響を理解するには企業や広範なエコシステム全体で膨大な量のデータを集約して分析する必要がある。GUACは次の3つの基本的な質問にユーザーが答えられるようにすることに重点を置き、これらすべての情報を実用的なものにすることを目指している。

1. サプライチェーンの危機をどう防ぐか？
2. 適切な保護措置が講じられているか？
3. 有事が発生した場合に自らの組織は影響を受けるのか？

図7.7に示されるように、これらの3つの質問には3つのトピックエリアがある。

- 能動的（Proactive）
- 予防的（Preventive）
- 受動的（Reactive）

図7.7

　能動的とはソフトウェア・サプライチェーンにおける最も重要なコンポーネントと主要な弱点およびリスクを理解することを目的とする。予防的とは導入されるアプリケーションが組織のポリシーと要件に合致していることを確認することに重点を置く。受動的とは脆弱性の出現に伴って組織がどのような影響を受けているかを理解することを可能にする。

7-3

CISのソフトウェア・サプライチェーンセキュリティガイド

業界がソフトウェア・サプライチェーンの実践を成熟させ続ける中、NIST、OpenSSF、CIS（インターネットセキュリティセンター）といったグループからのガイダンスが散見されるようになった。本セクションでは、最近発表されたCISのソフトウェア・サプライチェーンセキュリティガイド[7]について述べる。このガイドはソフトウェア・サプライチェーンスタックを監査するのに役立つchain-benchというオープンソースのツールを開発したAqua Security社との共同研究でCISガイド[8]に準拠しているかを確認するために作成されたものである。

ソフトウェア・サプライチェーンセキュリティガイドのCISベンチマークの意図はプラットフォームにとらわれない高いレベルのベストプラクティスを提供することであり、GitHubやGitLabなどのプラットフォーム固有のガイダンスを構築するためにも使用することができる。

このガイドは5つの中核分野から構成されている。

- ソースコード
- ビルドパイプライン
- 依存関係
- 成果物
- デプロイ

また、提供源からデプロイに至るまでのソフトウェア・サプライチェーンの段階を追い、プロセス全体に存在するさまざまな潜在的脅威のベクトルについても触れている。図 7.8で明らかなように、このガイドは既存のOWASP SCVS（ソフトウェアコンポーネント検証標

※7　https://github.com/aquasecurity/chain-bench/blob/main/docs/CIS-Software-Supply-Chain-Security-Guide-v1.0.pdf
※8　https://github.com/aquasecurity/chain-bench

準：Software Component Verification Standard）フレームワークと同様にもう一つの新しいフレームワークであるSLSAを彷彿とさせる。

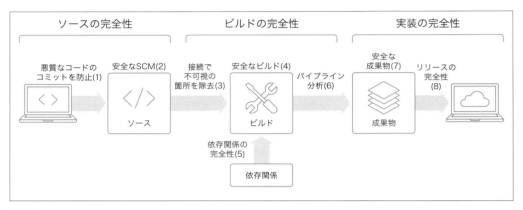

図7.8

このガイドには5つのカテゴリにわたって100以上の推奨事項が掲載されている。カテゴリごとに、その分野に関連する理由とそこに含まれる注目すべきいくつかの推奨事項を紹介していく。

7-3-1　ソースコード

前述したように、このガイドはソフトウェア・サプライチェーンのライフサイクルに沿っており、ライフサイクルの最初のフェーズであるソースコードは必然的にリストの最上位に位置する。このガイドが述べているようにソースコードは以降のプロセスやフェーズの真正な提供源として機能する。

ソースコードの安全性を確保する場合にはソースコード自体だけでなくソースコード管理システムの安全性も確保する必要がある。ソースコードの安全確保には開発者、コード内の機密データ、ソースコード管理プラットフォームそのものなど、あらゆるものが関係すると同ガイドでは指摘されている。

ソースコードのカテゴリ自体は次のサブセクションに分かれている。

- コードの変更
- リポジトリ管理
- コントリビューションアクセス
- サードパーティ
- コードのリスク

　これらのサブセクションには重要な推奨事項が含まれており、そのすべてがソースコードのセキュリティに関連している。コードの変更のサブセクションでいくつかの注目すべき例にはバージョン管理でコードの変更を確実に追跡すること、コードのマージでのリスクをスキャンすること、そしてコードの変更には強固に認証された2人のユーザーの承認を確実に必要とすることなどが含まれる。このような管理策は変更を追跡し、コードの変更を許可する前にリスクを軽減し、適切な認証手段を持つユーザーによる相互のコードレビューが行われることを保証しようとするものである。

　リポジトリ管理のサブセクションではSECURITY.mdファイルがパブリックリポジトリ上にあることを確認し、アクティブでないリポジトリをクリーンアップするなどのセキュリティ管理を推奨している。これらの対策はリポジトリの完全性を守り、セキュリティや脆弱性に関するフィードバックを導き、リポジトリの乱立やガバナンスの欠如を防ぐのに役立つ。

　コントリビューションアクセスの管理はコードの完全性を検証するためのもう一つの基本的な手段である。コントリビューションアクセスのサブセクションでは、推奨される管理方法としてコードコントリビューションに多要素認証（MFA）を要求すること、リポジトリへの最小権限のアクセス制御を実装すること、Gitへのアクセスを特定の許可IPアドレスに制限することなどが挙げられている。これらのステップを踏むことでコードコントリビューションのプロセスとソースコードのセキュリティが向上し、認可された人、適切に認証された人、許可されたIPアドレスからのみにアクセスを許可することができる。

　コードリポジトリ内のサードパーティのアプリケーションは組織にリスクをもたらす。これには開発者の生産性向上だけでなく機能や性能を拡張するためのサードパーティによるツールとの統合も含まれる。管理者がインストールされたアプリケーションを確実に承認し、古くなったアプリケーションを削除し最小権限の制御を実施するなどの対策を講じることが

7-3　CISのソフトウェア・サプライチェーンセキュリティガイド　**189**

大きな効果をもたらす。サードパーティのサブセクションにおけるこれらの基本的な管理は組織の攻撃対象領域を最小化し、サードパーティのアプリケーションが侵害された場合の影響範囲を限定する。

コードのリスクの軽減は組織がソースコードのセキュリティに対処する際に行う必要がある重要な活動だ。コードのリスクのサブセクションでは、とくにクラウドネイティブのDevOps環境においてシークレットなどの機微データについてコードをスキャンするようなリスク管理策が推奨されている。またSAST（静的アプリケーションセキュリティテスト）、OSSコンポーネントの脆弱性を探すためのSCA（ソフトウェア構成分析：Software Composition Analysis）、新しいSBOMツールや慣習を使用することによってコードの脆弱性をスキャンする必要性も含まれている。

7-3-2　ビルドパイプライン

CISガイドで定義されているように、ビルドパイプラインはソースコードの未加工のファイルを受け取って一連のタスクを実行して最終的な成果物を出力するために使用される。これは保管され最終的にデプロイされるソフトウェアないしアプリケーションの最新バージョンに相当する。ビルドパイプラインのセクションにはビルド環境、ビルドワーカー、パイプラインの指示、パイプラインの完全性が含まれる。このガイドでは多くの推奨事項がセルフホスト型のビルドプラットフォームとSaaS型のサービスとに関連していることが強調されている。しかし、Chapter6でも触れたとおりSaaS型のサービスにも独自のリスクがある。

ビルド環境についてはパイプラインを単一のリポジトリに特化させる不変のパイプラインインフラストラクチャと設定を使用するビルド環境の活動を確実に記録するなどの管理が推奨されている。これらの管理によって組織は構成の逸脱といった問題を確実に回避することができる。これらの管理は、データの漏えいにつながる人為的ミスや悪意ある行為者が利用できる設定ミスなどの問題を回避するのに役立つ。

ランナーと呼ばれるビルドワーカーはパイプライン運用のためのインフラストラクチャの中核をなすコンポーネントであり、損害を与えようとする者たちの標的でもある。ワーカーはコードのチェックアウト、テストの実行さらにはレジストリへのコードのプッシュが可能

でこれらすべてが悪用される恐れがある。ここでのセキュリティ管理にはビルドワーカーの一回限りの使用、ビルドワーカー間の職務分掌、ランタイムセキュリティの実装などが含まれる。これらの活動は悪意のある動作パターンがないかランタイムイベントを確実に監視し、ビルドワーカーの潜在的な攻撃をより広範な環境ではなく割り当てられた職務に限定してデータ窃取のリスクを最小化しようとするものだ。

　パイプラインの指示はソースコードを最終的な成果物にするために使用される。この指示の改ざんが悪意ある活動の実行に使われる可能性がある。セキュリティ管理にはビルドステップをコードとして定義すること、入力と出力を明確に定義すること、パイプラインを自動的にスキャンして設定ミスを発見することが含まれる。これらの管理はビルドステップが不変で、繰り返し可能で、予期された入力と出力があることを保証し、スキャンによって誤設定を特定してバックドアや侵害を回避する。

　パイプラインの完全性維持は重要な管理であり、パイプライン、必要な依存関係、パイプラインが生成するあるべき姿の成果物が変更されていないことを検証することを含む。この領域における重要な管理には成果物がリリース時に署名されていること、依存関係が使用前に検証されていること、パイプラインが再現可能な成果物を生成していることを保証しようとすることが含まれる。これらの管理は成果物が信頼されたエンティティによって署名されていること、依存関係が使用前に検証されていること、パイプラインが一貫して成果物を生成して改ざんが発生していないことを検証する。また、このガイドではソフトウェアまたは構築プロセスの各コンポーネントについてSBOMを作成するだけでなく、SBOMの有効性をさらに証明するために署名も付与することを推奨している。これらの推奨事項はNISTやOpenSSFのガイダンスと一致しており、Chapter4で取り上げたSigstoreといった技術を活用している。

7-3-3　依存関係

　CISガイドは依存関係がソフトウェアのサプライチェーンで果たす基本的な役割を認識している。依存関係は一般的にLog4jのようなサードパーティのソースからもたらされ、悪用されると甚大な被害をもたらすという現実が強調されている。実際にSonatype社やEndorLabs社などの調査によると、7つの脆弱性のうち6つが他動的な依存関係から生じて

いることが示されている。サードパーティのパッケージは信頼を確立し、その使用を適切に管理する努力を含めた適切なガバナンスと使用が必要である。Log4jとそれに影響を受けたソフトウェアベンダーによる多くの通知が明らかにしたように、サードパーティのパッケージは自らのソフトウェアだけでなく下流にいるソフトウェアの利用者にも影響を与える。ここでのセキュリティ管理にはサードパーティの成果物やオープンソースのライブラリの検証、サードパーティのサプライヤによるSBOMの要求、ビルドプロセスの署名付きメタデータの要求や検証などが含まれる。これらの手順は悪意があったり、リスクが高かったりするサードパーティのコンポーネントを使用するリスクを軽減し、サプライヤやベンダーのソフトウェアの内部を理解し、ビルド過程で成果物が侵害されていないことを確認するのに役立つ。

このガイドではパッケージの使用方法を理解し、それを使用するべきかどうかを判断するための検証を求めている。これには組織全体での依存利用についてのガイダンスの確立、既知の脆弱性に関するパッケージのスキャン、所有者変更についての認識を保つことなどのポリシーと技術的管理の組み合わせが含まれている。これの管理手法はパッケージの使用を管理すると同時に既存のパッケージが脆弱でないことを保証し、新しい所有者による悪意のある活動につながる可能性のある所有権の影響を追跡するのに役立つ。

7-3-4　成果物

CISガイドが定義する成果物とはパッケージレジストリに格納されるソフトウェアのパッケージ版である。同ガイドは作成から環境への配備に至るまでのライフサイクルを通じて成果物を保護する必要性を強調している。

検証管理には成果物がパイプラインによって署名され、配布前に暗号化されることを保証し、復号できる者を管理することなどが必要である。このような管理は許可された者だけに復号された成果物の閲覧を限定し、成果物の完全性と機密性を保証する。

成果物に対する基本的なアクセス制御も必須だ。この分野では成果物を保管するレジストリを扱うことが多く、利用者への提供前に成果物が無数の攻撃ベクトルによって改ざんされていないことを確認する。アクセス制御には新しい成果物をアップロードできる許可されたユーザーの数を管理することや、ユーザーアクセスに多要素認証を実装することなどが含ま

れる。これはユーザー管理をパッケージレジストリから外部の認証メカニズムやサーバーに分離するという目標を追求するものである。

パッケージレジストリは攻撃対象のもう一つのコンポーネントであり、組織の成果物が保存される場所である。成果物を保護することが目標であっても、成果物を格納するレジストリを保護しなければその目標は達成できない。管理策にはパッケージレジストリへの設定変更の監査やパッケージレジストリ内の成果物の暗号的検証などがある。

源泉追跡性（origin traceability）ないしコード来歴（code provenance）は注目を集めているもう一つのベストプラクティスである。これは組織と顧客の両方が成果物の来歴と信頼できる提供元から来た成果物かを確認できるようにするプロセスだ。成果物自体にSBOMやメタデータなどの方法を通じて来歴に関する情報が含まれていることを保証することが不可欠である。組織はほかにパブリックレジストリからの内部パッケージの要求を代理するためにプロキシレジストリを使用すべきである。この推奨は既知の検証されたコンポーネントの内部レジストリの確立を求めているNIST SP 800-161改定第1版[9]のAppendix Fに沿っている。

NIST SP 800-161改定第1版 Appendix Fについて独自のウェブページがある[10]。

7-3-5　デプロイ

最後に開発フェーズがある。開発フェーズはソフトウェア・サプライチェーンの最後のフェーズであり、成果物がランタイム環境にデプロイされるところである。このフェーズの管理にはデプロイ構成とデプロイ環境の両方が含まれる。デプロイ構成については デプロイ構成ファイルをソースコードから分離し、変更を追跡しスキャナーを使用してInfrastructure-as-Code（IaC）のマニフェストを安全にすることを推奨する。

デプロイ設定に誤った設定や脆弱性があるとデプロイ環境が脆弱になる恐れがある。

※9　https://csrc.nist.gov/pubs/sp/800/161/r1/final
※10　https://www.nist.gov/itl/executive-order-14028-improving-nations-cybersecurity/software-security-supply-chains

デプロイ構成の推奨事項にはデプロイの自動化、再現可能化、必要な人のみへのアクセス限定が含まれる。これらの推奨事項は脅威を最小化するためにデプロイが不変であることを保証し、設定の逸脱を避けアクセスを制限する。

ソフトウェア・サプライチェーンセキュリティはまだ発展途上の分野ではあるが、CISガイドは本書を通じて言及されているほかの組織からのガイダンスと相まってサイバーセキュリティの領域において歴史的に影の薄い分野における道標となる。ソフトウェア・サプライチェーンは影響する無数の組織、利用者、サプライヤそして業界が存在するようなシステミックリスクをもたらす非常に複雑で脆弱なエコシステムである。CISソフトウェア・サプライチェーンガイドに引用されている管理策と推奨事項を基にしたプラットフォーム別のCISベンチマークへの継続的な注視が必要だ。

7-4 CNCFのソフトウェア・サプライチェーンのベストプラクティス

ソフトウェア・サプライチェーンセキュリティに関する話題で定期的に引用される業界におけるガイダンスのもう一つの情報源はCNCFのソフトウェア・サプライチェーンのベストプラクティスホワイトペーパー[11]である。2021年に発表されたこのホワイトペーパーはソースコード、マテリアル、パイプライン、成果物、デプロイのセキュリティをカバーしている。このホワイトペーパーはソフトウェア・サプライチェーンへの注目を促す重要な課題としてSolarWinds事件を挙げつつ、4つの基本原則を中心に構成されている。

※11 https://github.com/cncf/tag-security/blob/main/community/working-groups/supply-chain-security/supply-chain-security-paper/CNCF_SSCP_v1.pdf

- サプライチェーンの各段階は信頼に足るものでなければならない
- サプライチェーンの各段階では自動化が必要
- ビルド環境は適切に定義され、保護されなければならない
- 相互認証はサプライチェーン環境のすべてのエンティティに存在しなければならない

このホワイトペーパーでは組織や業界によってさまざまな保証のペルソナとリスク選好度が存在することも認識されている。すべての組織がまったく同じ保証の要件を持つわけではない。たとえば国防総省で運用される兵器システムは、機密データを処理しない単純なウェブアプリケーションよりもはるかに厳格なセキュリティ要件を持つといったようにだ。個々の組織は特定のリスク許容度と保証要件に基づいて、このホワイトペーパーに記載されている推奨事項を使用してソフトウェア・サプライチェーンリスクを軽減することができる。

本ホワイトペーパーでは「低」「中」「高」の3つの保証レベルが用いられている。「低」の保証環境は製品の完全性（またはセキュリティ）の保護に開発時間をほとんど割けない環境を指す。「中」はほとんどのデプロイに適合する合理的な保証要件を含み、本ホワイトペーパーのベースラインとなる。最後に「高」の保証環境は製品が改ざんされず、許可のない変更を防ぎ、忠実度の高い来歴保証と検証のプロセスを採用することを要求する。

図7.9が示すように、このホワイトペーパーは原材料、製品、開発に関連する従来のサプライチェーンとの類似性を示している。ほかにもこのホワイトペーパーはテクノロジーが垂直生産方式からアジャイルとDevOpsの習慣を採用したように、ソフトウェア・サプライチェーンも製造業から得られる示唆を活用できると指摘している。

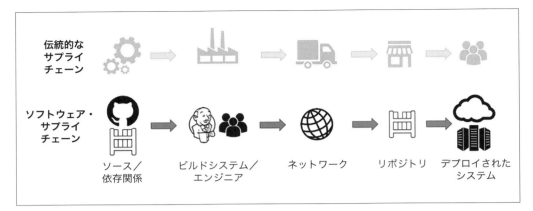

図7.9

　製造業のサプライチェーンとの類似点を挙げつつ、本ホワイトペーパーはいくつかの重要な相違点も強調している。主に、ソフトウェア・サプライチェーンは無形であって物理的な領域では不可視な仮想的やデジタル的な要素を含んでいるという現実である。その他の主な相違点としては、ソフトウェア・サプライチェーンはテクノロジー中心であるために今後もより急速に進化し続けるという事実だ。最後は再利用の存在とデジタルサプライチェーンの複雑さである。多くの人が「亀の歩み」という例をよく使うが、これはほとんどの場合無限の後退でいくつかの直接的な依存や推移的な依存があることを意味する。

　多くの製品やサプライチェーンはほかの製品やサプライチェーンの断片あるいは構成要素である。ほとんどの脆弱性が直接的な依存関係よりも推移的な依存関係の間に蔓延していることをとくにデータが示しているため、いくつかの課題を生み出す可能性がある。物理的なサプライチェーンと同様に、デジタルおよびソフトウェア主導のサプライチェーンの各段階においてリスクが生じる恐れがある。このような背景がある中でソフトウェア・サプライチェーンのライフサイクルでの各段階におけるリスクを軽減するためにSLSAといったフレームワークや関連するほかのベストプラクティスが出てきた。より広いサイバーセキュリティやテクノロジーと同じようにソフトウェア・サプライチェーンの強度は最も脆弱な箇所によって強さが決まるため、サプライチェーンの1カ所の脆弱性がサプライチェーンの残りの部分、下流の利用者、ベンダーとOSSコンポーネントの両方といった利害関係者に連鎖的な影響を及ぼす可能性がある。

CNCFのガイダンスは「検証」「自動化」「管理下環境での認可」「安全な認証」などいくつかの重要なテーマを強調している。これらのテーマはソフトウェア・サプライチェーンのライフサイクル全体を通じて強固な保証を確保するために不可欠なものであり、さまざまな推奨事項や推奨される管理方法として当該ガイダンス全体を通じて取り上げられている。

検証はある段階から次の段階への完全性を確保するための鍵であり、自動化は繰り返し可能かつ不変のプロセスに役立つ。機械と人間のエンティティへの権限の適正化によって各エンティティとステージでは当該エンティティに明示的に定義され必要な活動のみを行うことができるようになる。この最小権限アプローチは長年にわたるセキュリティのベストプラクティスであり、ゼロトラストの推進においても強調されている。

最後に、安全な認証はサプライチェーンのエンティティ間の相互認証を保証するものであり、環境と関係する組織の保証レベルに沿った認証方法を使用する。このガイダンスではサプライチェーンの5段階（ソースコード、部品、ビルドパイプライン、成果物、デプロイの保護）を対象としており、以降のセクションでそれぞれの段階について説明する。

7-4-1　ソースコードの保護

ソフトウェア・サプライチェーンはソースコードから始まる。ソースコードの作成とセキュリティ確保は下流のサプライチェーン全体の整合性に影響を与える可能性のある基礎的な活動である。CNCFのガイダンスはIAM（アイデンティティ・アクセス管理）がプラットフォームやベンダーを問わず最も重要な攻撃ベクトルとして機能し、ソースコードリポジトリにアクセスする人間と機械のエンティティ両方に適用されると指摘している。このような主張はデータ漏えいの内訳の60％以上に漏えいした認証情報が関与していることを示す、Verizon社の2022年のデータ侵害調査報告書（DBIR）[12]などによって実証されている。

ソースコードのセキュリティに関する推奨事項は先述した5つのテーマをカバーしている。これらにはソースの提出や変更の完全性と否認防止を保証するための署名付きコミットの実装などの検証活動が含まれる。GPG（GNI Privacy Guard）鍵やS／MIME（Secure／

※12　https://www.verizon.com/business/resources/reports/dbir/
（訳注）現在は2024年のデータに置き換わっている。

Multipurpose Internet Mail Extension）証明書のような伝統的な方法もあるが、Sigstore を使って「キーレス」な署名を容易にするGitSign[13]のような革新的な新しいソリューションもある。これは従来の署名や鍵管理活動に伴うオーバーヘッドを削減できるため、成果物やメタデータに署名する方法としてますます魅力的な手法となっている。

自動化はソースコードと関連するリポジトリのセキュリティ確保にも利用できる。そのような分野の一つには公開されたシークレットの問題がある。この文脈においてシークレットとは資格情報ファイル、SSH鍵、アクセストークン、APIキーなどを指す。シークレットスプロール（Secret sprawl）とは機密性の高い資格情報の拡散や配布のことで、とくに宣言的なアプローチやさまざまなマニフェスト、設定ファイルにシークレットをコミットする機会を含むクラウドネイティブなDevSecOps環境では重大な問題となっている。

GitGuardian社はシークレット管理に特化した会社で「2022年のシークレットスプロールの実態」[14]など、この問題を深く掘り下げる非常に有益なレポートを作成している。憂慮すべき測定基準としては、2021年にアプリケーションセキュリティエンジニア1人あたりで3,000件以上のシークレットが検出されたことや2021年に公に漏えいしたシークレットが600万件を超えて2020年の2倍になったことなどがある。本書の著者の一人もシークレット管理の現状と、不適切な慣行がもたらす影響について取り上げた記事を書いている[15]。これらの漏えいしたシークレットは悪意者からのアクセスを許してしまい、環境全体に大混乱を引き起こす可能性がある。GitGuardian社が発表した前述のレポートによればGitHubの公開リポジトリで新たに1,000万件以上のシークレットが公開された。2022年にはUber社、NVIDIA社、Microsoft社、Slack社といった業界でも著名な組織に影響を与えたセキュリティインシデントにも何らかの形でシークレットが関与していたことを当該レポートは示している。

ソースコードリポジトリに管理環境を導入することはコードへのコントリビューションを管理するコントリビューションポリシーの確立と順守など、対応する管理を通じていくつかのリスクを軽減する機会を提供する。先に挙げた権限の適正化にも関わるが、組織内の機能

※13　https://github.com/sigstore/gitsign
※14　https://www.gitguardian.com/state-of-secrets-sprawl-report-2022
※15　https://www.csoonline.com/article/3655688/keeping-secrets-in-a-devsecops-cloud-native-world.html

的な責任とロールを整合させ権限を関連付ける機会もある。ゼロトラスト環境で一般的なように、組織は時間帯やデバイスの状態などの要因を確認し、時間帯などの制限を付けるといった動的なアクセスを提供するコンテキストベースのアクセス制御メカニズムを使用することで管理環境の導入をさらに進めることができる。サイバーセキュリティの多くの分野には権限分掌によってリクエストの要求者が承認者になれないといった基本的な推奨もある。

認証は人間または機械によるソースコードリポジトリへの最初のアクセスを許可するための活動である。認証での推奨事項にはリポジトリへのアクセスに多要素認証を実施することや、開発者からのアクセスにSSH鍵を使用するといったことが含まれる。これらの鍵は万が一漏えいした場合に悪意あるアクセスや活動への悪影響が与えられないように、関連するローテーションポリシーが持たれるべきである。機械またはサービスエンティティの場合には組織は短命の一時的な資格情報を採用すべきである。これらの資格情報はパイプラインエージェントのような機械やサービスへのアクセスを可能にするだけでなく鍵が常に生成、利用、破棄されるため資格情報の危殆化の影響を緩和することができる。前述したように、漏えいした資格情報は悪意のある攻撃者にとって最も一般的な攻撃ベクトルの一つであるため、短命な資格情報を使用することで攻撃の影響を軽減することができる。

7-4-2　部品の保護

ソフトウェア・サプライチェーンの文脈では、CNCFのガイダンスは依存関係としての仲間とライブラリについてそれが直接的か推移的かを議論している。このセクションは、本書の包括的なコンセプトに最も密接に関連しているソフトウェア・サプライチェーンの透明性とセキュリティに焦点を当てている。このガイダンスでは高保証環境の中には信頼できるリポジトリのみを使用し、ほかのリポジトリへのアクセスをブロックする必要がある場合があることに言及している。また、NIST SP 800-161改定第1版が開発用に既知の信頼されたコンポーネントの内部リポジトリを確立することを推奨していることにも触れる価値がある。このガイダンスについてはNIST SP 800-161改定第1版を取り上げたChapter8で説明する。

CNCFのガイダンスは、組織が使用しているセカンドパーティやサードパーティのソフトウェアに関してリスク管理の方法論を用いるべきであると強調している。組織とオープン

ソースプロジェクトの両方が脆弱性のあるコードのCVE（共通脆弱性識別子：Common Vulnerabilities and Exposures）を公表することは慣例となっているが、このガイダンスではCVEは追跡指標として、コードの脆弱性が発見され公開された際に利用者に通知された時点ですでにコードは脆弱だと指摘している。組織としては運用の健全性などの指標に結び付くプロジェクトやコードに関連するリスクを利用者に知らせることができるほかの指標も活用することが重要である。このようなプロジェクトの一つが後のセクションで取り上げるOpenSSFのScorecardプロジェクトである。組織は外部のソフトウェアのコンポーネントを利用するためにサードパーティのライブラリやコンポーネントを検証することは非常に重要で、その方法としてはチェックサムの使用や署名の検証などがある。組織はSCAやSBOM生成などの方法を用いて、使用しているソフトウェアに脆弱なオープンソースコンポーネントが存在するかどうかを判断することも可能かつ望ましいと考えられる。組織がSCAとSBOMを用いると、より広域なソフトウェア資産インベントリについての組織の取り組みの一環として利用するOSSのコンポーネントとそれらが属するシステム間の依存関係を追跡し始めることができる。組織はOSSのコンポーネントだけでなく組織全体で使用されるソフトウェアベンダー、サプライヤおよびソースを含むサプライチェーンインベントリを作成し始めることができる。

　ガイダンスが注意を喚起するもう一つのリスクはソースコードやテキスト形式ではなくバイナリやtar形式のようなコンパイルされたソフトウェアに悪意のあるコードが含まれる可能性である。このため、ガイダンスでは悪意のある攻撃者によって侵害済みの恐れがあるコンパイルがなされているソフトウェアを使用するのではなく、ソースコードからライブラリをビルドすることを推奨している。ソフトウェアのサプライチェーンインベントリを作成することを推奨しているのと同様に、このガイダンスでは組織が信頼できるパッケージマネージャーとリポジトリのインベントリを作成しつつ、承認されていない提供元からのコードの侵入を制限するためにアクセスを制御することを推奨している。

　組織はほかに自動化を活用して外部から取り込む部品を保護すべきである。この分野にはソフトウェアの脆弱性のスキャン、ライセンスの影響、取り込まれたソフトウェアに関連する直接的あるいは推移的な依存関係の特定などが含まれる。

7-4-3　ビルドパイプラインの保護

　CNCFのSSCPガイダンスは製造業における組み立てラインとソフトウェア・サプライチェーンエコシステムにおけるビルドパイプラインの類似性を示しており、ビルドパイプラインを「ソフトウェアファクトリーの心臓部」とまで呼んでいる。ビルドパイプラインはソースの管理リポジトリやサードパーティプロバイダーなどの提供元から先に説明した多くの部品を組み立てる。後ほど改めて記述するが、これらのビルドパイプラインはビルドステップ、ワーカー、ツール、パイプラインオーケストレータなどのさまざまなコンポーネントで構成される。

　ビルドパイプラインの安全性を確保するには、ビルドパイプラインとそのプロセスのどちらも侵害されないように、ビルドステップと関連するアウトプットを堅牢化する必要がある。悪意のある攻撃者はビルドパイプラインを侵害することで上流のビルドプロセスが侵害に気付くことがない、(上流で作られたソフトウェアを利用する) 下流の利用者に悪意のあるソフトウェアを配布できることを知っている。

　CNCFはビルドパイプラインを保護するためのいくつかの重要なステップを推奨している。

- すべてのビルドコンポーネントに単一のリポジトリを使用する
- ステップと関連する入出力を文書化する
- 成果物やメタデータへの署名などの方法を用いてビルドプロセスの完全性を確保する

　組織はほかの生産システムや環境と同じようにビルドパイプラインとインフラも脅威モデル化および自動化セキュリティテストの対象とすべきである。単刀直入に言えば、ビルドシステムはセキュリティの観点から本番環境と同じように扱われるべきである。その理由はビルドシステムの出力は最終的にランタイム環境に取り込まれるものだからである。これらの出力が汚染されると本番環境の動作環境も汚染さる。

　CNCFの公表物ではとくに引用されていないが、ビルドパイプラインの保護に関する優れたガイダンスとしての情報源の一つは新しく結成されたOWASPトップ10 CI / CDセキュリティリスクプロジェクトである[16]。このプロジェクトが指摘するようにCI / CD環境、プロ

※16　https://owasp.org/www-project-top-10-ci-cd-security-risks

セス、システムは現代のソフトウェアデリバリの中核である。このプロジェクトはCI / CD環境を悪用することでSolarWindsやCodecovなどのいくつかの注目すべきセキュリティインシデントが発生して何千もの下流の利用者や組織に影響を与えていることを指摘している。このガイダンスはパイプラインオーケストレータ、ビルドワーカー、セキュリティで保護された成果物リポジトリからのソーシングなど、最新のビルド環境の中核となるコンポーネントを挙げている（図7.10参照）。これらのエンティティはたとえば依存関係の構築とひも付け、アプリケーションのビルド、テスト、安全なストレージリポジトリへの公開そして最終的なデプロイといったステップを実行するために協働する。これらのプロセスやエンティティを危険にさらすことはデプロイ環境の下流へ影響を及ぼす。

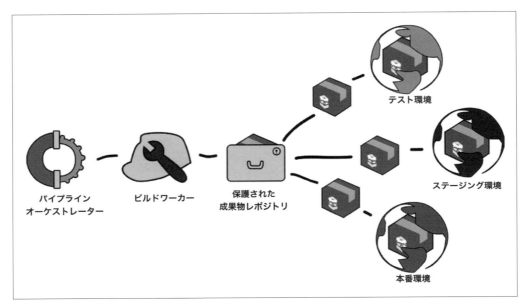

図7.10

本ガイダンスではもう一つの重要な行為として検証が挙げられている。この領域には、図7.10で示すようにポリシー順守を検証するための暗号の利用、使用前の環境と依存関係の検証、ビルドワーカーのランタイムセキュリティ検証といった活動が含まれる。本ガイダンスではエンドツーエンドの暗号的保証の生成を一つの選択肢として挙げている。

もう一つの重点は高保証かつ高リスク環境での再現可能なビルドの使用である。再現可能なビルドは要約すると与えられた入力を暗号的に証明できる出力にすることである。つまり、悪意があるか意図しない改変を特定して対処することができる。再現可能なビルドはSLSAなど、ほかのガイダンスにも出るが多くの人が指摘するようにこれはささいな努力ではなく時間とリソースの点でコストがかかり得る。このような理由のため再現可能なビルドは保証の高い環境で行われている。

その他の特筆すべき実施事項と能力は次のとおりである。

- ビルド環境の作成の自動化
- ビルドを異なるインフラ環境に分散
- 自動化を利用してチームやプロジェクト間でパイプラインを標準化
- 保護されたソフトウェアファクトリー（後述する「CNCFの安全なソフトウェアファクトリーのリファレンスアーキテクチャ」を参照）をホストするために保護されたオーケストレーション環境をプロビジョニングする

7-4-4　成果物の保護

ビルド段階が完了すると成果物とソフトウェアがそれらに関連するメタデータとともに生成される。CNCFが推奨するような成果物のライフサイクルの各段階で行われるべき署名など、成果物を保護して完全性を保証するためにさまざまな方法を使用することができる。

CNCFのガイダンスではビルドプロセスのすべてのステップで署名を行い、生成された署名の有効性を確認して検証することを推奨している。CNCFはプロセス全体で必要とされる証明[17]のために使用できるプロジェクトの例としてTUF（The Update Framework）、SPIFFE、SPIREを挙げている。SPIFFEとSPIREは最新の異なるインフラ間で統一されたアイデンティティ管理プレーンを提供することを目的としている。SPIFFEとSPIREはマイクロサービス通信の保護、セキュア認証の実現、ゼロトラストセキュリティモデルのクロスサービス認証などにも対応している[18]。組織はTUFとNotaryを使用し成果物の署名と関連

※17　（訳注）信頼できることを保証する情報など。
※18　https://spiffe.io

するメタデータと出力結果の保存を管理することで自動化に活用することができる。

　組織はほかに成果物を特定の当事者が署名できるように時間的制約も含めて制限し、定期的なレビューと関連付けるための措置を講じるべきである。時間的制約には認証情報およびアクセスの有効性に時間を基にした制約を設定することが含まれる。成果物が作成されたら組織は配布する前に暗号化して権限を付与されたプラットフォームおよび利用者のみが復号できる形式にすべきである。これらのステップに従うことで成果物がさまざまなライフサイクルの段階を通じて完全性をもって提供され、最終利用者または受信者が個人であるか非自然人であるかを問わず、適切に制限された権限とアクセス制御を備えていることが保証される。

7-4-5　デプロイの保護

　CNCFによるSSCPホワイトペーパーにおける最後のセクションは「デプロイの保護」である。ここでもCNCFはこの活動におけるTUFの重要性と悪意のある活動を検知および防止することの必要性を強調している。

　検証は、ソフトウェア成果物がデプロイされた後に行われるべき重要な活動として位置付けられている。ソフトウェア成果物を受け取る顧客は成果物の整合性を確認できるだけでなく、関連するメタデータも検証することができる。SBOMが作成された場合にはSBOM署名と、許可された当事者によって署名されたことをクライアントが検証できることでもある。

7-5

CNCFの安全なソフトウェアファクトリーのリファレンスアーキテクチャ

多くの人にとってソフトウェア開発に関連する**ファクトリー**（工場）という言葉は奇妙に思えるかもしれない。たいていの人は**工場**という単語から鋼、自動車、家電製品などの物理的なモノの収集、操作、製造を連想するだろう。しかし皮肉なことに、現代の工場環境のほとんどを動かしているソフトウェアは工場と類似した方法で生産されるようになってきている。**ソフトウェアファクトリー**という用語は一般に効率的で繰り返し可能かつ安全な方法でソフトウェアを生産するために必要なツール、資産およびプロセスの集合体を指す。

ソフトウェアファクトリーという用語は官民両部門で定着し、MITREやVMware社などの組織で認知されている。国防総省にはKessel Run、Platform One、Army Software Factoryを筆頭に約29個のソフトウェアファクトリーの強固なエコシステムがある。ソフトウェアファクトリーという構図はメディケア・メディケイドセンター（CMS）プログラムのbatCAVEなど連邦政府の市民向け機関にも広がっている。この用語は安全なソフトウェアファクトリーのリファレンスアーキテクチャを発表したCNCFのような業界をリードする組織にも認められている。

7-5-1　安全なソフトウェアファクトリーのリファレンスアーキテクチャ

CNCFはソフトウェア・サプライチェーンを「アプリケーションソフトウェアを記述、テスト、パッケージ化、エンドユーザーに配布する際に実行される一連の手順」と定義している。ソフトウェアファクトリーはソフトウェアの配布を容易にする論理的な集合体で、正しく行われればセキュリティがアプリケーションの配布プロセスの重要な構成要素であることを保証する。

CNCFのSSF（安全なソフトウェアファクトリー：Secure Software Factory）リファレンスアーキテクチャ[19]のガイダンスはクラウドネイティブセキュリティのベストプラク

※19　https://github.com/cncf/tag-security/blob/main/community/working-groups/supply-chain-security/
secure-software-factory/Secure_Software_Factory_Whitepaper.pdf

ティス[20]やソフトウェア・サプライチェーンのベストプラクティス[21]といったCNCFによる以前の出版物に基づいて構築されている。

このリファレンスアーキテクチャはセキュリティに焦点を当てた既存のオープンソースツールを強調している。また、ソフトウェア・サプライチェーンのホワイトペーパーにある4つの包括的な原則を中心としている。

- 多層防御
- 署名と検証
- 成果物のメタデータ分析
- 自動化

各原則はソフトウェアの開発段階から本番稼働に至るまで安全なソフトウェアの提供を保証するために必要である。

また、このリファレンスアーキテクチャはコードのスキャンや署名のような懸念領域に重点を置いているのではなく、コードの来歴と構築活動に深く重点を置いていることを明確にしている。この重点の根拠はSAST／DAST（静的／動的アプリケーションセキュリティテスト）のような下流活動は来歴を検証し、提供元である相手の身元が信頼できるエンティティであることに依存しているからである。これらのアイデンティティは人間のユーザーまたは機械のアイデンティティに結び付けられるかもしれない。署名と、それが信頼された提供源からの署名であることの検証の組み合わせが来歴の保証の鍵である。

安全なソフトウェアファクトリーの各エンティティには依存関係が存在する。それはより広範な組織のアイデンティティ・アクセス管理システム、ソースコード管理、または下流の利用者が使用している成果物の証明や署名を安全なソフトウェアファクトリーに依存している場合である。

※20 https://github.com/cncf/tag-security/blob/main/community/resources/security-whitepaper/v2/CNCF_cloud-native-securitywhitepaper-May2022-v2.pdf
※21 https://github.com/cncf/tag-security/blob/main/community/working-groups/supply-chain-security/supply-chain-security-paper/CNCF_SSCP_v1.pdf

安全なソフトウェアファクトリーにはいくつかのコンポーネントがあり、そのうちのいくつかはコアコンポーネント、管理コンポーネントおよび配布コンポーネントとみなされる。コアコンポーネントは入力を受け取り、それを使って出力される成果物を作成する。管理コンポーネントは安全なソフトウェアファクトリーがポリシーに従って実行されることを保証することに焦点を当てる。最後に、配布コンポーネントは下流での利用のためにソフトウェアファクトリーの製品を安全に移動させる。

7-5-2　コアコンポーネント

　コアコンポーネントにはスケジューリングとオーケストレーションのプラットフォーム、パイプラインのフレームワークとツールそしてビルド環境が含まれる。すべての安全なソフトウェアファクトリーのコンポーネントは活動を行うためにプラットフォームおよび関連するオーケストレーションを使用する。パイプラインと関連ツールは、ソフトウェア成果物をビルドするためのワークフローを円滑にする役割を果たす。ガイダンスでは、パイプラインはワークロードと同じ要件に従うべきであると強調している。これはパイプラインが攻撃対象の一部でありSolarWinds事件でそうであったように、下流の利用者に影響を与えるために悪用される可能性があることを指摘するためのものである。この強調はSLSAのような新しいフレームワークにも当てはまる。

　最後はビルド環境である。ビルド環境はソースコードが**成果物**と呼ばれる機械可読なソフトウェア製品に変換される場所である。成熟したビルド環境はビルドプロセスと関連する出力物ないし成果物の完全性を検証するためにビルド中に使用された入力、動作、ツールに関する自動の証明を提供するように取り組んでいる。

　TestifySec[※22]のような組織は、組織がプロセスの改ざんやビルドの危殆化を確実に検出できるようにするための技術革新に取り組んでいる。注目すべき例としてビルド資料の改ざんを防止し、ソースからターゲットまでのビルドプロセスの完全性を検証することを目的としたWitnessプロジェクトが挙げられる[※23]。

※22　https://www.testifysec.com
※23　https://github.com/in-toto/witness

7-5-3　管理コンポーネント

　管理コンポーネントにはポリシー管理フレームワーク、アテスター、オブザーバーが含まれる。安全なソフトウェアファクトリーの文脈ではポリシー管理フレームワークはアイデンティティ・アクセス管理システム、割り当てられたワーカーのノード、認可されたコンテナイメージなどでの組織とセキュリティの要件を文書化するのに役立つものである。これらのポリシーはリスク許容度や適用される無数の規制フレームワークの違いによって組織ごとに異なるものとなる。ポリシー管理フレームワークはゼロトラストの推進を見守る中でとくに重要である。

　誰がどのようなコンテキストで何をすることを許可されているかを判断するのは最小許可アクセス制御のようなゼロトラストの信条を達成するための鍵である。権限のない個人によってプッシュされたコンテナ、信頼できない提供元からのコンテナ、信頼できる提供元によって署名されていないコンテナなどのデプロイはされたくない。クラウドネイティブの文脈ではコンテナやKubernetesのようなオーケストレータを使用しているとされることが多いため、ノードアテスター、ワークロードアテスター、パイプラインオブザーバーといったエンティティが存在する。これらのアテスターはパイプラインのプロセスに関連する検証可能なメタデータと同じように、ノードとワークロードのアイデンティティと真正性を検証する。

7-5-4　配布コンポーネント

　成果物リポジトリとアドミッションコントローラを含む配布コンポーネントが安全なソフトウェアファクトリーの中で挙げられる主要なコンポーネントを締めくくる。パイプラインプロセスの出力は成果物リポジトリに格納される成果物を生成する。これらにはコンテナイメージ、Kubernetesのマニフェスト、SBOM、関連する署名などが含まれる。Sigstoreのようなソリューションを使用してコードだけでなくSBOMや証明書にも署名する動きが増えている。このことは以前取り上げたLinux Foundation / OpenSSFのOSSセキュリティ動員計画でも強調されている[24]。成果物リポジトリの次にアドミッションコントローラがあ

---

[24]　https://www.csoonline.com/article/3661631/the-open-source-software-security-mobilization-plan-takeaways-for-security-leaders.html

る。アドミッションコントローラは認可されたワークロードだけがスケジューリングとオーケストレーションコンポーネントで実行できるようにする役割を担う。これらのコントローラはどのソースがビルドに許可されるか、どのコンポーネントがノードホストに許可されるか、使用されるコンポーネントが信頼され検証可能であるかなどのポリシーを適用することができる。

7-5-5　変数と機能

　安全なソフトウェアファクトリーのガイダンスでは入力と出力が異なることが理解されている。入力物にはソースコード、ソフトウェア依存関係、ユーザー認証情報、暗号部品、パイプライン定義のような項目が含まれる。出力物にはソフトウェア成果物、公開署名鍵、メタデータ文書などが含まれる。ホワイトペーパーではほかにプロジェクトが安全なソフトウェアファクトリーを通過するような機能や、最終的には下流の利用者との信頼を確立する保証レベルを持てる来歴が証明された安全な出力と成果物を提供することについて触れている。

7-5-6　ここまでのまとめ

　安全なソフトウェアファクトリーのリファレンスアーキテクチャは複雑に見えるし、実際に複雑である。最新のクラウドネイティブ環境でソフトウェアを提供するには多くの可動部分とそれに付随するプロセスが必要であり、利用されるものと生産されるものの両方が組織のリスク許容度に見合った保証レベルで行われることが保証される必要がある。

　その複雑さはすべてを結び付けることがいかに困難であるか、そして近代経済でのソフトウェアによって動くエコシステム全体での利用者に影響を与え得る誤操作や設定ミスの機会をシステムがはらんでいるかということを強調している。防御側は常に正しくなければならず、悪意ある行為者は一度だけ正しければよいとよく言われる。複雑なクラウドネイティブの環境では人員配置の問題や認知の過負荷があるため、干し草の山ではなく針の山から特定の針を探すようなものになる。

7-6

Microsoft社のセキュアサプライチェーン利用フレームワーク

　OSSの最大の貢献者であり利用者でもあるMicrosoft社がS2C2F（セキュアサプライチェーン利用フレームワーク：Secure Supply Chain Consumption Framework）と呼ばれるソフトウェア・サプライチェーンのセキュリティフレームワークを作成したことは驚くべきことではない。Microsoft社は2022年8月に初めてS2C2Fを公式に発表したが、2019年には早くも自社の開発手法の安全性を確保するために社内で使用していると述べている。さらに一歩踏み込み、同社は2022年11月に業界のOSSリーダーであるOpenSSFにS2C2Fを正式に採用してもらうことでOSSコミュニティに貢献した[25]。

　このフレームワークが何をカバーし、何を目指しているのかを少し掘り下げてみよう。Microsoft社はこのフレームワークのゴールを、OSSの依存関係を安全に消費するためのコアコンセプトを示して安全なOSS消費のコアプラクティスを実装することだとしている。類似のフレームワークと同じように、このフレームワークは生産性とイノベーションの両方を推進するうえでOSSがソフトウェアのエコシステムとより広範な業界全体で果たす重要な役割を強調している。Microsoft社はこのガイダンスは2つのセクションに分かれていると述べている。

- セキュリティ担当役員などの個人を対象とし、ソリューションにとらわれない成熟度志向のセクション
- 実際のソフトウェア開発者とそのセキュリティ関係者を対象とし、組織レベルでは情報提供にとどまるが戦術レベルでは実用的である実装のセクション

S2C2Fには3つのハイレベルな目標がある。

- 強力なOSSのガバナンスプログラムを提供
- OSSの既知の脆弱性を解決するための平均復旧時間（MTTR）を改善

※25　https://www.microsoft.com/en-us/security/blog/2022/11/16/microsoft-contributes-s2c2f-to-openssf-to-improve-supply-chain-security

- 危殆化した悪意のあるOSSパッケージの利用を防止

フレームワークの3つの目標は以下の3つのコアコンセプトと連動している。

- スケール
- 継続的なプロセス改善
- すべての成果物入力の制御

図7.11はこれらの目標とコアコンセプトを示している。

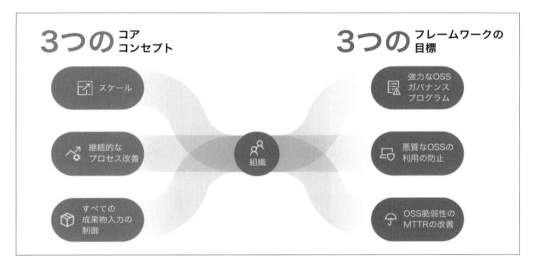

図7.11

　これらのコアコンセプトは表面的には単純に聞こえるかもしれないが、ソフトウェア開発を行う大規模なエンタープライズ環境では非常に複雑かつ気の遠くなるようなものになり得る。S2C2Fが指摘するように、現代のソフトウェアの開発者はOSSを無数の方法で利用する。このためOSSの利用方法を標準化して、開発者を標準化された方法に従わせることでOSSを安全にすることを可能にする。またOSSの利用にあたっては、組織全体の開発チームでの統制されて構造的なアプローチが重要である。S2C2Fはほとんどのセキュリティのフレームワークと同じように、組織が踏み出す道のりにおいて継続的なプロセス改善に焦点を当てた成熟度モデルである。組織は実施すべき特定の要件に優先順位を付け、新たな脅威

やリスクの出現に応じて早期に変更を加えることができる。

　最後に、習慣化と成熟を独立して行うのは効率的ではなく、現代の企業が直面する広範な攻撃とリスクサーフェスに対処できない。そのため、S2C2Fはスケールをコアコンセプトとしている。ガイダンスが指摘する具体的な例の一つは開発者が使用する集中型内部レジストリの提唱であり、これはNIST SP 800-161改定第1版などでも推奨されている。

　フレームワークが指摘するように、このモデルは1人の開発者が内部のレジストリ以外からOSSのコンポーネントを使うと決めた時点で崩壊する。また、内部のレジストリ自体もオーバーヘッドと管理が必要でそれに伴う負担とコストも発生する。S2C2Fは自ら述べているように、われわれがこれまで取り上げてきたほかのガイダンスで提唱されているような中央集権的なアプローチに頼らずにOSSの利用を大規模に保護するために設計されている。この思考プロセスはより分散化されたアプローチを提唱する組織や、より分散化されたアプローチを取る組織に共鳴するはずだ。

　S2C2Fは統制を通じた安全なOSSの取り込みに焦点を当てた能力成熟ロードマップ全体にわたるツールと要件の組み合わせである。S2C2Fガイダンスは一般的なOSSのサプライチェーンの脅威を議論し、脅威だけでなく実際に発生した攻撃例もカバーし、それらを具体的なS2C2Fの要件にマッピングする。S2C2Fが提供する事例はOSSのコードやコンテナにおける偶発的な脆弱性から意図的なバックドアやリポジトリやパッケージにおける悪意ある活動まで多岐にわたる。このガイダンスはソース、ビルド、デプロイ／ランタイム、依存関係からの脅威を取り上げたGoogle社の「Software Supply Chain Threats」[26]などの情報源を引用している。リストアップされた脅威にはOSSのコンポーネントが寿命を迎えてもはや脆弱性に対処していない場合や、保守者が単に利用者が望む期間内に脆弱性に対処していない場合など、より親切な提供源も含まれている。

※26　https://cloud.google.com/software-supply-chain-security/docs/attack-vectors

7-7

S2C2Fの実践

前述したように、S2C2Fには組織がOSSサプライチェーンを安全に利用するのに役立つソリューションとベンダーにとらわれないプラクティスが含まれている。コンプライアンス、セキュリティ、エンジニアリング管理者、CISOといったリーダーはこれらの実践事項を参照して、組織の安全なOSS利用と統制の差分を特定することができる。これらのプラクティスの内容を理解するために順を追って説明しよう。

最初の実践は「取り込み」である。S2C2Fが指摘するように、ソフトウェア・サプライチェーンの安全性を確保するための最初のステップは成果物のインプットをコントロールすることである。ここでの実践は組織が外部のOSSソースが圧縮されているか利用できないにもかかわらず、資産を出荷することができることを目的としている。パッケージ化された成果物にはLinuxパッケージリポジトリやOCI（Open Container Initiative）レジストリなどがある。組織はこれらの外部提供源をプロキシし必要なものをコピーする必要がある。ソースコード成果物の面では外部ソースコードリポジトリを社内でミラーリングし、パッケージをローカルにキャッシュすることで組織が逆境下に陥っても業務を継続できるようにし、事業継続性を実証することを提唱している。また組織がセキュリティスキャンを実施し、上流に修正事項を提供するかコントリビューションをしたくない場合はローカル環境でコードを修正することもできる。

「取り込み」の次は利用する組織と個人がOSSコンポーネントに関連する脆弱性を可視化できるようにする「スキャン」がある。

S2C2Fが述べているように、信頼は利用されるコンポーネントのセキュリティ姿勢を可視化することによって構築される。取り込んだOSSコンポーネントをスキャンすることによって組織は誤設定、脆弱なコード、既知の脆弱性あるいは潜在的な攻撃対象領域を拡大し得る余計なコードを特定することができる。組織がこの実践を行うために使用できるOSSや独自のスキャンツールは数多くある。

7-7　S2C2Fの実践　　213

組織がOSSコンポーネントを取り込み、スキャンしたら当該コンポーネントが本番環境のどこに存在するかを理解することを目的としてインベントリ化する必要がある。S2C2FはLog4j事件を例に挙げている。正確なOSSコンポーネントのインベントリを持っていた組織は、このインベントリを持っていなかった組織よりもインシデントに対応する能力ははるかに高かった。OSSコンポーネントにほかの重大な脆弱性が出現した場合には、インベントリを持っている組織は脆弱性または侵害されたコンポーネントとシステムを修復あるいはトリアージすることで、迅速に対応することができる。

　取り込んだコンポーネントをスキャンしてインベントリ化することは素晴らしいスタートだが、よく知られているようにソフトウェアはまるで牛乳のような速さで古くなる。つまり本番環境にあるコンポーネントをアップデートしたり、パッチを適用したりする必要があるということだ。そこで、次の実践はコンポーネントを必要な際にアップデートする機能を持つことである。脆弱性が一般に公開されるとその脆弱性にパッチを当てたり、修正したりする組織と脆弱性を悪用する悪意のある攻撃者の間で競争が起こることはよく知られている。

　このため、企業のOSSフットプリント全体にわたって脆弱性のあるコンポーネントを大規模に更新およびパッチを適用するという慣行は非常に重要である。ここでもう一つ考慮すべきことは、OSSコンポーネントは一般的にボランティアによって保守されているため脆弱性の修正に関するサービスレベル合意（SLA）が関連付けられていないことである。そのため、利用者はOSSのメンテナが直接修復を提供していない場合には仮想パッチやその他の緩和策を講じる準備をしなければならない。

　OSSの取り込みと使用に関する標準化されたプロセスを持つこともあるが、プロセスから逸脱したり組織にリスクをもたらす可能性があるコンポーネントを特定するために環境を監査できるようにする必要もある。

　したがって、ガイダンスの次の実践は監査である。これは組織がOSSコンポーネントを監査でき、取り込み、スキャン、インベントリ化という標準化されたプロセスを経ていることを検証できることを意味する。このプロセスができていない場合には統制が崩壊し始める。

監査は素晴らしいことだが、組織は発見された未統制のOSSコンポーネントに対して何らかの対応ができなければならない。そのためガイダンスの次の実践は強制である。確立されたプロセスを開発者が迂回し、信頼できない提供源から統制されていないOSSコンポーネントを導入した場合にも組織はこの逸脱を是正できなければならない。ガイダンスが提示する例としてはDNSトラフィックを迂回させたり、検証されていないOSSコンポーネントが導入された場合にビルドを中断させるゲートをビルドプロセスに設置したりすることが挙げられる。悪意のある攻撃者がビルドプロセスやインフラを侵害して危険なバイナリや成果物につなげようとすることも増えている。

ガイダンスの次なる実践はすべてのOSS成果物をソースコードのデプロイから再構築できるようにすることである。これは、悪意のある攻撃者がバックドア付きの悪意のあるOSSパッケージを挿入したりビルド中に生成されたバイナリに不正な変更を加えたりした場合に重要になる。

S2C2Fは、重要な成果物やビジネスクリティカルな高価値の資産については、本番サービスやアプリケーションのバージョンを作成するために用いられるすべての成果物に対して元のソースコードから管理の連鎖を生成する必要があるかもしれないことを強調している。この実践は重要なOSSコンポーネントに依存している開発者がソースコードを取り込み、再構築し、必要に応じて署名などを行い、再構築した成果物を内部使用のためにキャッシュできるようにすることに重点を置いている。この実践はソフトウェア開発におけるソースコードからバイナリコードへの独立した検証可能なパスを作成するための**再現可能なビルド**のことを直接指し示す[27]。これは関連するすべての成果物におけるビット単位で同一なコピーにつながる。この実践はSLSAのような、ほかの新しく、とくにより高レベルなガイダンスに広く見られるものである。

S2C2Fの最後の実践は問題を修正して上流に貢献できることである。S2C2Fは「脆弱性通知から3日以内にどんな外部の成果物にも個人的にパッチを当て、ビルドし、デプロイし上流のメンテナに秘密裏に修正を提供することができる」と述べている。これは非常に成熟した慣行で、その理由はメンテナへの厳格な依存からOSSプロジェクトやコンポーネントへの積極的な貢献者となるソフトウェア利用者に責任を切り替えるためである。これはまさに本書で後ほど触れる「デジタル・コモンズの悲劇」を書いたChinmayi Sharma氏などの研究者が提唱している種類の行動である。

※27 https://reproducible-builds.org/docs/definition

とはいえこのガイダンスでは、これは極端なシナリオや組織として許容できるリスクの範囲内で公開修正プログラムを上流のメンテナが提供できない場合に一時的なリスクを軽減するためのものであるとしている。OSSコミュニティの理念として、メンテナが適切な措置を取れるようにしつつ必要な場合には喜んで助けるということでもある。S2C2Fはまた、組織がOSSコミュニティに貢献する方法として直接ないしは財団を通じた財政支援、報奨金プログラムへの参加、ベストプラクティスの提唱、主要なOSSプロジェクトへの積極的な参加などを提唱している。

7-8 S2C2Fの実装ガイド

SLSAなどのほかのフレームワークと同じように、S2C2Fは図7.12に示すように最小限のOSSガバナンスから高度な脅威防御まで、それぞれ関連する活動がある4段階の成熟度を指向している。

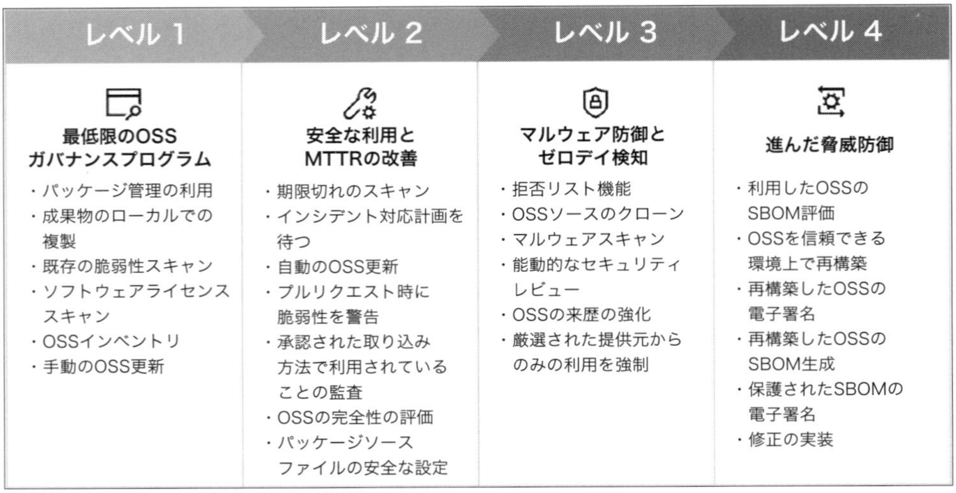

レベル1	レベル2	レベル3	レベル4
最低限のOSS ガバナンスプログラム	**安全な利用と MTTRの改善**	**マルウェア防御と ゼロデイ検知**	**進んだ脅威防御**
・パッケージ管理の利用 ・成果物のローカルでの複製 ・既存の脆弱性スキャン ・ソフトウェアライセンススキャン ・OSSインベントリ ・手動のOSS更新	・期限切れのスキャン ・インシデント対応計画を待つ ・自動のOSS更新 ・プルリクエスト時に脆弱性を警告 ・承認された取り込み方法で利用されていることの監査 ・OSSの完全性の評価 ・パッケージソースファイルの安全な設定	・拒否リスト機能 ・OSSソースのクローン ・マルウェアスキャン ・能動的なセキュリティレビュー ・OSSの来歴の強化 ・厳選された提供元からのみの利用を強制	・利用したOSSの SBOM評価 ・OSSを信頼できる環境上で再構築 ・再構築したOSSの電子署名 ・再構築したOSSの SBOM生成 ・保護されたSBOMの電子署名 ・修正の実装

図7.12

レベル1にはパッケージの内部キャッシュ、基本的なインベントリやスキャンの実施、環境内のOSSの更新といった基礎的な活動が含まれる。レベル2は脆弱なコンポーネントにパッチを適用し、インシデントレスポンスを実行することで、平均復旧時間（MTTR）を短縮する。レベル3では悪意があるか信頼できない既知のコンポーネントと提供源の拒否リストを作成し、OSSコンポーネントに存在するマルウェアをスキャンし、来歴を強制する。最後に、レベル4は意欲的なものとして業界で最もリソースがあって機密性の高い組織を除き多くの組織が満たさない成熟度レベルとされている。このレベルの活動には信頼できるビルドインフラ上でOSSを再構築することや、再構築されたOSSコンポーネントのSBOMを作成し電子署名することなどが含まれる。

　これらの4つの成熟度レベルと関連する能力または要件は有用であるが、組織は自組織または他組織をこれらのレベルに照らしてアセスメントを実施する方法を理解する必要がある。S2C2Fではアセスメントの準備と実際の実施という2つのハイレベルなステップを提供している。準備には組織が開発チームやエンジニアリングチームにこのガイダンスで議論されているツール、能力、ワークフローについて問い合わせることに抵抗がないようにすることが含まれる。ガイダンスではアセスメントの一部として使用できる一連の質問例を示している。これらの質問にはOSSが現在プロジェクトでどのように利用されているのか、OSSがどこから来ているのか、フレームワークのコアコンセプト、目標、成熟度レベルで述べたように既存の統制とセキュリティの慣行を理解することが含まれる。

　アセスメントが実施された後に組織はフレームワークが推奨する能力および実施事項に関する現在の成熟度レベルをよりよく理解する必要がある。この理解によって、組織はアセスメントのプロセスで見つかった欠陥や弱点領域に対処するための改善計画を立てることができるようになる。そして各組織はそれぞれの目標やリスク許容度に基づき、最も重要であると考えられる能力と実務を改善するために的を絞った投資や取り組みを行うことができる。

　S2C2Fはフレームワークの要求事項をマトリックス表で示している。マトリックス表にはプラクティス、要求事項ID、成熟度レベル、要求事項のタイトル、プラクティスを実施することによる組織のメリットなどが含まれている。ツールは中核的な構成要素でさまざまな要件と成熟度レベルを満たすものでもあるため、このガイダンスでは既存の無償ツールやMicrosoftが提供ないしは取り組み中のものも含めたツールの利用可能性と推奨事項も提示している。

S2C2Fガイドはサプライチェーンセキュリティに関する対話に歓迎すべき追加であり、MicrosoftによるOpenSSFへのフレームワークの貢献はOSSコミュニティに対する同社のコミットメントと業界によるこの問題に取り組みを支援することを示している。

7-9

OWASPソフトウェアコンポーネント検証標準

政府組織であるNIST SSDF（セキュアソフトウェア開発フレームワーク：Secure Software Development Framework）とは異なり、OWASP SCVSはコミュニティ主導でソフトウェア・サプライチェーンに焦点を当てた取り組みである。SCVSはソフトウェア・サプライチェーンのライフサイクルを通じて実施可能な関連する活動、管理、ベストプラクティスを特定することでソフトウェア・サプライチェーンのリスクを低減することに主眼を置いている。また、SCVSはChapter8で説明するNIST SSDFガイダンスでも参照されている。2020年にリリースされたSCVSのバージョン1.0はSteve Springettが主導し、その他数名の貢献者とレビュアーが参加している。

SCVSは次の6つのコントロールファミリーに分かれており、各ファミリーはソフトウェアコンポーネントの検証とプロセスについての多様な側面への複数の管理を含んでいる。

- インベントリ
- SBOM
- ビルド環境
- パッケージ管理
- コンポーネント分析
- 由来と来歴

218   Software Transparency

7-9-1 SCVSレベル

　SLSAと同様にSCVSもレベル制を採用しており、レベルが高いほどそれに付随する管理も強化される。SCVSには3つのレベルがある。レベル1は保証の程度が低い要求事項および基本的な管理を対象とする。レベル2は中程度の機密性のソフトウェアや、より厳格な管理が必要とされる状況に対応するものである。レベル3はデータの機密性やミッションの重要性から最も高い保証を必要とする環境向けである。各レベルに関連する基本的なコントロールのいくつかを理解するために、各レベルを詳しく見てみよう。

■ レベル1

　SCVSのガイドが示すように、レベル1はその後のすべての高い保証レベルの基礎を築くものである。ほかのフレームワークと同様に、レベル1にはいくつかの基本的な活動が含まれる。ソフトウェアの世界ではアプリケーションに関係するソフトウェアコンポーネントを理解するためにSBOMを作成することが多くなっている。レベル1には再現可能なビルドを作成するためにCI（継続的インテグレーション）を使用することも含まれる。人気のあるCIプラットフォームにはCircleCI、Jenkins、GitLab、GitHubなどがある。継続的インテグレーションでは開発者がすべての作業コードを共有のメインリポジトリにマージする。CIはCIやビルドサービスのような技術およびプラクティスの側面と、開発者がコードの変更を頻繁に統合することを学ぶという文化的側面の両方を含む。最後に、レベル1では一般に利用可能なツールやインテリジェンスを用いてサードパーティコンポーネントの分析を行うことを求めている。さまざまなツールはサードパーティのソフトウェアコンポーネントに関連する一般に公開されている脆弱性を分析して特定するのに役立つ。SCVSにはレベル2とレベル3もあり、それぞれベースラインのレベル1に厳密性や要求事項を追加している。

■ レベル2

　OWASPが述べているように、SCVSのレベル2はその環境内でリスク管理に関してある程度の成熟度を持っているソフトウェア集約型組織に焦点を当てている。レベル2は、レベル1で特定された管理策をベースに契約や調達などの分野に関与する非技術的な専門家などの利害関係者や関係者を追加している。

■ レベル3

レベル3はSCVSの中で最も厳格なレベルであり、ソフトウェアのサプライチェーン全体における監査可能性とエンドツーエンドの透明性の両方に重点を置いている。このレベルは最も規制が厳しく、機密性の高い業界や最も成熟した組織に限定されることが多い。

OWASPはソフトウェア・サプライチェーンセキュリティの漸進的な改善を追求するために、組織がSCVSを使用することを推奨している。また、OWASPはSCVS を使用する組織にとって最も適切なセキュリティ要件やコンプライアンス要件に適合するようにSCVSを調整することを推奨している。これはほかのセキュリティ標準やフレームワークでよく行われているような画一的なベースライン化ではなく、柔軟性を提唱する独自の視点である。

SCVSが定義するコントロールファミリーと関連するコントロールについても掘り下げてみよう。

7-9-2　インベントリ

正確なインベントリを持つことはSANSやその後のCIS Critical Security Control フレームワークなどで引用されているように、長らく重要なセキュリティ管理であった。一方でインベントリは長らく組織が困難に直面するチャレンジでもあり、SCVSの最初の管理項目としてインベントリが挙げられても何ら不思議ではない。SCVSの文脈ではソフトウェアの作成に使用されるすべてのコンポーネントのインベントリを持つことに重点が置かれ、単一のアプリケーション、組織全体のインベントリおよびソフトウェア取得に関連するソフトウェア透明性を強化するための統制が提唱されている。SCVS はより広範なソフトウェア透明性の推進と同じように、OSSコードを含むファーストパーティとサードパーティの両方のソフトウェアコンポーネントを包含する組織全体のソフトウェアインベントリを持つことを提唱している。

インベントリファミリーのレベル1ではビルド時に直接コンポーネントと推移コンポーネントを把握することや、パッケージマネージャーを使用してサードパーティのバイナリコンポーネントを管理することといった主要な活動に重点を置いている。また、レベル1には機械可読形式のサードパーティ製コンポーネントの包括的なインベントリを持つことや、公開

および市販のアプリケーションのSBOMを生成することも含まれる。レベル2は新規ソフトウェアの調達にもSBOMを要求することでこれらの管理を基礎としている。これはサイバー実務家にとどまらない管理の例であり、調達の一環としてこれらの成果物を求め始めることができる取得専門家のようなほかの非技術的な利害関係者を巻き込み始める。

インベントリファミリーのレベル3ではすべてのシステムのSBOMを継続的に維持し、インベントリ全体のコンポーネントの種類を把握するなどのより厳密な管理を追加し始める。レベル3ではコンポーネントの種類を把握するだけでなく、コンポーネントの機能、さらに重要なこととしてすべてのコンポーネントの由来も把握する必要がある。これはソフトウェアのサプライチェーンに関連してしばしば**来歴（provenance）**と呼ばれる。

7-9-3　SBOM

SBOMはSCVSフレームワークにおける重要なコンポーネントであり、セキュリティ管理ファミリーである。SCVSでは成熟した開発プラクティスを持つ組織はビルドパイプラインの活動の一環として、機械可読形式でSBOMを作成しているとされている。SCVSはCycloneDXやSPDXのような複数のSBOMフォーマットが存在することを認識しており、組織は機能要件や契約要件などを満たし、多様なベンダーエコシステムと連携できるようにするために自社のユースケースに最も適合する形式や場合によっては複数の形式と整合させる必要があるとしている。

SBOMファミリーのレベル1は構造化され機械可読なSBOMを存在させること、SBOMに一意の識別子を割り当てること、タイムスタンプのようなメタデータを使用することといったいくつかの基本的な管理を定めている。これらの管理を基礎として、SCVSはSBOMが記述するすべてのコンポーネントについて完全で正確なインベントリを持つSBOMを持つこととコンポーネントに関連するあらゆる脆弱性についてSBOMを分析することを求めている。最後にコンポーネント識別子が可能な限りネイティブなエコシステムに由来することを保証し、SBOMに含まれるコンポーネントの正確なライセンス情報を持つことが要求される。

SBOMファミリーのレベル2は、レベル1要件を基にSBOMに発行者、サプライヤまたは認定機関が署名を付与するだけでなく署名検証活動を行うなどの管理を追加している。また、レベル2はSBOMがアプリケーションの全テストコンポーネントの正確なインベントリを持ち、SBOMが記述している資産またはソフトウェアに関するメタデータを持つことを求めている。最後に、該当する場合はSBOMに定義されたコンポーネントが有効なSPDXのライセンスIDまたは表現を持つことが要求される。

　レベル3ではSBOMファミリーの活動にさらに多くの管理を追加している。これらにはPURLのような機械可読な形式でコンポーネントの由来を特定することと、SBOMで定義されたソフトウェアコンポーネントの有効な著作権声明を持つことが含まれる。さらにレベル3ではSBOMで定義されたコンポーネントの詳細な来歴および由来の情報を持つこと、SBOMで定義されたコンポーネントにSHA-256などのファイルハッシュを使用することを求めている。

 7-9-4　ビルド環境

　SCVSはソフトウェアのビルドと配信を可能にするソースコードとパッケージのリポジトリ、CI / CDプロセス、テスト、ネットワークインフラとサービスへの対応を含む最新のビルド環境の複雑さを認識している。SCVSが言及しているようにビルド環境とパイプラインにおけるこれらのエンティティや活動は悪意者にとって攻撃ベクトルとなり得るものであり、さらに従来あるような障害や設定ミスが発生する機会でもある。このことはSLSAのようなほかのフレームワークで、最新のパイプラインやビルドプロセスにおけるさまざまな攻撃ベクトルや潜在的な侵害ポイントの例示によっておそらく最も明確に表現されている。

　ビルド環境管理ファミリーはSCVS規格の中で最大のものであり、20以上の管理項目がある。レベル1には繰り返し可能なビルドプロセスやビルド指示に関連する文書化、CIパイプラインの使用といった基本的な管理が含まれる。また、アプリケーションのビルドパイプラインがバージョン管理システム内のソースコードからのみビルドを実行できるようにすることや、ソースやバイナリに対するビルド時の変更をよく知られ定義されているものにすることなどの管理も含まれる。最後に、レベル1ではすべてのファーストパーティとサードパーティのソフトウェアコンポーネントのチェックサムをビルドごとに文書化することを求

めている。

ビルド環境管理のレベル2ではビルドを実行するジョブの外におけるビルドの変更、パッケージ管理の設定の変更、コードをジョブのビルドスクリプトのコンテキストから外部で実行することをビルドパイプラインが許可しないなどが追加され始める。また、レベル2はビルドパイプラインの認証と認可の強制やデフォルトの拒否設定も求めている。ビルドパイプライン自体が時代遅れのシステムやソフトウェアによって侵害され得る可能性があることを考慮し、レベル2ではビルドパイプラインの技術スタックについて確立されたメンテナンスの周期を持つことを求めている。最後に、レベル2ではすべてのコンポーネントのチェックサムにアクセスできるようにしつつ、コンポーネントがパッケージ化されたり配布されたりする際にチェックサムを経路外で配信することを求めている。

レベル3の最終的な要件には、ビルドパイプラインにおけるシステム設定の変更に関する利害関係や職務の分離の義務付け、すべてのシステム変更とビルドジョブの変更に関する検証可能な監査ログの保持といった項目が含まれる。また、コンパイラ、バージョン管理システム（VCS）、開発ユーティリティ、ソフトウェア開発キット（SDK）の改ざんや悪意のあるコードの監視の要件もある。この管理は使用されていない直接コンポーネントと推移コンポーネントが特定されアプリケーションから削除されていることの確認を要求している。これは攻撃対象領域を減らして悪意者の潜在的な攻撃ベクトルを最小化することに貢献する。

7-9-5　パッケージ管理

SCVSは現代のOSSコンポーネントはしばしばMaven、.NET、npmのようなエコシステム固有のパッケージリポジトリに公開されると指摘している。組織はNIST SP 800-161改定第1版やNSAの開発者向けセキュアガイダンスといったガイダンスが推奨するように、ファーストパーティのコンポーネントだけでなく信頼されたサードパーティのコンポーネントのためにも内部リポジトリを確立する方向に急速に向かっている。SCVSはパッケージマネージャーの起動はビルドプロセス中が多く、その利用にはいくつかのビジネス的な利点と技術的な利点があるがセキュリティ上の考慮も必要であることを指摘している。パッケージ管理ファミリーのレベル1はバイナリコンポーネントがパッケージリポジトリから取得され、コンポーネントの中身がOSSコンポーネントの権威ある起点と一致していることを保証す

ることを含む。リポジトリはほかにこれらのコンポーネントが更新されたときの監査やログに対応し、リモートリポジトリやファイルシステムから取得されたパッケージの完全性を検証しなければならない。パッケージマネージャーはデータの授受にTLSのような暗号化を強制し、TLSの証明書チェーンが検証されるか、検証できない場合は安全に失敗することを保証しなければならない。安全な失敗とはTLSの証明書チェーンが検証できないときにシステムは継続的な機能と活動を許可するのではなく、安全な状態に戻すことを意味する。パッケージマネージャーはコンポーネントコードを実行してはならず、パッケージインストールデータは機械可読形式で利用可能でなければならない。パッケージ管理ファミリーのレベル1からレベル2に進むと、多要素認証を使用するなどパッケージリポジトリに対する強力な認証も要求される。多要素認証の侵害や悪用といった最近の事例[28]も踏まえ、組織はとくにフィッシング耐性のある多要素認証に重点を置くとよいだろう[29]。

　強力な認証に加えてレベル2ではパッケージリポジトリがセキュリティインシデントを報告し、セキュリティ問題を公開者に通知する機能を確実にサポートするように求めている。パッケージリポジトリがVCSのソースコードとコンポーネントのバージョンを検証可能な形で関連付けることができるようにすることと、本番用リポジトリにパッケージを公開する際にコード署名を行うことも呼びかけられている。

　最後に、パッケージ管理ファミリーのレベル3にはさらにいくつかの管理機能が追加される。これにはパッケージリポジトリのコンポーネントが多要素認証を経て公開されていることの確認や、セキュリティ問題のユーザーへの通知を含むセキュリティインシデント報告の自動化などが含まれる。また、コンポーネントを公開する前にパッケージリポジトリがSCAを実行し、その結果をソフトウェアコンポーネントの利用者が利用できるようにして分析と保証を行うという要件もある。

※28　https://www.malwarebytes.com/blog/news/2022/08/twilio-data-breach-turns-out-to-be-more-elaborate-than-suspected
※29　https://www.yubico.com/resources/glossary/phishing-resistant-mfa/?gclid=Cj0KCQjwj7CZBhDHARIsAPPWv3fXCG329UPlV7Oz3WZvIvcdHfJeDqo60tPOHaa9KsNcXZ2BZK5N_voaAvhqEALw_wcB

224　Software Transparency

7-9-6　コンポーネント分析

　SCVSの5つ目のコントロールファミリーはコンポーネント分析で、OSSやサードパーティコンポーネントを使用することによる潜在的なリスク領域を特定するプロセスである。組織はアプリケーションやシステムで使用するOSSやサードパーティコンポーネントに関連する固有のリスクを理解する必要がある。OSSとサードパーティソフトウェアの利用は進んでおり、現代のアプリケーションの大部分はOSSとサードパーティソフトウェアコンポーネントで構成されている。組織は使用しているコンポーネントと当該コンポーネントに関する脆弱性やリスクの両方について理解しなければならない。

　脆弱性を理解するために組織は一般的にNISTのNVDなどの情報源を参照して既知の脆弱性を探す。既知の脆弱性に加えて組織はコンポーネントの現バージョン、種類、機能、数量などを含むほかのデータにも精通している必要がある。これはコンポーネントが古くなっているか、EoL（End of Life）を迎えているか、脆弱である可能性が高いかどうかを理解することとコンポーネントの種類およびアップグレードやリスクに関連する事項の理解を意味する。組織はコンポーネントの機能を理解し重複するコンポーネントを特定してリスクを最小化するために、より高い品質のコンポーネントのみを使用すべきである。またコンポーネントの拡散を管理することがますます困難になるため、組織はインベントリに含まれるコンポーネントの数量についても理解する必要がある。最後に、組織は使用しているコンポーネントに関連するライセンスの種類を理解しなければならない。これはビジネスリスクをもたらす配布要件、制限、競合が存在する可能性があるからである。

　コンポーネント分析ファミリーのレベル1では、リンターや静的分析を使ってコンポーネントを分析することができる。コンポーネントに関する公に開示された脆弱性、使用されているコンポーネントの非特定バージョン、古くなったコンポーネントを特定するような活動については自動化が重視される。また、組織は使用中のコンポーネントの数量とコンポーネントに関連するライセンスを特定する自動化されたプロセスを持たなければならない。

　レベル2はコンポーネントのすべてのアップグレードを含むリンティングと静的解析によるコンポーネントの解析を保証し、使用中のコンポーネントの種類を特定するプロセスを自動化することでこれらのステップをさらに進めている。

レベル3の主な違いは確認された悪用可能性、コンポーネントの使用期限やサポート期限、コンポーネントの機能を特定するプロセスを自動化することである。

7-9-7　由来と来歴

最後のコントロールファミリーは由来と来歴で、これらは自分が利用しているソフトウェアの品質、提供源、届くまでの管理の連鎖がわからない限り信頼やリスクの理解が難しいため非常に重要である。

由来と来歴ファミリーのレベル1では変更されたコンポーネントの来歴を文書化し、変更されていないコンポーネントと同レベルの厳密さで変更されたコンポーネントを分析する。また、組織が改変されたコンポーネントと関連する変種の固有のリスクを理解していることを確実にするための管理も含まれる。

レベル1を基礎として、レベル2では組織がコンポーネントの改変の検証可能な由来を文書化し、改変されたコンポーネントを一意に識別することを確実にするための管理を追加する。

レベル3の唯一の管理はソースコードとバイナリコンポーネントについて監査可能な管理の連鎖を持つことである。

7-9-8　オープンソースポリシー

このガイダンスはSCVS内の正式な管理ファミリーではないが、OSSの使用に関してより広範な組織に対する推奨事項を示している。OSSの使用は横行しており組織が作成や利用する多くの最新アプリケーションに関与しているが、多くの組織はOSSの利用と使用の管理についてのセキュリティ成熟度は低い。

SCVSは組織が部門横断的な利害関係者によって支持されて実施されるOSSポリシーを確立することを推奨する。これらのポリシーは使われているコンポーネントに関する利用歴の理解、古いメジャーリビジョンやマイナーリビジョンを使用するための要件の設定、自動化機能を備えたコンポーネントの継続的な更新などOSSに関連する重要な考慮事項をカ

バーすべきである。組織はほかに既知の脆弱性を持つコンポーネントを除外するためのガイダンス、または少なくとも許容できるリスクレベルに関するスタンスを確立すべきである。リスクのあるコンポーネントには平均復旧時間（MTTR）の基準を定めるとともにEoLを迎えたリスクのあるコンポーネントの使用制限を設けるべきである。組織によっては脆弱性、国家安全保障上の懸念、あるいはその他の要因から使用禁止コンポーネントのリストを設けている場合もある。

　前述したように、OSSの利用が一般的になっても多くの組織はOSSに対するスタンスを正式なポリシーやガイダンスとして成文化することに時間を割いてこなかった。われわれはポリシーを越えてOSPO（オープンソースプログラムオフィス：Open Source Program Office）を設立し、OSS利用者だけでなく組織が作成するソフトウェア内でのOSS利用の管理を推進する支援を行う先導的な組織を目の当たりにしている[30]。

7-10
OpenSSF Scorecard

　Marc Andressenによる十数年前の「ソフトウェアが世界を食べている」という言葉は誰もが知っている[31]。ソフトウェアは個人的にも職業的にも現代社会のほぼすべての側面を動かしており、現代経済や国家安全保障にさえ不可欠であり、このことに議論の余地はない。このような現実を考えるとOSSはソフトウェア業界を食ってしまったとも言える。Linux Foundationなどの団体によれば、「フリーオープンソースソフトウェア」（FOSS）は現代のソフトウェア・ソリューションや製品の70〜90％を占めていると推定されている[32]。最新のソフトウェアの大部分がOSSコンポーネントで構成されているだけでなく、ITリーダーがOSSコミュニティにも貢献しているベンダーと仕事をする傾向がある[33]。

---

[30]　https://www.linuxfoundation.org/resources/open-source-guides/creating-an-open-source-program
[31]　https://a16z.com/2011/08/20/why-software-is-eating-the-world
[32]　https://www.linuxfoundation.org/blog/blog/a-summary-of-census-ii-open-source-software-application-libraries-the-world-depends-on
[33]　https://www.redhat.com/en/enterprise-open-source-report/2022

OSSの普及には柔軟性、コスト削減、コミュニティ化されたプロジェクトによるイノベーション、さらにはとくに大規模なOSSプロジェクトではコードをレビューする多くの「目」によるセキュリティの向上など多くの理由が存在する。とはいえ、OSSには影響を受けるコードの脆弱性やCVEなどの懸念がないわけではない。CVEはMITREによるプロジェクトで「公に開示されたサイバーセキュリティの脆弱性を特定、定義、カタログ化」することに努めている[34]。しかしCNCFのソフトウェア・サプライチェーンベストプラクティスホワイトペーパーが指摘しているようにCVEは「後続指標」であり、**公に開示された脆弱性の列挙である**。また、CVEはソフトウェアに関連する潜在的なリスクや脆弱性の一つに過ぎない。

このため、組織は利用している特定のOSSプロジェクトのセキュリティ状態を評価するためにほかの方法を利用することが推奨される。最も注目すべきものの一つが次に説明するOpenSSFのScorecardプロジェクトである[35]。

7-10-1 オープンソースプロジェクトのSecurity Scorecard

OpenSSFは2020年後半に「Scorecard」と呼ばれるOSSプロジェクトのセキュリティスコアを自動生成し、利用者や組織がOSSの利用についてリスク情報に基づいた意思決定を行えるようにすることを目的としたプロジェクトを発表した。組織はOSSの依存関係を圧倒的に利用しているが、それらの依存関係を利用することのリスクの検出はとくにソフトウェア・エコシステム全体の規模では依然としてほとんど手作業で行われている。Scorecardプロジェクトはこの負担の一部を軽減することを目指し、自動化されたヒューリスティックスキャンとセキュリティチェックを用いて0から10までの数値でスコアを出す。

---

[34] https://cve.mitre.org
[35] https://openssf.org

Name	Description	Risk Level
Binary-Artifacts	Is the project free of checked-in binaries?	High
Branch-Protection	Does the project use Branch Protection?	High
CI-Tests	Does the project run tests in CI, e.g. GitHub Actions, Prow?	Low
CII-Best-Practices	Does the project have a CII Best Practices Badge?	Low
Code-Review	Does the project require code review before code is merged?	High
Contributors	Does the project have contributors from at least two different organizations?	Low
Dangerous-Workflow	Does the project avoid dangerous coding patterns in GitHub Action workflows?	Critical
Dependency-Update-Tool	Does the project use tools to help update its dependencies?	High
Fuzzing	Does the project use fuzzing tools, e.g. OSS-Fuzz?	Medium
License	Does the project declare a license?	Low
Maintained	Is the project maintained?	High
Pinned-Dependencies	Does the project declare and pin dependencies?	Medium
Packaging	Does the project build and publish official packages from CI/CD, e.g. GitHub Publishing?	Medium
SAST	Does the project use static code analysis tools, e.g. CodeQL, LGTM, SonarCloud?	Medium
Security-Policy	Does the project contain a security policy?	Medium
Signed-Releases	Does the project cryptographically sign releases?	High
Token-Permissions	Does the project declare GitHub workflow tokens as read only?	High
Vulnerabilities	Does the project have unfixed vulnerabilities? Uses the OSV service.	High

図 7.13

　Scorecardプロジェクトは低い目標を掲げているわけでもない。直接的な依存関係に基づいて100万件の最も重要なOSSプロジェクトをスキャンし、その結果を週単位で公開データセットに公開している。この公開データセットを活用するだけでなく、組織はGitHub Actionsを使うことで自社のGitHubプロジェクトに対してScorecardを実行することができる。そしてリポジトリに変更があるとGitHub Actionsが実行され、それらのプロジェクトのメンテナにアラートを提供する。

7-10　OpenSSF Scorecard　229

Scorecardプロジェクトは「重大（Critical）」「高（High）」「中（Medium）」「低（Low）」という多くのセキュリティ担当者がよく知っている重大度レベルであるスコアリング指標を使っている。Scorecardプロジェクトは対象としているすべてのプロジェクトに対して標準的なチェックリストを実行する。これは公開プロジェクトであろうと自分のGitHubリポジトリでネイティブに使う場合であろうと同じだ。興味のある人はこれらのチェック項目のいくつかを見てみるといいだろう。ブランチの保護やリリースの暗号署名など基本的なセキュリティ対策も含まれている。Scorecardプロジェクトは未修正の脆弱性の存在を検出するためにOSV脆弱性データベース[36]を使っている。これはOpenSSFのOSV形式を用いたOSS用の分散型脆弱性データベースである。中核にあるOSVはGitHub Security AdvisoriesやGlobal Security DatabaseなどOSV形式を使用するほかの脆弱性データベースを集約する。OSC（Open Source Compliance）はまた、Chapter3で触れたCycloneDXまたはSPDX形式のSBOMをスキャンするためのAPIとCLIツールの両方をサポートしている。

7-10-2　Scorecardプロジェクトを組織はどのように活用できるか？

前述したように組織はOSSを広く利用している。しかしOSSの利用に関するデューデリジェンス、ガバナンス、リスク管理の実践は依然として初期段階にある。NISTの「システムと組織のためのサイバーセキュリティ・サプライチェーンリスク管理の実践」やSSDF、OpenSSFのOSSセキュリティ動員計画、SLSA、その他多くのベストプラクティスやガイダンスソースが現れている。これらすべてが組織によるOSSの利用を管理し、OSSの利用が組織のリスク許容度に合致するようにする必要性に言及している。

表面的には簡単なことのように聞こえるかもしれないが、組織が利用しているOSSプロジェクトやコンポーネントの堅牢なエコシステム全体にわたってこれを行うという考えはそれほどささいなことではない。OpenSSFのScorecardプロジェクトは100万を超える主要なOSSプロジェクトについてセキュリティとリスクに関する洞察を得るための自動化された方法を提供し、組織はこのプロジェクトを自社のソフトウェアやプロジェクトにネイティブに使用することができる。またnpm、PyPi、RubyGemsなどのパッケージマネージャーを使用することもできる。ScorecardはDockerのコンテナとしても提供されており、この

※36　http://osv.dev

経路でもデプロイできる。

Scorecardプロジェクトは隔週で会合を開き、活発なSlackチャンネルを持っている。Google社、Datto社、Cisco社などの企業のファシリテーターがプロジェクトを主導している。発足以来Scorecardの人気は高まっており、プロジェクトにスターを付けている利用者は3,000人を超えている。組織がOSSの利用管理の実践を成熟させる努力を続けるにつれてこのプロジェクトの人気が高まるのは必至だ。また組織や個人の貢献者がプロジェクトに参加し、スコアリング評価の対象となるチェックを提出することを含めたりする機会もある。組織はScorecardの使用方法をカスタマイズし、組織または業界固有のセキュリティ要件に合致する特定のチェックのみを実行することもできる。

Scorecardは組織が利用している公開プロジェクトでも評価したい内部プロジェクトでも、手作業では非現実的な堅牢な評価基準を自動化する重要な機能を提供する。OSSがもたらす価値と革新にもかかわらず大半のFOSSプロジェクトは人員不足で、無報酬のボランティア貢献者によって率いられていることはよく知られている。これは組織がOSSプロジェクトを利用すべきではないと言っているのではなく、利用するプロジェクトと当該プロジェクトがもたらすリスクについてある程度の厳密さを持つべきだということだ。Scorecardプロジェクトはまさにそのニーズに使いやすい形で合致している。このプロジェクトはOSSプロジェクトのセキュリティ上の懸念を評価しながら署名やSASTなどすでに官民のセキュリティリーダーによって提唱されているベストプラクティスに沿った評価を行う。

7-10 OpenSSF Scorecard 231

7-11
この先の歩み方

OSSは多大な利点を提供する一方で、多くの懸念や研究によりFOSSの開発者はほとんどセキュリティを優先していないことがわかっている。Linux FoundationのOpenSSFとハーバード大学のイノベーションサイエンス研究所による調査によると、平均的なFOSSの開発者がコードのセキュリティ向上に費やす時間は全体のわずか2.3%に過ぎないという[37]。このためOSSコンポーネントを利用する組織は利用前にOSSコンポーネントを吟味し、SBOMを使用してOSSの消費に関連する脆弱性と、それらのコンポーネントが企業内のどこに存在するかを理解して次のLog4jのような状況に対応でき得るさまざまな対策を講じる必要がある。

より具体的なガイダンスを得るために、組織はサイバーセキュリティに関する大統領令14028号「国家のサイバーセキュリティの改善」に対応して公表されたNISTのオープンソースソフトウェアコントロールの推奨プラクティス[38]を参照することができる。これらには組織の成熟度に基づく段階的な能力として「基礎（Foundational）」「維持（Sustaining）」「強化（Enhancing）」が含まれる。これらの段階には脆弱なコンポーネントを特定するためのSCAのソースコードレビューの使用、ガードレールが組み込まれたプログラミング言語を優先的に使用、OSSコンポーネントを本番環境に導入する前にハード化された内部リポジトリに収集、保管、スキャンするプロセスの自動化といった能力が含まれる。

OSSを安全に使うための万能薬や特効薬がないことはもう明らかだろう。とはいえ人材、プロセス、テクノロジーを適切に組み合わせることで組織はOSSのメリットを享受しながらOSS利用のリスクを低減することができる。

---

[37] https://www.darkreading.com/application-security/open-source-developers-still-not-interested-in-secure-coding
[38] https://www.nist.gov/itl/executive-order-14028-improving-nations-cybersecurity/software-security-supply-chains-open

7-12
まとめ

　このチャプターではソフトウェア・サプライチェーンセキュリティに関する既存のガイダンスと新たなガイダンスについて議論した。これには SLSA のような取り組みや Microsoft 社や CNCF などのリソースが含まれる。Chapter8 では政府機関による既存のガイダンスと新たなガイダンスについて説明する。

Chapter

8

公共部門における
既存および新たな
ガイダンス

このチャプターでは、政府機関や公的機関が発行しているソフトウェア・サプライチェーンセキュリティに関する既存および新規の出版物について説明する。これらの出版物はChapter 7で説明した既存の商用ガイダンスを基礎としつつ、国防総省（DoD：Department of Defense）、FCEB（連邦文民行政機関）、NSA（国家安全保障局）などが示す特有な要件を考慮したものとなっている。

8-1

システムと組織のためのサイバーセキュリティ・サプライチェーンリスク管理の実践

2020年初頭にNIST（国立標準技術研究所：National Institute of Standards and Technology）はSP 800-161「システム及び組織におけるサイバーセキュリティサプライチェーンリスク管理（C-SCRM）のプラクティス」をまずリリースした。ただし本書で議論したほかの多くの文献と同じように、サイバーセキュリティに関する大統領令（EO：Executive Order）14028号により、元となるNIST C-SCRMの文書を更新することが必要になった。サイバーセキュリティに関する大統領令の第4(b)項、第4(c)項、第4(d)項ではとくにソフトウェア・サプライチェーンに関する懸念に焦点が当てられている。そのためNISTは、NIST SP 800-161改定第1版のサブセクション（F）「大統領令14028号に基づくソフトウェア・サプライチェーンセキュリティ強化のためのガイドライン公開要請への対応」において、大統領令への対応とガイダンスを公表した。このガイダンスについてNISTは、SP 800-161の文書の中に組み込むのではなく独立した文献としてオンラインで公開した[1]。

NISTが提供する具体的なガイダンスの説明に立ち入る前に、大統領令の第4項の詳細を再確認した方がいいだろう。セクション4では商務長官がNISTを通じて政府、産業界、学界と協力しセクション4の内容に沿った既存の基準、ツール、ベストプラクティスを特定すること、あるいは新たに開発することが求められている。この項には開発者とサプライヤのソフトウェアとセキュリティプラクティスを評価する基準が含まれている。さらにここで言われている評価は、大統領令の発行後30日以内に行うことが義務付けられている。また公表から180日以内に、NIST所長は大統領令のセクション4の要件に沿ったソフトウェア・サプライチェーンのセキュリティを強化するための主要なガイドラインを公表することが求められている。

---

[1] https://www.nist.gov/itl/executive-order-14028-improving-nations-cybersecurity/software-security-supply-chains

大統領令の公表後1年以内にNIST所長は、NISTが公表したガイドラインの定期的なレビューと保守のため追加のガイドラインと手順を公表することを命じられた。NISTは最初のガイダンスをオンラインで公開するために、SP 800-161改定第1版からの洞察や、2021年6月に開催された「ソフトウェア・サプライチェーンセキュリティ強化のためのワークショップ」[2] に提出されたさまざまなポジションペーパー、ワーキンググループそしてもちろん大統領令に関してNISTが用意したページから得られた情報を活用した。

NISTのSP 800-161改定第1版ガイダンスは、各省庁がITプログラムの一部として使用しているサードパーティのソフトウェアおよびサービスの購入、使用および保守について情報を提供することを目指している。このガイダンスはC-SCRMプログラムに組み込めるだけでなく、サービスの購入や調達活動の情報提供に役立てることもできる。これらは連邦政府機関だけでなく、ソフトウェア・サプライチェーンの実務とプロセスの強化を目指す関連サプライヤも実践的に利用することができる。このガイダンスに記載されているベストプラクティスと要求事項が連邦政府の契約文言に組み込まれ、連邦政府にソフトウェアを販売しようとするサプライヤに順守が求められるようになるにつれて、このガイダンスは重要視されていくだろう。

NISTは、SP 800-37改定第2版、SP 800-53改定第5版および「NISTの安全なソフトウェア開発フレームワーク」で後述するSSDF（セキュアソフトウェア開発フレームワーク：Secure Software Development Framework）など、さまざまな出版物間の関係を示す関係図も提供している。これらの文書は、政府による安全なソフトウェアの購入と業界のベストプラクティスと要件への証明の両方に使用できる。図8.1はこれらのさまざまな出版物の関係を示している。

※2　https://csrc.nist.gov/Events/2021/enhancing-software-supply-chain-security-workshop

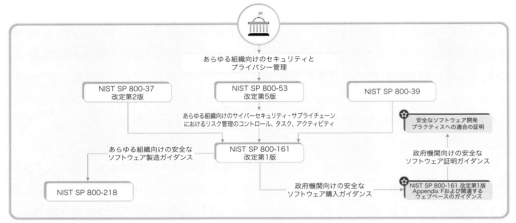

図8.1
出典：www.nist.gov/itl/executive-order-14028-improving-nations-cybersecurity/software-security-supply-chains-guidance,Unites States Department of Commerce, Public domain

8-1-1　重要ソフトウェア

　大統領令からNISTが導き出した主要な要件の一つが「**重要ソフトウェア**」を定義することだった。NISTは重要ソフトウェアを「下記の属性を持つ単独あるいは複数のコンポーネントを持っている、または直接的に依存しているソフトウェア」と定義している。重要ソフトウェアは以下の性質を持つものとされている。

- 昇格された特権による実行や、特権管理に関する機能が設計されている
- ネットワークやコンピューティングリソースに直接または特権でアクセスできる
- データまたはOT（オペレーショナルテクノロジー）へのアクセスを制御するように設計されている
- 信頼にとって不可欠な機能を実行する
- 特権アクセスにより、通常の信頼の境界を越えて動作する

　このリストを読むと多くのソフトウェアが潜在的に重要なものとなり得る複雑な基準であることが容易にわかるだろう。そのため、先に挙げた基準のいくつかを詳しく説明する。まずは「**直接的に依存しているソフトウェア**」を定義しなければならない。NISTは「直接的

に依存しているソフトウェア」を特定のソフトウェアの運用に直接統合されている、または
その動作に必要なライブラリやパッケージなどのほかのソフトウェアコンポーネントと定義
している[3]。また、これには独立した製品のインターフェースやサービスは含まれないと明
記されている。**「信頼にとって不可欠な」**という文言もまた紛らわしい表現だ。NISTはこれ
をネットワーク制御エンドポイントセキュリティやネットワーク保護などのセキュリティ機
能に使用されるソフトウェアのカテゴリを意味すると説明している[4]。NISTはこの定義が本
番環境用に購入され、本番環境に導入されるあらゆる形態のソフトウェアに適用されること
を強調している。つまり、たとえば研究開発（R&D）のユースケースに使用されるソフト
ウェアには適用されない。また、NISTは重要ソフトウェア要件の実装段階ではまず、重要
なセキュリティ機能を果たすスタンドアロン[5]のオンプレミスソフトウェアや侵害された
場合に重大な潜在的損害を引き起こす可能性のあるソフトウェアに焦点を当てることを推奨
している。その次の段階ではクラウド、ハイブリッド、ソースコード管理など、その他の
ソフトウェアに焦点を当てることを推奨している。NISTはさらに重要とみなされるソフト
ウェアカテゴリの暫定リストをその理由とともに提供している。このリストにはICAM（ア
イデンティティ・資格情報・アクセス管理）、OS、ウェブブラウザ、エンドポイントセキュ
リティ、ネットワーク制御などのカテゴリが含まれている。これらのカテゴリは脆弱性が存
在し悪用された場合にシステムのセキュリティと完全性を危険にさらす可能性があることか
ら、重要なアクセスと機能を持つと整理されている。

　NISTが定義した重要ソフトウェアに関してもっと深く知りたい場合は、よくある質問や
懸念事項に答えている「重要ソフトウェアの定義に関するFAQ」ページを確認いただきた
い[6]。

※3　https://www.nist.gov/itl/executive-order-improving-nations-cybersecurity/critical-software-definition-faqs#Ref_FAQ2
※4　https://www.nist.gov/itl/executive-order-improving-nations-cybersecurity/critical-software-definition-faqs#Ref_FAQ3
※5　（訳注）特定のシステムやネットワークから独立して動作するソフトウェア。
※6　https://www.nist.gov/itl/executive-order-improving-nations-cybersecurity/critical-software-definition-faqs

8-1　システムと組織のためのサイバーセキュリティ・サプライチェーンリスク管理の実践

8-1-2　重要ソフトウェアに関するセキュリティ対策

　NISTは単に重要ソフトウェアを定義するだけでなく、**大統領令における重要ソフトウェア**へのセキュリティ対策に関するガイダンスも提供した。NISTはコミュニティから得られたポジションペーパー、バーチャルワークショップ、CISA（サイバーセキュリティ・社会基盤安全保障局）やOMB（行政管理予算局）などからの情報をもとに重要ソフトウェアに対してどのようなセキュリティ対策を行うのが適切かを判断した。

　NISTがセキュリティ対策の主要な範囲として定義したのは重要ソフトウェアの**使用**についてであり、ソフトウェアの開発および取得は範囲外である。このような範囲外となっている部分はソフトウェアの開発についてはSSDFが、C-SCRMおよびソフトウェアの取得についてはSP 800-161改定第1版自体が広くカバーしており、これらのほかのガイダンスを情報源として使用することができる。NISTが示す重要ソフトウェアのセキュリティ対策の目的はソフトウェアや関連するプラットフォームを不正アクセスや不正使用から保護することである。また悪用を防止しソフトウェアとプラットフォームが使用するデータの機密性、完全性、可用性を保護することも目指している。

　NISTはインシデントが発生することを認識しており、組織はインシデントを迅速に検出し、対応し、回復する能力を持つ必要があるとしている。さらに、組織は重要なソフトウェアやプラットフォームに影響を与える可能性のある者の行動や振る舞いを改善するよう努めなければならない。Verizon社による2022年データ侵害調査報告書（DBIR）などによるとデータ侵害の60％以上には人的要素が関係している一方で、組織のセキュリティ予算のうち人的要素に費やされるのはわずか3％であるという。

　さらにNISTのガイダンスは、重要ソフトウェアを保護するために一連のセキュリティプラクティスとプロセスを定義している。また、このリストが決して網羅的、包括的なものではなくリスクの状況の変化に応じて時間をかけて成長し、進化していくものであるとしている。

次にNISTが定義する重要ソフトウェアの基本的なセキュリティ対策について詳しく見ていく。注目すべきなのはNISTの重要ソフトウェアに対するセキュリティ対策の議論はCISA、OMB、NSAやNISTのほかの出版物など、多くの文献に記載されている内容を活用して形作られているということだ。

MFA（多要素認証）は最初にリストに掲載された推奨事項の一つである。認証要素には通常、次のものが含まれる。

- 自分が知っていること（たとえば、ユーザー名やパスワードなど）
- 自分が持っているもの（たとえば、物理的トークン）
- 自分自身に関するもの（たとえば、生体情報）

MFAは公共部門でも民間部門でもセキュリティのベストプラクティスとして頻繁に挙げられている。この認証方法にはユーザー名やパスワードなどの基本的な認証手段を超えて、SMSやテキストコード、電話、モバイルデバイス上の認証アプリケーションによる承認、さらにはPIV（個人識別証明）やCACs（共通アクセスカード）といった形態、YubiKeyのような人気のあるサービスなどの認証要素が存在している[7]。これらの要素を追加することで利用する2つ目の認証要素によっては悪意のある行為者が認証情報を偽造することが著しく困難になる可能性がある。

しかしMFAといえども万能ではなく、SMSフィッシングのような手法により悪用される可能性がある[8]。そのためNISTのガイダンスではすべての管理者だけでなく、すべてのユーザーに対してもなりすましに耐性のあるMFAの利用を求めている。これは**フィッシング耐性MFA**とも呼ばれることがありパスワード、SMS、セキュリティ質問などの認証方法は一般的にフィッシング耐性があるとはみなされない。フィッシング耐性MFAには認証者とユーザーのアイデンティティ間の強固な結び付き、共有秘密の排除および信頼できる相手にのみ応答が送信されることを保証することが含まれる。フィッシング耐性MFAの例としてFIDO2やPIVスマートオプションなどがある[9]。

※7　https://www.yubico.com
※8　https://thehackernews.com/2022/08/twilio-suffers-data-breach-after.html
※9　https://www.yubico.com/resources/glossary/phishing-resistant-mfa/

8-1　システムと組織のためのサイバーセキュリティ・サプライチェーンリスク管理の実践

すべてのユーザーに対するMFAの推奨に加え、NISTは各サービスを一意に識別・認証すること、最小権限アクセス管理の原則に従うことを推奨している。これらの制御により適切なアクセス管理が確保され、サイバー空間上での悪意のある活動の影響範囲を制限することができる。最小権限アクセス管理はNISTがSP 800-207「ゼロトラストアーキテクチャ」で定義しているように、ゼロトラストを広範に推進する基本的な考え方でもある[10]。

最小権限アクセス管理が悪意のある活動の影響を制限できるように、NISTの次の推奨事項である境界保護の実施も重要である。これはネットワークセグメンテーションやソフトウェアで定義された境界を採用することを意味する。これにより、システムや環境の一部で発生したインシデントがシステム全体や接続されている外部システムに波及しないようにすることができる。

重要なソフトウェアとソフトウェアプラットフォームで使用されるデータの機密性、完全性、可用性を保護するという第2の目標を達成するためにNISTは一連の重要な対策とプラクティスを示している。これらにはデータインベントリの確立と維持が含まれる。組織は自分たちがどのようなデータを持っているのか把握していなければ、そのデータを保護することはできないのだ。サイバーセキュリティ分野では有名な「存在を知らないものは守ることができない」という格言からもそのことがよくわかる。

先述したネットワークレベルのアクセス管理と同じように組織のデータやリソースも、きめ細かなアクセス管理を使用して保護する必要がある。NISTは、NISTが示す暗号化標準に沿った暗号化を使用して保管中のデータを保護することを推奨している[11]。同じようにデータの転送中にも暗号化を使用し、可能であれば相互認証を導入することも推奨している。

相互認証とはIKE、SSH、TLSなどの認証プロトコルを使用して、双方の当事者が同時にお互いを認証することである。そうすることでデータが転送中に暗号化され、(1) データが許可していない第三者にアクセスされることを防ぎ、(2) 中間者攻撃・リプレイ攻撃・スプーフィングなどの各種攻撃を軽減できるようにする。この種の攻撃には転送中のデータをキャプチャしようとするもの、データを複製しようとするもの、悪意のある行為者が正当な

---

[10]　https://nvlpubs.nist.gov/nistpubs/SpecialPublications/NIST.SP.800-207.pdf
[11]　https://nvlpubs.nist.gov/nistpubs/SpecialPublications/NIST.SP.800-175Br1.pdf

エンティティを模倣してデータを交換しようとするものなどがある。データの機密性、完全性、可用性に関するNISTのもう一つの推奨事項は単にデータをバックアップするだけでなく、バックアップのリストアを実施しデータ復旧の準備を整えることである。NISTも認識しているように、暗号化や相互認証が実施されていても組織のデータが侵害されるインシデントは発生してしまうことがある。そのため、組織は有効なバックアップからデータを復元するための能力を持つ必要がある。

　NISTが定義する重要ソフトウェアのセキュリティに対する3つ目の目標は重要なソフトウェアプラットフォームおよびそのプラットフォーム上で稼働するソフトウェアを特定し、悪用から保護し維持することである。この分野の対策にはソフトウェア資産インベントリの確立と維持が含まれる。ソフトウェア資産インベントリはCIS（Center for Internet Security）を始めとする団体もCIS Critical Security Controlsで推奨している[12]。

　ソフトウェアをインベントリ管理することで許可されたソフトウェアのみがシステム上にインストールおよび実行されることを保証でき、よりよいソフトウェアガバナンスと管理が可能になる。ソフトウェアのインベントリはソフトウェア製品の広範なレベルのインベントリにとどまらず、本書を通じて広く議論されているSBOMによるコンポーネントレベルのインベントリにまで及ぶ。ソフトウェアのインベントリを持つことに加えて、組織はパッチ管理のベストプラクティスを実施し、既知の脆弱性を特定し、文書化し、緩和する必要がある。また、これらの作業について文書化された変更管理プロセスによって実施する必要がある。ソフトウェアプラットフォーム、より広くはソフトウェア一般にも構成管理のベストプラクティスが必要である。これらのベストプラクティスには堅牢化されたセキュリティ構成の実装やプラットフォームとソフトウェアにおける不正な変更を監視するなどの活動が含まれる。

　前述したように、NISTはこれらのベストプラクティスとセキュリティ管理策を実施してもインシデントが発生する可能性があり、今後も発生するであろうことを認識している。したがって、4つ目の目標には重要なソフトウェアやプラットフォームに影響を及ぼす脅威やインシデントを迅速に検知し、対応し、回復できるようにすることが含まれている。

※12　https://www.cisecurity.org/controls

8-1　システムと組織のためのサイバーセキュリティ・サプライチェーンリスク管理の実践　243

必要とされる対応・復旧能力を実現するために、組織はセキュリティイベントに関するすべての必要な情報を適切にログに記録する必要がある。ログ管理のベストプラクティスを実施するために、組織はNISTの「コンピュータセキュリティログ管理ガイド」や使用している各社の製品やプラットフォームに関するベンダー固有のガイダンスを活用することが推奨される[13]。重要なソフトウェアは継続的に監視する必要があり、これはエンドポイントセキュリティ保護製品またはサービス（しばしばEDRツールと呼ばれる）の使用と組み合わせて実現できる。EDRツールは攻撃対象領域や既知の脅威による危険性を特定、レビュー、最小化しどのソフトウェアが実行されるかを制御する。これによりインシデントが発生した場合の回復が容易になる。組織は重要なソフトウェアとプラットフォームに対してネットワークセキュリティ保護を実装し、スタックのすべての層で脅威を検出してその防止を支援するとともに、セキュリティ運用担当者やその他のスタッフに必要なテレメトリを提供しなければならない。インシデント対応を効果的に行うためにもNISTはセキュリティ運用チームとインシデント対応チームの全メンバーに対して、それぞれの役割と責任に基づいた訓練を行うことを推奨している。

　最後の目標は、重要なソフトウェアとプラットフォームのセキュリティに寄与する人間の行為に対する理解と実行の強化に焦点を当てた人間中心の目標である。この目標には重要なソフトウェアとプラットフォームのユーザー（昇格された権限を持つ管理者を含む）に対して、その役割と責任に応じた訓練を行うことが含まれる。また、重要なソフトウェアプラットフォームのすべてのユーザーと管理者を対象とした広範なセキュリティ意識向上トレーニングを実施し、その効果を測定したうえで改善と成果の向上を図ることを推奨している。

---

[13]　https://nvlpubs.nist.gov/nistpubs/Legacy/SP/nistspecialpublication800-92.pdf

8-2

ソフトウェア検証

NISTによる大統領令第4項に関するガイダンスにおいて、もう一つの重要な事項は、ベンダーがソースコードを検証するための最低限の基準を推奨するガイドラインを公表することである。ここでの検証とはコードレビューのためのツール、SAST（静的アプリケーションセキュリティテスト）、DAST（動的アプリケーションセキュリティテスト）、ペネトレーションテストなどの手動テストと自動テストの両方を指す。NISTは大統領令第4項に関するガイダンスの作成に際しほかの項についてと同じように、コミュニティからポジションペーパー（専門家や関係者が自分たちの見解や提案を整理した文書）を集めたり、ワークショップを開催したりするなどの手法を採用した[14]。

NISTは、ソフトウェアの安全な構築を保証するためには開発者がソフトウェア開発ライフサイクル（SDLC）の初期段階で頻繁かつ徹底的なテストを実施することが重要であると強調している。NISTが定義する「検証」とはソフトウェアのセキュリティを向上するために用いる手法であり、静的および動的な保証技術、ツールおよび関連プロセスを含む多くの方法を使ってセキュリティ欠陥を特定し修正しつつ、方法論と支援プロセスを継続的に改善することを指している[15]。

NISTはSSDFを引用しつつ、脆弱性を特定しセキュリティ要件に準拠するために検証が必要であると述べている。NISTは単一のテストタイプや標準では不十分であることを強調し、大統領令の第4項に関するNISTガイダンスを高レベルの指針として指し示している。

テストと手法の説明に入る前にNISTが述べている点について補足する。NISTによれば大統領令ではテストの際に「**ベンダー**」という用語を用いているが、開発者は外部からソフトウェアを取り込む場合が多い。そのため、外部ソースからソフトウェアを利用する場合も開発者自身で検証を行う必要があるとしている。

※14　https://www.nist.gov/itl/executive-order-14028-improving-nations-cybersecurity/enhancing-software-supply-chain-security
※15　https://www.nist.gov/itl/executive-order-improving-nations-cybersecurity/recommended-minimum-standards-vendor-or-0

公開されているガイダンスにおいて、NISTは11種類のテストと手法および補足的な技術を推奨している[16]。このガイダンスでは開発されたソフトウェアが開発者の意図したとおりに動作し、ライフサイクルを通じて脆弱性が存在していないことを保証する必要性を概略的に論じている。この保証を得るためには脅威のモデル化、自動テスト（SAST/DAST）、動的解析、許容できないバグや不具合の修正、関連ライブラリ、パッケージ、サービスに対する同様の技術の使用など、さまざまな活動が有効である。これらの活動の多くは商用ガイダンスを取り扱ったChapter7で触れられているため、ここでは大統領令に関するNISTのガイダンスに関連する観点から簡単に説明することとする。

8-2-1 脅威のモデル化

NISTは設計レベルのセキュリティ上の問題を特定するために、SDLCの早期段階で脅威のモデル化を使用することを推奨している。組織はシステムを可視化し、その仕組みを概念的に理解することで潜在的な攻撃パターンやそれに関連する目的、脅威の悪用方法の特定に着手することができる。そして、脅威のモデル化を通じて潜在的な脅威、弱点、脆弱性を明らかにし、それらの脅威に対する緩和策を定義することができる。NISTは脅威のモデル化がどのようにシステム開発および計画活動の一環としてDevSecOpsの方法論に適合するかを示す例として、図8.2の国防総省（DoD）「DevSecOpsリファレンスアーキテクチャ図」を挙げている。

DevSecOpsはウォーターフォールのような直線的な活動ではなく、脅威モデル化についても同様である。つまり、脅威のモデル化はシステムおよびソフトウェアの頻繁な、そして反復的なリリースの一環として行うべきである。

8-2-2 自動テスト

NISTのガイダンスでは、自動テストには静的解析を自動化するスクリプトのような単純なものからテストの実行と結果の確認を含む環境を自動で作成するような複雑なものまで、さまざまな形態があることが明らかにされている。組織はウェブ対応のアプリケーションやフィールドをテストするための単純なツールを使用することもあれば、モジュールやサブシ

---

[16] https://nvlpubs.nist.gov/nistpubs/ir/2021/NIST.IR.8397.pdf

ステムを含むより複雑なツールを使用することもある。ガイダンスでは静的解析による新たな脆弱性が報告されないことを確認する自動検証、テストを反復的に実行すること、正確な結果を得ることが推奨されている。また、自動化を使用することでリソースを大量に消費しエラーが発生する可能性のある人手による分析と作業を削減することができる。GitやCI/CDパイプラインなどの最新の開発システムを使用する組織は、コミットやプルリクエストの際に検証プロセスを自動化して繰り返し実行できるようにすることができる。

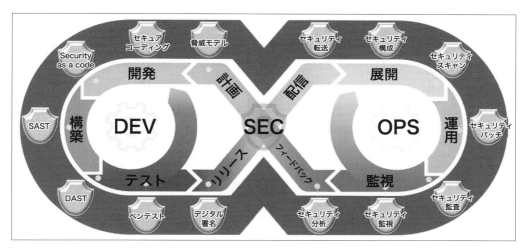

図8.2
出典：DoD Enterprise DevSecOps Reference Design v1.0, https://dodcio.defense.gov/Portals/0/Documents/DoD%20Enterprise%20DevSecOps%20Reference%20Design%20v1.0_Public%20Release.pdf?ver=2019-09-26-115824-583, 国防総省, パブリックドメイン

 ### 8-2-3　コードベースによる静的解析と動的テスト

　NISTはコードベースによる静的解析と実行ベースによる動的テストという2種類のアプローチを区別しており、それぞれSASTやDASTなどの例を挙げている。コードベースによる静的解析はコードがネイティブ形式で記述されているときに解析を行うのに対し、動的解析はプログラムの実行を伴う動的テストと解析を行う。先に述べた自動テストのためのDevSecOps手法と同じようにコードが記述されて即座に、そして小さな単位で反復的に静的コード解析を実施することをNISTは推奨している。このようなアプローチは完成したプロダクトに対してSASTを実施するよりも効率的かつ効果的であり、SDLCの初期段階にお

いて、プロダクトに潜んでいる欠陥や脆弱性に対処することができる。

8-2-4　ハードコードされた秘密情報のレビュー

　NISTは、アプリケーションコード内にハードコードされてしまっている秘密情報を検出するためにヒューリスティックツール（特定のルールやパターンに基づいて情報を分析するツール）の使用を推奨している。これらの秘密情報には認証情報、暗号鍵、APIキー、アクセストークンなどが含まれる。クラウドネイティブ環境ではAPI、トークン、認証情報が広く使用されるため、秘密情報を検出するのは非常に難しい。本書の著者の一人は「DevSecOpsクラウドネイティブの世界で秘密を守る（Keeping Secrets in a DevSecOps Cloud-Native World）」という記事でこの話題に触れている[17]。研究によればデータ侵害のかなりの部分に漏えいした認証情報が関与しており、組織はこれらのリスクを軽減するために秘密情報を管理する能力を強化しなければいけない。

8-2-5　プログラミング言語が提供するチェックおよび保護機能を実行する

　NISTのガイダンスでは、さまざまなプログラミング言語（コンパイル型とインタープリタ型の両方）が提供するビルド前チェックの使用も推奨している。また、NISTは言語によっては**メモリの安全性**が確保されていないためプログラマーがアプリケーションのメモリ使用に関連する特定のバグを導入するのを防ぐ必要があること、このような取り組みをもってメモリの安全性を確保する必要性を強調している。組織はビルトインの安全性強制機能の使用に加えて、静的解析ツールや「リンター」などのツールを使用して危険な関数やパラメータを検出することができる。Chapter7で取り上げたOpenSSF（オープンソースセキュリティソフトウェア財団）の「OSSセキュリティ動員計画」のようなほかのガイダンスも業界全体としてメモリ安全性が確保されている言語に移行し、メモリが安全ではないレガシー言語を使用しないようにすることを推奨している。

※17　https://www.csoonline.com/article/572425/keeping-secrets-in-a-devsecops-cloud-native-world.html

8-2-6　ブラックボックステスト

前述したテストの方式とは異なりブラックボックステストは特定のコードに結び付いているわけではなく、機能要件の検証とソフトウェアが実行してはならないことの検証に焦点を当てている。ブラックボックステストにはサービス拒否攻撃や入力境界が含まれ、ソースコード解析や脅威モデル化とは異なり内部的な知識や仮定なしに実施される。

8-2-7　コードベーステスト

コードベーステストのテストケースはコード自体の具体的な内容に関わる。これにはソフトウェアが処理できる項目やインタラクションのテスト、テストケースを通じた検証が含まれる。NISTは最低でも80%のステートメントカバー範囲を持つテストスイートを実行することを推奨している。

8-2-8　ヒストリカルテストケース

NISTのガイダンスで「**ヒストリカルテストケース**」という表現が使われるとき、それは一般的に**回帰テスト**と呼ばれるものを指している。回帰テストは**以前に発見され修正された脆弱性が再発していないこと**を確認するために実施され、成熟したセキュリティチームの間で広く行われている。この種のテストは設定やシステムの状態が不適切になってしまう構成ドリフトや衛生ドリフトのような状況のために重要である。回帰テストはこれらの問題が再発していないことを確認するのに役立つ。

8-2-9　ファジング

NISTが推奨するもう一つのソフトウェア検証方法は**ファジング**（あるいは**ファズテスト**）である。これは無効、不正、または予期しない入力をソフトウェアに送り込むことで欠陥や脆弱性を特定する自動テスト方法を指す。これらの入力がシステムに注入されるとファジングツールはシステムの応答を監視する。たとえばクラッシュしたり、本来公開されるべきでない情報が漏えいしたりすることがある。OWASPはより詳しく学びたい人のために包括的

なファジングの紹介ページを用意している[18]。

8-2-10　ウェブアプリケーションスキャン

　ウェブアプリケーションスキャンはDAST（動的アプリケーションセキュリティテスト）あるいはIAST（対話型アプリケーションセキュリティテスト）と呼ばれることが多く、ウェブサービスを含むようなソフトウェアに対して適用される。どちらのツールもファジングと同じような動作をし、異常や不具合を探すことを目的としてウェブアプリケーションに対して実施される。世界で最も普及しているウェブアプリケーションスキャナーはOWASP Zed Attack Proxy（ZAP）である[19]。

8-2-11　ソフトウェアコンポーネントの確認

　NISTが開発者向けのテストに関して推奨している最低限の基準のうち、最後のものはソフトウェアコンポーネントの確認である。NISTはその目的を、ソフトウェアに含まれているコードが**少なくとも**ローカル環境で開発されたコードと同程度に安全であることを確認することとしている。本書全体で議論してきたようにSCA（ソフトウェア構成分析：Software Composition Analysis）などのツールはソフトウェアが使用しているOSSライブラリ、パッケージおよび依存関係を特定するのに役立つ。これらのツールはNISTのNVD（国家脆弱性データベース：National Vulnerability Database）などの脆弱性データベースと照合し、これらのコンポーネントに**既知**の脆弱性がないかを確認する。今日のソフトウェアの大部分がOSSコンポーネントで構成されていることを考えるとこのような活動はとくに重要である。

　NISTはまた、これまでに議論してきた全手法の追加情報や補足情報も提供している。これらのテスト手法や各手法を適切に実装する方法を詳細に把握したい場合はこれらの情報に目を通すのがよいだろう。

※18　https://owasp.org/www-community/Fuzzing
※19　https://www.zaproxy.org

8-3

NISTのセキュアソフトウェア開発フレームワーク（SSDF）

本書のいくつかのチャプターで取り上げたように、サイバーセキュリティに関する大統領令14028号はゼロトラスト、クラウドコンピューティング、ソフトウェア・サプライチェーンセキュリティなどの分野にわたって広範囲に影響を及ぼしている。大統領令14028号の一環として政府は安全に開発されたソフトウェアのみを購入することを義務付けられている。大統領令14028号はNISTに対し、ソフトウェアのサプライチェーンセキュリティを強化するプラクティスを説明するガイダンスを発行するよう指示した。NISTは業界の協力のもと、ほかのソフトウェアのサプライチェーンセキュリティガイダンスとともにSSDF第1.1版を公表した。本項ではSSDFとは何か、なぜそれが重要なのかについて詳しく説明する。

SSDFはほとんどのSDLCモデルがソフトウェアのセキュリティを明示的には扱っていないことを指摘している。サイバーセキュリティ業界で多く言われる言葉に「後付けではなく、最初から組み込む」というものがある。この言葉はシステム開発において、セキュリティはしばしば後回しにされSDLCの後半で対処されることが多いが、セキュリティのベストプラクティスや要件をソフトウェアやシステムに組み込むべきなのは、むしろ初期段階であることを示している。2022年に公表されたSSDF第1.1版は、2020年4月に公表された初版のSSDFをベースにしている。NISTはSSDFの改定を促進するため、官民からの参加者を集めてワークショップを開催し150を超えるポジションペーパーを集めた。

SSDFの対象読者としては製品ベンダーや政府のソフトウェア開発者、内部開発チームなどのソフトウェア製造者とソフトウェア購入者またはソフトウェア利用者が想定されている。SSDFは主に連邦政府機関向けに作成されたものであるが、そこに含まれるベストプラクティスとタスクはあらゆる業界のソフトウェア開発チームに適用可能であり、多くの組織で使用することができる。また、SSDFはこれらのベストプラクティスの実践方法を「べき論」で記載するのではなくソフトウェアの安全性に焦点を当て、あくまで組織が安全性を確保する方法を説明するという体を取っている。ソフトウェアの安全性を確保する方法は無限にあり、ソフトウェアを製造・利用するすべての組織を構成する人、プロセス、技術がそれぞれ

異なるということを考えるとこれは理にかなっている記載方針だ。ガイダンスではどのプラクティスを実施し、その達成に向けて何に投資するかを決定する際、組織のリスク許容度などの要因を考慮すべきであるとしている。

　NISTはソフトウェア自体やソフトウェアを含むプロダクトを製造者やベンダーから購入する連邦政府機関に対して、最低限の推奨事項を定めている。これらの推奨事項には、政府が安全でないソフトウェアや製品を取得しないようにするための重要な条項が含まれている。たとえば、各機関がソフトウェアを調達する際にはSSDFで言われているところの安全なソフトウェア開発要件に関するコミュニケーションを行うことを推奨している。また、ベンダーがそのSDLC全体を通じてSSDF開発プラクティスに従っていることを証明するように推奨している。ここでよく問題になるのはその証明方法である。一般的にプロセスの観点からの証明は、**自己証明**や3PAO（第三者評価機関：third-party assessment organization）のような独立した第三者によって行われる。

　3PAOを使用することで評価対象ではない第三者によって証明が行われるため、証明の信頼性が向上する。しかし、3PAOの利用によって評価が厳格に行われる可能性が増す一方で時間やコストなどの負担がのしかかる。たとえば、クラウドサービスプロバイダー（CSP）が連邦政府向けにサービスを提供するための認証プロセスであるFedRAMPではCSPが第三者評価を受けることが要求されている。

　しかしFedRAMPが誕生して10年が経つにもかかわらず、FedRAMPの認定を受けたクラウドサービスは約250件に過ぎない。SSDFの下でソフトウェア製造者に対して第三者評価の手法が採用されるとするとFedRAMPの場合と同じように、政府に対してソフトウェアを販売する資格を持つベンダー数が制限されるであろうことは明らかである。それでもNISTはガイダンスの中で、組織やソフトウェア利用者のリスク許容度に応じて第三者証明が必要な場合もあると述べている。評論家の中にはSSDFの導入に影響が出てしまうため、第三者評価の手法を取らないよう政府機関に求める者もいる。このような評論家たちは国防総省のCMMC（サイバーセキュリティ成熟度モデル認証）のようなほかの類似プログラムにおいて、第三者評価による認証取得のハードルの高さに伴う遅延が発生した例を指摘している。CMMCはいくつかの困難を経験しており、その一部は新たなコンプライアンス認証

のために第三者評価プロセスを実装するのが複雑であることに関係していた[20]。

8-3-1　SSDFの詳細

　NIST SSDFは、基本的でよく知られた安全なソフトウェア開発のベストプラクティスを推奨することをその目的としている。とくにユニークなのはSSDFが完全にゼロからガイダンスを作成するのではなく、Synopsys社によるセキュア開発成熟度モデル（BSIMM）やOWASPによるソフトウェアセキュリティ保証成熟度モデル（SAMM）など、すでに知られており確立されたガイダンスの内容を多く取り入れている点である。

　SSDFの安全なソフトウェア開発のプラクティスは以下の4つのグループに分かれている。

- 組織の準備（PO）
- ソフトウェアの保護（PS）
- 安全なソフトウェアの製作（PW）
- 脆弱性への対応（RV）

　これらの各グループの中でプラクティス、タスク、概念的な実施例、リファレンスなどの要素を定義している。SSDFの最新版は大統領令14028号に対応しているため、大統領令第4(e)項の要件へのマッピングも含まれている。SSDFを使用することでソフトウェアのリリースに含まれる脆弱性の数が減り、これらの脆弱性が未検出または未対策である場合に悪用される影響が軽減されることが期待できる。

■ 組織の準備（PO）

　安全なソフトウェアを開発するには、まずそのための組織を整備することが不可欠である。このグループのプラクティスには、組織のソフトウェア開発インフラに関する要件や組織が開発するソフトウェアが満たすべきセキュリティ要件を定義することが含まれている。これらの要件は既存のコンポーネントやモジュールを再利用して商用ソフトウェアコンポーネントを提供しているすべての第三者にも共有する必要がある。

---

[20]　https://insidedefense.com/daily-news/delay-publicly-releasing-cmmc-process-guide-attributed-potential-national-security

役割と責任の定義もまた、組織が取らなければならないもう一つの基本的なステップである。これはSDLCにおけるすべての役割を対象とし、それぞれの役割を担う個人に対する適切なトレーニングを提供することを含んでいる。ガイダンスでは安全な開発に対する上層部または権限者の承認を取得し、プロセスに関係する個人がその承認を確実に認識することが必要であることを強調している。これは**上層部の協力**を得ることと言ってもいいだろう。

　今日のソフトウェア配布にはソフトウェア開発に関わる人の労力を最小化に抑え、より一貫性があり正確で再現可能な結果を導くための自動化されたツールチェーンが含まれている。これに関するタスクにはリスクを軽減するために使用されるべきツールとツールの種類を指定し、それらがどのように相互に統合されるかを定義することが含まれる。組織はツールチェーンの使用に関して推奨されるセキュリティプラクティスを定義し、ツールが安全なソフトウェア開発プラクティスをサポートするように正しく構成されていることを確認する必要がある。

　また、組織はソフトウェアに対するセキュリティチェックの基準を定義し使用する必要がある。これにはSDLC全体を通じて情報を保護するためのプロセスやツールの実装が含まれる。ツールチェーンはセキュリティの意思決定に必要な情報を自動的に提供し、脆弱性管理における判断基準の作成に使用することができる。

　最後に、組織はソフトウェア開発のための安全な環境を実装すべきである。これは通常、開発環境、テスト環境、ステージング環境、本番環境などのさまざまな環境を構築することで実現できる。これにより侵害によって他環境に及ぼす影響範囲を限定し環境に応じて異なるセキュリティ要件を区分けできるとともに、構成管理を改善し構成ドリフト（実際の構成が望ましい構成と一致しない状況）を制御できる。

　これらの環境はMFA、条件付きアクセス管理、最小権限アクセス管理のような方法を導入することや検知・対応・復旧を適切に行うために、さまざまな開発環境における活動をログに記録・監視することで可能になる。環境のセキュリティ確保においては、開発や環境に関わる人々が使用するエンドポイントがリスクをもたらさないように堅牢化されることをも意味している。これらの推奨事項にはゼロトラストに関する現状のガイダンスやベストプラクティスとの共通点が多くある。

■ ソフトウェアの保護（PS）

　次はソフトウェアの保護である。ソフトウェアの保護のグループにはコードを不正な変更から保護すること、コードの完全性を検証すること、各ソフトウェアリリースを保護することが含まれる。

　すべての形式のコードを不正な変更や改ざんから保護することは、整合性が意図的または意図せずに損なわれないようにするために重要である。コードはOSSコードやプロプライエタリコードとは異なり、セキュリティ要件に基づく最小権限アクセス管理に沿った方法で保管されるべきである。組織はバージョン管理、コミット署名、コード所有者と保守者によるレビューをサポートするコードリポジトリを使用するなどの対策を講じることで、未許可の変更や改ざんを防ぐことができる。また、暗号ハッシュなどの方法を用いてコードに署名し、その完全性を確保することもできる。

　コードの完全性を維持するだけでなく、ソフトウェア利用者が完全性を検証する方法が必要である。これにはハッシュを安全に保護されたウェブサイトに掲載するなどのプラクティスが含まれる。コード署名は信頼できる証明書発行機関によって保証されるべきであり、ソフトウェア利用者はそれにより署名の信頼性を確認できる。

　最後に、各ソフトウェアリリースを保護し保存することも必要である。これにより特定のリリースに関連する脆弱性を特定、分析、排除することができる。また、危殆化しているリリースの場合にはロールバックを行い、ソフトウェアやアプリケーションを「既知の良好な」状態に復元することができる。ソフトウェアリリースを保護・保存することで、利用者はコードの出どころと関連するコードの完全性を理解することができる。

■ 安全なソフトウェアの製作（PW）

　セキュリティ要件が成文化され開発環境とそこへアクセスするエンドポイントへの対策が完了した後、組織は安全なソフトウェアの製作に集中できる。これらのプラクティスは組織やプログラムのライフサイクル全体で同時に実施されることもあるが、それぞれが相互に補完し合い、必要に応じて再評価と改定を行うことが求められる。

SSDFの組織の準備（PO）のグループにおいてセキュリティ要件が定義され、文書化されていることに留意が必要である。次に、文書化したセキュリティ要件を満たすようにソフトウェアを設計しなければならない。そのために組織は脅威モデル化や攻撃対象領域のマッピングといったリスクモデル化の手法を用いて、開発するソフトウェアのセキュリティリスクを評価する。組織は脅威モデル化などの手法で開発チームを訓練することでシステムやソフトウェアに対する脅威と、それらのリスクを低減する能力を備えた開発チームを育成することができる。データ分類法を用いることで組織はリスクの軽減および修復のために高機密かつ高リスクの領域をより厳格に評価し、優先順位を付けることができる。また、ソフトウェア設計を定期的に見直し組織が定義したセキュリティ要件とコンプライアンス要件を満たしていることを確認する。確認対象には自社で開発したソフトウェアだけでなく、サードパーティから調達したり利用したりするソフトウェアも含む。利用されるソフトウェアの性質によってはソフトウェア設計者と協働してセキュリティ要件を満たしていない不具合を修正する場合もあるが、OSSのように契約やサービスレベル合意などの合意事項がない場合はこの限りではない。

組織は機能の重複を避けるために既存の安全なソフトウェアを再利用することが奨励されている。既存ソフトウェアの再利用には開発コストの削減、機能提供の迅速化、環境に新たな脆弱性を持ち込む可能性の低減など多くの利点がある。大規模な組織ではとくにクラウドネイティブ環境において、インフラやセキュリティがコードとして定義される「as code」の時代でもあるため、コードが無秩序に増加する**コードスプロール**が発生しやすい。この「as code」のアプローチはモジュール性、再利用、コード化された構成、コードテンプレートやマニフェストといった概念を採用しており、これらは組織内外で安全に利用できる。ただし、Chapter6の「クラウドとコンテナ化」で触れたPalo Alto社のUnit 42 Threat Researchグループによる調査結果で言及されているように、これらのマニフェストやコードテンプレートに脆弱性が含まれている場合、それが大規模に複製されることになるため適切なガバナンスと厳格なセキュリティが求められる。既存のソフトウェアとコードを再利用する組織は組織内のチームであってもセキュリティや設定ミスについてコードをレビューおよび評価し、再利用しているコードに関連する来歴情報を理解しなければならない。SSDFでは再利用のために、十分にセキュリティ保護されたソフトウェアコンポーネントとリポジトリを社内で作成し維持することを推奨しており、NIST SP 800-161改定第1版の推奨事項にも同様の内容が記載されている。

組織が作成するソースコードは、組織が採用し業界のガイダンスが提唱する安全なコーディングプラクティスに沿ったものでなければならない。これらのプラクティスにはすべての入力を検証する、安全でない関数や呼び出しを避ける、コード内の脆弱性を特定するツールを使用するといった事項が含まれる。

■ 脆弱性への対応（RV）

組織がセキュリティ要件を定義し、環境を準備し、安全なソフトウェアを作ろうと努力しても脆弱性は必然的に発生する。現実的には開発中にすべての脆弱性を特定することは不可能であり、時間が経つにつれ脆弱性は発見される。これまで述べてきたようにソフトウェアの歴史が長ければ長いほど研究者、悪意ある行為者あるいはそれ以外の者によって脆弱性が発見される可能性は高くなる。

そのため組織は継続的に脆弱性の特定と確認に取り組むべきである。これには脆弱性データベースの監視、脅威インテリジェンスフィードの利用、新しい脆弱性を特定するための全ソフトウェア構成要素に対するレビューの自動化などが含まれる。新しい脆弱性はコードがスキャン・調査された時点で特定できるため、これらの実践が鍵となる。また、組織は脆弱性の開示と是正を中心としたポリシーを持つべきであり、先に述べたように脆弱性に対処するために必要な役割と責任をあらかじめ定義すべきである。脆弱性の開示に関してはChapter10「サプライヤのための実践的ガイダンス」で詳しく説明するが、PSIRT（製品セキュリティインシデント対応チーム：Product Security Incident Response Team）を設置することが多い。

組織には脆弱性を特定・確認する方法だけでなく、リスクに応じて脆弱性を修復する方法も必要である。これはソフトウェアの脆弱性を評価し、優先順位を付け、修復するプロセスを持つことを意味する。組織はツールやガバナンスを利用することで、リスク情報に基づいて回避・低減・受容・移転といった決定を下すことができる。ソフトウェア製造者はソフトウェア利用者がソフトウェアの脆弱性と潜在的な影響を理解し、可能であれば脆弱性への対処手順が理解できるセキュリティアドバイザリを作成し、公表する必要がある。最後に、組織は分析を通じて脆弱性の根本原因を特定する措置を講じるべきである。つまり個々の脆弱性ではなく根本原因への対処をすることで、将来的に脆弱性の発生頻度を減らすことができる。

8-3 NISTのセキュアソフトウェア開発フレームワーク（SSDF）

これまでの安全なソフトウェア開発に関するプラクティスが膨大にあることからもわかるように、大規模の組織であっても常にプラクティスをすべて正しく実施できるわけではない。しかし、SSDFをガイドとして使用することによって組織は安全なソフトウェア開発のプラクティスを体系化し、SDLC全体を通じてソフトウェアを安全に保つために適切な手順を実施することができる。

8-4

NSA：ソフトウェア・サプライチェーンのセキュリティ保護に関するガイダンスシリーズ

2022年、NSAはCISAおよびODNI（国家情報長官室）とともに「ソフトウェア・サプライチェーンのセキュリティ保護に関するガイダンスシリーズ」の発表に着手した。このシリーズは開発者、サプライヤ、利用者の視点に基づいてそれぞれの役割と活動に基づく具体的なガイダンスを提供する三部構成となっている。

このシリーズは「**持続的セキュリティフレームワーク（ESF）**」と呼ぶものでNSAとCISAが主導する官民横断的なワーキンググループが作成しており、国家の重要インフラに対して優先度の高い脅威に対処するガイドラインを提供することを目的としている。

以下のセクションで各ガイドとその具体的な推奨事項について述べる。このガイダンスはソフトウェアライフサイクルと同じように開発者、サプライヤ、利用者の順に提供されており、それぞれのリリース順に説明する。

以下ではソフトウェア・サプライチェーンのセキュリティ保護に関するガイダンスシリーズの詳細内容、そしてその包括的な要点を見ていく。まず、開発者向けガイドのプレスリ

258　Software Transparency

リース[※21]では開発者が安全なソフトウェアを作成するうえで果たす役割が強調され、この文書が政府および業界の推奨事項の採用を促すことを目指している旨が記載されている。次のサプライヤと利用者向けのガイドでは広義なソフトウェア・サプライチェーンの中でそれぞれが担う独自の役割とレジリエンスに焦点を当てている。

全体として見ると文書は次の三部構成になっている。

- 開発者向けのセキュリティガイダンス
- サプライヤ向けの推奨プラクティスガイド
- 利用者向けの推奨プラクティスガイド

ガイダンスは開発者、サプライヤ、利用者がより広範なソフトウェア・サプライチェーンのエコシステムで果たす独自の役割を強調している（図 8.3 参照）。

図8.3

※21　https://www.nsa.gov/Press-Room/News-Highlights/Article/Article/3146465/nsa-cisa-odni-release-software-supply-chain-guidance-for-developers/

8-4-1　開発者向け推奨プラクティスガイド

　最初のガイドは、「開発者向け推奨プラクティスガイド」である。ソフトウェア・サプライチェーン攻撃は古くからあり、CNCF（クラウドネイティブコンピューティング財団）などはサプライチェーン侵害のカタログを2003年から提供している。また、IQT Labsの「Software Supply Chain Compromises—A Living Dataset」も2003年から提供されている[22]。

　後者はIQT Labsが公開されているソフトウェア・サプライチェーンの脅威のデータセットを作成しようとする試みの一環である。このようにソフトウェア・サプライチェーン攻撃には20年もの歴史があるが、その発生スピードは現在も加速している。このような傾向は図8.4に示すDan Geer氏、Bentz Tozer氏、John Speed Meyers氏によるUSENIX社の記事「For Good Measure—Counting Broken Links：A Quant's View of Software Supply Chain Security」にも示されている[23]。

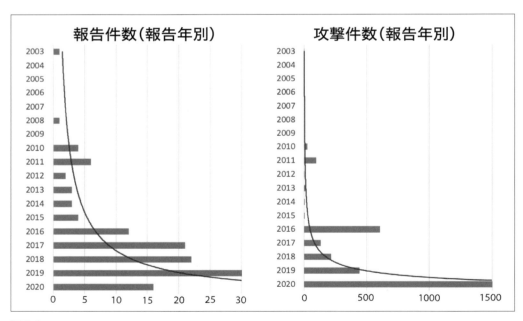

図8.4

※22　https://github.com/IQTLabs/software-supply-chain-compromises
※23　https://www.usenix.org/system/files/login/articles/login_winter20_17_geer.pdf

ソフトウェア製造者から見ればサプライヤは利用者に機能や性能を提供する者であり、それらの機能や性能は開発者によって推進され生み出される。このため、必然的にサプライヤと開発者は市場投入までのスピード（または公共部門におけるミッション）と安全で堅牢なソフトウェアやソフトウェア対応製品との間で板挟みの状況に陥る。

安全なソフトウェアはSDLCから始まるという考えのもと、NSAのガイダンスではNIST SSDF[24]、カーネギーメロン大学の安全なソフトウェア開発ライフサイクルプロセス[25]、2022年に発表されたOpenSSFの安全なソフトウェア開発基礎コース[26]のような多くの選択肢を紹介している。

ガイダンスでは単に安全なソフトウェア開発プロセスを利用することだけでなくソフトウェアの安全性と耐久性に関連する保証を得るために、ソフトウェア製造者と利用者の両方が検証に使用する具体的な成果物や証明を作成することも記載されている。

これらの活動には脅威のモデル化、SAST、DAST、ペンテストなどのベストプラクティスや安全なリリース活動として電子署名の使用が含まれる。特筆すべき例としてソフトウェアの署名、検証、保護のための標準であるSigstoreの採用が増加していることが挙げられる。SigstoreはOpenSSFのOSSセキュリティのための動員計画でもソフトウェア・サプライチェーンの信頼性を高める方法として挙げられている。

それでは開発者向けガイダンスの各項について見ていこう。

■ 安全な製品基準と管理

安全な製品を生み出すうえで重要なのは、安全な製品開発を促進するための予算とスケジュールとともに組織としての安全な開発方針と手順を整備することである。しかし市場への迅速な提供やリソースの制約に焦点を当てる場合、セキュリティのベストプラクティスを実装するための時間、専門知識、労力に関するコストを伴うため潜在的な摩擦を引き起こす可能性がある。

※24 https://csrc.nist.gov/Projects/ssdf
※25 https://resources.sei.cmu.edu/asset_files/whitepaper/2013_019_001_297287.pdf
※26 https://openssf.org/training/courses

国防総省内で進行中の優れたDevSecOpsの取り組みに敬意を表し、NSAの開発者向けガイダンスでは国防総省の「DevSecOpsの基礎プレイブック」における安全なソフトウェア開発プロセスの図を使用している[27]。しかし国防総省が用いる図における3つのエンティティ Dev（開発）、Sec（セキュリティ）、Ops（運用）とは異なり、開発者向けガイダンスでは前述した次の3つのエンティティを重ね合わせている。

- 開発者
- サプライヤ
- 利用者

これらは国防総省の例のようなソフトウェア開発プロセスに貢献する組織チームではなく、安全でレジリエントなソフトウェア製品を製作および利用するエンティティであり、単一の組織の枠を超えたソフトウェア・サプライチェーンの文脈を加味している。

NSAのガイダンスはソフトウェア製品の開発と提供中に発生する可能性のある脅威の例をいくつか示している。たとえば悪意のある攻撃者、脆弱なサードパーティコンポーネントの導入、ビルドプロセスの悪用、顧客利用者への製品配送時の配送手段の侵害などが挙げられる。ソフトウェア製造者はこれらのリスクを軽減するために脅威モデルの作成、リリース基準の定義、セキュリティ手順とプロセスの文書化と公開などセキュリティに焦点を当てたプロセスを持つべきである。

新しいわけではないが、推奨されているプラクティスの中にはますます人気を集めているものもある。たとえば、脅威のモデル化はAdam Shostack氏、Robert Hurlbut氏その他多くの業界リーダーによって数年前から提唱されている（**脅威のモデル化**とは何がうまくいかず、どうすればそれを防ぐことができるかを考える手法である）。脅威のモデル化には、脅威のモデル化マニフェストやOWASP脅威モデル化プロジェクトのような優れた参考文献がある。

---

[27] https://dodcio.defense.gov/Portals/0/Documents/Library/DoDEnterpriseDevSecOpsFundamentals.pdf

脅威のモデル化はソフトウェア開発ライフサイクル全体で行うことができ、連邦政府が使用する重要ソフトウェアに対して脅威のモデル化を実施することをNISTが推奨している。重要ソフトウェアの定義はNISTが大統領令において要求したものであり、より詳しい内容は、重要ソフトウェアに関するソフトウェア・サプライチェーンのセキュリティガイダンスのページで参照することができる[28]。OWASPのThreat Dragonはデータフローダイアグラムの作成、脅威のランキング、緩和策の提案などの脅威モデル化に関する活動を支援するOSSオプションの一つである。

NSAのガイダンスではセキュリティテスト計画とリリース基準を強く推奨している。テスト計画の要求事項には多くの場合、SAST/DAST、サードパーティソフトウェアのSCA、ペネトレーションテストのような一般的なセキュリティテスト手法が含まれる。これらのテスト手法を実施するためにいくつかのOSSツールやベンダーツールが存在し、これらのツールはCI / CD（継続的インテグレーション／継続的デリバリ）パイプラインとますます統合され「**シフトレフト**」セキュリティの取り組みを可能にする。シフトレフトセキュリティとはSDLCの初期段階でセキュリティを強調し、脆弱性や欠陥を生産環境や本番環境に導入する前に検出する必要性を強調する用語である。

このようなツールやテスト手法を導入することで組織はリリース基準を決めることができる。リリース基準には組織のリスク許容度を超える脆弱性、安全な開発プラクティスの欠如またはとくに公共部門におけるソフトウェア透明性を求める声に応えるためのSBOMの作成、脆弱性などとの関連付け、検証が含まれる場合がある。

下流のソフトウェア利用者のリスクを軽減するためにリリース基準を確立することは非常に重要であるが、それは簡単なことではなく次のことを認識する必要がある。

- CVSS（共通脆弱性評価システム：Common Vulnerability Scoring System）のような広く普及している脆弱性スコアリング手法は完璧なものではない
- ツールは開発の速度を妨げる多くの誤検知を生み出す
- 公表されているCVE（共通脆弱性識別子：Common Vulnerabilities and Exposures）の多くは悪用可能ではない

---

[28]　https://www.nist.gov/itl/executive-order-improving-nations-cybersecurity/critical-software-definition

CVSSに関する懸念の詳細については「CVSS：Ubiquitous and Broken」という記事を参照するとよい[29]。脆弱性を減らし速度を維持しながらノイズを取り除くには効果的な人材、プロセス、技術の編成が必要となるデリケートな作業である。セキュリティ研究者で作家のWalter Haydock氏は、意図は善意ではあっても実効性に乏しいセキュリティリリース基準の危険性について論じている[30]。

NSAは組織が成熟して体系化された製品サポートと脆弱性対応の方針およびプロセスを持つことを推奨している。これには脆弱性報告システム、PSIRT、HTTPS/TLSのような安全なプロトコルを介した安全なソフトウェア提供などが含まれる。

ソフトウェアの脆弱性は必然的にコードを書いている個人やチームから発生するため、アセスメントとトレーニングは極めて重要である。まず、誰がどの程度の頻度でトレーニングを受ける必要があるのか、またどのようなトピックを取り上げるべきなのかといった詳細な方針を定義する必要がある。

多くの場合、トレーニングには安全なソフトウェア開発、安全なコードレビュー、ソフトウェアの検証や脆弱性テストなどが含まれる。また、組織のセキュリティ手順とプロセスを随時更新すべき文書として扱い、トレーニング後の振り返りで得た教訓を反映させることも重要である。

これまでに述べた脅威のモデル化、セキュリティテスト計画、リリース基準などの緩和策とベストプラクティスはNSAのガイダンスにおいてNIST SSDFに具体的にマッピングされている。公共部門の顧客利用者にソフトウェアを販売する組織はSSDFに準拠したソフトウェア製作が求められるということから、NIST SSDFの内容に精通しておくのが重要である。

■ 安全なコードの開発

次は安全なコードの開発である。このプロセスはプログラミング言語の選定やフェイルセーフのデフォルトや最小権限アクセス管理といったデジタルシステムとデータの保護の基本を考慮することから始まる。

※29　https://dl.acm.org/doi/pdf/10.1145/3491263
※30　https://blog.stackaware.com/p/security-release-criteria

組織は意図的であるかそうでないかにかかわらずソースコードを変更したり、悪用したりする可能性のある内部脅威に警戒する必要がある。たとえば開発者のトレーニングが不十分であったり、エンジニアが意図的に製品にバックドアを挿入したりした結果としてこのような事態が生じる可能性がある。エンジニアは脅迫や誘惑を受けやすい生活環境にいるかもしれず、開発機能を追加して自分の作業を容易にした結果として製品のセキュリティが損なわれることもある。また、開発者ガイダンスはリモート開発システムの危殆化についても警告している。リモートワークの普及とネットワーク境界の解消により、リモート開発のエンドポイントは悪意ある行為者にとって格好の標的となっている。とくにBYOD（Bring Your Own Device）環境では、組織はエンドポイントのサイバーハイジーン管理に日々苦労している。また、サードパーティの開発チームが攻撃の起点となる可能性もある。そのほかにはユーザーがチームや組織から異動した後もアカウントが有効なままになっている場合、所有者のいないアカウントや認証情報が侵害される可能性がある。そのため、組織は成熟したアカウントとアクセス管理のポリシーとプロセスを導入する必要がある。

これらの状況により、開発に大混乱をもたらし安全でない製品が生み出される可能性があるが、安全でないコードのリスクを軽減するための対策を実施することができる。たとえば、認証されたソースコードチェックインプロセスの使用、前述した脆弱性スキャンの実施および組織の運用条件に応じた実際の開発環境の強化などが対策として考えられる。

NSAが示すとおり、NISTのSP 800-161で強調されているのは安全なリポジトリプロセスフローの作成である。このワークフローパターン（図8.5 参照）を作成することで組織は外部ソフトウェアコンポーネントを選定し、SCAなどのようなスキャンを実施して、ソフトウェアコンポーネントの構成と脆弱性に問題ないかを判断する手順を整備できる。このフローは開発者や開発チームが外部ソフトウェアコンポーネントを精査するのに役立ち、検証と確認されたコンポーネントを安全に利用できる安全なリポジトリの確立を可能にする。

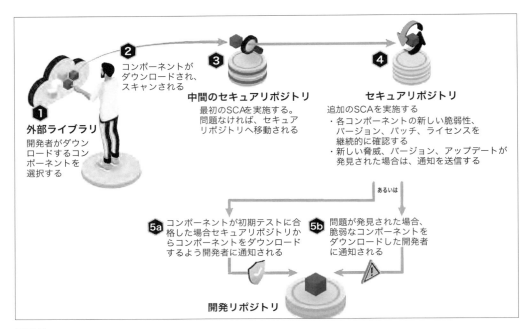

図8.5

　前述したSASTやDASTのようなツールを使用することでセキュリティリリース基準を満たし、脆弱性を適切に特定し、緩和することができる。また、チームは欠陥や悪意のある変更が確実に特定され対処されるように、セキュリティテストと回帰テストなどにより毎日自動的に最新のコードがコンパイル、リンク、テストされるようにし欠陥や悪意のある変更が識別され、対処されるようにするべきである。これまで述べてきたように、開発者は自らの作業環境を快適にするために不必要な機能を追加し、それがバックドアにつながる可能性がある。開発者向けガイダンスはリモート開発の普及に伴い、開発環境を堅牢化することを推奨している。これはビルド環境だけでなく開発活動やワークフローに関わるエンドポイントやシステムも堅牢化することを意味し、VPNアクセス、MFA、EDRなどでの制御によってリモート開発のリスクを確実に軽減することができる。

　安全な開発プラクティスはソースコードを生成、テストおよび保護するために使用すべきである。このプラクティスには上述した開発環境の安全性を確保する活動も含まれ、安全な開発ビルドの構成や安全なサードパーティ製ソフトウェアツールチェーンやコンポーネントを使用することも含まれる。

コンポーネントとソフトウェアは最終的に製品に統合されるため、成熟した安全なコード統合プラクティスに沿う必要がある。これにはNISTのNVDに記載されているCVEを参照してサードパーティ製のコンポーネントをテストすることや、コード統合時にセキュリティ依存関係アナライザーを使用することが含まれる。

利用者から欠陥や脆弱性の報告があった場合、開発チームはこれらのインシデントや報告に対応する態勢を整えなければならない。これには報告を受け入れるための公開プロセスを持つこと、内部で問題をレビューし診断し、解決を支援するプロセスを持つことが含まれる。また、ほかのチームが外部の開発拡張機能を追加する可能性もあり、それ自体が脆弱性をもたらすこともある。ソリューションチームや付加価値再販業者（VAR）による拡張も安全な手法で開発されるべきであり、元の製品に含まれていないパッケージやコンポーネントが追加されたことを示すためにSBOMを利用すべきである。

■ サードパーティコンポーネントの検証

開発チームが自社のコードや製品にサードパーティコンポーネントを使うことが増えているのは周知の事実である。商用オフザシェルフ（COTS）であれフリーオープンソースソフトウェア（FOSS）であれ、利用可能なソフトウェアコンポーネントを使用することで時間、コスト、労力を節約できるメリットがある。コード統合プロセスを早めに議論することで安全でないサードパーティのコードを導入するリスクを減らすことができる。その他の課題としてサードパーティのバイナリコードがある場合、それらの未知のファイルやOSSコンポーネントを特定し、それに関連する潜在的な脆弱性を明らかにするためにバイナリまたはSCAスキャンを実施する必要があることが挙げられる。サードパーティのソースコードに対してはSBOMの検証を行うのも有効である。

サードパーティのコンポーネントを選定し統合する際には、SCAなどのスキャン方法とともにSASTやDASTなどのスキャンを通じて関連するリスクの評価を行うべきである。開発チームは取り込むコードの出どころと、その配布方法の保証についても理解する必要がある。来歴はソフトウェアの来歴元までさかのぼり、サプライチェーンの最初の経路から特定する必要がある。組織のセキュリティ要件によってはさまざまなレベルの来歴証明が必要とされる可能性がある。たとえば、OWASP SCVS（ソフトウェアコンポーネント検証標準：Software Component Verification Standard）では来歴証明の要件はより厳格である。開

発者向けガイダンスは既知の信頼できるサプライヤからコンポーネントを入手することを推奨している。ソフトウェア製造者やプロバイダーのエコシステムは豊かであるが、かといって必ずしもソフトウェアコンポーネントのセキュリティの質がそれぞれ均質であるとは限らない。Joshua Corman 氏のようなソフトウェア・サプライチェーンのリーダーは、自動車業界の手法を取り入れて、より少ないが質の高いコンポーネントを使用するサプライヤを利用することを提唱しており、その詳細は彼の USENIX 講演「Continuous Acceleration：Why Continuous Everything Needs a Supply Chain Approach」で述べられている[31]。

OSS はサードパーティコンポーネントのガバナンスの課題に拍車をかけている。Sonatype 社の 2021 年の「State of the Software Supply Chain」レポート[32]が指摘するように、OSS コンポーネントの開発者ダウンロードは前年比で 73％増加（2.2 兆以上のダウンロード）しており、依存関係のかく乱攻撃、タイポスクワッティング、悪意のあるコードインジェクションなどの方法を通じたソフトウェア・サプライチェーン攻撃が前年比で650％増加している。これらの攻撃方法のいくつかは Chapter2「既存のアプローチー伝統的なベンダーのリスク管理ー」で議論されたものである。図 8.6 に示されているように、悪意のある行為者はこの攻撃方法の有効性を認識していることがわかる。

※31　https://www.youtube.com/watch?app=desktop&v=jkoFL7hGiUk&feature=youtu.be.
※32　・原文で記載されている URL（2024 State of the Software Supply Chain | Executive Summary https://www.sonatype.com/state-of-the-software-supply-chain/introduction）に飛ぶと、2021 年の調査ではなく、2024年の最新調査のページにリダイレクトされる。
・原文で参照されている 2021 年の調査内容が記載されているのは下記 PDF ファイルが該当される（ただし原文ではこの PDFファイルの URL は言及されていない）：SSSC-Report-2021_0913_PM_2.pdf（https://www.sonatype.com/hubfs/Q3%202021-State%20of%20the%20Software%20Supply%20Chain-Report/SSSC-Report-2021_0913_PM_2.pdf）

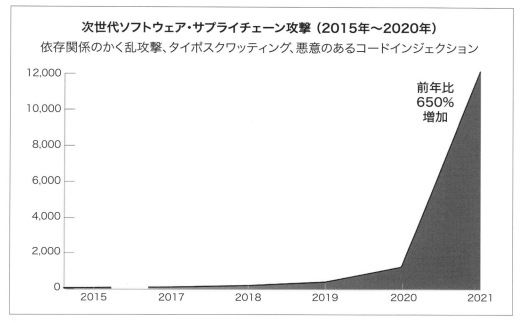

図8.6

　サードパーティコンポーネントやOSSを選定し取り込む場合、組織はOSSに内在するリスクや脆弱性を理解する必要がある。検査済みのサードパーティコンポーネントだけでなく、既知の信頼できるサプライヤリストを作成するなどの方法がある。考慮すべき点として、コンポーネントの品質だけでなくSBOMのような補足資料やコンポーネント所有者の脆弱性報告に関する過去の対応の速さなどが挙げられる。さらに、コンポーネントの保守管理がおろそかにされてはならないことも理解しておくべきである。サプライヤは脆弱性に対処するアップデートをリリースする可能性があり、たとえば下流の利用者はそのコンポーネントを更新する必要がある。

■ ビルド環境の堅牢化

　開発環境とシステムの堅牢化に加えて、ビルド環境自体も堅牢化する必要がある。ビルド環境は再現可能な成果物を提供するが、いったん侵害されるとSolarWindsの例のように侵害されたソフトウェアを配布するための非常に効率のよい方法として機能してしまう。NSAのガイダンスではビルド環境をソースコードや製品そのものと同レベルの安全性、完全性およびレジリエンスをもって開発し維持すべきであることを強調している。

悪意者はネットワークへの侵入、脆弱性のスキャン、エクスプロイトの作成および展開などのさまざまな手法を用いてビルドチェーンを侵害する。このエクスプロイトや悪質なコードは下流のソフトウェア利用者に知られることなく、効率的に配布される可能性がある。開発者向けガイダンスではビルドパイプラインだけでなく、開発およびビルドプロセスに関わるすべてのシステムをロックダウンし、不正なネットワーク活動から保護し、安全な設定を使用することを推奨している。またバージョン管理、ネットワークセグメンテーション、アクセスや活動の監査とログ記録などの管理策を実施するよう呼びかけている。

これらの対策に基づきNSAは高度な対策として、**密閉ビルド**や**再現可能ビルド**の導入を推奨している。密閉ビルドは完全に宣言的で変更不可であり、ネットワークアクセスなしで実行可能でハッシュ検証を含むこともできる。再現可能ビルドはバイナリ製品が可変メタデータにもかかわらず同じソースから構築されたことを検証する。ここでの再現可能性とは、同一ビットの出力を生成する入力成果物を識別することを意味する。また、in-toto[33]のような新しいフレームワークも登場しており、ソフトウェア・サプライチェーンの各タスクが計画どおりに認可された人員によってのみ実行され、製品が利用者に行き渡るまでの過程において改ざんされていないことを確認することを目指している。

NSAの開発者向けの推奨業務ガイドにおけるいくつかのプロセスやプラクティスはSLSA（Supply Chain Levels for Software Artifacts）フレームワークだけでなく、OWASP SCVSという新しいフレームワークにも基づいている。

ソフトウェア署名はソフトウェア・サプライチェーンを保護するための重要な部分として採用や認知が進んでいる。Sigstore[34]のような取り組みはKubernetesをはじめとする主要プロジェクトで採用が進んでいる一方で、**署名サーバーが悪用される**可能性もある。暗号署名はソフトウェア成果物の完全性を保護し、その利用者に保証を提供する。しかし、署名サーバーとそのメカニズム自体が侵害されるとその保証は信頼できず無用となり、侵害されたとみなされる。これにより悪意のある攻撃者潜在的に悪意のある成果物や出力を正当に署名し、それを無防備なソフトウェア利用者が取り込むことになる。このリスクを軽減するためにガイダンスでは強力なMFAおよび署名インフラの物理的アクセス管理、隔離ネット

※33　https://github.com/in-toto/in-toto
※34　https://www.sigstore.dev

ワークセグメントでの署名、実際の署名インフラの強化などの対策を推奨している。

密閉ビルドのようなプラクティスによっては必要なTSA（タイムスタンプ機関）の使用が制限される可能性がある。TSAは証明書が有効な時期に署名が行われたかどうかを判断するために必要である。Twilio社やほかの多くのSaaSプロバイダーに影響を与えた最近のインシデント[35]を見るとMFAだけでは不十分であり、組織はYubiKeyのようなフィッシング耐性のあるMFAを導入すべきである。

■ コードの配信

最後に、ソフトウェアサプライヤが配布システムを通じてコードを配信することについて考えてみる。ソフトウェア開発者は出荷するソフトウェアの内容と関連するメタデータを検証するためにバイナリ構成分析を使用すべきである。SCAツールを使用することで、組織は来歴不明のソフトウェアが含まれていないことや配信用の最終成果物に秘密情報のような機密データが含まれていないことを確認することができる。こちらでもソフトウェア利用者へ配布するパッケージにはSBOMを含めることが求められている。

悪意のある攻撃者ソフトウェア配布システムを通じて配布されるソフトウェアパッケージやアップデートを侵害するための手法を利用しようとする可能性がある。これには悪意のあるコードや脆弱性を注入しようとする中間者攻撃のような手法が含まれる。組織は安全な配布メカニズムを使用し、製品とソフトウェアコンポーネントの両方のレベルでハッシュとデジタル署名を使用することによって、これらのリスクを軽減することができる。

最後に考えなければいけない脅威として侵害されたパッケージが確実に利用者に配送されるように、リポジトリ、パッケージマネージャーまたはその他の方法を介して配布システムを直接侵害するというものが考えられる。ソフトウェア開発チームや組織はリポジトリやパッケージマネージャーを含むあらゆる形式のコードを不正アクセスから保護し、配布システムに対してTLSの実装を含む適切な暗号化を使用する必要がある。

※35 https://www.darkreading.com/remote-workforce/twilio-hackers-okta-credentials-sprawling-supply-chain-attack

8-4　NSA：ソフトウェア・サプライチェーンのセキュリティ保護に関するガイダンスシリーズ

8-4-2　NSA Appendix

このチャプターを締めくくる前に、NSAの開発者向けガイダンスには次のような充実した付録が含まれているため紹介する（図8.7を参照）。

- **Appendix A：対応表（クロスウォーク）**
  開発者向けの推奨業務ガイドの脅威シナリオとNIST SSDFとの関係性を示した対応表であり開発者、サプライヤ、利用者に対して具体的なプラクティスと緩和策をマッピングしている。
- **Appendix B：依存関係性**
  サプライヤや開発者とサプライヤ、サードパーティサプライヤ、利用者のいずれかから提供される可能性のある依存関係および成果物について説明し、サプライヤおよび開発者にとって役立つものである（図8.7参照）。

A：サプライヤが開発者のために提供することが推奨される情報
B：サードパーティサプライヤが開発者のために提供することが推奨される情報
C：利用者がサプライヤや開発者のために提供することが推奨される情報

#	種別	依存関係性
1		利用者からの問題報告
2		必要に応じて指定されたハッシュ
3		SDLCのポリシーと手順
4		安全なアーキテクチャ図、高レベルな設計図
5		コード／セキュリティトレーニングを受けた有資格者チーム
6	A	独立した品質保証に関する個人／チーム
7		独立したセキュリティ監査に関する個人／チーム
8		オープンソースレビューボード（OSRB）とリポジトリ
9		製品のリリース管理／リソース
10		SBOM
11		開発場所と情報
12		サードパーティ製のSBOM
13		サードパーティライセンス
14	B	リリースノート（修正された脆弱性の詳細）
15		脆弱性通知
16		製品の脆弱性や弱点に対処するためのアップデートやパッチ方法
17		成功要件と基準
18		業界における暗黙のセキュリティ要件
19	C	運用環境からの発生したアップデートとパッチの問題点
20		利用者からの脆弱性通知と問題報告

図8.7

- **Appendix C：SLSA**

  SLSAの概要およびその要件、説明、レベルの詳細な解説。

- **Appendix D：成果物とチェックリスト**

  製品準備に向けたチェックリスト、設計文書、ビルドログなどの「成果物例」「説明文／目的」を記載している。開発者向けガイダンスでは、これらの成果物が誰にどのような価値を提供できるかの例を示している。

- **Appendix E：参考文献**

  次のような充実した参考文献の一式を記載している。

  - セキュア開発成熟度モデル（BSIMM）
  - 国防総省情報技術局（DoD CIO）
  - サイバーセキュリティに関する大統領令（EO）
  - Open Worldwide Application Security Project（OWASP）

これらの文献の多くはNSAが活用した既存のガイダンス例として、NSAのガイダンスの文書中に引用されている。

8-4-3　サプライヤ向けの推奨プラクティスガイド

初版の開発者向けガイダンスに続き、NSAシリーズの次のガイダンスはサプライヤ向けのものである。サプライヤ（この文脈ではベンダー）は通常「利用者とソフトウェア開発者の間で連絡を取る責任を負う」。つまり、サプライヤは契約合意、ソフトウェアリリース、影響を受けるソフトウェア利用者への通知などの仕組みを通じてソフトウェアの完全性とセキュリティを確保する責任を負う。

NSAのガイダンスは、次のようなサプライヤに対するいくつかの具体的な責任を定義している。

- 安全に配信されたソフトウェアの完全性を維持すること
- ソフトウェアパッケージおよびアップデートを検証すること
- 既知の脆弱性に対する認識を維持すること

- 利用者からの問題報告や新たに発見された脆弱性の報告を受け入れ、開発者に通知して修正を行うこと

　開発者向けガイダンスと同じようにこの文書では、NIST SSDF に基づいたさまざまな脅威の例を用いている。SSDF は組織の準備（PO）、ソフトウェアの保護（PS）、安全なソフトウェアの製作（PW）、脆弱性への対応（RV）という 4 つのグループに分かれたさまざまなセキュリティプラクティスから構成されている。NSA のガイダンスもこれと同じ構成になっており、各グループについて具体的な脅威シナリオと関連する脅威を修正または緩和するための推奨事項を示している。

■ 組織の準備（PO）

　ソフトウェアサプライヤとしての組織を準備するための基本的な要件には、ソフトウェアを安全に提供するために必要なポリシーとプロセスを作成することが含まれる。単にポリシーとプロセスを作成するだけでは十分ではない。それらは組織内で広く周知され、SDLCに関与する主要な利害関係者が精通しているものでなければならない。

　組織が方針とプロセスを明確に定義しておらず、チームがそれらの実施に不慣れである場合、新たに発生する脆弱性を利用者に通知する手段が欠如し、製品のライフサイクル全体を通じてサポートを提供することができない。

　このような問題を回避するためにはイメージやコードに署名したり、配布されたプログラムやソフトウェアが本当に受け取ったものであるかをハッシュ化によって検証したりするなど、いくつかの緩和策を用いることができる。

　また、サプライヤは安全な通信チャネルを通じて影響を受けたソフトウェアにパッチを当て、アップデートするプロセスを体系化する必要がある。

■ ソフトウェアの保護（PS）

　適切なポリシーとプロセスを整備することは重要であるが、組織はソフトウェアを不正アクセス、改ざん、削除から保護する実際の作業も行わなければならない。ソフトウェアのビルドや配布の過程で利用者に提供される前に悪意のあるコードが注入されるなど、さまざま

な脅威が発生する可能性がある。これによりバックドアが設置され、利用者が危険にさらされることがある。

この種のリスクを防ぐためにNSAは次のようないくつかの対策を推奨している。

- RBAC（ロールベースのアクセス管理の実装）
- 開発者向けエンドポイント保護措置の強化
- コードレビューの実施
- 顧客利用者への配布時にコードをデジタル署名すること（FIPS（連邦情報処理規格）140に準拠する鍵や、必要に応じてHSM（ハードウェアセキュリティモジュール）の使用を含む）

また、NSAのガイダンスはSDLC全体でコードにデジタル署名を行うことでソフトウェアリリースの完全性を確認する仕組みをサプライヤが採用することを推奨している。これにより、ソフトウェアの利用者との信頼関係と出どころの保証が可能になる。これらの対策を採らない場合、過去の攻撃で見られたようにソフトウェアの配布前に悪意のある改ざんが発生する可能性がある。コード署名は信頼性と来歴の保証に役立つが署名の前に確認可能なビルドプロセスを設けることが必要であり、これはNSAの推奨するところでもある。さもなければSolarWinds社のケースのように、悪意のあるまたは侵害されたコードが正当なものとして署名され配布されてしまう。NSAは独立してコードをコンパイルしパッケージ化するためにプロダクションビルド環境をミラーリングし、両方のビルド環境のハッシュを比較することを推奨している。この手法は再現可能なビルドを備えたSLSAなどのほかのガイダンスでも見られ、現在ではSolarWinds社も採用している。

そして、コード署名には効果的な鍵管理が必要である。NSAはサプライヤがHSMに秘密鍵を安全に保管することでコード署名鍵の盗難や改ざんのリスクを軽減し、さらに最小権限アクセス管理とインフラ制御の両方を通じて暗号鍵に関するすべての要素を扱うシステムを保護することを推奨している。

また、組織はレガシーバージョンのソフトウェアをどのようにアーカイブし、それらに関連する保存要件を満たすかについての戦略をもつ必要がある。この戦略は業界ごとの規制要件や組織固有の要件に基づいて策定されることがある。NSAのガイダンスが指摘するよう

8-4　NSA：ソフトウェア・サプライチェーンのセキュリティ保護に関するガイダンスシリーズ　　275

にアーカイブされたソフトウェアは災害復旧、デジタルフォレンジックまたは悪意のある活動が発生した際に既知の良好なバージョンのソフトウェアを復元するなど、さまざまな目的に役立つ。

しかしながら、アーカイブされたソフトウェアリリースの保護には安全でないまたはアクセス不能なストレージメディアやアーカイブのレビューが不十分であることなど、さまざまなリスクが存在する。これにより、必要なときにアーカイブされたソフトウェアリリースの復元やアクセスができないといった事態が生じる可能性がある。

これらの脅威を軽減するために、NSAのガイダンスは持続可能なアーカイブストレージの使用、不正な改ざんを避けるための読み取り専用アクセスの制限を推奨している。組織がテープやネットワークドライブなどのレガシーストレージメディアからクラウドへの移行を検討する際には、クラウドストレージのリスクも考慮する必要がある。また、組織は特定のアーカイブおよび保持ポリシーを確立し、既存のポリシーに沿って実施されるように自動化技術を活用することを目指すべきである。

■ 安全なソフトウェアの製作（PW）

安全なソフトウェアを製作するにはSDLC全体で安全な設計原則を順守する必要がある。そのため、NSAはこのガイダンスのこの項で開発者が安全な開発手法を採用していないこと、脅威とリスクアセスメントを実施するための適切なトレーニングを受けていないこと、作成されるソフトウェアの設計と運用の要件を完全に理解していないことなどの潜在的な脅威を挙げている。

これらのリスクを軽減するために、NSAはNISTが重要ソフトウェアに対しても推奨している脅威モデル化などの活動を推奨している。また、意図された運用環境を完全に理解し、ソフトウェアの要件に安全な設計仕様を含めることも推奨している。

SaaSはその運用モデルにより、安全なソフトウェアを作成するうえでいくつかの独特なリスクを抱えている。NSAが挙げる具体例には脆弱なコードがリポジトリに意図せずに導入され、自動ビルドを引き起こす可能性やSaaSソリューションの異なるモデル間で異なるセキュリティ要件が存在し、すべてのコンポーネントの検証が行われないことが含まれる。

これらのリスクはSaaSサプライヤと関連する下請け業者の間で共通のセキュリティ要件を確立し、実施し、検証することによって軽減できる。これまで述べてきたように現代の多くのソフトウェアには、サードパーティサプライヤのソフトウェアやコンポーネントが多用されている。そのため、NSAのガイダンスではサードパーティサプライヤも既存のセキュリティ要件を順守しており、組織のリスク許容度を超えるコンポーネントを提供していないことを検証する必要性を強調している。サードパーティサプライヤの利用にはリスクや脆弱性につながる契約上の不十分な合意、サードパーティサプライヤの所有権、管理、過去の実績の考慮漏れ、最低限のセキュリティ要件をサードパーティサプライヤへ明示的に伝えていないなど、さまざまな脅威が存在する。

　これらの問題を回避するためにNSAは次のような対策を推奨している。

- サードパーティがセキュリティ要件に準拠していることを検証する
- 契約合意書を使用してセキュリティ要件を伝達し、実施する
- サードパーティサプライヤが（不注意または意図的に）持ち込む可能性のあるリスクを軽減するためのプロセスを整備する

　契約上の考慮事項には脆弱性の開示と通知、NIST SSDFのような安全なソフトウェア開発要件に準拠することが含まれるべきである。NISTなどのほかのガイダンスと同じように、NSAはサプライヤのセキュリティ要件に一致する承認済みのサードパーティソフトウェアを優先的に採用し、承認されていないリポジトリからサードパーティソフトウェアを使用することを拒否するよう推奨している。NSAはサプライヤが組織のポリシーを更新し新しいバージョンが利用可能になった場合、脆弱性が明らかになった場合またはリスクが判明した場合にサードパーティソフトウェアを更新することを規定するよう推奨している。

　NSAのガイダンスが指摘しているその他の脅威にはコンパイルとビルドプロセスを適切に設定しないこと、人間が読めるコードのレビューと分析が行われないこと、実行可能なコードを厳密にテストしないことなどがある。これらの脅威は悪意のあるソフトウェアをコンポーネントに混入させたり、ビルドプロセスを危険にさらしたり、ソフトウェアのレビューでセキュリティ要件を評価しなかったり、実行可能コードの脆弱性テストやスキャンが不十分だったりするという問題を引き起こす可能性がある。NSAはサプライヤに対して

8-4　NSA：ソフトウェア・サプライチェーンのセキュリティ保護に関するガイダンスシリーズ　277

利用者から明確な一連のセキュリティ要件を取得すること、連邦政府に関係する FedRAMP や OMB のポリシーのようなガバナンスやコンプライアンス要件を理解すること、ビルドパイプライン内のすべての重要なソフトウェアコンポーネントやシステムを脅威のモデル化することなどの対策を講じることを推奨している。セキュリティガードレールの構築という業界のテーマに沿って、NSA のガイダンスはソフトウェアがデフォルトで安全な設定を持つ必要性を強調している。これを怠るとソフトウェアが適切な構成がされない状態でインストールされたり、管理者アクセスが制限されたり、管理者アクセスがログに記録されなかったりといった脅威につながる可能性がある。

こうした脅威を軽減するため、NSA はサプライヤに対してすべての管理アクセスの操作をログに記録し少なくとも 30 日間は保存すること、管理者アクセスに MFA を導入すること、ソフトウェアに不要なサービスや機能を無効にすることを推奨している。

■ 脆弱性への対応（RV）

最後に、組織が安全なソフトウェアを保護し製作するための準備と対策を整えたら、脆弱性に対応するメカニズムが必要になる。多くの実務者が考えているように、インシデントや脆弱性が発生するのは「もしも」ではなく「いつ起こるか」の問題である。脆弱性はほぼ避けられないものであり、サプライヤが脆弱性に対応するメカニズムを持つことは非常に重要である。

脆弱性に対応するために、サプライヤには継続的に脆弱性を特定し、分析し、修正するための標準化されたプロセスが必要である。これを怠ると既知または未公表の脆弱性を持つソフトウェアをリリースしたり、既知の脆弱性を除去するための対策が不十分であったり、来歴不明のコンポーネントを使用したりするなど、NSA のガイダンスが示す例を含めてさまざまな脅威につながる可能性がある。

これらを軽減するために NSA は次のような一連の活動を推奨している。

- 分野横断的な脆弱性評価チームを設置すること
- 脆弱性を監視するために、ファジングや SCA のような活動を実施するプロセスを確立すること

- PSIRTを設置し、顧客や外部の研究者がサプライヤの製品に関連する脆弱性を報告できる公開PSIRTウェブページを設けること

　また、NSAは製品またはコンポーネントに関連するCVSSスコアと具体的な影響を含め、すべての既知のセキュリティ問題と脆弱性を追跡することを推奨している。OSSのサードパーティコンポーネントに関するリスクを認識するという業界の動向に沿って、NSAはサードパーティのOSSコンポーネントとそれらに関連する脆弱性を理解するために、SBOMを使用することをサプライヤに推奨している。これに加えて、問題や脆弱性が特定された場合にそれらのコンポーネントをどのようにアップグレードするかについて各企業がガイダンスを用意し、これらのリスクが下流に流れて利用者に伝わるのを防ぐことを推奨している。これらの推奨事項はわれわれが共有してきた見解と一致しているものだ。

　また、NSAのガイダンスはSaaSツールおよび製品の採用が組織のセキュリティに関する姿勢に影響を与える可能性があるリスクを具体的に指摘している。Chapter6のSaaSに関する項でこれらを広範に議論したためここでは繰り返さないが、SaaSを使用するサプライヤに向けて主要なNSAにおけるいくつかの推奨事項を強調することにする。これらの推奨事項にはSaaSアプリケーションに対する厳格なポリシー（例：SaaSのガバナンス）を設けること、IAM（アイデンティティ・アクセス管理）コントロールメカニズムを実装すること、CSPと利用者（この場合はサプライヤ自身）の間のセキュリティに関するギャップを解決するための成熟したセキュリティ評価を開発することが含まれる。

　前述したように、NSAのサプライヤ向けガイダンスには前述の開発者向けガイダンスと同じように脅威シナリオとNIST SSDFのクロスウォークを含むいくつかのAppendixがある。

8-4　NSA：ソフトウェア・サプライチェーンのセキュリティ保護に関するガイダンスシリーズ

8-4-4　利用者向けの推奨プラクティスガイド

　ソフトウェア・サプライチェーンガイダンスに関するシリーズの最後を飾るのは、ソフトウェアの利用者あるいは**調達組織**に焦点を当てたガイドである。利用者とは通常、それぞれの環境やアーキテクチャでソフトウェア製品を調達し、展開する組織である。利用者はその環境におけるソフトウェアのSDLCの取得、デプロイ、運用、保守の各フェーズにおいてソフトウェア・サプライチェーンのリスクを考慮すべきである。NSAが指摘するように、ソフトウェア・サプライチェーンにおける利用者の役割は調達と購入の段階から始まり、内部組織の要件および関連する外部規制を考慮した要件を調達時に設定することから始まる。

　調達・取得時のリスクを軽減するため、NSAは利用者が取るべきさまざまな対策を次のとおり提案している。

- 組織のセキュリティ要件を最新の状態に保ち、ビジネスプロセスに統合すること
- 調達ライフサイクル全体で関連するセキュリティ責任を個別の役割に割り当てること
- 元のソフトウェア製品およびサプライヤから発生する更新のハッシュと署名を独立して検証すること
- サプライチェーンにおけるサプライヤの外国人所有・管理・影響力（FOCI）に関する既知のリスクを封じ込めるために、調達セキュリティ（ACQSEC）チームを設置すること

　NSAのガイダンスは、利用者が現在の市場とサプライヤのソリューションの両方について製品評価を実施することの重要性を強調している。このような活動は通常、RFIまたはRFP時に行われる。そこでは、利用者はサプライヤがセキュリティとSCRMの要件を満たしているかどうかを判断することができる（図8.8参照）。

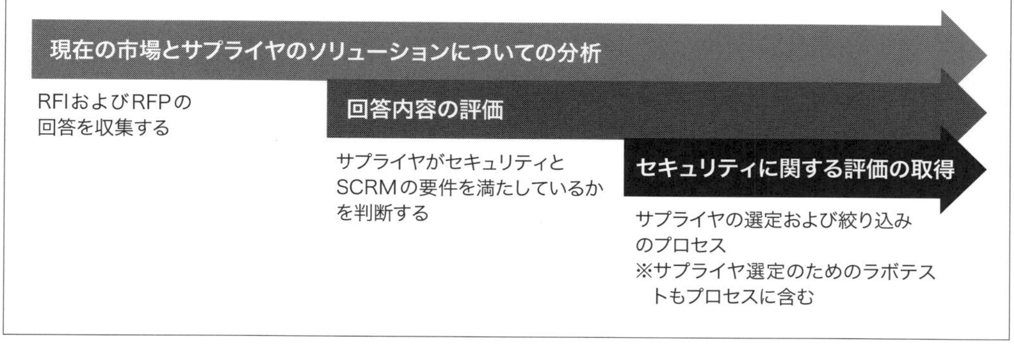

図8.8

　NSAは、脅威評価は特定の製品やベンダーのリスクを評価し管理するための鍵であると強調している。利用者に影響を与える可能性のある例としてはリスク評価がされていない製品を受け取ること、初期の評価で見落とされた脆弱性を発見すること、所有者の変更により製品やサプライヤに未知の外部影響が及ぶ可能性があることなどが挙げられている。

　ガイダンスでは、利用者にとって重大な懸念事項の一つとして適切な評価を行い、十分な情報に基づいたリスク決定を行うための製品コンポーネントの透明性が欠如していることが指摘されている。製品コンポーネントには組み込みコンポーネント、ライブラリ、モジュールなどが含まれ、これらはすべてソフトウェア透明性に関連しており、製品を評価する際も含めてソフトウェアコンポーネントのインベントリを把握する必要性と結び付いている。

　これらのリスクに対処するためにNSAのガイダンスは、SBOMなどの方法を使用してソフトウェアの内容を検証することやサプライヤと関わる外部評価機関が真に独立して客観的であることを確認するために精査することを推奨している。この精査には、評価活動の一環として要求を検証するための必要なドメイン専門知識を持つ外部機関や評価者が関与していることを確認することも含まれる。NSAのもう一つの推奨事項は、SBOMに特定されたサードパーティサプライヤがファーストパーティサプライヤと同様の評価を受けることを確実にすることである。これは広範なソフトウェア・サプライチェーンが提示するリスクを理解し、リスクがファーストパーティやサードパーティからだけでなくn次のサプライヤからも発生する可能性があることを示している。

8-4　NSA：ソフトウェア・サプライチェーンのセキュリティ保護に関するガイダンスシリーズ　　281

契約はソフトウェア・サプライチェーンとサプライヤに関するリスクを軽減するために、利用者が利用できる重要なメカニズムである。ここで利用者は作業記述書（SOW）やRFI、RFPなどの契約文言にサプライチェーンの要件を集約する必要がある。また、ソフトウェア・サプライチェーンセキュリティに関する懸念や要件に対処するための知識を持つ教育された調達担当者を用意することも必要である。

NSAのガイダンスが強調している潜在的な脅威とリスクには、外国の支配下にあるサプライヤやリスクをもたらす可能性のある下請け業者を持つサプライヤと契約合意を結ぶことが含まれる。このような脅威は、ソフトウェアサプライヤにSBOMを要求するようなSCRM要件が契約から抜け落ちている場合により広範な問題につながる可能性がある。また、利用者がサプライヤに対して適切なデューデリジェンスを行わずサプライヤが危殆化したソフトウェア製品を持っている場合、とくにハッシュや署名のような対策が誤った安心感を与える場合にも発生する可能性がある。

このようなリスクを軽減するために、NSAは製品の出どころを可視化し製品開発に関与する開発プロセスや、サポートインフラストラクチャのサイバーハイジーンの自己証明を要求することなどを推奨している。これらの自己証明には安全な開発実践の概要、開発プロセスとインフラのセキュリティに責任を持つサプライヤの公式の署名が含まれている必要がある。また、納品された製品のハッシュや署名も含まれるべきである。利用者はサプライヤの情報源や製品および上流サプライヤの所有権についての透明性と可視性を高める要件を盛り込むよう努めるべきである。

さらに、利用者はSBOMフォーマット（SPDX（Software Package Data Exchange）またはCycloneDXなど）ですべての成果物を送付すること、ソフトウェアアップグレードのためにSBOMを提供すること、サプライヤの所有権、所在地および外国支配に関連する主要属性について継続的な報告をすることをサプライヤに対して要求すべきである。また、利用者はサイバーインシデント、調査、緩和策、製品や製品に関与する開発環境への影響についてサプライヤが通知することについても要求するべきである。

利用者にとってのもう一つの重要な側面はソフトウェア製品を実際に利用者の環境やシステムにデプロイすることである。これはサプライヤから製品を受け入れる前に必要な予防措

置である。もし利用者が適切な予防措置を取らない場合、注文したものと異なる製品を受け入れたり、製品の改ざんの犠牲になったり、製品に付随する文書や成果物が欠落した製品を受け入れたりといったリスクが発生する可能性がある。顧客利用者は、サプライヤからの製品が侵害されているリスクを軽減するためのポリシーとメカニズムを持つべきである。これにはサプライヤが使用したインフラのセキュリティを検証し、ハッシュや署名を使用して配布された製品の完全性を検証し、そのコンポーネントを含めて配布された製品とSBOMを照合する方法が含まれる。

機能テストはソフトウェア利用者にとって重要な検討事項として挙げられている。機能テストには通常、製品のテストとテスト環境を作成し関連するテストを実行して報告するプロセスが含まれる。機能テストが実施されない場合、利用者は製品の機能が知らないうちに変更されていたり、検証されていない未知のコンポーネントが含まれていたりするなどの脅威にさらされる可能性がある。このような脅威は利用者が将来の参照と使用のためにテストとテスト環境を保存・保管し、評価対象の製品に対してSBOMの内容を検証することで回避することができる。

NSAは効果的なITサービス管理（ITSM）の一環として、利用者がCCB（変更管理委員会）を設置し、機能や保証の所見のレビュー、ソフトウェアのリスク判定、製品使用に関する継続や中止の決定などの活動を実施することを推奨している。とはいえ、CCBがサプライヤから不正確または不完全な製品レポートを受け取ったり、CCBの判断がさまざまな要因によって偏ったり、製品や技術に関する専門知識が不足して情報に基づいた意思決定ができなかったりするなど、CCBの実装やプロセスが不十分であるために脅威が生じる可能性もある。このようなリスクを軽減するために、利用者はCCBが対象分野の専門家で構成されているか、または専門家に助言を求めることができるようにすべきである。また、利用者は組織のSCRM要求事項がCCBのプロセスに統合され、文書化されていること、CCBに届けられる報告が安全な通信チャネルで行われることを確認すべきである。利用者にとってリスクとなる製品導入のその他の段階には製品の統合、ロールアウト、アップグレードおよびEoL（End of Life）が含まれる。利用者は、危殆化した製品統合に関連するリスクを回避するために、これらの各段階を通じてソフトウェア製品を使用するプロセスを十分に文書化する必要がある。悪意のある攻撃者はSolarWinds社のようなケースで発生したように、悪意のある機能が有効になる前に防御手段を無効にしようとするかもしれないし、製品開発者は利用

8-4　NSA：ソフトウェア・サプライチェーンのセキュリティ保護に関するガイダンスシリーズ　　283

者を危険にさらすようなバックドアを意図的または無意識に製品に導入しようとするかもしれない。

　利用者が製品の統合、ロールアウト、アップグレードのための対策を講じるだけでは不十分である。製品のEoL段階を見落としてはならない。このフェーズは利用者が代替製品を使うことを決めたり、製品が必要でなくなったり、製品がサプライヤによってサポートされなくなったりするなど、さまざまな理由で発生する。しかし製品の統合インテグレーションは利用者環境との信頼関係を伴うことが多く、認証情報、権限、ネットワークアクセスなどが関係する可能性がある。利用者はサプライヤとその製品に関連する認証情報、権限、アクセスを利用者環境から適切に削除することで、これらのリスクを軽減することができる。さらに、利用者はサプライヤ製品をアプリケーションの許可リストから削除したり、ネットワーキングやセキュリティツールを通じてソフトウェア製品を明示的に拒否したりすることによって対策を講じることもできる。セキュリティ運用（SecOps）チームは利用者環境内のEoL製品に関連するリスクを軽減するための計画を作成し、実施するのに適した立場にあることが多い。

　NSAのガイダンスが指摘するように、利用者が取り組むべきもう一つの重要な分野はソフトウェア製品の安全なデプロイと使用に関連するトレーニングと有効化である。このことは複数のセキュリティに関する調査によって裏付けられており、顧客の設定ミスがリスクを生み出し、顧客データの流出を引き起こす主要な攻撃経路であると頻繁に指摘されている。たとえサプライヤから提供されるソフトウェアが意図的に悪意のあるものでなく安全であっても、利用者がベンダーのガイダンスや業界のベストプラクティスに従わないことで、知らず知らずのうちに自分自身を危険にさらしている可能性がある。悪意のある攻撃者はリスクや攻撃ベクトルがどのように顕在化するかよりも、それをどう悪用できるかに関心を持っている。

　最後に、最も重要なこととしてNSAのガイダンスは、SCRM業務が組織のソフトウェア・サプライチェーンに関連する全体的なリスクを低減するために極めて重要であることを説明している。成熟したSCRMチームとプロセスを活用することで、自社ネットワークやインフラ上のソフトウェアや製品に対して安全なベースラインを維持することができる。また、製品の変更やセキュリティイベントによるリスクを監視するための効果的で継続的なモニタ

リングを実施することが可能になる。

効果的なSCRM運用が実施されていなければ、利用者はセキュリティや監視ツールを回避し、適切なログ取得を実施しない悪意のあるソフトウェアの犠牲になる可能性がある。NSAはSCRM運用に関連する強固な推奨事項で利用者向けガイダンスを締めくくっている。この推奨事項には配備されたすべてのセキュリティに関するエージェントプログラムやソフトウェアで完全性の保護を有効にすること、監視のために通常の通信経路とは異なる経路を利用してセキュリティツールを配備すること、製品固有のリスクと脅威インテリジェンスに基づく脅威モデル化を実装することなどが含まれる。

これらすべての対策をすべての組織、とくに中小企業で実施できるわけではないことは明らかだが、多くのソフトウェア利用者はNSAの利用者向けガイダンスに概説されているプラクティスとプロセスを実施することでソフトウェア製品の安全な利用方法を成熟させるための第一歩を踏み出せる。

8-5 まとめ

このチャプターでは、公共部門や政府機関に関する既存および新たなガイダンスを取り上げた。これにはNISTやNSAといった組織向けのガイダンスも含まれる。要件やガイダンスの中には米国の連邦政府機関やその関連産業にのみ適用可能なものもあるが、公共部門がソフトウェアのサプライチェーンセキュリティにどのように取り組んでいくかを理解することは重要である。Chapter9では、オペレーションテクノロジー（OS）と産業用制御システム（ICS）のソフトウェア透明性に関連する重要な考慮事項について説明する。

Chapter

9

オペレーショナル
テクノロジーにおける
ソフトウェア透明性

OT（オペレーショナルテクノロジー）はミサイルプラットフォームや防衛ミッション、水処理プラントや電力、重要な製造、空港などの世界で最も重要なプロセスを動かしている。これらの環境はエアギャップネットワークを用いて高度に隔離されていることが多く、外部接続、クラウド、モバイル機能に対して制限がある場合がある。このような制約があるので、われわれがソフトウェア検証のために頼りにしている技術の多くはOTでは役に立たないかもしれない。

たとえばインターネットにアクセスできないときに、署名付きファームウェアアップデートをどのようにコード署名証明書のCRL（証明書失効リスト）と照合し検証するのか？
SBOM（ソフトウェア部品表）のコンポーネントハッシュが既知のマルウェアリポジトリのエントリと一致する場合どのように調べて特定するのか？
信頼情報を簡単に更新できない場合にTLS証明書の有効期限が長すぎることは問題か？

敵対する国家との懸念も考慮すると、これらの製品の多くはわれわれが敵対的とみなす可能性のある世界の地域で製造されているか、その地域の事業によって支えられている。NDAA（国防権限法：National Defense Authorization Act）やさまざまな大統領令（EO：Executive Order）によるコンプライアンス要件が重要インフラへの製品供給を許可する国を後退させようとしているため、ソフトウェアの出どころに関するトピックはとくに難しくなっている。たとえば2020年には大統領令13920号（Securing the United States Bulk-Power System）[1]が発令されて、米国の送電網に向けられた外国の敵対者からの調達に関する懸念に対処した。この大統領令に付随する形で後に中国からの送電網用機器の購入を禁止する命令が出された。

　これらの命令はその後取り消されて、現在は米国のサプライチェーンの安全確保に関する大統領令14017号となった[2]。いずれにせよ重要インフラと国防のためのサプライチェーンリスク管理に関する政策設定が国家の優先課題であることは明らかだ。

　SBOMやソフトウェアのラベリングなどソフトウェア透明性に関する活発な活動を促した大統領令14028号は3つの主要なステークホルダーに分割された。一つはSBOM属性を定義するNTIA（連邦政府電気通信情報局）の任務であった。NTIAの任務とVEXフォーマットの定義など、その他の任務は後に重要インフラの安全確保を主な任務とするCISA（サイバーセキュリティ・社会基盤安全保障局）に移行した。当分の間はOT環境が米国内でこのようなソフトウェア透明化運動の最前線に位置し続けることは明らかである。

※1　https://www.energy.gov/ceser/securing-united-states-bulk-power-system-eo-13920
※2　https://www.whitehouse.gov/briefing-room/presidential-actions/2021/02/24/executive-order-on-americas-supply-chains/

9-1 ソフトウェアの運動効果

サイバーセキュリティに関する大統領令14028号の最も奇妙な動きの一つは「重要なソフトウェア」を定義することである。Chapter8でも取り上げたようにこの定義を解き明かすのは難しい。ソフトウェアの使い方次第では、すべてのソフトウェアが重要になる可能性を持っていると主張することもできる。われわれが使った例の一つとしてインターネット上のかわいい子猫の写真や動画を表示するために使われる画像レンダリングライブラリが挙げられる。このようなライブラリを重要なソフトウェアと考える人はほとんどいないだろう。しかし、同じライブラリが電力環境で遠隔測定データのレンダリングに使われたら話はまったく変わってくる。このように、同じソフトウェアであっても使用方法が異なればその重要性は大きく異なる。多くの実務者が興味をそそられるOTの側面の一つは、これらのシステムが従来のバーチャルな境界を抜け出し現実世界の運動的影響を生み出す能力である。ソフトウェアは刑務所の閉鎖を維持するゲートを制御し、飲料水を消毒する化学混合物を維持し、電力網を操作し、さらには運動軍事防衛システムも実行する。子猫の写真や動画のレンダリングライブラリがミサイル照準システムに使われて、兵士の命が当該ライブラリにかかっているとしたら極めて重大なことと考えられる。OTではソフトウェアの欠陥で多数の人命が失われる大惨事が起こる可能性がある。

ここ数年でランサムウェアによって病院での治療に遅れが生じたという報告が複数あり、2020年にはドイツでランサムウェアによる患者の死が示唆された。ドイツの事例には裏付けはないが、Pew Charitable Trustsが実施した調査[3]などからこれらの事件は人命の損失を引き起こす可能性があるのは明らかである。ソフトウェアで制御された社会と遠隔医療システムは医療を向上させる機会を生み出すと同時に、攻撃者にも新たな機会を提供する。

送電網への攻撃も増加している。ロシアのような国の軍事戦略がサイバー攻撃と運動的攻撃を組み合わせて国家を機能不全に陥れることをわれわれは目の当たりにしてきた。たとえば、安全な飲料水を作る能力や電気を供給する能力を奪うことで国民の健康が損なわれる可能性がある。さらに港湾、鉄道、電力、水その他の依存関係からなる国家の戦争機構はサイ

---

[3] https://stateline.org/2022/05/18/ransomware-attacks-on-hospitals-put-patients-at-risk/

バー妨害行為を敵対者にとって信じられないほど魅力的なものにするネットワーク効果を生み出す。世界中から物理的な妨害工作のシナリオを作るにはほかにどうすればよいのだろうか？

Stuxnet攻撃[4]はソフトウェアによって運動的な結果がもたらされた最良の例の一つだろう。分析によると最初の攻撃は感染したUSBドライブによってもたらされたが、イランの核濃縮能力を大幅に遅延させたのはマルウェアだった。一部のアナリストは984基の遠心分離機で2年もの遅れが生じた可能性があると指摘している[5]。

Stuxnet攻撃についておそらく最も徹底的な分析を行ったのは産業用制御システム（ICS）資産管理会社であってICSセキュリティ分野で長い歴史と深い専門知識を持つLangner社だろう。のちの2017年に更新されたが、2013年に同社は「遠心分離機を殺すために（To Kill a Centrifuge）」という論文を発表した[6]。当該論文ではこの攻撃が最終的にどのように実行されたのか、イランの核濃縮プログラムとその他の産業界双方にとってどのような意味を持つのか、重要インフラに対する今後の攻撃を防ぐためにどのような対策を講じるべきかについて述べられている。

Stuxnet（マルウェア）は遠心分離機の効率を低下させるために設計された。感染は複数の施設で起こったが、ナタンツ濃縮施設が最初の標的であったと広く考えられている。2010年夏に遠心分離機に異常な数の故障があることが判明したものの疑いを抱かせるほどあからさまではなかった。遠心分離機をあからさまに破壊するように仕組まれた可能性もあっただけに、ここでの洗練度合いはある程度の巧妙さを持って設計されたものであることは明らかだった。

最初の感染は、Windows端末の感染によって起きたと考えられる。おそらくSiemens社のソフトウェアと機器をプログラムや管理するために、制御エンジニアが使用しているものと同じモバイル資産が関与している。このマルウェアがウイルス対策ベンダーによって悪意があると認識されたのは、数年後にいくつかのゼロデイ・エクスプロイトを利用してからだった。マルウェアは初感染するまでネットワークを経由しなかったため、ネットワークト

---

[4]　（訳注）2010年にイランのウラン濃縮用遠心分離機を標的としてStuxnetと呼ばれるマルウェアを用いて行われたサイバー攻撃。
[5]　http://large.stanford.edu/courses/2015/ph241/holloway1
[6]　https://www.langner.com/wp-content/uploads/2017/03/to-kill-a-centrifuge.pdf

ラフィックを分析してマルウェア対策ソリューションに頼って拡散を防ぐという従来の対策はほとんど効果がなかった。

しかし、従来の方法で感染を検知や防止することの難しさ以上に注目すべきなのはマルウェアが圧力システムに使用されているローターの性能をこっそり低下させて最終的にはローターに脆弱性をもたらすロジックで設計されていたことだ。低速サイクルと高速サイクルを交互に繰り返すことでシステムの物理的限界をテストしてシステムが設計されたものの限界を押し広げたのだ。このようなロジックの動作変更は正当なコード変更がいかにシステムに重大な結果をもたらすかを示している。

9-2 レガシーソフトウェアのリスク

これまで説明したように、このようなソフトウェアの多くは非常に古く、レガシー製品の検証に関しても同様の課題がある。OT システムの重要な特性はレジリエンスの必要性である。ICS セキュリティの専門家として知られる Daniel Ehrenreich 氏がよく言うように、これらの環境は機密性、完全性、利用可能性ではなく安全性、信頼性、生産性がすべてである[7]。

では、どのようにしてこれらの目標を達成するのか？　これは、極めて強力な安全工学の文化に照らし合わせてマッピングされた徹底的なエンジニアリングによってその大部分を達成している。この文化ではシステムの特性が安全への影響に対して脅威のモデル化がされる。このような環境では、ISA84[8]のような規格が多用され、安全性は設計の推進力としてサイバーセキュリティよりも一般的である。重要なインフラ企業ではすべてのミーティングが「セーフティ・モーメント」の練習から始まり、従業員が安全性について考えるよう促す。ヘルメットと防護服の着用が常識であり、ほかのことを考えるという選択肢さえない。さら

※7　https://www.cisa.gov/sites/default/files/2023-05/Correctly%20Analyzing%20and%20Understanding%20ICS-OT%20Cyber%20Incidents_508c.pdf
※8　https://www.isa.org/about-isa/technical-content-topics

に、このような環境は、変化がリスクを意味するために非常に静的な傾向がある。エンジニアが、工場受け入れ試験（FAT）を実施してシステムが設計どおりに機能することを確認し、その後に現場受け入れ試験（SAT）を実施して安全性と制御が評価されると、そのシステムは「変更ロック（さらなる変更ができないようにするもの）」がされたと広くみなされる。PLC（プログラマブルロジックコントローラ）のマイナーな変更など、通常の変更は発生してクリティカルでないシステムや冗長システムに対するパッチ適用、新しいジョブ処理のためのキューの追加などはあるが、大きな変更は通常発生しない。

このアプローチはセキュリティ管理策を導入する能力を制限する一方、サプライチェーンの侵害に関連する計画的な変更による障害の可能性も低下させる。変更がないことに加え、環境が実際にはそうでないかもしれない場合でも「エアギャップ（外部との隔離）」されているという認識が組み合わさることで、時として誤った安心感を生む可能性がある。しかし、変化する事象を減らすことで依存関係の混乱攻撃がOTシステムに影響を与える可能性は低くなる。少なくとも計画された変更が行われるまではこのリスクを減らすことができるのは事実である。ここでさらに複雑なのは、本当にエアギャップされたシステムやインターネットにアクセスできないサイトではソフトウェアの真正性と安全性を検証するのが難しい場合があるということだ。ソフトウェアが信頼できるサイトからダウンロードされたものではなく、エンジニアのノートパソコンで施設内に持ち込まれることはよくある。原子力施設などの一部の状況ではキオスクベース[9]のマルウェア対策スキャン機能を要求するのが一般的だが、Stuxnet攻撃の例で見たようにこれは効果的なアプローチとはなりにくい。

変化がないにせよ2000年代前半の従来の考え方は、OTシステムは非常に複雑で独自性が高く工場外の誰もその仕組みを知らないというものだった。攻撃ツールはほとんど存在せず、敵対者が何千もの潜在的なICSプロトコルを攻撃するのに役立つ文書もほとんど存在しなかった。OTプロトコルスタックのデジタル化と標準化が進み、インターネットコミュニティ内での情報共有が進んだことでこの曖昧さによるセキュリティの価値は低下した。現在ではMetasploitのようなフレームワークで安定したエクスプロイトや攻撃ツールが存在し、マイアミビーチで毎年開催されるS4 ICSセキュリティカンファレンスのPwn2OwnといったICSの定期的なハッキング大会やその他多くの同様のイベントが開催されている。

---

[9] （訳注）差し込まれたUSBメモリーなどをスキャンする専用端末。

状況は変化しており、ソフトウェアの安全性を確保するための新しいアプローチはレガシーソフトウェアの領域をほとんど無視している。大半のソフトウェア・サプライチェーンセキュリティの進歩はSaaS、コンテナ、最新のソフトウェア開発フレームワークに適用されているが、ICSファームウェアの脆弱性発見に焦点を当てたリバースエンジニアリングツールを超えるレガシーソフトウェアの問題への取り組みにはほとんど無関心である。提供元がもはやビジネスを行っていないようなサポート終了製品に対し、どのようにこれらの問題に対処するかが課題になる。課題に対処する選択肢は通常では大金を費やして入れ替えを行うか、仮想パッチやミティゲーションコントロールを適用するか、適切な場所すべてにおいて攻撃対象領域を縮小できたことを願うことに絞られる。

9-3

制御システムにおける
ラダーロジックと設定値

　PLC（プログラマブルロジックコントローラ）、RTU（リモートターミナルユニット）および同様のOTデバイスは基本的なオートメーションプログラムを実行し、多くの場合はラダーロジック、ファンクションブロックダイアグラムまたはほかの方法を使用してプログラムされる。これらは一連の入力と出力を記述して決定を下すために使用されるロジックまたはパラメータを含む。それはスイッチのオンオフのような単純なものかもしれないし、温度、毎分回転数、電圧、圧力またはほかのセンサー入力のような補助入力を使用する条件付きロジックを含むかもしれない。プログラムは多くの場合は幅広い値を受け入れ、設定値の概念は正常（あるいは正常でない）な値がどのようなものかを特定するために使われる。

　運動学的ソフトウェアの効果を議論する際に、脆弱性を構成するものについて議論することは注目に値するかもしれない。

　被害を生み出すには脆弱性やメタスプロイトモジュールが必要なのだろうか？
　単純なデータ完全性の条件が壊滅的な影響を引き起こすとしたらどうだろう？

CVE（共通脆弱性識別子：Common Vulnerabilities and Exposures）は必要ないが、おそらくセンサーデータを操作して誤った状態を報告させることはできるだろう。あるいは正常な状態を定義する設定値を操作することもできるだろう。過圧イベントの故障条件が500ポンド毎平方インチ（PSI）で発生し、設定値が350PSIとして500PSI以下に安全に低下するが、未許可の変更によって設定値が1,000PSIに変更されてボイラーを爆発させられればそのシステムにとってはLog4Shellの脆弱性よりも致命的かもしれない。

PLCには、通常はデバイスが稼働状態かプログラム状態かを決定する物理キーといった変更を加えるために必要な基本的な安全機構が含まれている。たとえば、Schneider Electric社のTriconex安全計装システムに影響を与えたTrisisマルウェアは安全システムを標的にした最初に知られた攻撃の一つであった。この攻撃が実行されたのはデバイスがプログラムモードに設定されており変更が可能だったことと、組織が正常な状態を十分に理解しておらずに障害を無視していたことが原因にある。しかし、著者らは多くのOTデバイスでプログラミング制御のための物理的なキーをバイパスするファームウェアの変更が実行可能な状況を目にしてきた。ベストプラクティスはデバイスを稼働状態に保つことであるが、これはファームウェアの複合的なサプライチェーンの侵害が将来的に同様の攻撃を容易にしないという保証にはならない。Tritonの場合はアイダホ国立研究所のCyOTE（Cybersecurity for the Operational Technology Environment）によって文書化されているように、攻撃は多段階の活動を通じて行われた。CyOTEはTritonのケーススタディで一連の攻撃を次のように定めている[10]。

- **ステップ1：ITネットワークの侵害**
  このステップはITネットワークへのアクセスを許可するファイアウォールの設定が不十分であったことが原因である。
- **ステップ2：ITからOTネットワークへの移動**
  OTネットワーク内のエンジニアリングワークステーションが侵害され、正規のTriconexアプリケーションであるtrilog.exeを模倣したペイロードが展開された。
- **ステップ3：OT攻撃能力の開発**
  攻撃者は次に制御ポイントを確立して標的の安全計装システム（SIS）システムの稼働状態の確立を含めた、さらなる攻撃のための標的システムを特定した。

※10　https://cyote.inl.gov/cyote/wp-content/uploads/2022/11/Triton-CyOTE-Case-Study.pdf

- **ステップ4：OT攻撃機能の提供**

  最初はテスト、最終的にはデバイスの挙動を変更する悪意のあるシェルコードと新しいラダーロジックというように、不正なコードがTriconexデバイスに複数回にわたって転送と注入された。

- **ステップ5：攻撃支援としての隠蔽**

  検出を回避するメカニズムを活用してマルウェアはランダムアクセスメモリと読み取り専用メモリ（RAM/ROM）のチェックを無効にしプログラムモードのデバイスのみを標的にしたが、感染によってファームウェアが変更され稼働状態でも実行できるようになった後であった。

- **ステップ6：OT攻撃の実行と影響**

  最終的な結果はシステムの安全制御を完全に無効化してプログラムロジックに基づいて選択的に無効化するかどうかを選択できるようにした。

　この攻撃はまずITを侵害してからOTに移行するという伝統的なアプローチに従ったものではあるが、攻撃を促進したファームウェアとコードのバリデーションの欠如はわれわれがこれまで見てきた多くのソフトウェア・サプライチェーン攻撃と何ら変わらない。著者らは、ソフトウェアとファームウェアのバリデーションの欠如がどのように下流の安全性に影響を及ぼして潜在的に人命の損失につながる可能性があるかを理解するうえで、これは画期的な事例であると感じている。この事例からは適切なセグメンテーション、効果的なモニタリング、異常検知とインシデントレスポンスプロセスのためのベースライン環境の必要性など、ほかにも多くの示唆が得られる。

9-4 ICSの攻撃対象領域

前述したようにICSの攻撃対象領域は一般的にエンタープライズITと比較して最小化されている。ほとんどの環境は厳重にセグメント化されており、エネルギー省（DoE：Department of Energy）は2020会計年度のNDAA（国防権限法：National Defense Authorization Act）第5726条の指示によって安全保障エネルギーインフラストラクチャ・エグゼクティブ・タスクフォースを通じて研究を後援した。この取り組みによって図9.1にその例を示すようなサイトタイプに基づく電力向けの推奨セグメンテーション戦略の指定を含む一連の参照アーキテクチャが作成された。

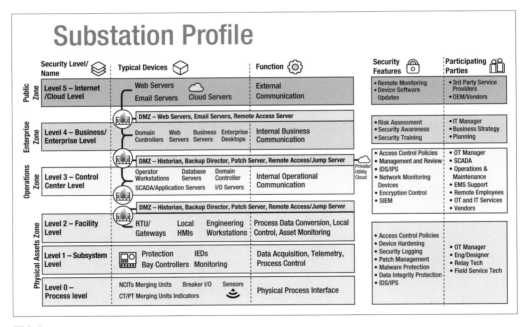

図9.1
出典：https://secureenergy.inl.gov/secureenergy/wp-content/uploads/2022/11/SEI-ETF-Reference-Architecture-for-EEOT.pdf、エネルギー省、パブリックドメイン

さらに、北米大規模電力システムを管理するNERC CIP（北米電力信頼度評議会 重要インフラ保護基準）規制基準の勧告とIEC（国際電気標準会議）62443規格群の要件は、OTシ

ステムが直接脅威にさらされないように保護するためのセグメンテーションアプローチと、これらのネットワークによって信頼されないエンタープライズIT環境を規定している。

インターネットに公開されているICS資産はまだ何千もあり、その多くは認証が弱いかまったくない。人気のある攻撃対象領域検索サイトのShodanには、これらのシステムを特定することに特化した専用のページがある[11]。このサイトを見ればわかるように特定のICS製品を検索するだけでも数千件がヒットし、その多くは脆弱性がありつつ重要なプロセスで使用されている。

インターネットに公開されていない資産のセグメンテーションに焦点が当てられる中で重要インフラ組織にとってこれは何を意味するのだろうか？　多くの攻撃はフィッシングやその他の手段で企業のITネットワークに侵入し、そこから拡散していく。しかし、これらの環境が本当に分離されているのであれば、ベンダーからファームウェアアップデートのために出荷されるUSBキーやCD-ROMを業者が持ち込むなどしてソフトウェアが環境にどのように導入されるかに目を向けることが組織にとって有益である。これらの攻撃ベクトルは物理的セキュリティと密接に結合している傾向があるため、どのようなソフトウェアが導入されるかを管理するための全体的な戦略が必要となる。製品ベンダーも同様で、オンラインの方法が利用できない場合にはオペレータがオフラインでイメージの検証を行うためのメカニズムを提供する必要がある。

9-5 スマートグリッド

スマートグリッドは電力系統の効率、信頼性、柔軟性を向上させるために高度な技術を使用して従来の電力網を近代化とデジタル化したものである。センサー、通信ネットワーク、制御システムを利用して電気の流れを監視・制御し、再生可能エネルギー源の統合や需要の管理を可能にする。これによって太陽光発電や風力発電などのDER（分散型エネルギー資

---

[11] https://www.shodan.io/explore/category/industrial-control-systems

源：Distributed Energy Resources）の利用拡大や需要が高い時間帯のエネルギー使用を管理する需要応答プログラムの実施が可能になる。

　米国のバイデン政権が再生可能エネルギーとインフラ整備の進展に資金を提供する取り組みを行ったことを受け、DERは今後数年間で数十億ドルが再生可能エネルギーの送電網に投資されることから急速に大きな話題となっている[12]。これらのシステムは屋上の太陽光パネルやNextEra Energy社が投資しているような大規模な太陽光発電所、風力タービン、配電レベルでグリッドに接続されるバッテリー・ストレージ・システムなど小規模なエネルギー生成・貯蔵システムである。スマートグリッドは、グリッドと分散型資源とのリアルタイム通信と制御を可能にすることでこれらのDERの統合も可能にする。このような接続性の向上は従来の切り離され孤立した系統インフラとは対照的であり、現場でこれらの機器がリスクにさらされることで系統運用者にとって新たなサイバーセキュリティの課題が生じる。

　太陽光パネルや風力発電機などDERの変換ベース技術はスマートグリッドの重要な一部となりつつある。これらの技術はDERが発電した直流電力を送電網で利用可能な交流電力に変換して電圧や周波数の制御といった送電網サービスを提供することができる。変換器やその他のDER制御システムはインターネットに接続されており、遠隔操作や監視が可能である。このため、攻撃対象が増えてサイバー攻撃に対する潜在的な脆弱性が生まれる可能性がある。

　DERに加えて高度計測インフラ（AMI）はエネルギー使用量に関する詳細情報をリアルタイムで計測して電力会社と利用者の双方に伝達するために使用される。さらに、高度なアナリティクスと機械学習アルゴリズムはスマートグリッドが生成する大量のデータを分析し、パターンを検出し、機器の故障を予測してグリッドの運用を最適化するために使用される。

　この複雑さの増大は危険な状況が検出されたときに動的に修正する新たな機能をもたらすが、壊滅的な結果をソフトウェアが引き起こす可能性も同時にもたらす。とくに、天候に左右されるDER資源やバッテリー容量や放電に焦点を当てた攻撃のような新しい攻撃パターンによってグリッド運営者の準備が整っていないときにエネルギー不足を引き起こす可能性

※12　（訳注）2024年4月には、エネルギー省が4つのDERに関するプロジェクトを含めた持続可能性のあるクリーンエネルギーソリューションを発展させるための19のプロジェクトに総額7800万ドルを拠出することを発表した。https://www.energy.gov/articles/biden-harris-administration-announces-78-million-further-drive-down-energy-costs-and

があるため、問題の事前警告時間は短くなる可能性がある。ロジックベースの攻撃はわれわれが現在設計している新しく改良されたグリッドに影響を与えようとする敵対者にとって新たな常識となるかもしれない。

　この複雑さに伴って技術の標準化が必要となる。IEC 61850は電力システムの変電所自動化システムで使用される通信プロトコルとデータモデルを定義した国際標準である。この国際標準はグリッドを構成するさまざまなデバイスやシステムが相互に通信するための共通言語とフレームワークを提供し、スマートグリッドにおいて重要な役割を果たしている。IEC 61850の主な利点の一つは異なるベンダーの異なるデバイスやシステムの統合を可能にすることで、スマートグリッド技術をより効率的かつコスト効率よく展開できることである。また、IEC 61850は異なるデバイスやシステムに共通のデータモデルを提供して異なるシステム間での情報交換やグリッドから収集したデータに対する高度な分析を容易にする。

　スマートグリッドを構成するIoTデバイスの急増に目を向け始めると、われわれのセキュリティへの態勢は典型的なIoTの攻撃対象と似てくるかもしれない。Gonda Lamberink氏による2021年の記事ではIoT、とくにスマートグリッドに関連するサプライチェーンのリスクサーフェスを調査している[13]。

　記事の中でGonda Lamberink氏はスマートグリッドのリスクを減らすためにゼロトラストを基本とした考え方を呼びかけているが、このような呼びかけは従来の電力網において暗黙の信頼が頻繁に行われていたためにとくに興味深い。ほとんどのシステムでは認証も暗号化通信もなく、従来のセキュリティ技術では追いつけないゼロから低遅延とネットワーク収束時間が要求される。スマートグリッドの露出が増えるということは、このインフラを保護するためには以前からある壁に囲まれた庭のようなアプローチ[14]では実現不可能であることを意味する。

---

[13]　https://www.power-grid.com/executive-insight/securing-smart-grid-supply-chains-with-a-zero-trust-mindset
[14]　（訳注）スマートグリッドは情報通信技術を用いて、電力の流れを把握と制御して最適化する概念で、日本ではまだ実装は進んでいない。また、「壁に囲まれた庭のようなアプローチ」は境界型セキュリティを比喩していると考えられ、日本にもスマートグリッドが導入される際には同様にスマートグリッドにおける情報通信ネットワークへの境界だけでなくネットワーク内部の保護としてのゼロトラストの考えが重要になると想定される。

9-5　スマートグリッド　　299

さらにこのような環境に沿った標準のフレームワークに目を向けると、伝統的なNERC CIPやIEC 62443の一連の標準が依然として適用されるが、多くの人々はNIST（国立標準技術研究所：National Institute of Standards and Technology）などが提供するより伝統的なIoTフレームワークにも注目している。

9-6 まとめ

このチャプターではソフトウェアの運動学的影響と社会に物理的影響をもたらす可能性について述べた。また、産業用制御システムにおけるレガシーソフトウェアとラダーロジックに関連するリスクについても取り上げた。ICSの攻撃対象領域とそれが重要インフラ、防衛、社会にもたらすリスク、そしてスマートグリッドが果たす役割についても話題を広げた。Chapter10ではソフトウェアのサプライヤと利用者の双方に対する実践的なガイダンスについて述べる。

Chapter

10

サプライヤのための実践的ガイダンス

これまで民間および公共部門の組織から多くの新興の業界ガイダンスを取り上げてきたが、以降のチャプターではサプライヤと利用者の両者に実践的なガイダンスを提供することを目指す。これにはこれまでに説明した情報源からのガイダンスの統合、業界のベストプラクティスおよび著者の専門的な経験に基づいたアドバイスも含まれる。

すべての推奨事項、ベストプラクティスおよびプロセスがすべてのサプライヤにとって実用的であるとは限らない。ソフトウェア利用者の多様なエコシステムと同じようにソフトウェアサプライヤもリソース、専門知識および制約に関する領域の上に存在する。多くの場合でソフトウェア利用者とサプライヤは二分され業界、ビジネス関係、規制要件、契約上の側面に応じて、どのような状況下で何が実装、提供、開示されるか、あるいはされないかが決定される。

10-1

脆弱性開示とPSIRTの対応

Chapter8「公共部門における既存および新たなガイダンス」にてNIST SSDF（セキュア
ソフトウェア開発フレームワーク：Secure Software Development Framework）などの業
界のフレームワークについて詳しく説明したが、ここでも例として挙げることには意味がある。

これまで説明したように、SSDFは組織に対して安全なソフトウェア開発を支援するため
の堅固なプラクティスを実践することを求めている。これは組織の準備、ソフトウェアの保
護、十分に安全なソフトウェアの製造、脆弱性への対応という4つのグループにわたるプラ
クティスを説明している。これら4つのグループに共通する重要なテーマの一つは、組織や
サプライヤが利用者に影響する脆弱性を開示し対応する能力である。これは脆弱性の開示や
修正の活動に対処するためのポリシー策定などの分野で強調されている。これらのポリシー
とプロセスを策定することで自身の脆弱性管理のプラクティスを研究者に知らせたり、研究
者が発見した潜在的な脆弱性をサプライヤに報告したりできるなど、ソフトウェアサプライ
ヤにとっていくつかの重要な利点がもたらされる。

サイバーセキュリティやソフトウェア開発に長く携わっている人であれば誰でも知っている
ように、**脆弱性が発生するかどうか**が問題ではなく、**いつ発生するか**が問題である。そのた
め組織がソフトウェア利用者に脆弱性を開示する際には、明文化された脆弱性対応プロセスと
成熟した能力を備えていることが重要になる。これは従来、ウェブサイトや電子メール、PDF
文書のような静的な通知手段を通じて行われてきた。しかし、本書のほかのチャプターで説明
したように業界は現在、自動化された機械可読式のアドバイザリ通知に移行しようとしている。
これはCSAF（共通セキュリティアドバイザリフレームワーク：Common Security Advisory
Framework）やVEX（Vulnerability Exploitability eXchange）などの手段を通じて最も顕著
に表れており、これらはSBOMに付随してサプライヤのソフトウェアや製品に関連する脆弱
性の実際の悪用可能性を示す文書であると多くの人に考えられている。CSAFはステークホル
ダーがセキュリティ脆弱性情報の作成と利用を自動化できるようにすることを目的としており、
VEXのサポートに努めているものの原著の執筆時点ではこの機能はまだ成熟段階である。もう
一つの注目すべき例は、前述した業界をリードするSBOMフォーマットであるCycloneDXで、

302　Software Transparency

これには「脆弱性部品表」(Bill of Vulnerabilities) [1] と呼ばれるものもあり、システムと脆弱性インテリジェンスの情報源の間で脆弱性情報を共有することができる。

　CSAFやVEXなどの手段と標準の登場は、従来の静的な脆弱性アドバイザリと通知のプロセスから機械可読性と自動化のプロセスへと移行する継続的な業界の勢いを示しており、これによりプロセスが効率化してエラーが減少し、最終的にはよりスケーラブルにすることができる。

　VDP(脆弱性開示プログラム:Vulnerability Disclosure Program)を導入することはソフトウェアサプライヤの成熟度の証であり、利用者との信頼関係を築くのと同時に進行中の脆弱性やインシデントを認識し、悪意のある行為者に悪用される前に環境内の製品に関連する脆弱性に対処するための修正活動を講じることを支援する。また、連邦政府セクターなどの一部の業界ではサードパーティのソフトウェアプロバイダーが、VDPが存在することといったSSDFのプラクティスへの準拠を自己証明することが求められつつある。

　セキュリティ研究者に迅速に対応し、利用者とオープンかつ効果的にコミュニケーションを行うためのVDPを導入することで、利用者の信頼が構築され、不適切なプラクティスに対する規制の影響や評判の低下などの金銭的な影響という形でサプライヤにもたらされるリスクを軽減するのに役立つ。あなたはソフトウェアサプライヤの立場にあるかもしれないが、必然的にソフトウェア利用者になることやソフトウェアや製品を下流の利用者に提供する際にある程度サードパーティを使用することにもなる。つまり、自身のサプライチェーンとサプライヤが実施するセキュリティ対策を理解するための措置を講じる必要がある。これはサードパーティのソフトウェアコンポーネントの証明と審査が含まれる場合がある。独自のサプライヤの場合は契約上の手段を使用して自組織または下流の利用者が要求する厳格さのレベルを強制できる。コンポーネントがOSSを使用して提供されている場合はほかのチャプターで説明したとおり、NIST(国立標準技術研究所:National Institute of Standards and Technology)などのリーダーが推奨しているようにOSSガバナンスを実装する必要がある。これを怠ると下流の利用者にリスクが生じ、潜在的なビジネス上の課題が発生する可能性がある。なぜなら知識豊富な利用者は安全なソフトウェア開発プラクティスを理解しようとしたり、製品やアプリケーションに埋め込まれたリスクを明らかにする可能性のあるSBOMなどの成果物を要求したりすることによって、安全でないソフトウェアが渡されることに必然的に抵抗できるからである。

---

[1] https://cyclonedx.org/capabilities/bov

10-2 製品セキュリティインシデント対応チーム（PSIRT）

　もう一つの重要な推奨事項は、SSDFと製品およびソフトウェアのサプライヤに関する業界のベストプラクティスの両方に関連するものであり、PSIRT（製品セキュリティインシデント対応チーム：Product Security Incident Response Team）を導入することである。PSIRTはCSIRT（サイバーセキュリティインシデント対応チーム）に似ているが、組織のインフラやシステムに重点を置く内向きのチームではなく、製品に焦点を当て組織の製品に対する脆弱性や脅威に対処するチームである。PSIRTはNIST SSDFの「脆弱性への対応（RV：Respond to Vulnerabilities）」グループに登場し、組織が脆弱性レポートやインシデントへの対応を行い組織内外のステークホルダー間のコミュニケーションに対応できるようにする実装例として挙げられている。

　新しいPSIRTチームを立ち上げる場合でも、既存のPSIRTチームの成熟度を評価して改善のためのギャップを特定する場合でも、そのための優れたリソースの一つがほかのChapterでも取り上げたCVSS（共通脆弱性評価システム：Common Vulnerability Scoring System）とEPSS（Exploit Prediction Scoring System）を主導する組織であるFIRSTのPSIRT成熟度ドキュメントである[※2]。FIRSTのPSIRT成熟度ドキュメントでは、PSIRTチームがベンチマークを行うために基本、中級、高度の3つの成熟度レベルが提供されている。各成熟度レベルを簡単に見て、レベルごとの関連する機能を理解しよう。

図 10.1
出典：https://www.first.org/standards/frameworks/psirts/FIRST_PSIRT_Maturity_Document_ja.pdf

※2　https://www.first.org/standards/frameworks/psirts/psirt_maturity_document

PSIRTの成熟度レベルを詳しく説明する前に、最も基本的なステップの一つはPSIRTのミッションステートメント、ステークホルダー、所属／後援組織およびスコープをまとめたPSIRT憲章を作成することである。

基本レベル（成熟度レベル1）ではPSIRTは設立されたばかりであり、ベースラインの機能レベルに到達しようとしているところである（図10.1参照）。これには経営レベルの支援、ステークホルダーの特定、予算と基本的な手順などが必要である。これはPSIRTが組織のリーダーシップの支援を得る必要があること、内外両方のステークホルダーを特定する必要があること、初期の人員配置と設立のための予算を確保すること、PSIRTが根本的にどのように機能するかを成文化するポリシーとプロセスを作成する必要があることを意味する。

FIRSTのドキュメントが提供するポリシーとプロセスの例には脆弱性管理、脆弱性情報の取り扱い、脆弱性の修正におけるサービスレベル合意（SLA）が含まれている。それに加えてPSIRTはその目的を達成するためのいくつかの基本的な機能を必要としている。これには脆弱性レポートを作成する機能が含まれており、連絡先情報の公開や組織のPSIRTへ脆弱性を報告する方法が含まれる。

脆弱性レポートを受け取ることは最初のステップに過ぎないが、それ以上にPSIRTは脆弱性レポートをトリアージして分析する能力を必要とする。これには脆弱性レポートの適格性の確認、脆弱性が有効かどうかの確認、受け入れるべきか拒否すべきかの確認といった重要なステップが含まれる。FIRSTはPSIRTが主要な脆弱性情報を取得し、効率性と拡張性を高めるために機械可読なフォーマットを採用することを推奨している。彼らが挙げるリソースにはCVRF（共通脆弱性報告フレームワーク：Common Vulnerability Reporting Framework）、CSAF、CVE（共通脆弱性識別子：Common Vulnerabilities and Exposures）プログラムがあり、最後のCVEは最終的にはNISTのNVD（国家脆弱性データベース：National Vulnerability Database）によってサポートされ、多くの場合はCVEなどの脆弱性データをNVDに統合して照合する脆弱性スキャンツールのサポートを通じて利用者に脆弱性を伝達することを可能にしている。

PSIRTが脆弱性を有効かつ受け入れ可能なものであると判断すると脆弱性の分析に進む必要があり、これは脆弱性がどのように機能し、どのように悪用されるか、脆弱性の影響を

受ける製品やサービスのバージョン、一般的に悪用された場合にどのような影響があるかを理解する必要がある。影響は環境や緩和策の有無によって異なるが、動作環境に関する固有の知識を踏まえその判断は利用者に委ねられることが多い。

　分析中にPSIRTは優先順位付けとスコアリングを行うことがよくある。FIRSTのドキュメントではCVSSの使用を推奨しており、これはCVSSとの関係を考慮すると理にかなってはいるがほかのチャプターで説明したとおりCVSSは学会や業界からも厳しい批判を受けている。こうした批判にもかかわらずCVSSは業界で広く採用されており、PSIRTがほかのスコアリング手法を選択した場合はFIRSTが指摘するように、CVSSに精通していることが多い利用者にその決定について説明する必要があるだろう。

　脆弱性が認定され分析が完了したらサプライヤは脆弱性を修正する必要がある。修正にはコードの修正や製品パッチ、脆弱性のリスクを軽減するための利用者向けガイダンスなどの活動が含まれる場合がある。理論上はPSIRTとサプライヤによる費用対効果分析に基づいて脆弱性をまったく修正しないことを選択することもある。

　最後に、基本レベルの脆弱性開示には製品またはサービスの利用者に脆弱性を通知することが含まれている。この通知にはコードの修正や解決策が存在しない場合に脆弱性を修正または軽減する方法に関するガイダンスが添付されていることが理想的である。また、FIRSTは最初に脆弱性をサプライヤに通知したセキュリティ研究者または組織にクレジットを与えることも推奨している。これにより報告者の帰属を明らかにし、コミュニティ内での信頼を構築する。

　基本レベルを乗り越えると、PSIRTは成熟度レベル2または中級と呼ばれるレベルへ進む。ここではPSIRTがより包括的なサービスを提供し、組織内外のより多くのステークホルダーと関わり既存の基本的な機能を成熟させる（図10.2参照）。

　FIRSTが述べたように、中級レベルのPSIRTはステークホルダーを明確に理解してプロセスを確立し、脆弱性の分析と対応を最適化することができる。また中級レベルのPSIRTは脆弱性の取り込みと処理能力を向上させるためのツールを使用することができる。FIRSTは、中級レベルのPSIRTはリリースされた製品に含まれるコンポーネントの理解を開始し、

このデータを製品マニフェストまたは製品がソフトウェア中心の場合はSBOMと呼ばれることが多い部品表に記録することを推奨している。

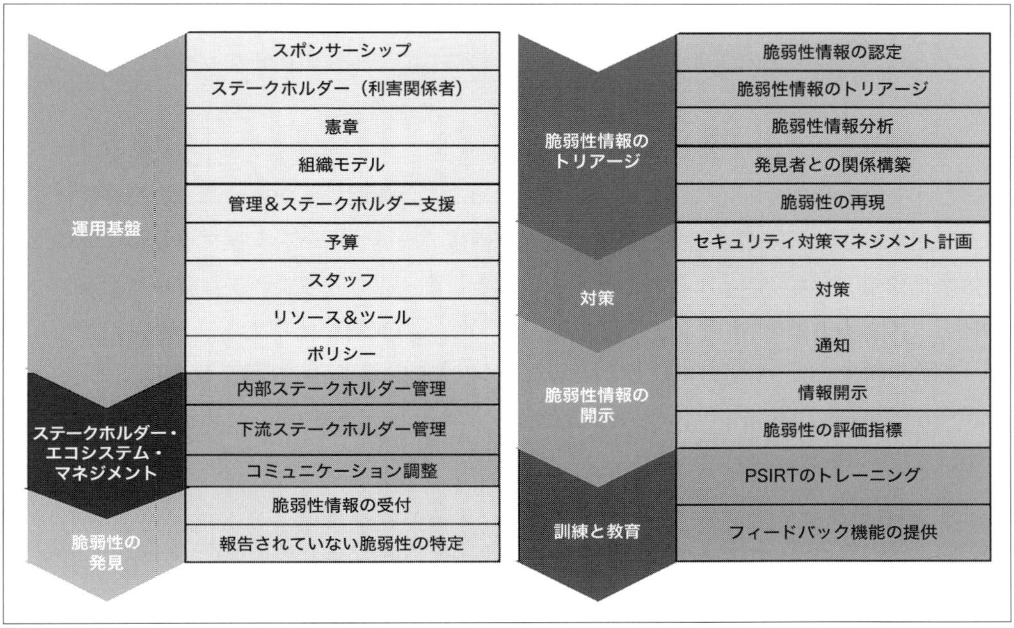

運用基盤	スポンサーシップ		脆弱性情報のトリアージ	脆弱性情報の認定
	ステークホルダー（利害関係者）			脆弱性情報のトリアージ
	憲章			脆弱性情報分析
	組織モデル			発見者との関係構築
	管理＆ステークホルダー支援			脆弱性の再現
	予算		対策	セキュリティ対策マネジメント計画
	スタッフ			対策
	リソース＆ツール			通知
	ポリシー		脆弱性情報の開示	情報開示
ステークホルダー・エコシステム・マネジメント	内部ステークホルダー管理			脆弱性の評価指標
	下流ステークホルダー管理			PSIRTのトレーニング
	コミュニケーション調整		訓練と教育	フィードバック機能の提供
脆弱性の発見	脆弱性情報の受付			
	報告されていない脆弱性の特定			

図10.2
出典：https://www.first.org/standards/frameworks/psirts/FIRST_PSIRT_Maturity_Document_ja.pdf

部品表を所有することは下流の利用者とのコミュニケーションにおいてソフトウェアコンポーネントの可視化や脆弱性管理に役立つだけでなく、OSSプロジェクトなど組織がどのようなサードパーティと連携する必要があるのかを理解できるようにする。

FIRSTのガイダンスでは、より成熟したPSIRTは各ステークホルダーが脆弱性トリアージと分析活動のどこに当てはまるかを理解するための明確な役割と責任を持ち、PSIRTに脆弱性や欠陥を報告する可能性のあるセキュリティ研究者との信頼関係を築き始めていると述べている。この信頼関係は脆弱性報告プロセスを容易にするためのチケット発行システムなどの機能的なプロセスとツールを整備することによって構築される。

CVSSと深刻度スコアリングの使用に加えて、PSIRTは多くの場合で脆弱性に対してCWE（共通脆弱性タイプ一覧：Common Weakness Enumeration）ラベリングを使用するように成熟する。Chapter3「脆弱性データベースとスコアリング手法」で説明したようにCWEはMITREによって管理されているシステムであり、コミュニティが開発したソフトウェアとハードウェアの弱点タイプのリストを提供して脆弱性の迅速なラベル付けと分類を可能にする。

また、中級レベルのPSIRTは毎回ゼロから始めることを避けるために過去の脆弱性修正活動を活用することができ、脆弱性修正活動とその後の脆弱性開示を支援するためのプロセスを体系化することもできる。これは開示の一環としてPSIRTがさまざまな関係者と連携する方法を改善することを意味し、FIRSTは脆弱性開示への成熟したアプローチを促進するために「複数関係者による脆弱性の調整と開示のためのガイドラインとプラクティス（Guidelines and Practices for Multi-Party Vulnerability Coordination and Disclosure）』の使用を推奨している[3]。

この開示の成熟度の一部には開示活動が進むにつれて開示のための標準化された手段、指標の追跡、反復的なプロセス改善が含まれている。また、FIRSTはPSIRTが実際の公開前に顧客へ通知を行うことを決定する場合があると指摘している。いったん情報が公開されるとそれを見るのは防御側だけでなく、利用者が欠陥を修正する前に脆弱性を悪用しようとする悪意のある行為者も必然的に見ることになるのを考えるとこれは理にかなっている。

最後に、PSIRTは理想的には高度とも呼ばれる成熟度レベル3へと進む（図10.3参照）。

---

[3] https://www.first.org/global/sigs/vulnerability-coordination/multiparty/guidelines-v1.1

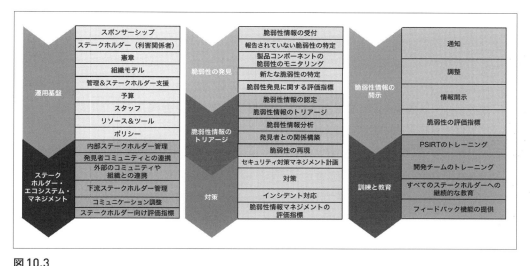

図10.3
出典：https://www.first.org/standards/frameworks/psirts/FIRST_PSIRT_Maturity_Document_ja.pdf

　図10.3を簡単に見るとPSIRTは基礎的な機能を向上させるだけでなく、堅牢なサービスと機能のポートフォリオを構築していることがわかる。このことはPSIRTが責任を負う製品の脆弱性報告の取り込み、分析およびその後のセキュリティアップデートの配信プロセスが組織とそのステークホルダー全体に理解されていることを示している。

　高度レベルのPSIRTとほかのレベルのPSIRTとの最大の違いの一つは受動的な文化から能動的な文化への移行である。これは製品の脆弱性や欠陥に積極的に目を向けステークホルダーと十分なコミュニケーションを取り、製品エンジニアリングチームと連携して協力することを意味する。

　PSIRTが高度レベルであることの大部分は、基礎的な機能を適切に実施していることを意味する。これにはPSIRTの機能とパフォーマンスを最適化するためにフィードバックを提供したり、受け取ったりするためのステークホルダーとの強力な関係が含まれる。この積極的な改善プロセスは具体的な指標やKPIと結び付いている。例としては顧客満足度、サービスレベル目標（SLO）やサービスレベル合意（SLA）などがある。

DevSecOpsのテーマに沿って、FIRSTは高度レベルのPSIRTのもう一つの特徴として開発チームとの緊密な統合と関係性により製品ロードマップや今後の機能やリリースを把握していることを挙げている。またPSIRTは脆弱性の取り込み、分析および報告プロセスを処理するためのツールも最適化する。PSIRTは組織の製品やサービスのソフトウェア開発ライフサイクルにも積極的に影響を与え、脆弱性分析やスキャンが開発ワークフローやライフサイクルに組み込まれて標準化された活動であることを保証する。

PSIRTは常にセキュリティ研究者と連携しており、同じ研究者と何度も関わっていることから、研究者コミュニティからの脆弱性レポートの熟練度や妥当性を理解し、この知識に基づいて報告やエスカレーションの優先順位を決めることができる。製品開発ライフサイクルの早い段階でエンジニアリングチームにフィードバックすることで、高度レベルのPSIRTは業界のシフトレフトを実現することができる。これには脆弱性の特定だけでなく優先順位付けや修正活動も含まれる。

また、PSIRTは利用者に対する下流だけでなく自社のプロバイダーに対する上流に至るまで、自分たちが活動するエコシステムを理解することも極めて重要である。この認識にはソフトウェア・サプライチェーンの各方向における明確で実行可能なコミュニケーションと期待が伴う。

最後に、PSIRTが脆弱性や製品の欠陥に対処することに熟達していれば、PSIRTは他者へ教え始めることができる。これはPSIRTのパフォーマンスだけでなく、PSIRTがサポートする開発チームや製品チームのパフォーマンスを最適化するための製品セキュリティや脆弱性管理のプラクティスに関する内部トレーニングやコミュニケーションに現れる可能性がある。これにより製品とPSIRTの運用が改善されるだけでなく、理想的には下流の利用者にとってより安全な製品が実現される。これこそが最終的な目標となる。

10-3

共有するか共有しないか、どれくらいの共有が過剰なのか

ソフトウェア透明性を推進するうえでソフトウェアサプライヤが自問するのは、具体的に何を共有する必要があるのか、あるいはそもそもこのデータを共有すべきか、ということだろう。この意思決定プロセスと分析は組織によって異なるだろうが、一つはっきりしていることはソフトウェア・サプライチェーン攻撃の増加や、利用者や業界全体からの未知で潜在的に安全でないソフトウェアコンポーネントを使用するリスクに関する懸念により、利用者、顧客、政府機関、規制機関からソフトウェア透明性を求める動きが拡大し続けているということである。

サプライヤが共有を要求あるいは強制される可能性のあるものを決定付ける要因は契約上の文言、利用者の要求、適用される規制要件など無数の要因によって決まる。一部の利用者や業界はサプライヤにソフトウェアコンポーネントのファーストパーティリストの提供を要求または要請する場合がある一方で、ソフトウェアや製品に関連する推移的依存関係の網羅的なリストを実用的な範囲で要求または要請する場合もある。NTIA（連邦政府電気通信情報局）のSBOM最小要素レポートを例にとると、**深さ**に関するレポートでは「SBOMにはすべてのプライマリ（トップレベル）コンポーネントと、それらのすべての推移的依存関係がリストされるべきである。少なくとも、すべてのトップレベルの依存関係は再帰的に推移的依存関係を検索できるのに十分な詳細さでリストされていなければならない」と述べている。

当然、この要件はNTIAの最小要素要件に該当する連邦政府のエコシステム内のエンティティにのみ適用されるが、有用なガイドとしても役に立つ。注目すべき点として、推移的依存関係の検索にかかる労力は膨大となる可能性があるので、サプライヤが利用者にこの深さを提供しないと、その負担を利用者に強いることになり、当然のことながらすべての利用者にとって指数関数的な負担となる。これはサプライヤが直接対応して利用者に伝えるのではなく、推移的依存関係を特定する作業を利用者に委ねていることになる。加えてトップレベルの依存関係を利用者に提供するだけでは推移的依存関係に関連する脆弱性やリスクが見えなくなる。Chapter4「ソフトウェア部品表（SBOM）の台頭」でも取り上げたEndor Labs

10-3 共有するか共有しないか、どれくらいの共有が過剰なのか 311

社の「依存関係管理の現状（State of Dependency Management）」レポートでは脆弱な依存関係の95%が推移的依存関係であることがわかった。つまり、SBOMに推移的依存関係が含まれていない場合は利用者が自分でそれを特定するための調査を行わなければ、ほとんどの脆弱性は利用者には伝わらず、見えないということである。これには直接または推移的な依存関係が到達可能で悪用可能であるかについての繊細な分析や詳細は含まれないが、少なくともトップレベルの詳細だけではなくアプリケーションや製品に関連するすべての依存関係とそれらの脆弱性に関するさらなるコンテキストが提供される。

　SBOMを提供するソフトウェアサプライヤにおけるもう一つの重要な考慮事項は、提供するSBOMが有用であり、下流の利用者にとって価値あるものにするために、十分に豊富なメタデータを含むかどうかである。この活動を支援するために初期に登場したツールの一つが、eBay社が提供するSBOM Scorecardプロジェクトである[4]。

　もう一つの新たな選択肢はChapter7「民間部門における既存および新たなガイダンス」で取り上げたOWASP SCVS（ソフトウェアコンポーネント検証標準：Software Component Verification Standard）プロジェクトである。このプロジェクトはまだ進行中であるが、組織がSBOMを組織のポリシー、フォーマット、分類法に沿って評価できるようにすることを目指している。

　業界でSBOMの導入が進むにつれて、SBOM ScorecardとともにSCVSのようなフレームワークが必要となる。すでに説明したように、現在のSBOMの深さ、完全性、および精度のレベルはさまざまであり、組織はSBOMを配布または利用する際、SBOMがニーズを満たすように、自組織や規制に基づく特定の要件との整合性を確保したいと考えるだろう[5]。

　このツールを使用するとSBOMの仕様が準拠しているかどうか、生成方法に関する情報が提供されているかどうか、ID、ライセンス情報、バージョン管理などのパッケージに関連付けられている情報などを含んでいるかどうかなどのいくつかの重要な基準を判断できる。

　Chapter4「ソフトウェア部品表（SBOM）の台頭」ではNTIAが定義したSBOMの最小

※4　https://github.com/eBay/sbom-scorecard
※5　https://scvs.owasp.org/bom-maturity-model

要素について説明した。これらの最小要素は連邦政府セクターの最小要素要件に合わせることが義務付けられる可能性が高いため、連邦政府のソフトウェアサプライヤや利用者にとって重要である。これを支援する便利なツールがntia-conformance-checkerであり、SBOMドキュメントにNTIAが定義した最小要素が含まれているかどうかを検証できる[6]。

これらのツールに基づくSBOMの品質や内容に関する各組織の取り組みが進んでいる。Chainguard社はChainguard Labsという取り組みを行っており、2022年後半には公開されているOSSのSBOMを調査し、このチャプターで説明したSBOM Scorecardやntia-conformance-checkerなどのツールを用いて品質と内容を評価した[7]。

彼らの調査によると一部のOSSのSBOMには品質の高いデータが含まれていたが、多くはそうではないことがわかった。いずれもNTIAの最小要素要件に準拠しておらず、その大部分はパッケージのライセンスとバージョン情報を欠いていた。これは素晴らしいニュースではないが生成、要件、品質を含むSBOMの導入が業界全体で初期段階にあるという現実と対比されるべきである。しかし、これらの初期の研究努力やツールはサプライヤが既存のギャップや、下流の利用者に提供するSBOMが高品質で有用であることを保証する方法を理解するために役立つ。ソフトウェアコンポーネントのインベントリ、透明性およびSBOMなどの取り組みの推進はデータを中心に展開される。高品質なデータがなければサプライヤと利用者の両方がリスク情報に基づいた意思決定を行い、ソフトウェア・サプライチェーンの状態を強化するのに役立つ組織的な成果を達成するための洞察が不十分となるだろう。

---

[6] https://github.com/spdx/ntia-conformance-checker
[7] https://www.chainguard.dev/unchained/are-sboms-any-good-preliminary-measurement-of-the-quality-of-open-source-project-sboms

10-4
コピーレフト、ライセンスに関する懸念および「現状の」コード

Chapter5「ソフトウェア透明性における課題」で説明したように、ライセンスもまた多くのサプライヤにとって重要な懸念事項であり、とくにOSSとそれに適用されるライセンスに関連している。多くのソフトウェアサプライヤが懸念するライセンス方式の一つに**コピーレフト**と呼ばれるものがある。コピーレフトはプログラムやソフトウェアをフリーにするライセンス方式であると広く理解されており、その後のプログラムの変更や拡張バージョンもすべてフリーであることが求められる。コピーレフトのライセンスはさまざまなライセンス形式で現れるが、最も有名なのはGNU一般公衆ライセンス（GNU GPL）[8]である。

ソフトウェア透明性がさらに推進されるにつれて、ベンダーの中にはコピーレフトライセンスソフトウェアの違反を含む著作権違反に関する新たな懸念を抱く者も出てくるだろう。サプライヤは現在ライセンスに違反していないことを確認するための措置を講じているはずであるが、SBOMのような手段による透明性の向上によりベンダーの製品やソフトウェアに含まれるOSSコンポーネントが明らかになる。ライセンスの可視性はサプライヤだけでなく、FOSS（フリーオープンソースソフトウェア：Free and Open Source Software）プロジェクトのメンテナやコントリビューターである利用者にとっても明らかとなる。FOSSプロジェクトの作成者やメンテナなどの著作権保有者はコピーレフトなどの著作権侵害の疑いに基づいて法的措置を開始できるエンティティである。

サプライヤは潜在的な法的課題や問題、倫理上の疑いを回避するためにソフトウェアコンポーネントの使用状況を把握し、製品やソフトウェアで使用しているFOSSに基づき適用される著作権を侵害していないことを確認するための追加措置を確実に講じる必要がある。

前のセクションで説明したように、ライセンス情報の欠如などのSBOMデータが不十分である場合、サプライヤはライセンスのコンプライアンスを完全に理解できない状態となる。サプライヤはFOSS使用の全範囲とそのソフトウェアのバージョンに含まれるコンポーネン

---

[8] https://www.gnu.org/licenses/copyleft.en.html

トに関連するライセンス要件を確実に理解する必要がある。

法的な懸念に加えて、ライセンスは潜在的なセキュリティ上の懸念事項でもある。ほとんどのOSSが任意性に基づいているので、多くのメンテナはプロジェクトとコードをそのまま利用できるようにしている。これは下流の利用者が提起した懸念を修正することができない、あるいは修正する意思がない可能性があることを意味する。したがって、OSSを利用する利用者や組織はプロジェクトをフォークし、特定した問題や脆弱性を修正する責任を負う覚悟が必要になる。OSSのメンテナには責任や対応の義務がないからである。業界の多くの人々はまだこれを理解しておらず、OSSのメンテナに問題への対処やサポートを提供するよう非現実的な期待が課せられることは珍しくないが、ほとんどの場合は彼らにその義務はない。

OSSプロジェクトやコンポーネントの使用は大幅に増加しているが、一部の組織はOSSの原動力を誤解しているようである。ソフトウェア・サプライチェーンセキュリティに関してはほとんどのOSSメンテナを「サプライヤ」とみなすべきではない。通常、組織は彼らとはビジネス上も契約上も関係を結んでおらず、彼らのコードをそのまま使っているのでありメンテナンス、アップデート、応答性は期待していない。したがってOSSを製品、アプリケーション、サービスに使用している組織はOSSの使用範囲を理解し、必要に応じてコンポーネントの責任を負う準備をしておく必要がある。

この原動力はOSSのメンテナであるThomas Depierre氏によるブログ記事「I am not a supplier」で非常によく表れている[9]。Depierre氏はデジタル経済においてFOSSが普及しているにもかかわらず、OSSのメンテナは従来の意味での「サプライヤ」ではなく下流の利用者は彼らにいかなる要求もできないことを説明している。

※9　https://www.softwaremaxims.com/blog/not-a-supplier

10-5
オープンソースプログラムオフィス (OSPO)

　これまで説明してきたように、あらゆる形態、規模、分野の組織がOSSを採用している。金融、医療、製造業さらには国家安全保障分野に至るまで、最も重要なアプリケーションや活動を強化するために現在OSSを利用している。これには、一般的に製品やアプリケーション開発の一環としてOSSを使用するソフトウェアサプライヤも含まれる。

　しかしながらこの広範な採用には落とし穴もあり、Sonatype社のソフトウェア・サプライチェーンの現状レポート「State of Software Supply Chain Report」によれば、ソフトウェア・サプライチェーン攻撃はこれに伴い800％近く増加している。

　OSSの採用が急速に拡大するにつれて、組織はOSSの使用や貢献に関する戦略を体系化し、より広範なOSSコミュニティとのコラボレーションを促進するためにOSPO（オープンソースプログラムオフィス：Open Source Program Office）を設立し始めている。これらのOSPOは多くの場合、OSS戦略の策定、その実行の主導、企業全体におけるOSS製品やサービス使用の促進といった重要な責務を担っている[10]。

　組織がOSSの採用と使用を継続するにつれて、OSPOを実装することで最初から大きな恩恵が得られる。OSPOは前のセクションで説明した問題の一部と次に説明するいくつかの問題を対処するのに役に立つ。

　サプライヤと独自の社内開発活動を行うことが多いエンタープライズの利用者の両方がOSPOの恩恵を受けることができるが、ここでは自らの製品やソフトウェアにOSSを使用することが多いソフトウェアサプライヤの観点からOSPOについて説明する[11]。

　OSSの管理と戦略を主導するOSPOの独自の立場はOSSのセキュリティとガバナンスに

※10　https://www.linuxfoundation.org/resources/open-source-guides/creating-an-open-source-program
※11　https://fossa.com/blog/building-open-source-program-office-ospo

対する組織のアプローチにおいて重要なプレーヤーであり、その役割はますます重要になっている。調査によると最新のアプリケーションには500を超えるOSSコンポーネントが含まれている。このように広く使用されているので、OSSコンポーネントに関するいくつかの憂慮すべき統計を認識することが重要である。

　2022年のSynopsys社の調査によると、調査したコードベースの81%には少なくとも1つの脆弱性があり、88%は過去2年間に新しい開発が行われておらず、88%では最新のバージョンが使用されていなかった。これらのすべての指標は、組織は時代遅れで安全でないコンポーネントを広範に使用しているという1つの憂慮すべき現実に集約される。これは現代の企業環境には非常に多くの攻撃対象領域があり、管理が不十分で悪意のある行為者のための経路が豊富にあることを意味する[12]。

　ここまでで読者は米国のサイバーセキュリティに関する大統領令（EO：Executive Order）14028号のセクション4「ソフトウェア・サプライチェーンセキュリティの強化」に精通しているはずである。この大統領令の結果としてNISTはオープンソースソフトウェアのコントロールを含む包括的なソフトウェア・サプライチェーンガイダンスを作成したのでここではこれについて、またOSPOがそれらの実装を推進する方法について説明する[13]。

　NISTはOSSのコントロールを基本的な機能、維持する機能、強化する機能の3つの成熟度に分けて示している。これらのコントロールの中には、NIST SSDFの要素の使用やOSSコンポーネントが信頼に値するソースから安全な経路を介して取得されていることを保証することなどが含まれる。現代の企業環境の現実はほとんどの組織がOSSに関連する脆弱性の継続的な監視はおろか、自社のOSSの使用について完全な可視性とガバナンスを持っていないことである。これはOSPOが輝く場所の完璧な例であり、商用OSS製品やサービスを効果的に使用するためのエバンジェリストとしてOSSに関連する脆弱性への警戒を促し、これらのセキュリティプラクティスが組織のポリシーとプロセスに確実に組み込まれるようにする。

---

[12]　現在、2024年版のレポートが以下のURLから閲覧できる。
https://www.blackduck.com/resources/analyst-reports/open-source-security-risk-analysis.html#introMenu
[13]　https://www.nist.gov/itl/executive-order-14028-improving-nations-cybersecurity/software-security-supply-chains-open

NISTが推奨するOSSセキュリティのコントロールには、開発者が組織のリスクを低減するために使用できる既知で検証済みのOSSコンポーネントの内部リポジトリを確立することも含まれる。開発者が脆弱性やリスクを把握せずにすべてのOSSコンポーネントを自由に取得して使用できる環境を許可するのではなく、内部リポジトリが堅牢なOSSコンポーネントのライブラリを提供して開発者の開発速度を向上させると同時に、脆弱なOSSコンポーネントの使用による組織のリスクを低減する。

NIST SSDFのもう一つの重要な推奨事項は、リスクを軽減するためにCI / CDパイプラインに含めるべきツールを指定することを含むサポートツールチェーンを実装することである。例としてはSCA（ソフトウェア構成分析：Software Composition Analysis）やSBOMツールなどを最新のCI / CDツールチェーンに統合し、ツールチェーンを経由して本番環境に移行する脆弱なOSSコンポーネントの完全な可視性を企業が確保できるようにすることが挙げられる。これにより「セキュリティのシフトレフト」の取り組みが促進され、ソフトウェア開発ライフサイクルの早い段階でセキュリティスキャンが実行され、脆弱性が特定・修正されるようになる。これにより脆弱性が本番環境に導入される前に修正され、悪意のある行為者に悪用されるのを防ぐことができる。OSPOがこの分野で推進し体系化できるポリシーとプロセスには脆弱性スキャンやSBOMだけでなく、ソフトウェア開発活動の完全性と監査可能性の両方をサポートする不変の記録とログを作成するのに役立つ署名機能の有効化も含まれる。

NISTが提示した最も成熟した層である「強化する機能」には安全なプログラミング言語の使用を優先し、最終的には前述の堅牢な内部リポジトリへのOSSコンポーネントの収集、保管、スキャンを自動化することが含まれる。これはおそらく開発チームの速度を妨げずにリスクを軽減するための最も重要なステップである。もし速度が妨げられるのであれば開発チームはタスクを達成するために組織のポリシーやプロセスを回避することになるだろう。

OSPOで一般的に担われる役割には開発者関係、提言、エバンジェリズムがある。これらのグループは社内の開発チームで熱意と関心を喚起することが多い一方で重要な関係を築くことも目的としている。アプリケーション、ソフトウェア、製品でOSSを幅広く使用しているにも関わらず、多くの組織がまだ導入していない新しいOSSセキュリティのベストプラクティスへの賛同をこれらの関係を活用して促すことができる。これにより組織での安全

でない依存関係の使用を最小限に抑え、内部目的か外部目的かを問わずより安全なアプリケーションを製造できるようになるなど、複数の利点が生まれる。

Chinmayi Sharma氏などの調査でもソフトウェアベンダーがOSSの主要な受益者であり、OSSのサプライチェーンリスクに対処するための最良の立場にあることが示唆されている。これによりソフトウェアベンダーはOSSコミュニティへの関与を深め、脆弱性をスキャンし、脆弱性を軽減するためにOSSプロジェクトに貢献する絶好の立場に立つことになる。これはソフトウェアベンダーコミュニティからの平等な参加と貢献がないまま、OSSコミュニティが負担を大きく担っている現在のモデルからの転換である。ソフトウェアサプライヤは製品やサービスにOSSを使用することで多大な利益を得ており、OSPOを実装し成熟させることでOSSの使用状況とそれに伴うリスクをより深く理解することができるとともに、大きく依存しているコミュニティに貢献することもできる。

これによりOSPOはパラダイムシフトを主導し、最終的にはより広範なOSSサプライチェーンのセキュリティを強化するための絶好の位置に立つ。OSSはほぼすべての業界において革新と機能をもたらしてきた。OSPOは現在、これらの業界や関連組織がOSSコミュニティにさらに関与するように主導する立場にあると同時に、断片的な関与と投資によってOSSがもたらす現在のシステムリスクにも対処している。これはサプライヤのソフトウェアで使用されるOSSコンポーネントのガバナンスとセキュリティを向上させることで下流の利用者に転嫁されるリスクの一部を低減することに役立つだろう。

10-6 製品チーム間の一貫性

　ソフトウェア透明性を推進してSBOMや証明などの成果物を提供する取り組みは、組織のさまざまな製品チームで一貫して実施されていなければ効果的ではない。非常に大規模な組織や世界的に展開している組織では複数の製品チームが存在し、その中には独自のツールやSDLCプロセスを持つチームがあることも珍しくはない。

　著者たちは、製品ラインごとに新しい法人を設立するオートメーションメーカーを少なくとも1社知っている。つまり本質的には数十から数百の法人が存在し、すべてが非常に似た名前でソフトウェアを製造しているが、最終利用者にとっては必ずしも明らかではない。そのため、ある企業とその関連するソフトウェア開発プロセスに対するセキュリティ評価は、ほかの企業とその関連する製品ラインには適用されない。このような状況は非常に複雑になる可能性がある。

　あるとき著者の一人は、100を超える異なる開発チームが存在するグローバルな製造会社のアプリケーションセキュリティを管理していたが、そのほとんどが異なるプラクティスを採用していた。標準化を推進しようとしたところ多大な抵抗に直面したが、その一部はヨーロッパと北米のどちらが優れたプロセスを持っているかといった地域的な偏見によるものであった。

　業界全体がまだCycloneDX、SPDX（Software Package Data Exchange）、VEX、VDRについて決断を下している途中なので、組織内でこのような不一致がしばらく続くとしても驚くことではない。したがって、利用者は契約のためのセキュリティ補足条項において、サプライヤに対して期待するプラクティスと責任を負わせる意図ついて非常に明確に記載することが重要である。

　ソフトウェア利用者がさまざまなアプリケーションや製品にわたって標準化されたプロセス、ガバナンスおよび顧客体験を実装しようとする際に、それらに何が含まれるのかについてある程度の合意に達することが重要である。たとえば、特定のCI / CDツールは異なって見えるかもしれないが、標準化された出力や成果物のフォーマットはさまざまなチームによって合意されている。

10-7

手動対自動と正確性

　サプライヤが考慮しなければならない重要なポイントの一つは、利用者に提供される情報の正確さの必要性と対比される自動化の役割である。ソフトウェアの保証を行うことは大規模なソフトウェア企業、とくに数百から数千ものソフトウェア製品にわたって非常に迅速な展開スケジュールを持つ企業にとっては拡張性の問題となる。場合によっては自動で重要なソフトウェアコンポーネントを識別できないことがある。たとえば、実行時に動的にコンポーネントを読み込むDockerイメージやDockerfileにコンポーネントが含まれていないDockerイメージではコンポーネントを手動で識別する必要があるかもしれない。しかし、SBOMの初期キャプチャとして「十分によい」ものが何であるかを判断することは役に立つ場合がある。

　サプライヤが一定の信頼度、たとえば80%を超えるSBOMやその他の成果物を生成できたとして、これはその成果物の利用者にとって十分だろうか。エラーが発生する可能性は常にあり、プロセスを自動化するとこの差が増加する可能性もある。もし80%では不十分な場合、期待する信頼度はどの程度か、顧客は誰か、現実的な期待について話し合いをしたか、以前に誤りがあったサプライチェーンの成果物を更新して修正するプロセスはあるか、顧客に通知をするか、この新しい情報に基づいて分析を更新するか、成果物が正しいとして新たなCVEなど新しい分析の洞察が発見された場合はどうするか。作成する成果物だけでなく分析から得られる洞察も正確でなければならない。

　とくにリバースエンジニアリングされたSBOMでよく見られる問題の一つは分析対象が何かを理解できないことである。コンポーネントを識別するための手法はさまざまなものがあるが、ファイル内の文字列一致ほど高度な手法はない。「cve_xはcomponent_version_1.2.3でパッチ適用された」というコメントは、インストールされたコンポーネントが実際には2.0であるにも関わらず、1.2.3であると解釈されてしまう可能性がある。すべてのバージョンに対して徹底的なリバースエンジニアリングを行うことは現実的ではないが、このような場合の信頼度はどの程度であろうか。おそらく80%未満であろう。著者の経験では60%に近いことが多い。そのため、成果物の作成方法を理解することもこの方程

式に影響を与える要因となる可能性がある。

　SBOMが生成されるフェーズは重要だろうか。設計、ビルド、デプロイでは同じアプリケーションに対して大幅に異なるSBOMが生成される場合もある。初期フェーズのSBOMは最終利用者にとって役に立たない可能性があり、ビルドのSBOMを完全に自動化しようとしても無駄な作業になる可能性がある。おそらくこれはサプライヤの内部的なソフトウェア保証の実務には十分であり、完璧さは最終的に顧客に提供されるものに対して確保すればよい。これにより手作業の多くを品質保証プロセスとして最終段階へ移し、検出された信頼度の不足を修正する機会が得られる。

10-8
まとめ

　このチャプターではソフトウェア・サプライチェーンセキュリティの課題とSBOMの役割について利用者に広く深く考えるように促した。なぜ組織がSBOMを必要とするのか、または望むべきなのか、そしてさらに広くサプライヤからのソフトウェア透明性を必要とする理由について説明した。またSBOMをどのように利用し、大規模に管理するかについての潜在的なユースケースも推奨した。ほかにSBOMはソフトウェア・サプライチェーンセキュリティと透明性に関するいくつかの課題に対処するのに役立つかもしれないが、万能薬にはほど遠く、ツール、自動化、標準化、成熟度に関してもまだ道のりがあることを説明した。Chapter11ではソフトウェア透明性の予測、国際的な取り組みおよびソフトウェア・サプライチェーンセキュリティに関する社会としての方向性について説明する。

Chapter

11

利用者のための
実践的ガイダンス

ソフトウェアサプライヤの反対側にはソフトウェア利用者がいる。これらの利用者は、サプライヤと利用者の関係のプッシュ・アンド・プル・ダイナミックに必然的に巻き込まれ出現しているガイダンス、ベストプラクティス、要件の数々を理解しようとしている。それぞれに異なる視点やインセンティブ、目標があり規制要件も異なる可能性がある。ソフトウェアの利用者の多くは社内のサイバーセキュリティ専門知識やリソースが限られているかまったくない中小企業（SMB）などの小規模組織であり、必ずしも有識なサイバーセキュリティスタッフと専門知識を持つ大企業とは限らない。このような小規模組織は外部のマネージドサービスプロバイダーやパートナーに頼らざるを得ないことが多く、安全なソフトウェアの利用に関しては自社のリソースに基づいて現実的な企業活動を優先するほかない。このチャプターでは、Chapter7「既存および新たな商用ガイダンス」およびChapter8「既存および新たな政府ガイダンス」で示した多くの推奨事項に基づいて、利用者向けの実践的なガイダンスについて説明する。

11-1

広く深く考える

　利用者向けのガイダンスに関するこのチャプターにはSBOMに関連する議論と推奨事項が含まれているが、SBOMはソフトウェア・サプライチェーンセキュリティの新しいツールとリソースに過ぎないことを強調したい。

　ソフトウェア・サプライチェーンのセキュリティについてはより広範な議論が必要である。しかし、このサイバーセキュリティ業界で大きな注目を集めていることを考えると、SBOMに関連するガイダンスを提供せざるを得ないと感じている。

　SolarWinds、Log4j、Kaseyaなどの画期的な事例で述べたように、ソフトウェア・サプライチェーンに関連するリスクはプロプライエタリソフトウェアベンダー、OSSコンポーネント、マネージドサービスプロバイダー、クラウドサービスプロバイダーなどに関連している可能性がある。

　またNIST（国立標準技術研究所：National Institute of Standards and Technology）、CNCF（クラウドネイティブコンピューティング財団：Cloud Native Computing Foundation）、NSA（国家安全保障局）などの提供源から提供されている既存および新たなガイダンスによって明らかなように、利用者にとってのソフトウェア・サプライチェーンのベストプラクティスと考慮事項には、次のような重要な活動が含まれる。それは、サプライヤの理解、それらの関係における責任共有、ソフトウェア利用を取り巻く組織的ガバナンス、ツールに付随する内部プラクティスとプロセスなどである。これらは組織固有のビジネスとミッションのニーズを実現するためにソフトウェアの安全な利用、開発、使用を保証することを目的としている。

　さらにChapter4「ソフトウェア部品表（SBOM）の台頭」の「SBOMに対する批判と懸念」のセクションで議論したように、組織がソフトウェア・サプライチェーンやより広範なC-SCRM（サイバーセキュリティサプライチェーンリスク管理：Cybersecurity Supply Chain Risk Management）活動の一環として使用するためにSBOMを正常に取得、分析、

324　Software Transparency

強化および保管する SBOM ツールとその運用に関して解決すべきことが多く残っている。さまざまな組織による調査や利用可能なツールの評価に基づいて OSS プロジェクトなどの複数コミュニティにおける SBOM の現状と成熟度について何らかの洞察を提示する必要がある。

　本書で触れたように、業界と関連する規制要因によって SBOM の採用率と SBOM データの深さはエコシステム全体で異なる。これはサプライヤがビジネス上のメリットや規制または調達・取得の要件なしに、これらのデータを利用者に提供することを必ずしも奨励していないからである。このような理由から SBOM はソフトウェア透明性とソフトウェア・サプライチェーンセキュリティを推進するうえでは有用であるが、サイバーセキュリティのほぼすべての分野でそうであるように特効薬とみなすべきではないことを強調したい。サイバーセキュリティは複雑な問題の集合であり、唯一の解決策はない。IT システムが直面する脅威にはユーザー、エンドポイント、データ、複雑な相互依存システムなどが関わっており、単一のソリューションやテクノロジーでは関連する課題や脅威のすべてを解決できない状況を生み出している。

11-2
SBOMは本当に必要なのか？

　SBOM をめぐる喧騒と混乱の中で、ソフトウェア利用者の中には SBOM が必要なのかどうか自問している人がいるかもしれない。もちろん、ソフトウェア業界は何十年もの間 SBOM を使用することなく存続してきたが、課題がなかったわけではない。OSS とサードパーティコンポーネントの使用の増加に伴ってそれらの課題は加速している。

　ソフトウェア業界ではサプライヤと利用者の間で SBOM への関心が非常に高まっており、この傾向は今後も衰えることはなさそうだ。Linux Foundation の「The State of Software Bill of Materials（SBOM）and Cybersecurity Readiness」などの調査によると、SBOM の使用は 2022 年に 66％ 増加し、2023 年にはほぼ 88％ の組織がある程度 SBOM を使用すると

11-2　SBOMは本当に必要なのか？　325

予測している[※1]。

　現代のソフトウェアとアプリケーションは主にOSSとサードパーティのソフトウェアコンポーネントで構成されている。しかし、SBOMの使用やSCA（ソフトウェア構成分析：Software Composition Analysis）のような独自の課題を伴う厳密な活動がなければ、利用者は利用するソフトウェアのコンポーネントや依存関係を十分に把握できない。つまり、利用者は現在も、そして従来もどのようなコンポーネントが関与しているのか、あるいはその脆弱性、悪用の可能性、それらが組織やパートナー、顧客、利害関係者に潜在的にもたらすリスクについてほとんど理解しないままソフトウェアを利用している。Chapter2「既存のアプローチ─伝統的なベンダーのリスク管理」で述べたように従来の調達や買収とベンダーのリスク評価プロセスは、単にソフトウェアコンポーネントのインベントリとリスク管理を含むほど深いレベルではなかっただけである。

　成熟した積極的なサプライヤはソフトウェアの脆弱なコンポーネントに対応するパッチやアップデートを公開するのが理想だが、ベンダーであるVeracode社が2017年に発表した「ソフトウェアセキュリティの現状（State of Software Security）」レポート[※2]で示唆されているように、必ずしもそうではない。この調査でVeracode社は、自社のソフトウェアで特定されたサードパーティコンポーネントにおける脆弱性に対するパッチを開発しているサプライヤは約半数に過ぎないことを明らかにした。これはすべての脆弱なコンポーネントが悪用可能であると言っているわけではないが、利用者にはコンテキストやガイダンスがなく、それに伴う残存リスクを抱えていることに変わりはない。

　その結果、利用者は脆弱性があることを知らないまま潜在的に脆弱なソフトウェアを抱えることになる。問題のソフトウェアに含まれるコンポーネントを示すSBOMをサプライヤから入手しない限り、利用者はそれらのコンポーネントに関連する脆弱性を関連付けたり、サプライヤにその脆弱性の悪用可能性を問い合わせたり、脆弱性の悪用可能性を独自に評価・検証したりすることはできない。SBOMがもたらす透明性は、ほとんどのソフトウェア利用者が抱えているこの可視性と認識のギャップを緩和するのに役立つ。

※1　https://www.linuxfoundation.org/research/the-state-of-software-bill-of-materials-sbom-and-cybersecurity-readiness
※2　https://www.veracode.com/sites/default/files/pdf/resources/reports/report-state-of-software-security-2017-veracode-report.pdf

利用者がSBOMを使用するもう一つの理由は、ほかのChapterで説明したNVD（国家脆弱性データベース：National Vulnerability Database）のようなデータベースでは製品レベルの脆弱性は示されているが、製品に関連するコンポーネントとそれらの特定のコンポーネントに関連する脆弱性に関する詳細な洞察が一般的に不足しているためである。利用者は製品内の脆弱なコンポーネントの可視化や認識のためにNVDや製品のCPE名を厳密に使用する従来のアプローチに単純に頼ることはできない。

これまで述べてきたように、OSSの脆弱性に関してより優れた機能を提供するほかの脆弱性データベースが登場しつつあり、コンポーネントレベルの脆弱性を特定するためのより効果的なアプローチとなり得るPURL（パッケージURL）のサポートも登場している[3]。

SBOMフォーラムによる取り組みについては、彼らのホワイトペーパー「脆弱性管理のためのコンポーネント識別の運用化に関する提案」で説明されている。このホワイトペーパーではMITREとNVDに対してOSSおよび商用ソフトウェアの識別にPURLを採用するよう求めた。これは製品に関連するコンポーネントレベルの脆弱性に関してNVDが現在抱えているギャップを解決するのにある程度役立つだろう。ホワイトペーパーで指摘されているように、このネーミングの課題が解決さるか、少なくとも大幅に改善されない限り、完全な自動化とSBOMの有効性は抑制される。

サプライヤは自社のコンポーネントや製品の脆弱性を特定し、修正し、利用者に通知することに積極的であることが多いかもしれないが、常にそうであるとは限らない。コンポーネントを可視化することで利用者はコンポーネントレベルの脆弱性を認識し続けることができ、利用者が新たなコンポーネントの脆弱性を特定したときにサプライヤに通知することができる（サプライヤから事前に通知されていない場合はそれが理想的である）。また、サプライヤが積極的にその状況を提供していない場合、利用者は特定された脆弱性の悪用可能性について問い合わせることができる。この後説明するように、利用者は既知の脆弱性でサプライヤがまだ改善策やパッチを発行しておらず、今後も発行しない可能性がある場合のために仮想パッチのような方法を実装することもできる。

※3　https://github.com/package-url/purl-spec

このことは、利用者が部品の脆弱性を認識し懸念していることを知るサプライヤに責任を負わせることになる。実際には脆弱性の特定と是正にはコストがかかり、サプライヤはたとえば製品や機能の開発など、ほかの収益を生み出す活動よりも積極的にこれを行うインセンティブを必ずしも与えられていない。

資産インベントリは何年もの間SANSやCIS（インターネットセキュリティセンター）のガイダンスなどの提供源ではセキュリティのベストプラクティスおよび重要なコントロールとして扱われてきた。しかし、単一のソフトウェアコンポーネントが組織だけでなく業界全体に及ぼし得るリスクを業界が認識するにつれ、この話題はソフトウェア資産のインベントリ、そして現在ではソフトウェアコンポーネントの資産のインベントリにまで成熟してきた。CISは組織がすべてのセキュリティ管理策を導入することやその導入に等しく優先順位を付けることが現実的ではないことを踏まえ、エコシステムにおいて最も蔓延している攻撃に関連する重要なセキュリティ管理策のリストを提供している[4]。CISはこのリストはセキュリティ防御の向上を目指すすべての企業にとって「初めにやらなければならないこと」の出発点であるとしている。

CIS Critical Security ControlsはPCI DSS（Payment Card Industry Data Security Standard）、HIPAA（Health Insurance Portability and Accountability Act）、NERC CIP（北米電力信頼度評議会 重要インフラ保護基準）、FISMA（Federal Information Security Modernization Act）などの業界のフレームワークにマッピングされており、これらのフレームワークすべてもソフトウェアのインベントリの必要性を論じている。従来はアプリケーションを意味していたかもしれないが、ソフトウェアのサプライチェーン攻撃や脆弱なソフトウェアコンポーネントの急増に伴い、より詳細なソフトウェア資産のインベントリに移行しつつある。

CISのガイダンスが指摘するように、ソフトウェア資産のインベントリと管理は攻撃を防ぐための重要な基盤である。悪意者は悪用できる脆弱なソフトウェアバージョンを探し求めることが多い。その結果、ほかの企業資産に横展開したり、最初の標的組織の外側からビジネスパートナーや顧客、あるいはターゲットがアクセスできるほかの組織へと軸足を移す連鎖的なシナリオに発展したりするなど組織にさまざまな影響を及ぼす可能性がある。

---

[4]　https://www.cisecurity.org/controls

堅牢で正確なソフトウェア資産目録を持たなければ、利用者は自分の環境のどこに脆弱なコンポーネントが存在するのか、あるいはライセンスに関連するようなほかの懸念事項が存在するのかを判断することができない。

SBOMはソフトウェアコンポーネントの資産インベントリの面で極めて重要な役割を果たすだけでなく、インシデントレスポンスチームなど利用者のほかのユースケースに役立つ。たとえば、前述したLog4jインシデントの後に一部の連邦政府機関がインシデントを調査し、エンタープライズ環境における脆弱なLog4jコンポーネントの存在を発見しようとして数万時間を費やしたことがCSRB（サイバー安全審査委員会）によって報告された。大規模で複雑な環境におけるインシデント対応には文脈に関係なく時間がかかることは避けられないが、インシデントがLog4jのような脆弱なソフトウェアコンポーネントと関連しており、組織に包括的なソフトウェアコンポーネントのインベントリがない場合、どこでどのようなインシデントが発生したか、組織がどこまで脆弱なのかを判断するのは非常に困難である。

調達と買収は、利用者の観点からSBOMに価値がある例の一つである。利用者は企業で使用する新しいアプリケーションやサプライヤを検討するプロセス、ビジネスプロセスを促進するプロセスを経ることが多いため、それらのサプライヤがもたらす潜在的なリスクを理解することが重要である。

組織が特定のベンダーやサプライヤを使用することの妥当性を判断するために、脆弱性スキャン、侵入テストレポート、SOC2のようなコンプライアンス成果物などを要求するといった方法を使用することは珍しくない。しかし、従来このような活動にはソフトウェアコンポーネントのインベントリデータが含まれていないため、利用者は製品に含まれるソフトウェアコンポーネントの構成についてほとんど知らないままである。さらに、サプライヤが製品に使用している可能性のあるサードパーティのソフトウェアコンポーネントに関連する脆弱性についても知らされないままである。

サプライヤにSBOMとVEX（Vulnerability Exploitability eXchange）のドキュメントを要求することで、利用者はあらゆる脆弱性を理解することができ、調達や買収のプロセスをあまり進めないうちにサプライヤの製品に関連する情報、その悪用可能性、その製品が組織のセキュリティ態勢に及ぼし得る潜在的な影響などを把握することができる。

11-2　SBOMは本当に必要なのか？　　329

利用者にとってのもう一つの重要なSBOMの考慮事項は、サプライヤと協力して利用者がサポートできるフォーマットでSBOMを受け取ることである。たとえば、内部ツールおよび機能がSPDX（Software Package Data Exchange）またはCycloneDXのいずれかを中心にしており、両方をサポートする能力を持たない場合などである。利用者は契約条件などを用いて個々のニーズと機能に基づいた特定のフォーマットの提供をサプライヤに要求することができる。また、利用者は契約条項を使用して要求するSBOMの形式だけでなく、頻度、配信方法、必須項目などを定義することもできる。この例として連邦政府部門が挙げられる。この部門は、SBOMの必要なフィールドと内容を定義するNTIA（連邦政府電気通信情報局）が定めた最小要素を支持している。

11-3 SBOMをどうすればよいか？

あなたはソフトウェアサプライヤからSBOMを受け取ったか、あるいは社内の開発作業に基づいて自分でSBOMを作成し始めた。さて、SBOMを価値ある実用的なものにするためにSBOMをどうすればよいか？

前述したようにSBOMは脆弱性管理、依存性管理、インシデントレスポンス、ライセンス管理および調達のようなさまざまなユースケースにとって価値がある。SBOMを実用的なものにするための鍵は、SBOMを組織の方針とプロセスに統合し、それぞれの役割と責任に関連する成果物を価値あるものにするのに役立つ関連する利害関係者を巻き込むことである。

Chapter4で述べたようにSBOMの作成を支援するツールは急速に普及したが、SBOMとそれに関連するデータの取り込み、分析、強化、保存、レポート作成に関して業界はまだまだ成熟していない。

この成熟はレガシーソフトウェアやクラウド環境といったほかの課題にも当てはまる。後

者については、クラウド環境の複雑さやサービスやプロバイダー間における無数の相互依存関係によりクラウド文脈におけるSBOMがどのようなものであるかについて業界はまだ統一的なコンセンサスを得られていない。

　SBOMの作成時または受信時にSBOMをどう扱うかについて一貫した計画がない場合、組織は脆弱性、リスク、依存関係についての洞察を提供する可能性のある成果物を残すことになるが、組織の技術の使用とサポートポリシーとプロセスを通じて実用的にならない限り価値のあるものにはならない。これまで議論してきたようにSBOMには非常に多くのユースケースがあるが、組織は投資収益率が低くなり個人的にも組織的にもさらなる認知負荷が追加されることを避けるために、SBOM を適切に使用するための計画を立てる必要がある。

11-4
大規模なSBOMの受信と管理

　個別に見るとSBOMのアイデアと製品に関連して利用されるソフトウェアコンポーネントを明らかにするためのSBOMの利用は論理的に見える。しかし何百、何千もの開発チームと多くのサードパーティソフトウェアサプライヤにまたがる大規模な企業環境で、それを大規模に行うという考えはすぐに困難なものになる可能性がある。

　このような大規模なデータをどのように管理するのか？
　リスク、調達、そしてこれまで述べてきたその他のユースケースに関する意思決定を推進するために、SBOMを継続的に処理する強固で包括的なアプローチをどのように確保すればよいのだろうか？

　利用者がSBOMを受け取ったり、入手したりするにはさまざまな方法がある。これらの選択肢を拡大した有用なリソースの一つが「SBOMの共有と交換」と題するNTIAのホワイトペーパーである。これはほかのチャプターで説明したソフトウェアコンポーネントの透明

性に関するNTIAのマルチステークホルダー・プロセスから生まれたものである[※5]。

NTIAガイダンスの文脈ではSBOM交換には広告あるいは発見およびアクセスが含まれる。広告または発見にはSBOMを発行して場所を特定すること、またはSBOMの更新を受信するエンドポイントの登録が含まれる。

アクセスはSBOMそのものを取得または送信するプロセスのもう一方の端にある。例としてはウェブサイト、電子メール、FTP（ファイル転送プロトコル）またはSCM（ソースコード管理）システムなどがある。ガイダンスのいくつかの例ではサプライヤからの製品資料またはパッケージに含まれるURLを拡張している。ここでは利用者がSBOMを閲覧するために遷移できる。これは製品に関係する初期の構成要素を理解するのに有用かもしれないが製品の更新や新しい構成要素が導入されるにつれて、どこで課題が発生するかは容易に想像できる。製品のURLは製品のさまざまなバージョンにわたる最新の構成要素で最新に保たれる必要がある。

パッケージ管理ツールもSBOMの配布と検索を容易にすることができ、ソフトウェアリポジトリのトップレベルディレクトリにSBOMとして、またはコンテナマニフェストファイルのSBOMとして表示される。

NTIAが提供するもう一つの例はSBOMの発行や購読システムを確立する機能である。このシステムは上流のサプライヤが定期的に更新されたSBOMを発行し、下流の利用者が手動または自動で情報を取得できるようにする。この状況により、サプライヤから下流の利用者に対してソフトウェアコンポーネントの製造に関する常時通信が行われ、ほぼリアルタイムのSBOMフローが提供される。

SBOMはJSONとXMLという2つのデータ交換形式を中心にしており、コンピュータの可読性とスケールに不可欠な自動化を可能にしている。これらの成果物は人間が理解することもできるが、コンピュータを使ってSBOMデータを取り込み解析する方がはるかに効率的でスケーラブルである。また脆弱性分析やデータベース、その他のストレージシステムと

※5 https://ntia.gov/sites/default/files/publications/ntia_sbom_sharing_exchanging_sboms-10feb2021_0.pdf

の統合などのプロセスを通じてより多くの情報を提供することもできる。SBOMデータを既存の組織のツールやワークフローに統合することで、ソフトウェアコンポーネントや脆弱性データによってより多くの情報に基づいた意思決定を行うことができる。

　現代の企業環境には複数の内部開発チームと無数の外部およびサードパーティソフトウェアサプライヤが含まれている。業界のガイダンスがソフトウェアのリリースごとに新しいSBOMを作成し受け取ることを推奨していることを考えると、SBOMの静的ベースの成果物および配信メカニズムという考えがほとんどの最新の技術環境において拡張的でも論理的でもないことは容易に理解できる。

　大企業の組織はAPIと自動化を中心とした有機的な機能を開発することでSBOMの作成、取り込み、強化、分析、保存を容易にしてきており、今後も開発を継続するだろう。MSP（マネージドサービスプロバイダー）やベンダーは内部でSBOMを作成したくない、あるいは作成するためのリソースや専門知識が不足している組織のためにSBOMの使用とガバナンスを支援するプラットフォームを提供し、今後も成長を続けるだろう。これらの中にはサプライヤと利用者の間の信頼できる第三者もしくは、仲介者として機能する第三者委託の形態をとるものもある。

　利用者はSBOMを取得することだけでなく、SBOMの完全性と発行元を検証してその妥当性を判断する必要がある。これにはSBOMとそれに関連するコンポーネントおよび証明書のデジタル署名とハッシュを利用することが含まれる。

　SBOMがソフトウェア・サプライチェーンプラクティスの一部として組織によって使用される重要な成果物になるにつれ、悪意のある攻撃者は必然的に組織のセキュリティ対策をバイパスし、エコシステム全体にわたって組織を危険にさらすためにSBOMとそれに関連するプラクティスを悪用しようとするだろう。

　NTIAが「Software Consumers Playbook :SBOM Acquisition, Management, and Use」ガイダンス[6]で指摘しているとおり、組織は多くの場合SBOMのデータを組織のワークフ

※6　https://www.ntia.gov/files/ntia/publications/software_consumers_sbom_acquisition_management_and_use_-_final.pdf

ローに取り込むことでSBOMを最大限に活用することができる。これはSBOMを単独で見られる単一の成果物から、解析・抽出してほかの自動化された組織プロセスにロードすることができるデータの集合体として捉え直すものである。この再構築はSBOMからのデータ抽出を容易にする内部開発されたOSSツールまたは商用ツールプロバイダーによって促進される。

このガイダンスは医療機器、車両管理、その他に至るまでさまざまな商用ソリューションと特定の業界のユースケースが現在SBOMの採用に向けて動いていることを指摘している。この動きは特定のコンポーネント、サプライヤ、バージョン、その他のデータなどのSBOMデータのサブセットが特定のユースケースや目的のために組織の環境全体にわたって関連する示唆を提供できる状況を作り出す。これにより組織はSBOMデータをほかの関連データや示唆と組み合わせてさまざまなビジネスやミッションの意思決定を改善することができるようになる。

ソフトウェア利用者によるSBOMの受信と保管に関してはソフトウェアサプライヤが別途許可しない限り利用者側には安全な保管とアクセス制御が期待されるべきである。悪意者によって利用される可能性のあるアプリケーションや製品の脆弱性を公開するため、多くのソフトウェアサプライヤがSBOMを広く開示することに懸念を持つのは当然である。

理想的にはサプライヤは製品の脆弱性に積極的に対処しているが、ほかの組織と同様に多くのサプライヤは時間、予算および専門知識などのリソースに関する制約に対処している。つまり、脆弱性が完全にない製品を使用することは多くの場合は期待できず、ほぼ現実的ではない。このような理由から、サプライヤからSBOMを提供されている利用者は意図しないアクセスや開示を避けるために成果物やデータを保護する適切な手段を講じるべきである。OMB M-22-18がその例であり、特定の米国連邦政府機関に対してサードパーティソフトウェアサプライヤから受け取ったSBOMのような成果物の情報保護と共有のための適切なメカニズムを実装するよう求めている。

11-5

ノイズの低減

SBOMを持つことは素晴らしい出発点だが、脆弱性の現実的な悪用可能性に関するコンテキストがなければそれはほとんど追加のノイズとなり、利用者とそのさまざまな利害関係者に負担をかけることになる。したがって、悪用可能性のようなソフトウェアコンポーネントに関する詳細な情報を取得することが重要である。

Chapter4で前述したようにVEXは実務者コミュニティの間で急速にSBOMのための必要な付属文書になりつつある。その理由は悪用可能性のコンテキストがなければ、ソフトウェア利用者は脆弱性管理の一環として脆弱性の優先順位付け活動を推進するための指針や洞察を得ることができないからである。ソフトウェア利用者が脆弱性の悪用可能性に関する情報を得られるようになればアプリケーションのどのコンポーネントが追加の注意を必要とし、実際のリスクをもたらすかをよりよく理解できるようになる。

この権限付与とコンテキストによりVEXが最初のSBOMに付属している場合でも、SBOMを介して通信される基盤となるソフトウェアコンポーネントを変更しなくても、追加のVEXドキュメントや通信が発生する可能性がある状況が生じる。その理由はVEXに関連するソフトウェアに変更を加えなくても常に新しい脆弱性が発見と報告されるからである。既成のソフトウェアコンポーネントに新たな脆弱性が発見される可能性があるが、その場合、その新たな脆弱性の悪用可能性を知らせる新たなVEXをソフトウェア利用者に提供する必要がある。OpenVEX仕様のようなオープンソースで業界主導の取り組みが業界で勢いを増し始めている。この取り組みはCISA（サイバーセキュリティ・社会基盤安全保障局）などによって議論されたVEX要件および利用事例を満たし、SBOMおよびソフトウェアに関連する脆弱性の悪用可能性を伝えるVEX文書を作成、マージおよび認証するための最小限のSBOMフォーマットにとらわれない方法を提供する試みである[7]。

BOM（部品表）形式の一つであるCycloneDXは脆弱性コンポーネントに関連するコンテキストを提供するための強力なサポートを誇り、利用者が脆弱性管理の取り組みに関する優

※7　https://github.com/openvex/spec

先順位を付けるのに役立つ。CycloneDX は製品に使用されている脆弱性コンポーネントの悪用可能性を伝える VEX のサポートなど SBOM 以外の追加機能を提供している。また、コンポーネントやサービスに影響する既知および未知の脆弱性を伝えるための脆弱性開示レポート（VDR）やシステム間および脆弱性インテリジェンスのソース間で脆弱性データを共有するために使用できる「Bill of Vulnerabilities（BoV）」もサポートすることができる。

　最後に、ソフトウェア、サービス、コンポーネントの複雑な最新のエコシステムがあることを認識して、CycloneDX は **BOM-Link** として知られているサポートを提供している。これによりコンポーネント、サービスまたは BOM 内の脆弱性をほかのシステムから参照できるようになります。

　利用者はサプライヤに対して製品やアプリケーションに含まれる脆弱なコンポーネントの悪用可能性に関する知見を提供するために VEX 文書のような付随する成果物を提供することを強く要求すべきである。これを怠ると利用者は利用するソフトウェアの脆弱性に対処するために多大な労力と推測を強いられることになる。

　ソフトウェア利用者は VEX や以前に説明したほかの方法を使用することに加え、OSV、OSS Index など NVD 以外にも説明した業界の脆弱性データベースを活用することができる。さらに、脆弱性データを EPSS（Exploit Prediction Scoring System）や脅威インテリジェンスで強化することで脆弱性に関する洞察の精度を向上させ、組織に最大のリスクをもたらす脆弱性に優先順位を付けることができる。

11-6

多様なワークフロー
―パッチを適用するだけではだめなのか？

前のセクションで述べたように、実際にはサプライヤのソフトウェアや製品に脆弱性が存在するにもかかわらず、これらの脆弱性には利用者が簡単に利用できる修正プログラムやパッチがない場合が多い。これはサプライヤが持つリソースの制約、パッチの適用や修復のタイムライン、競合する機能のバックログ、あるいは単にソフトウェアサプライヤやプロジェクトからのサポートや維持の不足によるものかもしれない。

たとえばAberdeen Strategy & Research社などのグループの調査によると、2020年に発見された2万件以上の脆弱性のうち、ベンダーは年末までに約20%の脆弱性に対してパッチを提供していない。これには一般に公開されているエクスプロイトを含む何千もの脆弱性も含まれている。脆弱性のあるアプリケーションにパッチが提供されても、それを適用するのに苦労しているソフトウェアの利用者と同じように、ベンダーも自社の製品やソフトウェアに存在する既知の脆弱性に対してパッチを提供するのに苦労しているのが現実だ。

その結果として利用者は脆弱性や欠陥がもたらすリスクに対処するためにサプライヤのソフトウェアに直接パッチを当てるのではなく、ほかの手段を講じなければならないという状況が生まれる。多くの場合に業界で**仮想パッチ**と呼ばれるものだ。仮想パッチはOWASPによって「既知の脆弱性の悪用を防ぐセキュリティポリシーの適用レイヤー」として定義されている[8]。

ウェブアプリケーションの場合、これは一般的にトランザクションとデータフローを遮断し、既知の脆弱性を悪用しようとする悪意あるトラフィックがウェブアプリケーションに到達しないようにすることを含む。これは一般的にクロスサイトスクリプティング（XSS）やSQLインジェクションのようなアプリケーションの欠陥や脆弱性を狙った悪意のある攻撃からウェブアプリケーションを保護するために導入される。

---

[8] https://owasp.org/www-community/Virtual_Patching_Best_Practices

数多くの調査によると、公表された脆弱性の半数近くはその脆弱性が公表された時点でサプライヤからパッチが提供されていない。これは既知の脆弱性やリスクについて利用者コミュニティと迅速にコミュニケーションを取ろうとする先進的な試みの現れであるが、必然的に利用者がリスクを修復するために使用するパッチがないまま脆弱性が広く開示されるという状況も生み出す可能性がある。

　サプライヤがパッチを提供することによるサプライヤ側の制約に加えて、たとえサプライヤからパッチが提供されたとしても従来のパッチが選択肢になるとは限らないビジネス上またはミッション上の制約があることもよくある。たとえば、ミッションクリティカルなシステムやビジネスクリティカルなシステムをオフラインにすることに懸念がある場合や、組織の収益を生み出すシステムを混乱させる可能性がある場合などである。また、ベンダーやサプライヤから入手可能なパッチを定期的なメンテナンスが実施されるまで適用せず、その間に仮想パッチを使用してリスクを軽減することもできる。

　このような状況では仮想パッチの適用がソフトウェア利用者の役に立つ。ソフトウェアの利用者は、議論されている脆弱性の具体的な詳細に基づいて、環境、システム、構成に変更を加えることで脆弱性の悪用可能性や影響を軽減することができる。

　組織によってはすでに仮想パッチを適用するための成熟したアプローチを実施している場合もあるが、そうでない場合も多い。OWASPの「仮想パッチチートシート」[9]は一つの優れたリソースである。このチートシートは準備、識別、分析、仮想パッチの作成、実装とテスト、復旧とフォローアップの6つのステップからなる仮想パッチ適用手法を提案している。次にそれぞれのステップを見てみよう。

11-6-1　ステップ1：準備

　準備フェーズでは脆弱性や侵入に対処する必要が生じる前に仮想パッチ適用プロセスを確立するための準備を行う。OWASPが指摘するようにインシデントは緊迫した、混沌とした時期に発生する可能性があり、混乱の中でプロセスを確立しようとすることは災いの元となる。組織はメーリングリストや脆弱性の公開情報などの情報源を用いてサプライヤやベン

---

[9] https://cheatsheetseries.owasp.org/cheatsheets/Virtual_Patching_Cheat_Sheet.html

ダーからのアラートを確実に監視しなければならない。このことが重要な能力であることはChapter9「オペレーショナルテクノロジーにおけるソフトウェア透明性」で述べたことを思い出してほしい。また、利用者は仮想パッチをできるだけ早く適用するために従来の組織のパッチ適用プロセスやガバナンスプロセスを回避する事前承認を得る必要がある。利用者はインシデントやアクティビティが発生する前に仮想パッチツールを展開し、迅速に対応できるようにする必要がある。最後に、HTTP監査ログを確立し、リクエストURIやリクエスト・レスポンスヘッダ、ボディなどのウェブトラフィックフィールドを監視する必要がある。このデータにより利用者は該当するトラフィックを識別して今後のフェーズで対応できるようになる。

11-6-2　ステップ2：識別

　仮想パッチ適用を実施する準備が整ったら利用者は自分の環境の脆弱性を識別することができる。OWASPは脆弱性の識別をプロアクティブ（事前対応型）かリアクティブ（事後対応型）のどちらかと定義している。プロアクティブな方法では組織はペネトレーションテストや自動化されたウェブ評価、あるいは欠陥を識別するためにアプリケーションのソースコードをレビューするなどの方法を用いてウェブセキュリティ体制を積極的に評価している。リアクティブな識別では最も成熟した組織を除くすべての組織にとって標準的である。ベンダーから連絡を受けたり、公開された情報を入手したり、最悪の場合は実際に発生したセキュリティインシデントによって脆弱性を識別する。

11-6-3　ステップ3：分析

　分析フェーズでは組織が識別された脆弱性に適切に対応できるようにするために仮想パッチの適用可能性を判断するなどの活動が行われる。実際の脆弱性や欠陥は何か？　組織のツールや機能は、脆弱性に対処するための適切なメカニズムを提供しているか？　また、脆弱性は組織の追跡システムまたはチケット発行システムにキャプチャされ、適切な脆弱性識別子が適用されている必要がある。それはCVE名と番号であったり、サプライヤからの脆弱性の公表時に定義された識別子であったり、あるいは組織の脆弱性スキャンツールを通じて割り当てられたものであったりする。ここで重要なのは一貫した対応と追跡プロセスを確保するために内部であらゆる脆弱性に統一した名称を使用することである。脆弱性を適切に

特定し追跡することに加えて、組織は脆弱性の影響レベルを理解しなければならない。すべての脆弱性が同じように作られているわけではなく、深刻さのレベルもさまざまである。組織は影響を受けるソフトウェアの具体的なバージョンを把握し、そのバージョンのソフトウェアが環境内のどこに存在するかを特定する必要がある。ソフトウェアのバージョンと存在の有無も重要だが、組織は脆弱性が悪用されるために必要な具体的な設定も文書化する必要がある。ある脆弱性については単に存在するというだけのささいなことかもしれないが、ある脆弱性が悪用されるためには特定の設定や環境要因が必要な場合もある。最後に、OWASP は脆弱性のアナウンスにおいて概念実証（PoC）のエクスプロイトコードが公開されている場合にはそれをキャプチャすることを推奨する。このエクスプロイトコードは脆弱性に対処するための仮想パッチ作成を開始する際に使用できる。

11-6-4　ステップ4：仮想パッチの作成

　準備、脆弱性の識別、分析が完了し、仮想パッチを作成する準備が整ったら仮想パッチ作成には何が必要だろうか？　OWASP は仮想パッチ適用に関する2つの包括的な原則を定義している。偽陽性がないことと、偽陰性がないことだ。これはミッション、ビジネス、収益、顧客などに悪影響を及ぼす可能性のある正当なトラフィックをブロックしたくないということだ。さらには悪意のあるトラフィックを許可してしまうような偽陰性も避けなければならない。もちろんこれらの目標を100％達成することは高い目標であるが、仮想パッチの試みが組織に悪影響を与えないようにするために努力する価値がある。

　仮想パッチは手動でも自動でも作成できる。手動では許可リストを作成して入力検証を行い、定義された基準に沿わないものを拒否することができる。その他の手動での方法は攻撃や脆弱性に関連する一連のルールと基準に基づいたブロックリストを使用し、基準を満たすトラフィックをブロックするものである。OWASP は、この方法は選択肢の一つではあるものの理想的ではないと指摘している。この場合には偽陰性の可能性が高くなり、悪意のある活動が特定の基準を避けてすり抜ける可能性がある。たとえば、脆弱性が公表された際に公開される可能性のある PoC のエクスプロイトコードについて前述したが、組織はこのコードを使ってブロックリストを作成することができる。

OWASPの仮想パッチチートシートでは許可リストとブロックリストのどちらのアプローチにも長所と短所があると指摘している。ブロックリストは作成が簡単で迅速だが回避される可能性が高い。許可リストは比較的制限が可能であるが組織の混乱を引き起こす可能性のある正当なビジネスやミッション指向のトラフィックも含め、許可リストに沿わないものはすべてブロックされるためより正確さが要求される。このような状況はビジネスからセキュリティへの信頼を妨げ、将来的に仮想パッチを迅速に適用する権限が危険にさらされる可能性がある。

手作業による仮想パッチ作成プロセスだけでなく、場合によっては自動化された仮想パッチを実装することも可能である。OWASPは、OWASPのModSecurity Core Rule Set (CRS)スクリプト、ThreadFix仮想パッチ、WAFデバイスへの直接インポートなどいくつかの例を示している。これらのオプションはツールからインポートしたXML脆弱性データを仮想パッチに変換してシステムを保護するなどの方法を用いる。これらのパッチは理想的であり仮想パッチ適用を拡大するうえで重要な役割を果たすが、その有効性を確保するためには手作業によるチューニングや監視が必要になることも多い。

11-6-5　ステップ5：実装とテスト

　仮想パッチが作成されると、組織は関連する脆弱性を悪用しようとする悪意ある行為者から組織を保護するためにパッチのテストと実装を開始しなければならない。組織はこのフェーズではウェブブラウザ、コマンドラインインターフェース（CLI）、プロキシサーバーなどのさまざまなアプリケーションを利用することができる。OWASPは正当なユーザートラフィックをブロックしないため、また仮想パッチの有効性を確認するために最初はログのみの構成で仮想パッチをテストすることを推奨している。テストが完了し、検証された後に仮想パッチは悪意のあるトラフィックをブロックすることができる。事前に定義した許可リストやブロックリストと一致していればビジネスとそのオペレーションを妨げないというレベルの保証を得ながら完全に実装することができる。

11-6-6　ステップ6：復旧とフォローアップ

　OWASPが仮想パッチの最後のフェーズとして挙げているのは復旧とフォローアップだ。このフェーズでは組織のチケット発行システムのデータ更新、定期的な再評価の実施、仮想パッチアラートレポートの実行などの活動が含まれる。チケット発行システムを適切に更新することで組織は仮想パッチの脆弱性管理に関連するメトリクス測定や将来のインシデント用の関連データ取得ができる。また、再アセスメントを使用することで仮想パッチをいつ削除できるかを判断できる。たとえば、ウェブアプリケーションのソースコードが直接修正された場合などである。レポートは仮想パッチをトリガーに情報を提供し、潜在的な悪意のある活動や組織に影響を与えようとしているトラフィックに関する洞察を提供するために使用できる。

11-6-7　長期的思考

　留意すべき点として、仮想パッチは恒久的な問題に対する一時的な解決策としての絆創膏と考えることができる。直接パッチを当てることができない脆弱なアプリケーションや業務の中断、ミッションへの影響を懸念してパッチを当てることができない脆弱なアプリケーションを保護するための優れた手法ではあるが、仮想パッチは一時的な対処法として捉えるべきである。組織は悪意者がさまざまな独自の手法を使ってWAFをバイパスできるという事実も意識しなければならない。たとえば、2022年にアプリケーションセキュリティ企業のClaroty社はJSONを使用してデータベースコマンドを難読化してWAFツールによる検出を回避し、WAF分野で最も人気のあるベンダー5社をバイパスできることを実証した[※10]。

　この現実は組織がアプリケーションの脆弱性をソースで修正するための長期的な計画を定めなければならないことを意味する。また、悪意者が仮想パッチの仕組みを回避した場合に横展開のリスクを軽減したり、影響範囲やビジネスへの影響をさらに制限したりするためにゼロトラストのような健全なセキュリティアーキテクチャとエンジニアリングの実践が必要であることを意味する。

※10　https://www.darkreading.com/application-security/popular-wafs-json-bypass

11-7

まとめ

　このチャプターではソフトウェア利用者のための実践的なガイダンスを提供した。このガイダンスにはソフトウェア利用の範囲と、それに関連するさまざまなソースと潜在的な攻撃手法について広く深く考えることが含まれている。また、ソフトウェア利用者の観点からSBOMの出現とその関連性について論じるとともに、C-SCRM戦略およびプロセスの一環としてSBOMを運用しようとするソフトウェア利用者が対処すべき潜在的なギャップや改善すべき領域についても明らかにした。さらにソフトウェア利用者がOSSを利用する場合や、脆弱性を迅速に修正しないベンダーに対処する際に仮想パッチのような方法を使用して脆弱性に対処する準備が必要であることを議論した。Chapter12では業界として、また社会として、われわれがどこへ向かおうとしているのか、そしてソフトウェアの透明化運動が今後どのような展開を見せるのかについていくつかの予測を示す。

11-7　まとめ　**343**

Chapter

12

ソフトウェア透明性の予測

ここまでで、ソフトウェア透明性に関する話題やより広範なソフトウェア・サプライチェーンのセキュリティ体制を強化する取り組みが一過性なものではないことは明らかだ。規制、ツール、テクノロジー、フレームワークの面から世界中の官民双方の安全保障機関全体で無数の取り組みが見られる。ソフトウェア・サプライチェーン攻撃がこれまで述べてきた画期的な事例を含めて急激に増加しているために、新たなフレームワーク、脆弱性データベース、スコアリングエコシステムの成熟度の向上など、ソフトウェア・サプライチェーンセキュリティは注目度も高く、イノベーションが進んでいる分野でもある。このチャプターでは新たな規制、要件、潜在的なソリューションについて説明する。イノベーションで重要な役割を果たす可能性のあるソリューションを紹介し、将来の方向性を探る。

12-1

新たな取り組み、規制、要件

　新たな規制や要求事項に関して、世界各国の政府がそれぞれの組織や機関、そして社会全体にとってソフトウェアが極めて重要であることに目覚めつつあることは今や明らかだろう。ソフトウェアは現代社会のほぼすべての側面と密接に関係している。日常の単純なレジャー活動から最も重要なインフラや国家安全保障に至るまで、あらゆるものに織り込まれている。本書を通じてわれわれは議員、国防の関係者、大手テック企業の証言を引用し、ソフトウェアが現代社会においてあらゆる重要な産業や分野でいかに重要であるかを強調している。

　各国政府はソフトウェアの社会的依存をようやく認識し始め、現代社会で多面的に浸透しているOSSを公共財と考えて投資を始めている。ドイツは最近、OSSを支援するソブリン・テクノロジー・ファンド[1]の立ち上げに尽力している。彼らはエコシステムとしてのOSSが脆弱性を抱えているにもかかわらず、現代のデジタルインフラにおけるOSSの重要性について強調している。

　英国では、OpenUKと呼ばれるグループが2022年に「Summer of Open Source Software Security」を立ち上げた。この取り組みに参加したリーダーたちは現代国家の重要インフラがOSS上に成立している現実を強調した。この取り組みでは、国家の重要インフラがOSSに依存していることからOSSのセキュリティと保守の必要性に焦点を当てている[2]。

　2022年9月、米国上院に提出された「Securing Open Source Software Act of 2022」も特筆すべき法案だ。同法案はOSSセキュリティに関するCISA（サイバーセキュリティ・社会基盤安全保障局）の責務を定めている。CISAの責務には業界への働きかけと関与、OSSの安全性を確保するための連邦政府への支援、OSSの長期的な安全性を確保するための連邦政府外の組織との調整などがある。CISAの任務はOSSのセキュリティとそれに関連するベストプラクティスに焦点を当てた政府、業界、OSSコミュニティ自体のフレームワークを公開することである。また、同法案では米国の重要インフラにおいてOSSが果たす役割を見極めるための重要インフラ評価研究とパイロット試験に関する文言も含まれている[3]。

※1　https://sciencebusiness.net/news/germany-launch-sovereign-tech-fund-secure-digital-infrastructure
※2　https://openuk.uk/launching-the-openuk-summer-of-open-source-software-security
※3　https://www.congress.gov/bill/117th-congress/senate-bill/4913

こうした文献の一部や「はじめに」で取り上げた国防総省（DoD：Department of Defense）のOSS覚書によると、OSSの利活用促進と規制強化の両方に対する 関心が加速しているようにも見えるかもしれないが、2023年初頭に発表されたCSIS（戦略国際問題研究所：Center for Strategic and International Studies）の研究は連邦政府が数十年にわたってOSS関連政策を発表してきていたことを指摘している。同報告書は1999年から2022年の間に世界各国の政府が行った669個のOSS政策の取り組みを挙げている（図12.1参照）。

とはいえ、OSSの利用が加速していることは今回取り上げたコードベースの数字（97％）から見ても自明だ。ソフトウェア・サプライチェーン攻撃の加速も相まって、政府や産業界はソフトウェア・サプライチェーンの安全確保に今後も関心を寄せていくだろう。

米国ではソフトウェア・サプライチェーンの安全確保をめぐる政府の動きが非常に活発になっている。中でも大統領令14028号「国家のサイバーセキュリティの改善」の公表がそうした動向を加速させたことは間違いない。大統領令14028号のセクション4の「ソフトウェア・サプライチェーンセキュリティの強化」はとくにこの課題に焦点を当てている。ソフトウェア・サプライチェーン全体のリスクに対処するためのガイダンスや要件などを作成することを連邦政府機関に課している。

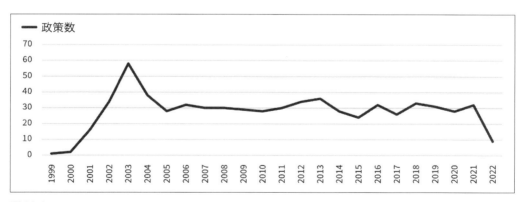

図12.1
出典：https://www.csis.org/analysis/governments-role-promoting-open-source-software、戦略国際問題研究所（Center for Strategic & International Studies）

大統領令14028号の要求事項ではNIST（国立標準技術研究所：National Institute of Standards and Technology）に対して「ソフトウェア・サプライチェーンセキュリティ強化のためのプラクティスを定めるガイダンス（guidance identifying practices to enhance the security of the software supply chain）」の作成を求めるものがあった。NISTはさらにSSDF（セキュアソフトウェア開発フレームワーク：Secure Software Development Framework）の更新に着手した[4]。加えて、大統領令14028号に基づくソフトウェア・サプライチェーンガイダンス[5]を提供した。

このガイダンスに基づき、OMB（行政管理予算局）は「安全なソフトウェア開発の実践によるソフトウェア・サプライチェーンのセキュリティ強化（Enhancing the Security of the Software Supply Chain through Secure Software Development Practices）」（M-22-18）と題する覚書を作成した。この覚書には連邦政府が技術やデジタル製品に依存していること、およびそれらが直面する持続的な脅威が、公共が依存するサービスの提供能力を妨げる可能性があることが記載されている。

この覚書は、連邦政府機関の情報システム上でサードパーティのソフトウェアを使う場合や連邦政府機関のデータに影響を与える場合に、先述したNISTのガイダンスに準拠することを求めている。これは新規調達だけでなく、既存サードパーティ製ソフトウェアに対するメジャーバージョンの変更も含め、この覚書の公表日以降に連邦政府機関が使用するすべてのソフトウェアに適用される。

特筆すべきこととして、この覚書は連邦政府機関が開発したソフトウェアを除外している。当然ながら、そうしたソフトウェアのセキュリティは懸念を抱かせ適切なセキュアソフトウェア開発が行われるよう対策が求められる。連邦政府機関もこの影響を受けないわけではない。2015年に米国人2,100万人以上のデータが流出したOPM（人事管理局：Office of Personnel and Management）の情報漏えいが発生した例がある。

この覚書によると、各省庁は前述のNISTのガイダンスに準拠していることを自己証明できるソフトウェア製造者から提供されたソフトウェアのみを使用しなければならない。また、

※4　https://csrc.nist.gov/Projects/ssdf
※5　https://www.nist.gov/system/files/documents/2022/02/04/software-supply-chain-security-guidance-under-EO-14028-section-4e.pdf

各省庁のCIOとCAOは自己証明の要件を満たしていることを確認する必要がある。一方の
ソフトウェア製造者は準拠ステートメントという形式で自己証明を提供する必要がある。連
邦政府機関はこの覚書の要件に該当する全サードパーティ製ソフトウェアの自己証明を取得
する必要がある。この覚書では各機関が自己証明を再利用できるよう、自己証明を製品ポー
トフォリオに含める必要性を強調している。これにより、連邦政府のエコシステム全体で効
率化とデータ共有を促進できる。

　ソフトウェア製造者はSSDFやNISTのソフトウェア・サプライチェーンガイダンスを
（当初はもちろん、今後も）完全に満たすことができない可能性があることを考慮し、同
覚書はPOAM（行動計画およびマイルストーン：Plans of Action and Milestones）の利
用も認めている。POAMではソフトウェアベンダーがコンプライアンスに関する自己証
明のギャップを文書化し、軽減処置のための管理・対策・解決計画日を説明する。これは
FedRAMPやNIST RMF（Risk Management Framework）に基づく内部機関システムの
認可など、ほかのコンプライアンスプログラムにも存在する仕組みである。

　ベンダーは対象製品の詳細を自己証明で提供し、セキュア開発ガイダンスの整合性を文書
化して、標準化された自己証明様式での記載が求められる。サービスやソフトウェアがク
リティカルでリスクを保証している場合、連邦政府機関は第三者評価を依頼するオプショ
ンがある。サードパーティアセスメントにはFedRAMPにおける3PAO（第三者評価機関：
third-party assessment organization）」のようなグループが含まれる可能性もある。

　特筆すべき点として、自己証明と3PAOの両方から指摘すれば連邦政府が利用できるソフ
トウェアベンダーの数を減らす可能性がある。FedRAMPについて説明した際（Chapter8）
に述べたように、FedRAMP Marketplace[6]にはFedRAMP認定の連邦政府が利用できる認
定クラウドサービスが掲載されており、本稿執筆時点でおよそ300に上る[7]。一方でより広
範なクラウドサービス市場は10年前から存在し、そこには何万ものクラウドプロバイダー
が存在する。そのため、3PAOの取り組みはコンプライアンスにかかる法外なコストや要件
を満たした安全なベンダーやサービスを特定できるが、利用できる数は減ることになる。

※6　https://marketplace.fedramp.gov/products?status=authorized
※7　（訳注）本書翻訳時点（2024年7月）では349に増えている。

12-1　新たな取り組み、規制、要件

革新的なベンダーやソリューションへのアクセスを失うリスクは厳密にはサイバーセキュリティに限定されず、より広範に考慮すべきと大勢が主張している。つまり、イノベーションや近代化の失敗によるビジネスやミッションのリスクも考慮すべきということだ。Joshua Corman氏のような、信頼性とセキュリティを担保した製品や部品による安全なサプライチェーンを構築するために「少数の優れたサプライヤ」を主張するリーダーもいる。もちろんどちらの主張にもメリットがあり、個人や企業のリスク許容度によって異なるだろう。

NISTのソフトウェア・サプライチェーンとセキュア開発ガイダンスへ準拠する際には、自己証明またはサードパーティアセスメントによる評価に加え、各省庁はとくにNISTが定義する「重要ソフトウェア」とみなされる場合、調達要件においてSBOMを要求することもある。このことは前述したOMB M-22-18や別のOMB覚書「強化されたセキュリティ対策による重要なソフトウェアの保護（Protecting Critical Software Through Enhanced Security Measures）[8]にも記載されている。ベンダーが提供するSBOMはNTIA（連邦政府電気通信情報局）が定義するSBOMフォーマットに準拠している必要がある。また、Chapter4「ソフトウェア部品表（SBOM）の台頭」で説明したNTIAの定義する最小限の要素も求められる。自己証明と同じようにOMB M-22-18は連邦政府機関とベンダーの重複作業を避けるために連邦政府機関をまたがるSBOMの相互性や再利用性が必要だと強調している。連邦政府機関はSBOMの利用可能性に基づき、ソースコードに関連する脆弱性と整合性の出力や脆弱性開示プログラムへの参加証明など、ほかの成果物も要求する場合がある。

FERC（連邦エネルギー規制委員会）のリーダーも電力会社やその他のエネルギー事業部門の保護に関するCIP（重要インフラ保護）基準の更新を望む声を上げ始めている。その要望にはソフトウェア透明性の向上や脆弱なソフトウェアコンポーネントを機械可読形式で証明するSBOMのような成果物ではなく、自己証明への懸念を指摘する声もある[9]。

FERCやNERC（北米電力信頼度評議会：North American Electric Reliability Corporation）などの組織は、2022年10月にサイバーセキュリティサプライチェーンリスク3.0に対応するモジュール調達契約言語3.0（Module Procurement Contract Language Addressing Cybersecurity Supply Chain Risk 3.0）を公表したエジソン電気研究所（Edison Electric

---

※8 https://www.whitehouse.gov/wp-content/uploads/2021/08/M-21-30.pdf
※9 https://www.nextgov.com/cybersecurity/2022/12/ferc-chairman-wants-update-cybersecurity-requirements/380666

Institute）などの組織の文書を基に方針を示しているようだ。同書の要件R.1.2.5「Proposed EEI Contract Language（提案されたEEI契約言語）」ではハードウェア、ファームウェア、ソフトウェア、パッチの完全性と真正性に焦点を当てている。(e)項では「請負業者は製造した（ライセンス提供を含む）製品を構成するコンポーネントのSBOMを提供するものとする」と明記している[10]。

ソフトウェア・サプライチェーンセキュリティとSBOMが登場するもう一つの文書が2023年のNDAA（国防権限法：National Defense Authorization Act）の初版である。セクション6722「DHSソフトウェア・サプライチェーンリスク管理」によると入札提案書とともにSBOMを提出すること、提出したBOMに記載のある各品目に「最終的な製品またはサービスのセキュリティに影響する既知の脆弱性や不具合が一切ない」ことを担保するよう求めている。これにはNISTのNVD（国家脆弱性データベース：National Vulnerability Database）などの情報源に頼る必要がある。NVDについては、OSSやサードパーティソフトウェアのセキュリティ脆弱性や不具合を追跡するデータベースの説明で言及した。多くの業界人がすぐにこの言葉へ飛びつき、脆弱性のないソフトウェアを使う非現実性を指摘した。ただし、この文言ではBOMに存在した各セキュリティ脆弱性や不具合を軽減、修復、解決する計画を通知できることに言及がある点は特筆に値する。

業界の反発の顕著な例の一つがAWS、Google Cloud、VMwareなどの業界大手IT企業を代表するAlliance for Digital Innovationが公開した書簡だ。この書簡は「NDAAからSBOMの文言を削除し、国内のサイバーセキュリティ・サプライチェーンをより安全にするソリューションを開発する時間を産業界と省庁に与えること」を議会に要請している。書簡に興味のある人は同社のサイトを参照してほしい[11]。

2023年のNDAAの初版にはSBOMに関する文言とソフトウェア・サプライチェーンの透明性の向上が含まれていた。だが、業界団体によるロビー活動や懸念が広まり最終案ではこれらの文言が削除された[12]。SBOMやソフトウェア・サプライチェーンの文言が将来のNDAAで復活するかは現時点で不明だ。とはいえ、先述したように米陸軍などの防衛コミュ

※10 https://www.eei.org/-/media/Project/EEI/Documents/Issues-and-Policy/Model--Procurement-Contract.pdf
※11 https://alliance4digitalinnovation.org/wp-content/uploads/2023/06/NDAA-FY23-Letter-Final-1.pdf
※12 https://www.congress.gov/117/bills/hr7776/BILLS-117hr7776enr.pdf

12-1 新たな取り組み、規制、要件　　351

ニティの各組織はRFIや契約でSBOMの取り組みを担保し、ソフトウェア透明性にコミットしていることを業界に示している。

　連邦政府全般での新要件に加え、国防総省（DoD：Department of Defense）の特定部門は脆弱性管理だけでなく買収に関するユースケースでもSBOMを大規模に採用する意向を示している。2022年後半に米陸軍は「SBOMの取得、検証、取り込み、使用および密接に関連する事項」について業界からのフィードバックを求めることを目的としたRFIを公表した。RFIでは米陸軍が役務を達成するために何十万ものソフトウェアコンポーネントを組み合わせて運用していることを認めている。これはわれわれが先に触れたように、将来の軍事紛争でソフトウェアが果たす役割を強調した連邦政府や軍、業界のシニアリーダーとも共鳴する。

　国務省もSBOMを納品物の契約上の活動およびサービスの中核要素とする意向を示した。2022年7月に国務省は買収プログラムの一環でRFIのドラフトを公表した。Evolveと呼ばれる契約形態は80〜100億ドルと見積もられている。セクションH.14.7には「BOM」の具体的な要件を記載し、請負業者にソフトウェアに含まれるコンポーネントを把握するためにSPDX（Software Package Data Exchange）やCycloneDXのような業界標準のフォーマットでSBOMの提供を求めている。SBOMはNTIAが定義した最小限の要素に準拠する必要があるともされており、その要件は契約上のすべてのタスクオーダーに適用するよう記載がある。また、要求される頻度はソフトウェアとそのコンポーネント構成のすべての更新に関連するものと定義された[13]。

　ソフトウェア透明性とSBOMをめぐる機運は米国だけにとどまらない。EUは2022年にデジタル要素を含む製品のサイバーセキュリティ要件の規制として機能する「EUサイバーレジリエンス法」を提案した。同法はより安全なハードウェア・ソフトウェア製品をEU全域で取り扱うことを目的としている[14]。

　サイバーレジリエンス法によると、2021年のサイバー犯罪による推定世界年間コストは5.5兆ユーロだったという。同法は、脆弱性が蔓延した製品はサイバーセキュリティ対策が

---

[13]　https://sam.gov/opp/bee1b04eda40442bbdfbca21774d55ce/view
[14]　https://digital-strategy.ec.europa.eu/en/library/cyber-resilience-act

不十分であると指摘している。また、ユーザーが情報へ十分にアクセスできない主な問題はどの製品が安全か、どの程度安全か把握することであるとも指摘している。同法の主な目的は脆弱性を減らして安全なデジタル製品の開発環境を整えることと、メーカーが製品のライフサイクル全体を通じてセキュリティに取り組み、ユーザーがセキュリティ情報に基づいてデジタル製品を選択できるようにすることである。

同法案の本文ではSBOMで製品を構成するコンポーネントを特定して文書化することをサプライヤに求めている。「脆弱性分析を容易にするために、製造業者はSBOMを作成するなどして、デジタル要素を有する製品を構成するコンポーネントを特定し、文書化すべきである」と具体的に記している。同法案ではとくにベンダーが製品の脆弱なサードパーティ製コンポーネントを特定する必要性を訴えている。

12-2 連邦政府のサプライチェーンが市場に及ぼす影響力

情報源によって数字は異なるが、ITとソフトウェア支出における連邦政府市場の規模が大きいことは否定できない。一部の情報筋は、連邦政府が2023会計年度（FY）に650億ドル以上の予算を計上したと推定している[15]。これは前年度の2022年度予算の580億ドルを上回り、連邦政府による民間部門へのIT支出の継続的な伸びを示している（図12.2を参照）。

---

[15] https://www.whitehouse.gov/wp-content/uploads/2022/03/ap_16_it_fy2023.pdf

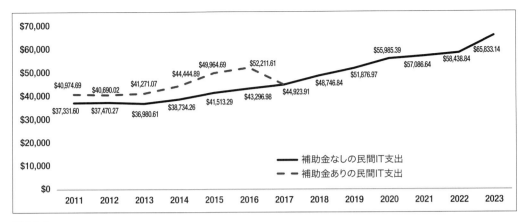

図12.2

　防衛面では2023年度の国防総省予算要求額は7730億ドルだった。予算の一部はテクノロジーやソフトウェアへ割り当てられ、前述のように現代の戦争システムやプラットフォームの増加分はテクノロジーやソフトウェアによって強化されている。

　もちろん、この支出は国防総省に限定されたものだ。独自のIT支出予算を持つ州や地方自治体、ほかの連邦政府市場は含まれていない。本書を通じて述べてきたように、ほぼすべての最新テクノロジーはソフトウェアによって稼働している。つまり、米国で新しい政策や規制、契約上の要件が策定されるとその変更がテクノロジーやソフトウェア業界全体の大部分に影響する。

　連邦政府は社会全体の大勢と同じベンダーからソフトウェアを購入しており、新しい要件が政府以外にも業界全体に影響を与えると主張している。セキュアなソフトウェア開発手法の適用を義務付ける、ソフトウェアコンポーネントの透明性を提供する、脆弱性開示プログラムのような仕組みを導入するなどこれまでに述べてきた要件は連邦政府と協業する何百や何千のソフトウェアベンダーだけでなく、何千もの商用ソフトウェア利用者はもちろん必然的に何百万もの世界中の人々に影響する。

　また、SSDFやほかのソフトウェア・サプライチェーンガイダンスなど、政府が採用するNIST標準は商業部門の事業体でも自発的に採用される可能性が高い。

よく知られる例としては2014年にNISTが公開したCSF（サイバーセキュリティフレームワーク：Cybersecurity Framework）がある。これは当時のオバマ大統領が「連邦および重要インフラのサイバーセキュリティ強化（Strengthening the Cybersecurity of Federal and Critical Infrastructure）」というタイトルで発行した大統領令（EO：Executive Order）の影響だ。この大統領令は連邦政府機関にCSFの適用を義務化したが、NISTがCSFのFAQで補足しているようにCSFは現在、多くの民間組織が自発的に適用している[16]。

このほか、FedRAMPは連邦政府と協業するクラウドサービスプロバイダー（CSP）に義務付けられているが、商業部門のクラウドセキュリティの先進事例としてCSA（クラウドセキュリティアライアンス：Cloud Security Alliance）のCCM（Cloud Controls Matrix）のような商業的なフレームワークやガイダンスで引用されている。

また、国防総省が新たに導入したサイバーセキュリティ成熟度モデル認証（CMMC）についてもすでに説明したが、これは国防総省と取引する30万社以上のDIB（防衛産業基盤：Defense Industrial Base）ベンダーに影響を与えるものであり、ソフトウェアに限らず組織のサプライチェーンにおけるベンダーに関するサプライチェーンリスク管理についての広範な議論に貢献している。2022年下期の調査結果によると、DIBベンダーの大半はこうした新要件の対応準備ができておらず、87％の請負業者はSPRS（Supplier Performance Risk System）として知られるスコアを自己証明する必要のあるDFARS（防衛連邦調達規則補足：Defense Federal Acquisition Regulation Supplement)の要件で不合格になったと判明した。

また、自己証明の結果が第三者評価の結果と一致しないという報告もある。これはOMB M-22-18のような新たなソフトウェアサプライチェーン要件が、第三者のソフトウェア供給業者に対して安全な開発手法の使用について自己証明を求めていることを考えると懸念すべきことである。契約や収益が関与する場合には自己証明には主観性や透明性の課題がある[17]。

※16　https://www.nist.gov/cyberframework/cybersecurity-framework-faqs-framework-basics
※17　https://cybersheath.com/company/news/more-than-87-of-pentagon-supply-chain-fails-basic-cybersecurity-minimums/

多くの人々は政府の規模と範囲により、要件とアプローチの点で商業業界が政府のリードに従うシナリオを作成する傾向があると考えている。つまり、セキュアなソフトウェア開発に関連するSBOMや自己証明などは連邦政府機関では厳しい規制要件に過ぎないが、とくに金融機関や医療機関のような規制対象となるセキュリティ意識の高い業界では商慣行にも入り込む可能性がある。

12-3 サプライチェーン攻撃の加速

Chapter1「ソフトウェア・サプライチェーンの脅威の背景」で説明したように、ソフトウェア・サプライチェーン攻撃は今後も加速傾向にあることを本書を締めくくるにあたり再度強調しておきたい。そこには現代のデジタル環境やエコシステムの複雑化、OSSやサードパーティソフトウェアの広範な利用といったさまざまな要因がある。加えて、悪意者はソフトウェア・サプライチェーン攻撃がいかに効率的かつ効果的であるかを理解している。

われわれが引用した最も憂慮すべき指標に、2022年のSonatype社の「State of the Software Supply Chain」レポートがある。このレポートによるとソフトウェア・サプライチェーン攻撃は過去3年間で年平均742％増加している。また、7件の脆弱性のうち6件が推移的依存関係に起因しているとも述べている。これはChapter4で透明性とOSSの課題について説明した際に引用したセキュリティベンダー Endor Labs 社の「依存関係管理の現状（State of Dependency Management）」レポートなどほかの情報源からも裏付けられる。1つの脆弱なコンポーネントやコードの一部が他プロジェクトでも再利用される可能性があり、その結果としてエコシステム内での存在感が指数関数的に広まり、最終的にリスクプロファイルが増大する。たとえば、Sonatype社によればLog4jの脆弱なコードは何百ものプロジェクトによって再利用され、何万ものほかのコンポーネントに組み込まれ1億5,000万回以上ダウンロードされており、本書執筆中も毎日数万回ダウンロードされている[18]。

※18　（訳注）本書翻訳時点（2024年7月）では、合計ダウンロード件数が4.4億件以上まで増加している。https://www.sonatype.com/resources/log4j-vulnerability-resource-center

研究者らは現在、エコシステム全体に潜伏する数十万の悪意のあるパッケージを特定している。これは悪意のある攻撃者がソフトウェア・サプライチェーンに関心を高めており、業界全体でソフトウェア・サプライチェーン攻撃が継続的に急増することを示唆している。

同じSonatype社のレポートでは、OSSの供給と利用の大規模な成長が相関要因の一つであることを示唆している。レポートから抜粋した図12.3に示すように、調査対象の主なエコシステム全体では現在、300万以上のプロジェクト、4700万以上のバージョン、3兆以上の年間リクエスト量が存在しこれらは前年比30%以上で成長している。

OSSの成長と利用はコードの再利用を通じほぼすべての業界でスピード、効率、イノベーションを加速させる。一方で、サードパーティコードの脆弱性があらゆる場所で再利用されるため重大なシステムリスクも急増する。OSSが広く使用されるプロジェクトや依存関係は最も脆弱なものでもある。ある意味でOSSプロジェクトが広く成功し採用されることは、その使用範囲の広さからOSSを使用する業界の攻撃対象にも貢献している。その結果としてリスクプロファイルを助長する。

Ecosystem	プロジェクト数	プロジェクトのバージョン数	2022年の年間リクエスト量見積もり	前年比プロジェクト成長	前年比ダウンロード成長	プロジェクトごとにリリースされる平均バージョン
Java（Maven）	492K	9.5M	675B	14%	36%	19
JavaScript（npm）	2.06M	29M	2.1T	9%	32%	14
Python（PyPI）	396K	3.7M	179B	18%	41%	9
.NET（NuGet）	321K	4.7M	96B	-5%	23%	15
Totals / Avgs	3.3M	47M	3.1T	9%	33%	14

図12.3
出典：https://www.sonatype.com/state-of-the-software-supply-chain/2023/open-source-supply-and-demand

この問題は推移的依存関係の存在によってさらに悪化している。ライブラリには平均5.7個の依存関係があり、うち62%はサードパーティの依存関係に脆弱性がある。したがって、依存関係に関連する脆弱性や潜在的リスクを十分に考慮して依存関係を選択することが重要である。いくつかのベンダーはソフトウェア開発中のコンポーネント選択プロセスにおいて開発者がリスク情報に基づき判断するのを支援する機能を統合し始めている。

Sonatype社の報告書では通常、依存関係管理のテーマを開発者が継続的に取り組む必要のある懸念を提起している。そこでは150の初期依存関係の追跡と管理、アプリケーション1つにつき年間最大1,500の依存関係の変更、そして最も安全なバージョンを選択するのに十分なセキュリティと法律の専門知識が求められると述べている。多くの開発者が納品までの速度を基に評価されたりインセンティブを与えられたりすることが多い環境では、このレベルの分析やニュアンスは実用的かつ現実的で重要な考慮事項ではないことが多い。

Sonatype社のレポートは最も評判が高いが、ソフトウェア・サプライチェーン攻撃の急増を裏付ける唯一の情報源とは言い難い。OSSの利用が加速し、悪意者がこの攻撃ベクトルに注目を高め、そしてソフトウェア開発者のようなより安全な決定を下すべき立場にある者の多くが過負荷に陥っていることが最悪の事態を発生させている。

悪意者はOSSがいかに有益で効果的であるかを理解しており、残念ながらこの傾向は高まるだろう。実際に攻撃者の目新しさや創造性は進化し続け、本書でも画期的な事例として挙げたようにOSSコンポーネントだけでなくサービスプロバイダーやソフトウェアプロバイダーも標的になると予想される。

2022年に欧州ネットワーク・情報セキュリティ機関（ENISA：European Union Agency for Cybersecurity）は、2030年までに出現する最大の脅威をソフトウェア依存のサプライチェーン侵害であると挙げている（図12.4参照）。この脅威は偽情報、スキル不足、AIの悪用の可能性など、ほかの重要な分野を差し置いてランク付けされている。これはソフトウェア・サプライチェーンの脅威がこれまで説明してきた傾向や、ソフトウェア・サプライチェーン攻撃の歴史的背景とカタログからも明らかだ。今まさに重大であるだけでなく、将来的にも組織や国家にとって脅威であり続けることを示唆している。

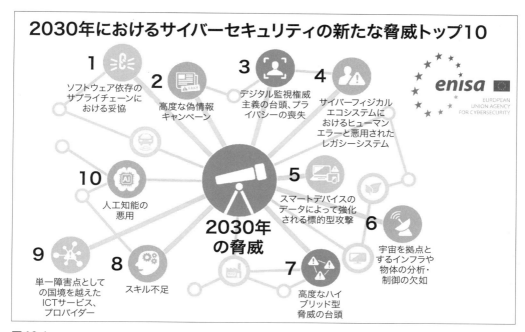

図 12.4
出典：https://www.enisa.europa.eu/news/cybersecurity-threats-fast-forward-2030, The European Union Agency for Cybersecurity

12-4 デジタル世界の接続性の高まり

　社会における最も顕著なトレンドがデジタルデバイスの継続的な急増だ。本書で述べてきたように家庭用機器、スマートウォッチ、医療機器といった穏やかな生活用品から重要インフラや軍事システムに至るまで社会のあらゆる面でデジタルデバイスやソフトウェアと結び付いている。

　従来、接続の多くはサーバー、エンドポイント、モバイルデバイスなどのコンピュータ機器が推進してきた。このトレンドはIoT（Internet of Things）の驚異的な成長によって飛

躍的に加速している。

　IoTデバイスはインターネットに接続し、データ転送が可能なモノと定義されることが多い。無線センサー、家庭用品、産業用工具、製造装置などのデバイスが該当する。

　現代社会では接続できるデバイスの数や種類がほぼ無限にある。低価格のセンサー技術、クラウドコンピューティング、革新的なネットワークプロトコルなど数多くの要因がコネクテッドデバイスの成長に寄与している。また、産業用IoT(Industrial IoT：IIoT）も驚異的な成長を遂げている。IIoTはクラウド、アナリティクス、機械学習を利用してスマートマニュファクチャリング、都市、電力網、デジタルサプライチェーンなどのさまざまなユースケースを支援する。

　この接続性は分析、効率、革新そして以前のオフライン世界では実現できなかった機能に多大な可能性をもたらす。また、新しいビジネスモデルや収益源、効率や運用の改善、さらには個人的な生活の質の向上といったメリットももたらす。それはまた、これまでに経験したことのない指数関数的なシステムリスクももたらす。

　IoTデバイスに関連する一般的なセキュリティ課題にはハードコードされた脆弱な認証情報、定期的かつ随時のファームウェアアップデートの欠如、組織が利用する可能性のあるIoTデバイスのフットプリントに関する全体的な可視性の制限などがある。

　Verizon社のデータ侵害レポートなどからもわかるように、偽装された認証情報は悪意者にとって一般的な攻撃ベクトルである。IoTやオペレーショナルテクノロジー（OT）デバイスはメーカー標準の認証情報を使っていることが多く、悪意のある攻撃者の格好の標的である。IoTデバイスのもう一つの一般的な課題は定期的なファームウェアアップデートの欠如、あるいはIoTデバイスへ配信するパッチやソフトウェアアップデートを悪意者が侵害することである。拡大するIoTの範囲や規模を見れば、その成長がソフトウェア・サプライチェーン関連課題をいかに悪化させ、1つの侵害パッチがいかに大きな影響を及ぼすか容易に理解できる。

　2022年末には130億台以上の接続デバイスが存在し、2025年にはわずか数年で750億台まで増加すると予測する情報もある。このようにデジタル機器が急増する中、政府や規制

機関は後れを取らないよう苦心している。とはいえ、プライバシーとサイバーセキュリティ、とくに前者に重点を置いてIoTデバイスの規制を改善しようと取り組む動きもある。英国の利用者団体「Which?」は2023年に調査結果を発表し、多くの大手スマートデバイスメーカーはわずか2、3年でデジタル機器のソフトウェアサポートを放棄する可能性があることを強調した。同団体の懸念はスマートデバイスの運用サポートや寿命だけでなく、社会でスマートデバイスが幅広く利用されて存在する中でスマートデバイスのライフサイクルを通じてサポートが欠如するとセキュリティリスクになり得ると指摘している。

EUと米国を見るとプライバシーとサイバーセキュリティの関連規制の取り組みがいくつか進行している。その中にはIoTに特化した規制やIoTにも適用される幅広い規制もある。EUの利用者プライバシーとして最も注目すべきはEUと英国で2018年に施行したGDPR（一般データ保護規則：General Data Protection Regulation）である。GDPRは個人データの取り扱いに焦点を当てて公平性、適法性、透明性という主要原則に関するフレームワークを提供している。

GDPRはEUをベースとしているが、EU域外の組織でもEU市民のデータを管理する場合には適用でき、実際に適用されている。EUで新たに提案された「サイバーレジリエンス法」について前述した。この法律は製造業者が設計および製造プロセスの一部としてセキュリティを実装することを義務付け、IoTを含むデバイス関連のソフトウェアコンポーネントの可視性を提供する。

米国では最近、IoTデバイス向けのサイバーセキュリティラベリングプログラム[19]の策定が進められている。このプログラムは米国の利用者を対象としている。EUのサイバーレジリエンス法と同じように利用者が購入と使用する製品のセキュリティに関して、よりよい選択ができるよう、より透明性を高め、よりよい情報を提供することを目指している。また、IoTデバイスメーカーが製品開発の一環でセキュリティの考慮を促すことも目的としている。ホワイトハウスは本書で取り上げたサイバーセキュリティ大統領令を推進し、業界最大手のインターネット対応メーカー数社と協議し、関与してきた。本稿執筆時点ではサイバーセキュリティラベリングプログラムは2023年春に公表予定である[20]。

※19　https://www.nist.gov/itl/executive-order-14028-improving-nations-cybersecurity/cybersecurity-labeling-consumers-0
※20　（訳注）連邦政府は2023年7月18日、本プログラムを2024年中に開始することを発表した。https://www.whitehouse.gov/briefing-room/statements-releases/2022/10/20/statement-by-nsc-spokesperson-adrienne-watson-on-the-biden-harris-administrations-effort-to-secure-household-internet-enabled-devices

サイバーセキュリティラベリングプログラムに加え、NISTのCybersecurity for IoTプログラムは標準、ガイダンス、関連ツールを提供している。このプログラムはIoTデバイスの製造業者向けの情報に加え、IoTデバイスの利用を検討している連邦政府機関や利用者向けの情報も含まれている。2022年秋に連邦政府商務省はIoTの安全確保に向けた取り組みを推進や支援し、専門知識と業界経験に基づく重要な洞察や提言を提供するためにIoTアドバイザリボードを任命した[21]。バイデン大統領が署名した2023年の予算法案、とくにセクション3305にはインターネット接続された医療機器のメーカーに対して医療機器とその関連システムがサイバーセキュリティで保護されていることを合理的に保証することを要求する文言が盛り込まれた。またサイバーセキュリティの脆弱性を監視、特定、対処するための要件が具体的に記されている。文言の中には医療機器に対するサイバーセキュリティの脆弱性を監視、特定し、販売後は脆弱性に対処するためのアップデートやパッチを提供するための要件が具体的に記されている。対象機器に対するこれらの要件は、FDA（連邦政府食品医薬品局）によって施行されることになっている[22]。

社会におけるIoTの普及により、ほぼすべての産業において仕事とプライベートの両面でIoTデバイスが利用されるようになったことで、ソフトウェア・サプライチェーンへの攻撃と破壊を促進しようとする悪意のある攻撃者にとって攻撃対象領域と機会が大幅に拡大する可能性があることを理解するのは難しくない。IoTデバイスはソフトウェアで稼働して社会全体に浸透し、驚異的な成長が見込まれている一方で、大半の組織ではIoTデバイスをサプライヤとしても利用者としてもサイバーセキュリティの観点ではまだほとんど注目していない。2023年予算案やそのほかの法案に見られるような文言はIoTデバイスのセキュリティやソフトウェアに関連するものとして今後も進化し続けるだろう。

※21　https://www.nist.gov/itl/applied-cybersecurity/nist-cybersecurity-iot-program
※22　https://www.congress.gov/117/bills/hr2617/BILLS-117hr2617enr.pdf

12-5
次に何が起きるか

　未来予測は困難だがソフトウェア透明性を求める声の高まりは明白だ。脆弱なソフトウェアが市民、政府、社会にもたらすリスクはもはや無視できない。

　ソフトウェアは最も基本的な個人の贅沢行動から最も重要なインフラや市民サービス、国家安全保障システムに至るまで、あらゆるものに根付いている。本書で述べてきたとおり、ソフトウェアはイノベーションと創意工夫の無限の可能性を秘めていると同時に、現代の生活様式に対して誇張のないレベルで体系的なリスクをもたらす。これまでに説明した業界や政府の取り組みに加え、ソフトウェア業界の透明性とセキュリティを向上させるために政府、学界、産業界の取り組みが増えることが予想される。

　CISAのJen Easterly所長は2023年初頭のインタビューで社会のサイバーセキュリティを向上するために政府と産業界が協力することの必要性を強調した。テクノロジー企業だけでなく病院、学区、重要インフラへの攻撃が続いていることを指摘した同氏は、現在のサイバーセキュリティに対するアプローチが持続可能ではないと説明した。同氏は企業が製品やソフトウェアをセキュアバイデザインで製造するための措置を講じる必要があり「サイバーはソーシャルグッド（social good）」であると強調するとともに、その取り組みによるソフトウェアセキュリティの向上が社会の回復力（societal resiliency）と直結すべきであると述べた。同氏はChinmayi Sharmaによる論文「デジタル・コモンズの悲劇」のメッセージにも沿う形で、利用者や一般市民に負担を押し付けることはできないと述べた。その代わりに対策を講じる最良の立場にある企業やソフトウェア提供者が責務を負うべきだと述べている[23]。

　サイバーセキュリティのアプローチが変化していることの示唆として、ワシントンポスト紙は2023年1月に国家サイバー戦略は前例になく「初めて国家サイバーセキュリティ戦略のメニューに規制が加わった」と述べた[24]。

---

[23] https://finance.yahoo.com/news/us-cybersecurity-director-the-tech-ecosystem-has-become-really-unsafe-222118097.html
[24] https://www.washingtonpost.com/politics/2023/01/06/biden-national-cyber-strategy-is-unlike-any-before-it

プライバシーとインターネット政策の専門家でカリフォルニア大学バークレー校の講師でもあるJim Dempsey氏は、2023年1月に「サイバーセキュリティのための小さな立法措置」[25]という優れた記事の中でサイバーセキュリティ規制の強化というトピックを明らかにした。同氏は記事の中で、2023年の予算案に盛り込まれたコネクテッド医療機器の要件について、民間が所有・運営するあらゆる種類のシステムのサイバーセキュリティを規制することを議会が明示的に承認したのは2005年以来初めてのことだと指摘した。同氏はこれまで重要インフラに関連するほとんどのサイバーセキュリティ対策が自主努力だったと指摘する。多くの批評家はサイバーセキュリティは市場の失敗であると分類し、サイバーセキュリティの自主規制と優先順位付けを市場に任せることに失敗し、これからも失敗し続けると指摘している。この見方が真実なら米国の重要インフラはほとんどが民間の所有や運営で脆弱なソフトウェアを多数使用しており、悪意のある攻撃者から頻繁に標的にされやすくなることを考えると憂慮すべき事態だ。

従来は自主規制が基本だった米国の国家サイバー戦略関連の取り組みが規制要件へ移行していると大勢が疑念を抱いている。こうした新たな要件によってソフトウェア、製品、デジタルシステムのサイバーセキュリティ対策を怠るサプライヤや事業体の責務と説明責任が増大する。前述してきたようにサイバーセキュリティは市場の失敗であり、自主努力だけでは解決できない課題だと考える人もいる。このような規制要件の強化とその影響はソフトウェアによって支えられている国家安全保障と公共の安全において現在のギャップに対処するための競争条件を平準化することを目指している。

米国には通信、エネルギー、緊急サービス、輸送、IT、防衛産業基盤など16の重要インフラ部門がある。米国では重要インフラ事業に対する悪質なサイバー攻撃が加速度的に増加しており、主要なセキュリティリーダーらはこれらの部門とその規制の状況に重点を置いている。その一例が国家安全保障副顧問のAnne Neubergerとその関連チームである。同チームは重要インフラ部門の多くがサイバーセキュリティに関連する何らかの規制措置を講じているが、すべての分野ではないことを確認した。食品、農業、学校教育などを含めていくつかの分野でギャップが特定された。

FEMA（連邦政府緊急事態管理庁）からの引用によると国の重要インフラと重要資源のほとんどは民間部門が所有しており、その割合は85％に上る。同報告書はまた、この重要イン

---

[25] https://www.lawfareblog.com/one-small-legislative-step-cybersecurity

フラは構造物の平均築年数が長くなるにつれて故障しやすくなると指摘している[26]。報告書の妥当性を裏付けるように、連邦政府航空局（FAA）は2023年1月11日に航空任務通知（NOTAMs）システムの障害によって全米で全飛行の停止を余儀なくされた。2022年にFAAが発表した報告書で従来のハードウェアとソフトウェアが抱える課題が説明された[27]。2022年のSynopsys社によるオープンソース・セキュリティとリスク分析レポートなどの調査でも引用されているように、米国では1時間あたり1千万件のエクスプロイトが試行されており、とくに重要インフラ部門を狙った攻撃が目立つ。重要インフラのコードベースはその半分がOSSだと判明している。同調査の引用にあるように、ほぼすべてのコードベースが4年以上古いOSSで2年間以上新しい開発が行われていないコンポーネントだった。ソフトウェアは物理インフラと同様に古くなるにつれて新たな脆弱性が出現し、より脆弱になる。

　老朽化した物理インフラでは多くの場合に時代遅れで潜在的に脆弱なソフトウェアを使用しており、悪意のあるアクティビティが絶えず発生していることを考えれば、この事態がどれほど深刻かわかるだろう。この話は2023年のWEF（世界経済フォーラム）が公表したグローバルリスクレポートなどの情報源でも裏付けがある。同レポートは重要インフラへのサイバー攻撃を最高リスクの一つに挙げている。調査によれば、ほぼすべてのサイバーセキュリティリーダーが今後2年以内に壊滅的な世界的サイバー攻撃が発生することを強く懸念していた[28]。サイバーセキュリティのデータ侵害報告要件やデバイスのラベリングなど新たな規制への取り組みが始まっている分野に加え、サプライヤが提供するソフトウェア透明性を向上させる動きも活発化している。そこにはソフトウェアコンポーネント、依存関係およびソフトウェアに関連する脆弱性の透明性について提供することが含まれる。完全ではないが、こうした取り組みはソフトウェアのサプライヤと利用者の間に現存する情報の非対称性へ対処する一助となる。

　サイバーセキュリティを専門としない一般市民や企業にソフトウェアセキュリティ、セキュアなソフトウェア開発、脆弱性管理の専門家であることを期待するのは非現実的だ。自動車、飛行機、医薬品、食品といった社会のほかの分野では、このようなことは求められない。社会全体として利用者がリスクに基づき意思決定をできるように、また安全性や説明責任を確保できるようにサプライヤと利用者の間の情報の非対称性へ対処するよう取り組んで

[26] https://www.fema.gov/pdf/about/programs/oppa/critical_infrastructure_paper.pdf
[27] https://www.faa.gov/sites/faa.gov/files/2022-02/FAA_FY22_Business_Planv2.pdf
[28] https://www3.weforum.org/docs/WEF_Global_Risks_Report_2023.pdf

いる。われわれは現在、ソフトウェアとテクノロジーで同じ取り組みを目にしている。

　世界各国の取り組みを引き合いに出して指摘してきたが、問題は米国に限らない。世界中の政府や国家がセキュアでないソフトウェア、透明性の欠如、安全な製品と技術に対する説明責任の欠如がもたらすシステムリスクに目覚めている。各国はこれらの問題に対処しようと同じように取り組んでいる。政府や規制機関によるソフトウェア透明性と安全性への取り組みとは対照的に業界団体、ロビイスト、営利団体からの反発が十分に予想される。たとえば全米商工会議所は新たな国家サイバー戦略を積極的にレビューし、各会員への影響を判断することを期待していると述べている。ロビイストや業界団体はソフトウェアサプライヤの透明性と説明責任を高めるための歴史的な取り組みや、2023年のNDAAやその中のSBOMのような最近の取り組みを押し戻すことに一定の成功を収めている。

　もちろん彼らの提起や懸念にはメリットもある。たとえば、必要な成果物や洞察の成熟度、パッチワークのような規制要件を調整する必要性がある。規制と要件の不整合は業界間の混乱を引き起こし、時間と投資の無駄を招き、イノベーションを阻害しかねない。政府や市民が革新的な技術と能力を利用できることは生活の質だけでなく経済的繁栄や国家安全保障にも重要だ。ソフトウェア規制の取り組みは規制の取り組みが課す制約や影響と対比する必要がある。たとえば、国防総省の多くの関係者は不十分な要件や規制が適切なスピードで実行する能力を妨げると指摘している。

　このことは最新の国防総省のソフトウェア近代化戦略でも強調されており、ソフトウェアの近代化は国家安全保障のために重要な役割を果たすと説明されている。同文書は冒頭で次のように述べている。

国防総省の適応力はますますソフトウェアに依存し、回復力のあるソフトウェア機能を安全かつ迅速に提供する能力は将来の競合に対する競争上の優位性にもなる。ソフトウェアの納期を数年から数分へ変えるにはプロセス、ポリシー、従業員、テクノロジーの大幅な変更が求められる。[29]

----

[29] https://media.defense.gov/2022/Feb/03/2002932833/-1/-1/1/DEPARTMENT-OF-DEFENSE-SOFTWARE-MODERNIZATION-STRATEGY.PDF

ソフトウェア・サプライチェーンセキュリティの厳格化を推進することはソフトウェアの消費に対する歴史的な透明性の欠如、OSS使用量の急激な増加、悪意者からの攻撃の急増に対応するためのものとして正当化されるが、これらの取り組みはチーム、組織、業界に負担と摩擦を課すことと対比して考えるべきだろう。

また、これらの目標に向けて促進するためのツールにもさらなる成熟が必要と予想される。たとえば、ソフトウェアコンポーネントの資産インベントリ、より精度の高い脆弱性データ、自動化によるソフトウェアサプライヤ、利用者、ソフトウェアエコシステムにおける事業者間でのデータ交換サポートなどが挙げられる。これはIoT、OT、レガシーソフトウェア、さらにはクラウド環境の分野にも当てはまる。ツールや成果物から得られる洞察は開発チームにとって自動化できて実用的なものが求められる。たとえば、開発チームがコードを本番環境にデプロイするベロシティ（作業速度）を過度に阻害せず、組織がソフトウェアを活用したビジネスやミッションの成果を達成できるようにするためだ。

進化が続くもう一つのトレンドは従来の静的で形式ベースのベンダーリスクアセスメントから、クラウドなどの技術促進によって自動化と準リアルタイムが実現されるAPI中心のアセスメントへの移行である。この自動化トレンドはSBOMやそれに付随する悪用可能なコンテキストのような関連成果物においてスケーリングを成功させ、SBOM関連で期待される結果を達成し、悪用可能性を伝達するための鍵ともいえる。とくに頻繁なソフトウェアリリースを伴うアジャイルやDevSecOpsの手法に基づく大規模で複雑な開発環境ではベロシティの向上につながる。

何年もの間、コンプライアンスとセキュリティはDevOps、ベロシティ、市場投入スピードの向上、迅速なソフトウェア開発とリリースの推進といった業界全体の幅広いトレンドに後れをとってきた。現在ではDevSecOps、クラウド、CI／CDツールチェーンのような環境における革新的なセキュリティツールとプロセスの改善が開発者のベロシティへの影響を抑えている。加えて、必要とされるセキュリティとコンプライアンスの管理を提供する機運と成熟が見られる。コード化（as codeなど）、宣言型インフラ、マイクロサービスといったトレンドが高まる中、セキュリティとコンプライアンスはソフトウェア・サプライチェーン関連に必要な透明性と説明責任のレベルを維持し、イネーブラーとして機能してイノベーションの継続を促す。

Chapter11「利用者のための実践的ガイダンス」で論じたように、ソフトウェア・サプライチェーンのガバナンスとセキュリティを成熟させるためのソフトウェアサプライヤと利用者の双方によるさらなる取り組みも予想される。サプライヤの視点ではOSSのガバナンスの改善、下流の利用者向け製品に含まれるソフトウェアコンポーネントの透明性、サプライヤが広く利用しているOSSのメンテナやコミュニティへの期待の見直しといった分野で先の取り組みが顕在化するだろう。

利用者の視点では上流のソフトウェアサプライヤやベンダーに対して透明性の向上を引き続き要求していくだろう。たとえば、セキュアなソフトウェア開発手法が順守されているという保証を求めることや、脆弱性だけでなくその悪用可能性を示すSBOMや付随するソフトウェアのような成果物を要求するといった領域も含まれる。脆弱性の存在と悪用の可能性だけでなく、脆弱性を修復するタイムラインや修復前にリスクを軽減するための緩和策なども明確にするためにサプライヤと利用者の間でのさらなるコミュニケーションが求められる。

あらゆる形態や規模の組織がソフトウェア・サプライチェーンに厳しい目を向け続けるだろう。その組織は自環境にソフトウェアをインストールして実行しているOSSやサードパーティソフトウェアベンダーだけにとどまらない。マネージドサービスプロバイダー（MSP）、クラウドサービスプロバイダー（CSP）、Software-as-a-Service（SaaS）のようなas-a-serviceプロバイダーにも及ぶだろう。これらのプロバイダーは現在運用されている複雑に入り組んだソフトウェア・サプライチェーンエコシステムの悪用をたくらむ悪意のある攻撃者の標的となっている。

セキュリティに成熟し精通した利用者は組織、利害関係者、顧客へのリスクを軽減するために成熟した安全なソフトウェアサプライヤやサービスプロバイダーを活用するだろう。そうした動きはソフトウェアエコシステムをある程度調和させる可能性がある。このトレンドは国家安全保障、金融、航空宇宙のようなほかの既成産業を含むコミュニティで最も顕著になると予想される。

ソフトウェアの開発者、サプライヤ、利用者間の変化に加え、CISOや役員だけでなく組織の最上位層におけるサイバーセキュリティの懸念に対しさらなる関与と監視が進むと予想される。これはほぼすべての企業がたとえコアコンピテンシーではないとしても、テクノロ

ジーとソフトウェアの領域収益と業務の推進力になり得るという認識が一因になっている。また、取締役会に受託者および監視活動の一環としてサイバーリスクを含めるように進めているSEC（連邦政府証券取引委員会）などの機関による新たな変化によっても推進される。

たとえば、最近SECが提案した「サイバーセキュリティリスク管理、戦略、ガバナンスおよびインシデントの開示（Cybersecurity Risk Management, Strategy, Governance and Incident Disclosure）」と題する規則改正案には取締役会のサイバーセキュリティに関する専門知識の開示を組織に義務付ける条項が記されている。これにより組織のリーダーは、ソフトウェア・サプライチェーン攻撃や悪意のある活動によって発生したインシデントなど各企業のサイバーリスク監視からより多くの情報を得て関与する必要があるというパラダイムシフトが促進される[30]。こうした変化は組織の取締役会がサイバーセキュリティ専門家を取締役会の構成員として確保する責務を負うという規制環境の変化を示唆している。ソフトウェア・サプライチェーン攻撃の加速はここ数年、組織にとって議論と懸念の定期的な焦点となっていることを考えるとこのトピックが取締役会の注意を引くことは間違いなく、いくつかの組織ではすでに注目を集めている。

本書ではソフトウェア・サプライチェーンセキュリティの分野で適用可能なトピックを幅広く取り上げた。各トピックは画期的なソフトウェア・サプライチェーン攻撃、従来の評価方法論、新たなガイダンスとベストプラクティス、SBOMの台頭と関連トピック、さらにはサプライヤと利用者双方への実践的ガイダンスといったものだ。また、クラウド、Kubernetes、コンテナといった革新的技術がソフトウェア・サプライチェーンエコシステムで果たす役割も取り上げた。現代のソフトウェア・サプライチェーンと関連エコシステムの複雑さを考えると関連トピックを全網羅することは不可能に近い。だが、実務者はこれらのコンテンツからセキュアなソフトウェアの透過性を担保して生産し、OSSエコシステムやサードパーティのソフトウェアサプライヤから直接、利用するソフトウェアのリスクを理解できるようになるはずだ。

本書を通じて強調してきたように、ソフトウェアはわれわれの社会のほぼすべての面で不可欠でわれわれが幅広くデジタル化された未来に向かう中で安全なソフトウェアの生産と利用の両方を確保することが最も重要となる。ソフトウェアはイノベーション、能力、成長と

---

[30] https://www.sec.gov/rules/proposed/2022/33-11038.pdf

いう比類なき可能性を提供すると同時に、適切に対処しないとわれわれの社会を荒廃させる比類なきレベルのシステムリスクを提供する。

Louis Brandeis最高裁判事は100年以上前に「陽の光は最良の消毒剤だと言われている」と言った。社会は今、われわれの生活のあらゆる側面を取り巻くデジタルエコシステムとそれに関連するシステムリスクの透明性を求めている。

われわれはこの陽の光のチャンピオンなのだ。

解説：我が国におけるソフトウェア・サプライチェーンセキュリティへの対応と課題

横浜国立大学　吉岡克成、佐々木貴之

　我が国のサイバーセキュリティ戦略を定めるサイバーセキュリティ戦略本部[1] では、その設置当初からサプライチェーン・リスクへの対応の重要性が指摘されてきた。また、2021年9月にデジタル庁が設置され、デジタルトランスフォーメーションとサイバーセキュリティの同時推進の方向性が明確になる中、最新のサイバーセキュリティ戦略の中でもとくに強力に取り組むべき施策としてサプライチェーン・リスクへの対応強化が挙げられている[2]。

　具体的な施策の一つとして、2019年に経済産業省において「サイバー・フィジカル・セキュリティ確保に向けたソフトウェア管理手法等検討タスクフォース」[3] が設置され、SBOMを含めたソフトウェア管理手法等の議論が活発に行われるようになり、自動車分野、医療機器分野、ソフトウェア製品分野においてSBOM（ソフトウェア部品表：Software Bill of Materials）導入のコストや効果を評価するための実証実験が行われた。これらの実証の結果、SBOM導入により【メリット1】初期工数は大きいもののSBOMを作成、共有、活用、管理する各種ツール（SBOMツール）を利用し管理の工数を軽減できること、【メリット2】ソフトウェアコンポーネントの脆弱性への対応のリードタイムや脆弱性が残存するリスクの低減につながること、【メリット3】ソフトウェアコンポーネントのライセンス情報を適切に管理しコンプライアンス順守に活用できること、などが明らかにされている。

※1　サイバーセキュリティ戦略本部
https://www.nisc.go.jp/council/cs/index.html
※2　サイバーセキュリティ 2024
https://www.nisc.go.jp/pdf/policy/kihon-s/cs2024.pdf
※3　サイバー・フィジカル・セキュリティ確保に向けたソフトウェア管理手法等検討タスクフォース
https://www.meti.go.jp/shingikai/mono_info_service/sangyo_cyber/wg_seido/wg_bunyaodan/software/index.html

国際的にも、2019年のSolarWinds社へのサプライチェーン攻撃やLog4Shell脆弱性などの重大な事例、米国のバイデン大統領が2021年5月に署名した大統領令（EO：Executive Order）[4]などを契機に、ソフトウェア・サプライチェーンセキュリティの重要性、とくにSBOMを用いたソフトウェアの管理手法に世界が注目するようになっている。

　ソフトウェア・サプライチェーンセキュリティの重要性は国内の幅広い分野で認識されるようになっており、上記以外にも官民においてさまざまな検討が進められている。以降では、そのいくつかを紹介する。

　総務省では、通信分野におけるSBOMを用いた脆弱性管理の有用性と課題の整理のために調査が行われている[5]。具体的には通信事業者が実際に使用している、または使用する予定がある通信機器を選定し、ツールが生成したSBOMを調査したところ、手動で作成したSBOMと比較してコンポーネントの検出漏れや過剰検出が確認されたことが報告されている。その理由として、通信機器では汎用的ではないコンポーネントが用いられていることが多く、これがツールが生成するSBOMの精度に影響を与えていると考察している。今後の取り組みとして、ツール版SBOMの精度向上、誰がSBOMを作成しどのように流通させるかというモデルの策定、SBOMを活用した最適な脆弱性管理手法の整理、費用対効果の検討が挙げられている。

　医療機器の分野においてもSBOMの活用が検討されている。具体的には厚生労働省が発行している「医療機器のサイバーセキュリティの確保及び徹底に係る手引書[6]」では、製造販売業者による医療機器セキュリティ開示書の一部として、医療機器を医療機関へ導入する際の求めに応じて、SBOMを提供することが記載されている。

---

[4]　Executive Order on Improving the Nation's Cybersecurity
https://www.whitehouse.gov/briefing-room/presidential-actions/2021/05/12/executive-order-on-improving-the-nations-cybersecurity/
[5]　ICTサイバーセキュリティ政策分科会第5回会合 R5年度「通信分野におけるSBOMの導入に向けた調査の請負」について
https://www.soumu.go.jp/main_content/000941394.pdf
[6]　医療機器のサイバーセキュリティの確保及び徹底に係る手引書
https://www.mhlw.go.jp/content/11120000/001167218.pdf

金融分野においては金融庁による「金融分野におけるサイバーセキュリティに関するガイドライン[7]」にて、「対応が望ましい事項」として自社開発のソフトウェアのSBOMや、利用しているサービスの事業者がSBOMを提供している場合にそのSBOMを整備することが記載されている。

産業界においては、サプライチェーンに関係するさまざまな事業者が協力してシステムの透明性を高めるために、セキュリティ・トランスペアレンシー・コンソーシアムが設立されている[8]。当該コンソーシアムは、構成品の中身を可視化したデータを利用する側の観点からの課題の分析やデータの作成側と利用側のコミュニティの形成を目的としている。さらに、中小企業を含むサプライチェーン全体でのサイバーセキュリティ対策の推進運動を進めることを目的に「サプライチェーン・サイバーセキュリティ・コンソーシアム（SC3）[9]」が2020年に設立されている。また、前述のSBOMツールは海外製品のシェアが大きいが、日本においても国産技術に基づくツールやサービスの提供が開始されるとともに、国の経済安全保障重要技術育成プログラムにおいてもサプライチェーンセキュリティに関する不正機能検証技術の確立がテーマとして設定されており、国産技術の開発を後押ししている[10]。

2024年8月に経済産業省は「ソフトウェア管理に向けたSBOM（Software Bill of Materials）の導入に関する手引ver 2.0[11]」を発表し、SBOMの概要やSBOM導入のメリットなど、基本的な情報とともにソフトウェアサプライヤにおけるSBOM作成のための環境構築や体制整備、SBOMの作成・共有、運用・管理に至る一連のプロセスを示した。この手引の中でSBOM導入に向けて検討すべき課題として、**［課題1］**SBOM導入による費用対効果の課題、**［課題2］**サプライチェーン上でのSBOM共有に関する課題、**［課題3］**SBOM管理にあたっての契約に関する課題等を挙げている。課題1では、とくにソフトウェア・システムの全体構成が把握できていない場合、SBOMツールの適用範囲を適切に設定でき

※7　金融分野におけるサイバーセキュリティに関するガイドライン
https://www.fsa.go.jp/news/r6/sonota/20241004/18.pdf
※8　セキュリティ・トランスペアレンシー・コンソーシアムについて
https://www.st-consortium.org/
※9　サプライチェーン・サイバーセキュリティ・コンソーシアム（SC3）とは
https://www.ipa.go.jp/security/sc3/about/#organization
※10　経済安全保障重要技術育成プログラム「サプライチェーンセキュリティに関する不正機能検証技術の確立（ファームウェア・ソフトウェア）」
https://www.jst.go.jp/k-program/program/cyber1.html
※11　ソフトウェア管理に向けたSBOM（Software Bill of Materials）の導入に関する手引ver 2.0
https://www.meti.go.jp/press/2024/08/20240829001/20240829001-1r.pdf

ず、効果的なリスク管理ができないことやSBOMツールを導入するための環境整備や学習に工数を要すること、現状のSBOMツールの精度に課題があることが挙げられている。課題2では、異なるSBOMツールで生成したSBOMの互換性の問題から共有が困難であること、課題3に関しては、ソフトウェア開発委託や既製品の調達においてSBOMに関する要求や責任を明確にするための契約事項の情報が不足していることが挙げられている。

　上記のようにソフトウェア管理の重要性は認識が広がりつつある一方で、その概念の理解や導入への具体的な手順は十分に浸透しているとは言えない。本書は過去の事例、これまでの伝統的なリスク管理の手法、脆弱性情報の取り扱いからSBOMの詳細、クラウドシステムへの適用、各種ガイダンスまで当該分野で必要となる事項を幅広く扱っており、ソフトウェア・サプライチェーンセキュリティに関わる多くの読者にとって有益なものになると期待する。

訳者あとがき

　本書はサプライチェーン領域における著名な実務家である、Chris Hughes 氏と Tony Turner 氏による『Software Transparency：Supply Chain Security in an Era of a Software-Driven Society』を全訳したものである。

　本書はいわゆるソフトウェア・サプライチェーンセキュリティ（以下、「SSS」と表記）について、その背景や脅威、対応する政府機関や民間団体の対応状況などについて体系的、網羅的にまとめた良書として米国内でも評価されている。

　訳者たち（NRIセキュアテクノロジーズ）は主に日本の事業者向けにサイバーセキュリティに関するコンサルティングやサービス・ソリューションなどを提供する事業者である。しかし、SSSについては日々最新の脅威や攻撃トレンドが発生していることもあり、多くの事業者は手探りで対応策を模索しながら検討している状況である。このような中で、訳者たちは検討にあたってグローバルでの最先端の動向や対応事例などについての調査を実施し、本書はその過程で入手したものの一冊であった。

　SSSについては特定の脅威動向や特定の対策（たとえばSBOMなど）に特化した参考資料は類書が多数存在しているが、SSSの背景情報から関連する技術トレンド、それを踏まえて民間・政府の取り組み状況、そしてソフトウェア提供者、利用者双方への示唆などを体系的に整理している文献などはまだそれほど多くはない。その中で、本書は著者たちの実務経験やサイバーセキュリティ業界をリードする立場から、SSSの対応に必要となる情報を取捨選択しつつ、最低限必要となる前提知識から原著執筆時点である2023年前半時点までの動向を体系的に整理している。また、脅威や技術面の解説だけではなくソフトウェアのサプライやユーザーなどのための実践的ガイダンスも記載されており、具体的にソフトウェアを取り扱う際の一定の指針も示されている。

訳者あとがき　375

著者たちの主張は明確であり、タイトルにもあるとおり「ソフトウェア透明性」の重要性を訴えるものだ。われわれが日常的に利用している自動車や飛行機、医薬品などについては、利用者がその安全性評価について高度な知見を有していなくとも安全に利用することができるよう、国による安全制度や業界ごとのさまざまな仕組みなどによって安全性が担保される仕組みが構築されている。しかしながら、ソフトウェアについては通信やエネルギー、防衛産業などの重要インフラを始め、われわれが利用する日常的なサービスをあらゆるデジタルサービスに組み込まれているにもかかわらず、その安全性を担保する仕組みや技術がいまだ確立されていない。ソフトウェアが組み込まれたサービスにおけるサプライチェーンの流れも含めてブラックボックス化されており、利用者（あるいはソフトウェアを購入した事業者）からはソフトウェアの安全性を把握するのが非常に困難となっている。一方で、そこに付け込んだサイバー攻撃などは増えてきており、これらへの対応が急務となっている状況である。このような状況を踏まえ、現在世界中の政府や国家がセキュアでないソフトウェア、透明性の欠如、安全な製品と技術に対する説明責任の欠如への対応として、透明性の強化を促す動きが起こっている。具体的な取り組み内容については本書を確認いただきたいが、本書では単に透明性向上を訴えるだけではなく、それを実現するためのツールの高度化や組織の高度化なども合わせて必要であると述べ、抽象的な理想論だけではなく、具体的な改善策、アプローチ方法にまで踏み込んだ指摘がなされている。本課題に対応するためにはソフトウェアサプライヤだけではなく、利用者や関連ベンダーなどの多様なステークホルダーが関係してくるが、それらの多様なステークホルダーごとに必要なアプローチ、視点を提供している点も、本書の一つの特徴であるといえるだろう。

　本書の内容は基本的には米国の事例を中心に記載されているものの、記載されている内容・示唆についてはSSSに取り組む日本の事業者を始め、政府のセキュリティ政策立案者やソフトウェアを利用するユーザーなどの幅広い方々にとっても参考になる情報が含まれていると考える。ぜひ手にとって内容を確認いただき、本書がSSSに対する理解や関心をさらに深めるきっかけとなれば幸いである。

日本におけるSSSへの対応状況

　我が国におけるSSSの取り組みについては、横浜国立大学吉岡教授・佐々木特任准教授に寄稿いただいた「解説」を参照いただきたいが、訳者からも簡単に現在の日本におけるSSSの対応状況について触れておきたい。

　本書でも取り上げられているとおり、SSSへの関心が高まったのは2020年12月に公表されたSolarWinds社の製品「Orion Platform」に対するソフトウェア・サプライチェーン攻撃の事案以降である。これ以降、SSSに対する危機感が高まり米国が規制の強化に取り組んでいることを踏まえ、日本を含めたその他主要各国も規制強化の検討を進めている。現在では、G7 などの主要な国際会議に挙げられる重要な取り組み課題の一つとなっている。本書は連邦政府による2021年5月の「サイバーセキュリティに関する大統領令14028号」について記載し、それらの内容も踏まえた連邦政府や業界団体などの取り組み状況などを解説している。日本においても、各省においてSSSについての具体的な検討が進められているところであるが（詳細は「解説」参照）、法規制という観点では2022年5月11日に成立した経済安全保障推進法がSSSの対応を求める法規制として注目を集めている。以下、簡単に本法の内容について紹介する。

　本法は4つの柱から構成されるが、このうち第2の柱である「基幹インフラの安全性・信頼性の確保」は基幹インフラの重要設備が役務の安定的な提供を妨害する行為の手段として使用されることを防止するため、国が一定の基準のもと、基幹インフラ事業（特定社会基盤事業）および事業者（特定社会基盤事業者）を指定するものである。そして、国が指定した重要設備（特定重要設備）の導入・維持管理等の委託をしようとする際には、事前に国に届け出を行い審査を受ける制度が構築された。本制度は2024年5月17日より制度運用が開始されたところである。

　本制度に基づき、特定社会基盤事業者として指定を受けた事業者は特定重要設備の導入および重要維持管理等の委託について、導入等計画書の事前届け出が必須となり「リスク管理措置」などへの対応が求められている。国によって対応が求められるリスク管理措置は多岐にわたるが、とくにSSSの観点に着目して求められるリスク管理措置が含まれている点が重要であろう。

内閣府は、特定社会基盤事業者向けに特定社会基盤役務の安定的な提供の確保に関する制度の解説書を公表している。その中で、特定社会基盤事業者が特定重要設備を導入する場合に求めるリスク管理措置として6つの措置（表1参照）の実施を求め、導入等計画書において実施したリスク管理措置の項目にチェックを付して届け出ることを義務付けている。

#	リスク管理措置（一部抜粋）
①	製造等の過程で、特定重要設備及び構成設備に不正な変更が加えられることを防止するために必要な管理がなされ、当該管理がなされていること。
②	将来的に保守・点検等が必要となることが見込まれる場合に、当該保守・点検等を行うことができる者が特定重要設備又は構成設備のサプライヤに限られるかどうか等の実態も踏まえ、サプライヤを選定している。
③	不正な妨害が行われる兆候を把握可能な体制が取られており、不正な妨害が加えられた場合であっても、冗長性が確保されているなど、役務の提供に支障を及ぼさない構成となっている。
④	特定重要設備及び構成設備のサプライヤや委託の相手方について、過去の実績を含め、我が国の法令や国際的に受け入れられた基準等の順守状況を確認している。
⑤	特定重要設備及び構成設備の供給や委託した重要維持管理等の適切性について、外国の法的環境等により影響を受けるものではないことを確認している。
⑥	特定重要設備及び構成設備のサプライヤや委託の相手方に関して、我が国の外部からの影響を判断するに資する情報の提供が受けられることを契約等により担保している。

表1：経済安全保障推進法における特定重要設備の導入に係るリスク管理措置
出典：内閣府公表資料を元にNRIセキュアテクノロジーズが作成

従来も重要インフラ事業者に対しては、国は一定の情報セキュリティ対策を求めていたものの、経済安全保障推進法で求められるリスク管理措置は一歩踏み込んだ対策まで求めるものとなっている。たとえば、リスク管理措置①では、その具体的な管理策の一つとして、「特定社会基盤事業者等において、特定重要設備に悪意のあるコード等が混入していないかを確認するための受け入れ検査その他の検証体制が構築されており脆弱性テストが導入までに実施されることを確認」することを求めている。ここでいう「悪意のあるコード等が混入」とは、特定重要設備等の機能を停止または低下するような設計書や仕様書に含まれていない意図していない機能が組み込まれることを指しているが、このような要求事項に対応していくためには不正なプログラム混入対策や脆弱性管理、ソフトウェア改ざん検知などの個別の対策ごとに検討することが必要である。

このようにリスク管理措置に対応するためにはサプライチェーンセキュリティ、とくにソフトウェアセキュリティの観点での対応が求められるが、図1にあるとおり現状日本企業の多くはこれらの対応が遅れている状況である。

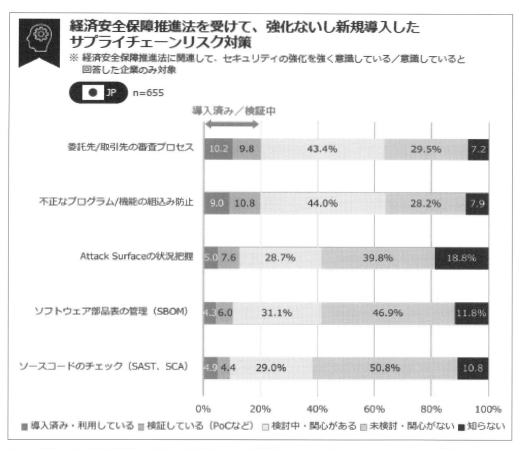

図1：経済安全保障推進法を受けて強化ないし新規導入したサプライチェーンリスク対策
出典：NRIセキュアテクノロジーズ株式会社「NRI Secure Insight 2023」

このうちSBOMについては、本書でもソフトウェア透明性を実現する主要なツールとして紹介されているものの、米国では約8割が導入済み／検証中であるのに対して、日本は導入済み／検証中の事業者は3％程度で、ほとんどの事業者は検討中／もしくは未検討の状況であり、そもそもSBOMを「知らない」と回答した事業者が36％もいるという点は米国が2％程度である点と比較すると大きく遅れていることがわかる（図2）。

訳者あとがき 379

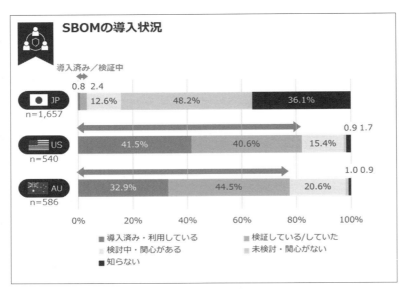

図2：SBOMの導入状況
出典：NRIセキュアテクノロジーズ株式会社「NRI Secure Insight 2023」

　なお、ソフトウェア・サプライチェーンにはさまざまな種類のリスクが存在しているため、SBOMはその対策の一つとなり得るがそれ以外にもさまざまな対策が求められる。

　具体的に例を挙げると、委託先の監査や開発時のルール策定による統制といった組織やルールに働きかけるアプローチもあれば、取得したライブラリの検査やソースコードのレビューといった、テストフェーズで実行される対策もある。これらにはソフトウェアのセキュリティ水準を向上させるための一般的な取り組みと重なるものが多いが、今日の脅威事例などを踏まえて既存の対策で対応できるか、改めて確認・検証が求められる。たとえば、ソースコードのレビュー時には、設計書・仕様書とソースコードの突合チェックなどの実施まで踏み込んで対応することが重要であろう。

　本書にも記載されているとおり、ソフトウェア・サプライチェーンリスク対策自体に新しい技術や対応は多くなく、従来のソフトウェア品質向上の対策がほとんどである。しかしながらそれらの対策は非常に多く、どのシステムに対しても一律で対策のすべてを行うことは現実的ではない。ここで重要になるのはシステムに対する脅威分析とリスクベースのアプローチである。脅威分析とは、システムで取り扱う情報の重要度や求められる可用性要件、

利用形態などを考慮してどの対策を実施するべきかを検討することだ。これを効率的に行う方法を検討するのがソフトウェア・サプライチェーン対策検討の第一歩であるといえる。著者たちも本書を通じて強調しているように、システムの重要度を見極めサプライチェーンリスクのうちどのようなリスクが自社システムに内在しているか（どのリスクの対策が未実施であるか）を判断し、リスクベースで対策を検討することが求められる。事業者が不正なプログラムなどを検出するのは容易ではないため、開発時だけではなく運用フェーズでの監査などを含めた多層防御の考え方が重要となる。

　日本においても経済安全保障推進法などに基づくSSSに対する対応強化の動きが活発になっている。その一方で、その対応にあたるセキュリティ人材は限られており各社対応に苦慮している状況でもある。SSSの対応に統一的な施策はなく自社サービス・システムのリスクに応じた対応が求められるが、その対応にあたり本書の内容が少しでも参考になり、SSSの対応強化に貢献できれば幸いである。

　本書の翻訳にあたっては、原著の読みやすさを損なわないように訳者一同できるかぎり努力をした。技術専門書に類する書籍ではあるが技術者のみならず経営層や政策担当者、ソフトウェアの利用者などできるだけ幅広い読者に読んでいただきたいと願っている。最後に、厳しい出版事情の中、本翻訳書の出版を快く引き受けてくれた翔泳社と担当編集者の畠山龍次氏、および「解説」の寄稿を頂いた横浜国立大学吉岡克成教授、佐々木貴之特任准教授に感謝する。

訳者を代表して

藤井秀之

NRIセキュアテクノロジーズ株式会社

研究開発センターインテリジェンスセンター統括部　部長

翻訳者紹介

NRIセキュアテクノロジーズ

野村総合研究所グループの情報セキュリティ専門企業。変化の激しい情報セキュリティに精通し、世界レベルでの経験を積んだスペシャリストが、真に役立つ、高品質なサービスを提供。テクノロジーとマネジメントの両面から、企業・組織の情報セキュリティに関するあらゆるニーズに対応する。

藤井 秀之（ふじい ひでゆき）
担当：序文・はじめに
研究開発センターインテリジェンスセンター統括部部長。専門はセキュリティに関連する脅威や規制、技術インテリジェンスの統合分析・コンサルティングなど。

福澤 達洋（ふくざわ たつひろ）
担当：Chapter1
DevSecOps事業部DevSecOpsプラットフォームグループGM。専門はDevSecOps、アプリケーション設計のセキュリティ、セキュリティ診断など。

出水 和徳（いずみ かずのり）
担当：Chapter2・Chapter12
サプライチェーンセキュリティ事業開発部エキスパートセキュリティコンサルタント（当時）。専門はサプライチェーンセキュリティ対応全般。

御舩 愛輔（みふね あいすけ）
担当：Chapter3
DevSecOps事業部DevSecOpsプラットフォームグループ。専門はセキュリティ診断、アプリケーション設計のセキュリティ、開発支援など。

延 優介（のぶ ゆうすけ）
担当：Chapter4
研究開発センターサービス開発推進部シニアセキュリティリサーチャー。専門はサイバーセキュリティ分野の動向・先端技術に関するR&Dなど。

坂森 康礼（さかもり やすゆき）

担当：Chapter5

MSS技術開発部。専門はセキュリティ監視、生成AI活用など。

江口 勲（えぐち いさお）

担当：Chapter6

マネージドセキュリティサービス開発本部副本部長。専門は先端技術を活用したサイバーセキュリティオペレーションのモダナイズ化・高度化。

古川 英明（ふるかわ ひであき）

担当：Chapter7・Chapter9

デジタルクライム対策事業部シニアセキュリティコンサルタント。専門は認証・認可やデジタルアイデンティティに関するコンサルティングなど。

市村 海璃（いちむら かいり）

担当：Chapter8

リスクマネジメントコンサルティング部セキュリティコンサルタント。専門はセキュリティ中長期計画策定、ゼロトラスト・セキュリティ、CSIRT全般に関するコンサルティングなど。

木村 匠（きむら たくみ）

担当：Chapter8

リスクマネジメントコンサルティング部シニアセキュリティコンサルタント。専門はサイバーセキュリティ政策、重要インフラ防護に係るリスク分析、官民連携施策など。

櫻井 健一（さくらい けんいち）

担当：Chapter10

研究開発センターサービス開発推進部シニアセキュリティリサーチャー。専門は製品セキュリティ、脆弱性管理など。

和田 真治（わだ しんじ）

担当：Chapter11

デジタルクライム対策事業部シニアセキュリティコンサルタント。専門は金融機関等におけるサイバーセキュリティ対応、デジタルアイデンティティに関するコンサルティングなど。

Index

数字・アルファベット

3PAO 152, 252, 349
Affected users 7
API 168
ASVS 10
Base Metrics 70
BOD 84
C-SCRM...105, 236
CIS 243
CISA（サイバーセキュリティ・
社会基盤安全保障局）.......................... 53
Cloud Security Alliance........................355
CNCF 15
COTS 267
CPE 58
CSAF 81
CSF 355
CVE 52, 263
CVSS 68, 263
CVSS評価尺度 74
CWE 308
Cybersecurity Risk Management,
Strategy, Governance and Incident
Disclosure 369
CycloneDX 103
CycloneDX SaaSBOM...........................170
CyOTE 294
Damage 7
DAST 43, 250
Denial of Service 5

DevOps 173
DevSecOps 175
Discoverability 7
DREAD 7
Elevation of Privilege.................................5
Environmental Metrics...........................73
EPSS 76
EPSSモデル 77
ESF 258
Exploitability...7
For Good Measure 260
FOSS...267
Graph for Understanding
Artifact Composition 183
GSD 66
GUAC 183
　　　　主要分野......................................184
HAM 44
IaaS 144
IAST 45
Information Disclosure 5
Infrastructure-as-a-Service 144
Kaseya.. 26
Keeping Secrets in a DevSecOps
Cloud-Native World 248
kube-bench..164
kube-hunter..164
Kubernetes 160
　　　　脅威マトリックス 164
Linuxファームウェア 130
Log4j 23
MAST 46
MFA 241

MITRE ATT&CK Matrix
for Kubernetes.....................165
NIST SP 800-145.....................144
NIST SP 800-161.....................193
NIST SP 800-171..................... 34
NSA.....................258
NSA Appendix.....................272
  Appendix A：
  対応表（クロスウォーク）..........272
  Appendix B：依存関係性.............272
  Appendix C：SLSA
  （Supply Chain Levels
  for Software Artifacts）.............273
  Appendix D：成果物と
  チェックリスト.....................273
  Appendix E：参考文献.................273
NVD.....................55, 305
OMB M-22-18.....................350
Open Worldwide Application
Security Project.....................6
OpenSSF Scorecard.....................227
OSPO.....................316
OSV.....................64
OT.....................287
OWASP.....................6
OWASP SAMM.....................37
OWASPアプリケーションセキュリティ
検証標準.....................10
OWASPソフトウェアコンポーネント
検証標準.....................10, 218
PaaS.....................144
PEACHフレームワーク.....................166
Pedigree.....................12
Plans of Action and Milestones........349

Platform-as-a-Service.....................144
PO.....................274
Protecting Critical Software
Through Enhanced Security
Measures.....................350
Provenance.....................12
PS.....................275
PSIRT.....................304
PURL.....................61
PW.....................276
Reproducibility.....................7
Repudiation.....................4
RTOS.....................130
RV.....................278
S2C2F.....................210
  4段階の成熟度.....................216
  実装ガイド.....................216
  スキャン.....................213
  取り込み.....................213
SaaS.....................144, 146
SaaSBOM.....................104, 168
SAST.....................41, 159, 190
SBOM.....................91, 306
  データフィールド.....................95
  フォーマット.....................102
SBOMフォーマット.....................96
SC3.....................373
SCA.....................46, 159, 190
Scorecard.....................228
SCVS.....................10, 218
  SBOM.....................221
  インベントリ.....................220
  オープンソースポリシー.............226
  コンポーネント分析.....................225

索引　**385**

ビルド環境 222

パッケージ管理 223

由来と来歴 226

SCVSレベル 219

SDLC 245

Securing Open Source
Software Act of 2022.........................346

Sigstore 119

SLSA.......................................16, 122, 178

Software Consumers Playbook.........333

Software Package Data
Exchange.. 106, 183

Software Supply Chain
Compromises....................................260

Software-as-a-Service.............. 144, 146

software-as-a-service BOM 104

SolarWinds 18

Sonatype OSS Index............................63

SPDX...106, 83

Spoofing 4

SRM..145

SSDF..................... 122, 237, 251, 253

安全なソフトウェアの
製作（PW）...................................255

脆弱性への対応（RV）...................257

組織の準備（PO）.........................253

ソフトウェアの保護（PS）.........255

SSVC 85

表形式 88

State of Dependency
Management 356

Strengthening the Cybersecurity of
Federal and Critical Infrastructure...355

STRIDE 4

STRIDE-LM......................................5

Stuxnet攻撃 290

Summer of Open Source
Software Security................................346

Sunburst..21

Sunspot...21

Supply Chain Levels
for Software Artifacts...........................122

SWID 59

Tampering...4

Temporal Metrics 72

Third-Party Assessment
Organizations...................................349

Ubiquitous and Broken........................263

VDP 303

VDR 110

VEX 81, 83

VEX Use Case Document 114

VEXステータスの正当化...................114

VEXユースケース文書 114

VM 153

Vulnerability Exploitability
eXchange...................................... 81, 83

Vulnerability Exploitability eXchange
（VEX）Status Justifications 114

あ行

アクセス管理....................................... 97

アタックツリー 7

新たな脅威...359

安全なソフトウェアの製作...................276

安全なソフトウェアファクトリーの
リファレンスアーキテクチャ..............205

管理コンポーネント 208

コアコンポーネント 207	強化されたセキュリティ対策による
配布コンポーネント 208	重要なソフトウェアの保護..................350
変数と機能 209	共通脆弱性評価システム 68, 263
依存関係 117,191	共通脆弱性識別子 52, 263
依存関係管理の現状 356	共通脆弱性タイプ一覧 308
インデックス攻撃 15	共通セキュリティ
ウェブアプリケーションスキャン 250	アドバイザリフレームワーク.................81
エクスプロイト予測評価システム 76	共通プラットフォーム一覧.....................58
オープンソース脆弱性データベース 64	許可型 133
オープンソースプログラムオフィス ..316	組み込みシステム 131
オペレーショナルテクノロジー 287	クラウドネイティブセキュリティ 150
	グローバル

か行

開発者向けの	セキュリティデータベース 66
セキュリティガイダンス 260	経済安全保障推進法 377
可視性 124	現状評価基準 72
仮想パッチ 293	攻撃パターン群 14
仮想パッチ適用手法 338	コードベース 247
仮想パッチの作成 340	コードベーステスト 249
識別 339	コーパスタグ 60
実装とテスト 341	国家脆弱性データベース 55, 305
準備 338	コミット署名......................................123
復旧とフォローアップ...................342	コンテナ 121, 153
分析 339	コンピュータセキュリティログ
仮想マシン 153	管理ガイド 244
環境評価基準 73	
基本評価基準 70	**さ行**
脅威 3	サードパーティコンポーネント 267
脅威エージェント 4	サーバーレスモデル 167
脅威のアクション 4	サイバーセキュリティ
脅威モデル化 262, 246	サプライチェーンリスク管理.....105, 236
脅威モデル化の手法 4	サイバーセキュリティに関する
脅威モデル 4	大統領令14028号 97, 232
	サイバーセキュリティ
	フレームワーク 355

索引 **387**

サイバーセキュリティリスク管理、戦略、
ガバナンスおよび
インシデントの開示 369
サプライチェーン・サイバーセキュリティ・
コンソーシアム 373
サプライチェーン侵害項目 15
サプライヤ向けの
推奨プラクティスガイド 273
次世代ソフトウェア
サプライチェーン攻撃 269
持続的セキュリティ
フレームワーク 258
自動テスト 246
シフトレフト 263
重要ソフトウェア 238
商用オフザシェルフ 267
推移的依存関係 96
スマートグリッド 297
脆弱性開示プログラム 303
脆弱性開示レポート 110
脆弱性への対応 278
静的アプリケーション
セキュリティテスト 41, 159, 190
静的解析 247
製品セキュリティインシデント
対応チーム 304
セーフティ・モーメント 291
責任共有モデル 145
セキュアサプライチェーン
利用フレームワーク 210
セキュアソフトウェア開発
フレームワーク 122, 237, 251
ゼロトラスト 29
相互認証 242

組織の準備 274
ソフトウェア・サプライチェーン
成果物の保護 203
ソースコードの保護 197
デプロイの保護 204
ビルドパイプラインの保護 201
部品の保護 199
ベストプラクティス 194
ソフトウェア・サプライチェーン
セキュリティガイド 187
依存関係 191
成果物 192
ソースコード 188
デプロイ 193
ビルドパイプライン 190
ソフトウェア・サプライチェーンの
セキュリティ保護に関する
ガイダンスシリーズ 258
ソフトウェア開発ライフサイクル 245
ソフトウェア管理に向けたSBOMの導入に
関する手引ver 2.0 373
ソフトウェア検証 245
ソフトウェア構成分析 46, 159, 190
ソフトウェアコンポーネント 250
ソフトウェア識別 59
ソフトウェア成果物の
サプライチェーンレベル 16, 178
ソフトウェアの運動効果 289
ソフトウェアの保護 275
ソフトウェア部品表 91

た行
対話型アプリケーション
セキュリティテスト 45

388   Software Transparency

多要素認証 241	**ま行**
知的財産 125	モバイルアプリケーション
デジタル・コモンズ 132	セキュリティテスト 46
デバイス固有のSBOM...........131	
動的アプリケーション	**や行**
セキュリティテスト 43, 250	由来 12
動的テスト 247	弱いコピーレフト 133

は行

ハードコード 248	**ら行**	
ハイブリッド分析マッピング................44	来歴 12	
パッケージURL........................61	ラダーロジック 293	
ハッシュ 48	リアクティブ...........................339	
パッチタグ 60	リアルタイムOSファームウェア........130	
パブリックドメインライセンス 133	リスク管理措置 378	
ヒストリカルテストケース 249	利用者向けの	
秘密情報 248	推奨プラクティスガイド 280	
ヒューリスティックツール....................248	レガシーソフトウェア 291	
ビルド証明 116	ワークフロー 337	
ファジング 249		
プッシュ型 2		
プライマリタグ 60		
ブラックボックステスト 249		
フリーオープンソース 267		
プル型 2		
プロアクティブ 339		
プロプライエタリソフトウェア・		
ライセンス 133		
ベンダー 245		
保護機能 248		
ポジションペーパー 245		
補足タグ 60		

装丁・本文デザイン：霜崎 綾子
DTP：富 宗治
担当編集：畠山 龍次

ソフトウェア透明性
攻撃ベクトルを知り、脆弱性と戦うための最新知識

2024年12月23日　初版第1刷発行

著者　　　　Chris Hughes, Tony Turner, Allan Friedman, Steve Springett
訳者　　　　ＮＲＩセキュアテクノロジーズ
発行人　　　佐々木 幹夫
発行所　　　株式会社 翔泳社（https://www.shoeisha.co.jp）
印刷・製本　三美印刷 株式会社

本書は著作権法上の保護を受けています。本書の一部または全部について（ソフトウェアおよびプログラムを含む）、株式会社 翔泳社から文書による許諾を得ずに、いかなる方法においても無断で複写、複製することは禁じられています。
本書へのお問い合わせについては、iiページに記載の内容をお読みください。
造本には細心の注意を払っておりますが、万一、乱丁（ページの順序違い）や落丁（ページの抜け）がございましたら、お取り替えいたします。03-5362-3705までご連絡ください。

ISBN978-4-7981-8796-9
Printed in Japan